我们一起解决问题

WILEY

让一切变得更简单！

敏捷项目管理

（第3版）

for dummies

AGILE PROJECT MANAGEMENT (3rd Edition)

［美］马克·C. 莱顿（Mark C. Layton）
史蒂文·J. 奥斯特米勒（Steven J. Ostermiller）◎著
迪恩·J. 凯纳斯顿（Dean J. Kynaston）

傅永康　冯霄鹏　杨　俊◎译

人民邮电出版社
北　京

图书在版编目（CIP）数据

敏捷项目管理 ：第3版 / （美）马克·C. 莱顿，（美）史蒂文·J. 奥斯特米勒，（美）迪恩·J. 凯纳斯顿著 ；傅永康，冯霄鹏，杨俊译. -- 北京 ：人民邮电出版社，2022.2
ISBN 978-7-115-57646-0

Ⅰ. ①敏… Ⅱ. ①马… ②史… ③迪… ④傅… ⑤冯… ⑥杨… Ⅲ. ①软件开发－项目管理 Ⅳ. ①TP311.52

中国版本图书馆CIP数据核字(2021)第206274号

内容提要

如何即时、有效地应对不断变化的、复杂的需求和状况，是 VUCA 时代企业所面临的一项挑战。敏捷项目管理方法正在成为企业应对这个时代的有效工具，它不仅仅适用于软件和互联网行业，其他行业在产品开发中同样需要应用敏捷的思想和方法。

本书将 Scrum 作为基本框架，对精益和极限编程等方法加以整合，重点阐述了敏捷产品开发方法在制定产品愿景，创建产品路线图，管理范围、采购、时间、成本、质量、风险，预测进度，快速开发及发布产品，创造敏捷环境，以及领导敏捷转型过程中的实践应用。另外，本书反映了近年来业务敏捷与规模化敏捷领域的发展趋势，对 SAFe、LeSS 和 DA 等规模化敏捷方法也做了特别介绍。

本书在前两版的基础上增加了大量敏捷落地应用的内容，能够帮助读者澄清其在敏捷产品开发过程中所遇到的困惑、修正谬误。本书不仅可作为企业应用敏捷方法的实践指南，还可作为 PMP（项目管理专业人士资格认证）、PMI-ACP（敏捷项目管理专业人士资格认证）备考用书。无论是敏捷方法的初学者、项目团队成员、项目经理，还是在组织中推进敏捷转型的变革者，都应该学习与参考本书。

◆ 著 [美] 马克·C. 莱顿（Mark C. Layton）
[美] 史蒂文·J. 奥斯特米勒（Steven J. Ostermiller）
[美] 迪恩·J. 凯纳斯顿（Dean J. Kynaston）
译 傅永康 冯霄鹏 杨 俊
责任编辑 杨佳凝
责任印制 彭志环
◆人民邮电出版社出版发行 北京市丰台区成寿寺路 11 号
邮编 100164 电子邮件 315@ptpress.com.cn
网址 https://www.ptpress.com.cn
北京七彩京通数码快印有限公司印刷
◆开本：787×1092 1/16
印张：25.5 2022 年 2 月第 1 版
字数：450 千字 2025 年 1 月北京第 14 次印刷
著作权合同登记号 图字：01-2021-2063 号

定 价：118.00 元

读者服务热线：（010）81055656 印装质量热线：（010）81055316
反盗版热线：（010）81055315
广告经营许可证：京东市监广登字20170147号

译者序

这本书跟我蛮有缘分。记得7年前无意中点开自己微博上的一条留言，便很奇妙地开启了翻译《敏捷项目管理》（第1版）的序幕。作为自己牵头负责翻译的第一本书籍，翻译《敏捷项目管理》（第1版）在当时对我而言是一项全新的挑战，为此，我特地招募并组建了一个翻译志愿者团队，共同实践敏捷中的Scrum方法来完成翻译工作。整个翻译期间，团队每晚通过微信群进行Scrum中的每日例会的情形还历历在目。

时光荏苒，白驹过隙。时隔7年，本书最新版的翻译任务又摆在了面前。感谢本次全新的翻译团队的参与，其间同样经历了很多意想不到的情况变化，不过最终得益于敏捷的思想与行动，本书的翻译稿件还是得以顺利交付了。

自从2001年敏捷宣言问世以来，过去20年对于项目管理界影响最大的应该就是敏捷。虽然敏捷源自软件行业，但是由于我们所处的互联网与VUCA时代，软件与数字化已经深入影响了几乎所有的行业，所以敏捷的思想也在不断突破行业的限制，影响到越来越广泛的行业与企业项目实践。项目管理协会（PMI）所著的《PMBOK® 指南》在过去20年的版本升级过程中，也在不断地吸收敏捷的知识与实践，从一开始的渐进明细思想，到个别的敏捷概念，到敏捷的工具与技术，再到专门出版配套的书籍《敏捷实践指南》（*Agile Practice Guide*）。将要问世的《PMBOK® 指南》（第7版）终于将敏捷完全融入到了项目管理知识体系中，从而在根本上确立了敏捷在项目管理中的重要地位。

在林林总总的各类敏捷书籍中，很多书籍都是从软件开发角度来谈敏捷的。由于本书作者掌握了PMBOK（项目管理知识体系）与敏捷的综合知识，并且一直从事帮助企业进行敏捷转型的咨询服务工作，所以本书在敏捷书籍中独树一帜，从项目管理与产品开发角度切入敏捷，且少有门户之见，更具有包容性。敏捷的来源有很多，但核心内容主要来自三大基础：精益、Scrum和极限编程（XP）。本书将 Scrum 作为基本框架，对精益和 XP 等方法加以整合，并融会贯通到本书中，给读者提供了一个全面理解敏捷的视角，可谓是一本集大成的深入浅出的敏捷著作。

在 2015 年，本书第 1 版问世时，书中一些传统项目管理的烙印还比较明显，但是到了第 3 版，作者已经与时俱进，吸收了近十年来大量的敏捷实践成果，并反映了由于应对全球新冠肺炎疫情所产生的一些全新理念。总体来说，本书相对于最初的版本已经发生了演进，其内容从侧重于敏捷项目管理发展到侧重于敏捷产品开发方法。尤其值得一提的是，本书反映了最近这些年业务敏捷与规模化敏捷领域的发展趋势，对 SAFe、LeSS 和 DA 等规模化敏捷方法也做了特别的介绍，把第 1 版中相对模糊的规模化敏捷的概念落到了实处。

在翻译本书的同时，我也在参与《PMBOK® 指南》（第 7 版）中文版的审校工作。《PMBOK® 指南》（第 7 版）作为一个划时代的变革版本，增加了很多敏捷与产品的元素。从某种程度上来说，这和本书有很大的契合。本书虽然定位于敏捷项目管理，但也将敏捷与产品开发甚至项目集管理进行了协同，这和《PMBOK® 指南》（第 7 版）的变革演进不谋而合。另外，由于 PMBOK 是项目管理行业术语的基础，所以在本次翻译过程中，我有意识地把本书的部分术语与《PMBOK® 指南》（第 7 版）中的术语进行了统一，以便广大读者能更好地将敏捷和 PMBOK 加以印证。

本书并不仅限于软件或互联网行业的从业者阅读，而是适用于更加广泛的各行各业的从业者。无论是敏捷初学者、项目团队成员、项目经理，还是在组织中推进敏捷转型的变革者，都应该学习与参考本书。我自己利用翻译并审校本书的机会顺便做了 PMI-ACP（敏捷项目管理专业人士资格认证）的备考准备，自我感觉效果还是不错的，最终顺利通过了考试。

由于社交网络的发展，本版翻译中对于个别有疑问或文化背景差异的细节，我能够有机会直接与作者进行求证，这在过去是难以想象的。虽然本版内容相对更加完善，但可惜的是每部分之前的那幅有趣的卡通漫画没有了，我个人还是有一点小小的遗憾。希望将来的后续版本能够再次带来一些惊喜。

傅永康

2021 年 9 月

于上海清晖

如何阅读本书

欢迎阅读《敏捷项目管理》（第 3 版）。敏捷项目管理已经发展成为一种常见的用于产品开发的管理技术，而不仅限于软件开发。近 20 年来，我们就如何使产品开发和组织发展变得更加灵活、更具有适应性和更快地响应需求，换言之，如何使其变得更加敏捷，培训和指导过世界各地许多大大小小的公司。通过这些工作，我发现有必要编写一部任何人（无论有无敏捷项目管理经验）都能理解的参考指南。

关于本书

《敏捷项目管理》（第 3 版）不仅仅是对敏捷实践和方法的介绍，还包含了使你在思维方式和行为上变得更加敏捷的步骤。本书的内容已经超越了理论，为读者带来了在产品开发实战中成功运用敏捷技术所需的工具和信息，这意味着它可以成为每个人的实战指南。

本书的前提假设

这本书是为任何想要更多地了解业务敏捷的人编写的参考指南。无论你是组织领导、项目经理、产品开发团队成员、敏捷爱好者，抑或是产品干系人，在应对客户的需求和问题时，如果你努力想要变得更加敏捷，这本书将助你顺利地踏上敏捷之旅。

无论你在敏捷项目管理上有多少经验、熟练程度如何，你可能会发现本书中的一些洞察对你是有帮助的。我们也希望本书能澄清你可能已经遇到的有关敏捷产品开发中的困惑、修正谬误。

本书的图标

在本书中，你将会发现以下图标。

这个图标将会在敏捷项目管理旅程中帮助到你。小贴士可以节省你的时间并帮助你快速了解特定的主题，所以当你看到它们时，不妨定神看一下！

这个图标会提醒你一些可能在其他篇章看过的内容，也可能是对一些容易忘记的常识性原则的提示。当重要的术语或概念出现时，该图标可以帮你唤起你的记忆。

要注意该图标表明你需要小心某个行动或行为。这些内容一定要读，避免出现大的问题！

这个图标显示该段文字的信息很有趣，但并非不可或缺。如果你看到此图标，就知道对于敏捷产品开发的理解，这部分内容可以不用阅读，但该内容有可能会吸引你的注意力。

阅读建议

你可以选择从任何篇章开始来读这本书。你可以根据你自己的角色需要来关注这本书的某些部分。例如：

- 如果你刚刚开始学习产品开发和敏捷方法，那么从第 1 章开始通读这本书是个好方法；
- 如果你是一位项目团队成员，想要了解敏捷产品开发的基础知识，那么你可以选择从第三部分开始阅读——第 9 章至第 12 章；
- 如果你是一名正在转型成为敏捷产品开发的项目经理，你可能有兴趣了解敏捷技术如何改进时间、成本、范围、采购、质量和风险管理的内容，那么你可以研读第四部分——第 13 章至第 17 章；
- 如果你了解敏捷产品开发的基础知识，并且你正在考虑将敏捷实践带入公司或者在你的组织中扩大敏捷的应用范围，那么第五部分的第 18 章和第 20 章将为你提供有用的信息。

目 录

第二部分 走向敏捷 073

第三部分 敏捷规划与执行 135

第一部分

理解敏捷

本部分内容要点：

- 了解为何项目管理传统方法的缺陷和弱点反而促使项目管理走向现代化；
- 了解为何敏捷方法变得更加聚焦于产品而非项目；
- 更加熟悉敏捷产品开发的基础：敏捷宣言和敏捷 12 条原则；
- 发现通过采用敏捷技术，你的产品、项目、客户和组织可以获得的优势；
- 理解将客户的需求放在第一位的重要性，以及为什么敏捷技术有助于使客户成为每个决策、功能和问题的中心。

第 1 章　项目管理现代化

本章内容要点：

- 理解为何项目管理需要变革；
- 理解敏捷项目管理如何变为敏捷产品管理；
- 了解有关敏捷产品开发的内容。

敏捷描述的是一种项目管理的思维方法，该方法聚焦于商业价值的尽早交付、产品和产品开发流程的持续改进、范围的灵活性、团队的投入，以及能反映客户需求且经过充分测试的产品交付。

在本章，你将了解敏捷流程为何在 20 世纪 90 年代中期作为一种软件开发的项目管理方法而出现，以及为何敏捷方法论吸引了项目经理、投资于新产品和服务开发的客户以及投资于产品开发的公司高管层的注意力。尽管业务敏捷在软件产品的开发上很流行，但是敏捷价值、原则和技术实际上可以应用于许多行业和领域，而不仅仅是软件行业。本章也解释了敏捷方法论超越项目管理传统方法的优势。

项目管理需要变革

项目需要事先规划，在定好的时间、工作量和计划下去完成它。项目有其目的和目标，并且通常必须在限定的时间和预算内完成。

如果你正在阅读本书，那么你可能是项目经理、项目发起人、项目团队成员，或者在某些方面受项目影响的人。

敏捷方法是对项目管理现代化需求的一种响应。为了理解敏捷方法如何革新产品开发，你有必要了解一些项目管理的历史和作用，以及当前项目遇到的问题。

现代项目管理的起源

项目自古以来就广泛存在。从中国的长城到蒂卡尔的玛雅金字塔，从印刷术的发明到互联网的出现，人们通过各种项目取得了或大或小的成就。

众所周知，项目管理作为一门正式的学科出现于20世纪中期。在第二次世界大战前后，全世界的研究人员在计算机制造和编程领域取得了巨大进展。为了完成这些项目，他们开始建立正式的项目管理流程。第一个流程是以美国军方在第二次世界大战中使用的逐步制造模型为基础。

人们在计算领域采用这种逐步制造流程是由于早期与计算机相关的项目严重依赖于硬件，当时的计算机体积庞大，足以塞满一整间屋子。相对而言，软件在整个计算机项目中只是很小的一部分。在20世纪40至50年代，计算机可能装有数千枚真空管，但只有不到30行的程序代码。20世纪40年代，在这些最初的计算机上使用的制造过程是众所周知的瀑布式项目管理方法论的基础。

1970年，一位名叫温斯顿·罗伊斯（Winston Royce）的计算机科学家为电气与电子工程师学会（IEEE）写了一篇名为《管理大型软件系统的开发》（*Managing the Development of Large Software Systems*）的论文，描述了瀑布式方法论的阶段划分。术语“瀑布”是后来被命名的，尽管有时阶段名称的叫法不同，但本质上和罗伊斯最初的定义是差不多的：

（1）需求；

（2）设计；

（3）开发；

（4）集成；

（5）测试；

（6）部署。

在瀑布式项目中，只有在前一个阶段完成之后，你才能进入下一个阶段——因此它被形象地取名为“瀑布”。

纯粹的瀑布式项目管理（也就是在开始下一步之前必须完成上一步）实际上是对罗伊斯建议的误解。罗伊斯其实已经认识到这种方法的内在风险，并建议在多次迭代中进行开发和测试，以创建产品。但该建议被很多采用瀑布式方法论的组织所忽视。

在 2008 年被基于敏捷技术的改进方法超越之前，瀑布式方法论是软件开发领域中最常用的项目管理方法。

现状中的问题

自 20 世纪以来，计算机技术已经发生了巨大的变化。许多人手腕上就有一台“计算机”，比起人们刚开始应用瀑布式方法论时所使用的最大、最昂贵的机器，这台“计算机”具有更强大的功能、内存和性能。

同时，使用计算机的人也发生了变化。人们为普通大众生产了硬件和软件，而不是只为少数研究人员和军方生产只有最少量程序的如庞然大物般的机器。在许多国家，几乎所有人每天都在使用平板电脑或者智能手机。软件应用于我们的汽车、家用电器和住房中，提供给我们日常的信息和娱乐。甚至幼儿都在使用计算机——我朋友两岁大的女儿使用智能手机几乎比她父母更熟练。人们对于更新、更好的软件产品的追求是永恒的。

不知何故，当所有的技术都在发展的时候，唯独流程依旧停滞不前。软件开发者仍在使用 20 世纪 50 年代以来的项目管理方法论，而这些方法源自 20 世纪中期以硬件为主的计算机制造流程。

当今，传统型项目的成功总会遭遇范围膨胀的问题，即在项目中引入了不必要的产品特性。看看你每天使用的软件产品吧。比如，我们现在正在打字的字处理程序就具有很多特性和工具。即便我们每天都在用该程序进行写作，也只是使用其中一小部分特性。程序中有相当多的工具我们从未使用过，也没想过要用，我们甚至不知道还有其他人曾使用过它们。这些很少有人使用的特性就是范围膨胀的结果。

范围膨胀出现在所有类型的软件中，从复杂的企业应用到每个人都在使用的网站。如图 1-1 所示，斯坦迪什集团的研究表明，范围膨胀是普遍存在的，有 80% 被要求开发的特性不经常或从未被使用过。

图 1-1 中的数字显示了时间和金钱的巨大浪费。这种浪费是传统项目管理流程不能适应变化的直接后果。项目经理和干系人知道项目中期的变更不受欢迎，因此，项目初期是他们获得潜在所需特性的最佳时机，所以他们要求：

- » 他们所需要的一切；

» 他们认为他们可能需要的一切；

» 他们想要的一切；

» 他们认为他们可能想要的一切。

图 1-1 显示的统计数据就是产品特性膨胀的最后结果。

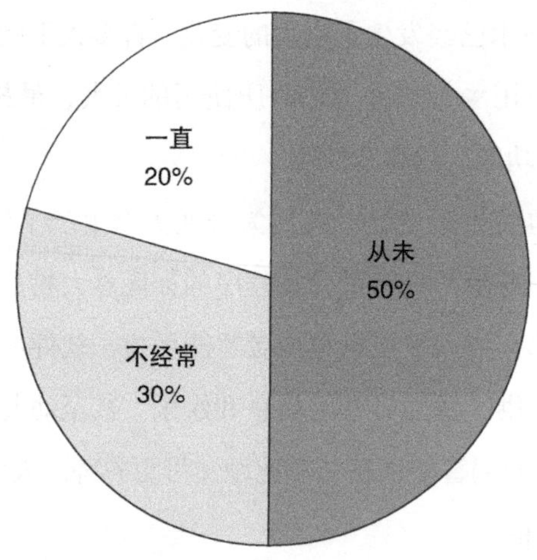

图 1–1 实际使用到的被要求开发的软件特性

资料来源：斯坦迪什集团，2017

软件项目的成功与失败

软件行业遭遇了传统项目管理方法论的发展停滞。2015 年，一家名为斯坦迪什集团的软件统计公司针对美国 10 000 个项目的成功率与失败率做了一项研究，研究结果如下。

- 29% 的传统项目彻底失败。这些项目在完成前被终止，且在产品交付上没有任何结果。总之，这些项目没有交付任何价值。
- 60% 的传统项目面临挑战。这些项目虽然完成了，但是实际的成本、时间、质量或这些要素的综合与期望存在差距。项目在时间、成本和未交付的产品特性上的实际结果与期望值的平均差距远超过 100%。
- 11% 的项目是成功的。这些项目按最初期望的时间和预算完成，并交付了所期望的产品。

在美国，仅花费在产品开发上的数千亿美元中，就有数十亿美元被浪费在未能部署任何功能的项目上。

使用过时的管理和开发方法所导致的问题并非无足轻重。因为这些问题，每年要浪费数十亿美元。2015 年，因为项目失败所导致的损失达数十亿美元，这相当于世界上数百万份工作的损失。

在过去的 30 年中，人们在项目工作中已经意识到传统项目管理日益增长的问题，并着手建立更好的模型。

敏捷项目管理简介

敏捷技术萌芽的产生已经有很长一段时间。事实上，敏捷价值观、原则和实践只是对常识的汇编。图 1-2 展示了敏捷项目管理的历史，最早可以回溯至 20 世纪 30 年代沃尔特 · 休哈特（Walter Sherwart）在项目质量方面的计划—执行—学习—行动（PDSA）方法。

1986 年，竹内弘高（Hirotaka Takeuchi）和野中郁次郎（Ikujiro Nonaka）在《哈佛商业评论》（*Harvard Business Review*）上发表了一篇名为《新的新产品开发游戏》（*The New New Product Development Game*）的文章，竹内弘高和野中郁次郎在文章中描述了一种快速、灵活的开发策略，以满足快速变更的产品需求。该文章第一次将 Scrum 这个术语与产品开发相关联（Scrum 指的是英式橄榄球中的球员队形）。Scrum 逐渐演变成旨在向客户交付价值的最常用的敏捷框架之一。

2001 年，一组软件和项目专家聚在一起讨论他们项目成功的相通之处。该小组创建了敏捷软件开发宣言（通常称为敏捷宣言），一份对成功的软件开发所需的价值观的声明。

敏捷软件开发宣言 *

我们一直在实践中探寻更好的软件开发方法，身体力行的同时也帮助他人。

由此，我们建立了如下价值观：

个体和互动高于流程和工具；

可工作的软件高于详尽的文档；

客户合作高于合同谈判；

响应变化高于遵循计划。

也就是说，尽管右项有其价值，但我们更重视左项的价值。

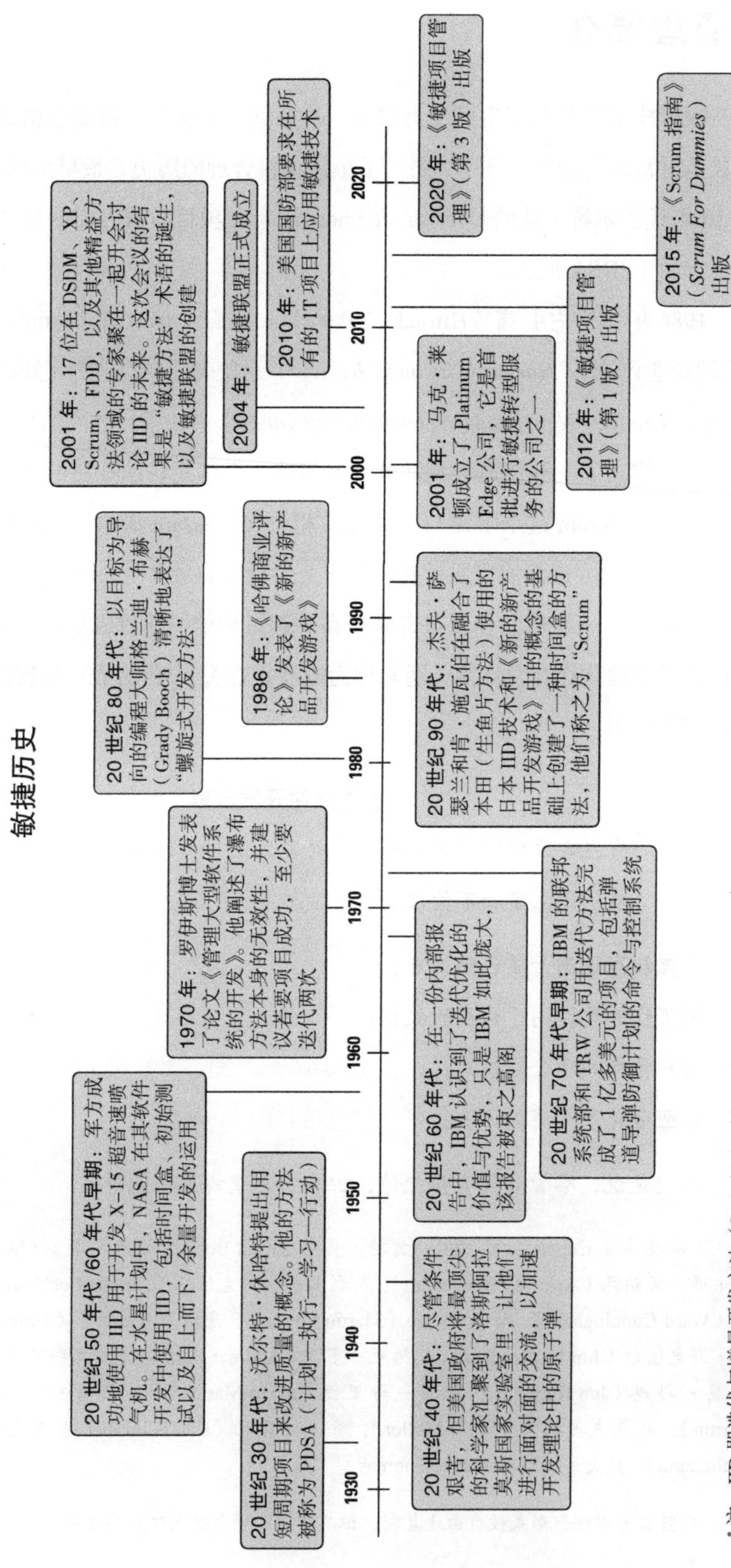

敏捷历史
20 世纪 30 年代：沃尔特·休哈特提出用短周期项目来改进质量的概念。他的方法被称为 PDSA（计划—执行—学习—行动）
20 世纪 40 年代：尽管条件艰苦，但美国政府将最顶尖的科学家汇聚到了洛斯阿拉莫斯国家实验室里，让他们进行面对面的交流，以加速开发理论中的原子弹
20 世纪 50 年代 /60 年代早期：军方成功地使用 IID 用于开发 X-15 超音速喷气机。在水星计划中，NASA 在其软件开发中使用 IID，包括时间盒、初始测试以及自上而下 / 余量开发的运用
20 世纪 60 年代：在一份内部报告中，IBM 认识到了迭代优化的价值与优势，只是 IBM 如此庞大，该报告被束之高阁
1970 年：罗伊斯博士发表了论文《管理大型软件系统的开发》。他阐述了瀑布方法本身的无效性，并建议若要项目成功，至少要迭代两次
20 世纪 70 年代早期：IBM 的联邦系统部和 TRW 公司用迭代方法完成了 1 亿多美元的项目，包括弹道导弹防御计划的命令与控制系统
20 世纪 80 年代：以目标为导向的编程大师格兰迪·布赫（Grady Booch）清晰地表达了"螺旋式开发方法"
1986 年：《哈佛商业评论》发表了《新的新产品开发游戏》
20 世纪 90 年代：杰夫·萨瑟兰和肯·施瓦伯在融合了本田（生鱼片方法）使用的日本 IID 技术和《新的新产品开发游戏》中的概念的基础上创建了一种时间盒的方法，他们称之为 "Scrum"
2001 年：17 位在 DSDM、XP、Scrum、FDD，以及其他精益方法领域的专家聚在一起开会讨论 IID 的未来。这次会议的结果是"敏捷方法"术语的诞生，以及敏捷联盟的创建
2001 年：马克·莱顿成立了 Platinum Edge 公司，它是首批进行敏捷转型服务的公司之一
2004 年：敏捷联盟正式成立
2010 年：美国国防部要求在所有的 IT 项目上应用敏捷技术
2012 年：《敏捷项目管理》（第 1 版）出版
2015 年：《Scrum 指南》（*Scrum For Dummies*）出版
2020 年：《敏捷项目管理》（第 3 版）出版
1930
1940
1950
1960
1970
1980
1990
2000
2010
2020

图 1-2 敏捷项目管理时间线

*注：IID 即迭代与增量开发方法（Iterative and Incremental Development）
NASA 即美国宇航局，IBM 即国际商业机器公司，TRW 即天合汽车集团（Thompson-Ramo-Wooldridge）
DSDM 即动态系统开发方法（Dynamic Systems Development Method）
XP 即极限编程（Extreme Programming），FDD 即特性驱动开发（Feature Driven Development）

这些专家创建了敏捷 12 条原则，用于支持敏捷宣言所倡导的价值观。我们将在第 2 章列出这些原则并更加详细地描述敏捷宣言。

敏捷作为产品开发的术语，是对聚焦于人、沟通、产品和灵活性的方法的一种描述。如果你刻意去找敏捷方法，那么你是找不到的。但是所有有助于实现敏捷的方法（如水晶方法）、框架（如 Scrum）、技术（如用户故事需求）和工具（如相对估算），它们都具有一个共同点：遵循敏捷宣言和敏捷 12 条原则。

小贴士
大用途

敏捷宣言的签署者之一马丁·福勒（Martin Fowler）写道，他们曾讨论过许多词语来命名这场变革，例如轻量级法、适应法以及其他表达，直到最终决定将“敏捷”作为他们所追求的对变化的适应性和响应性的最佳描述词。

其他的同义词还有韧性、灵活和健康。谈及敏捷，我们就会想到健康。健康的组织和团队亦是敏捷的、有韧性的、灵活的以及响应迅速的。

敏捷项目如何运作

敏捷方法基于经验型控制法——一种根据项目中的现实观测而做出决策的流程。在软件开发方法论的环境下，经验型控制法对开发新产品、优化和升级项目是有效的。在对最新工作成果进行频繁且直接的检查时，如有必要，你可以做出快速调整。

- **充分透明**：每一位敏捷项目成员都知道即将做什么以及项目进展如何。
- **经常检查**：投资于产品和流程的人应该定期评估该产品和流程。
- **即时调整**：对细小问题做出快速调整，如果检查表明你应当做出改变，那么你要立即改变。

为了适应频繁的检查和即时调整，敏捷项目按照迭代的方式（把整个项目分解成更小的片段）运作。敏捷产品开发涉及的工作类型与传统瀑布型项目相同：创建需求和产品设计、开发产品特性、记录已完成的特性和原因、持续集成新的特性。你要测试该产品、修复存在的问题，并部署产品以供使用。然而，你无须像瀑布型项目那样，要为所有产品特性一次性完成这些步骤，相反，你需要把项目分割成多个迭代，迭代也称为冲刺（Sprint）。

图 1-3 展示了线性瀑布式项目和敏捷项目的区别。

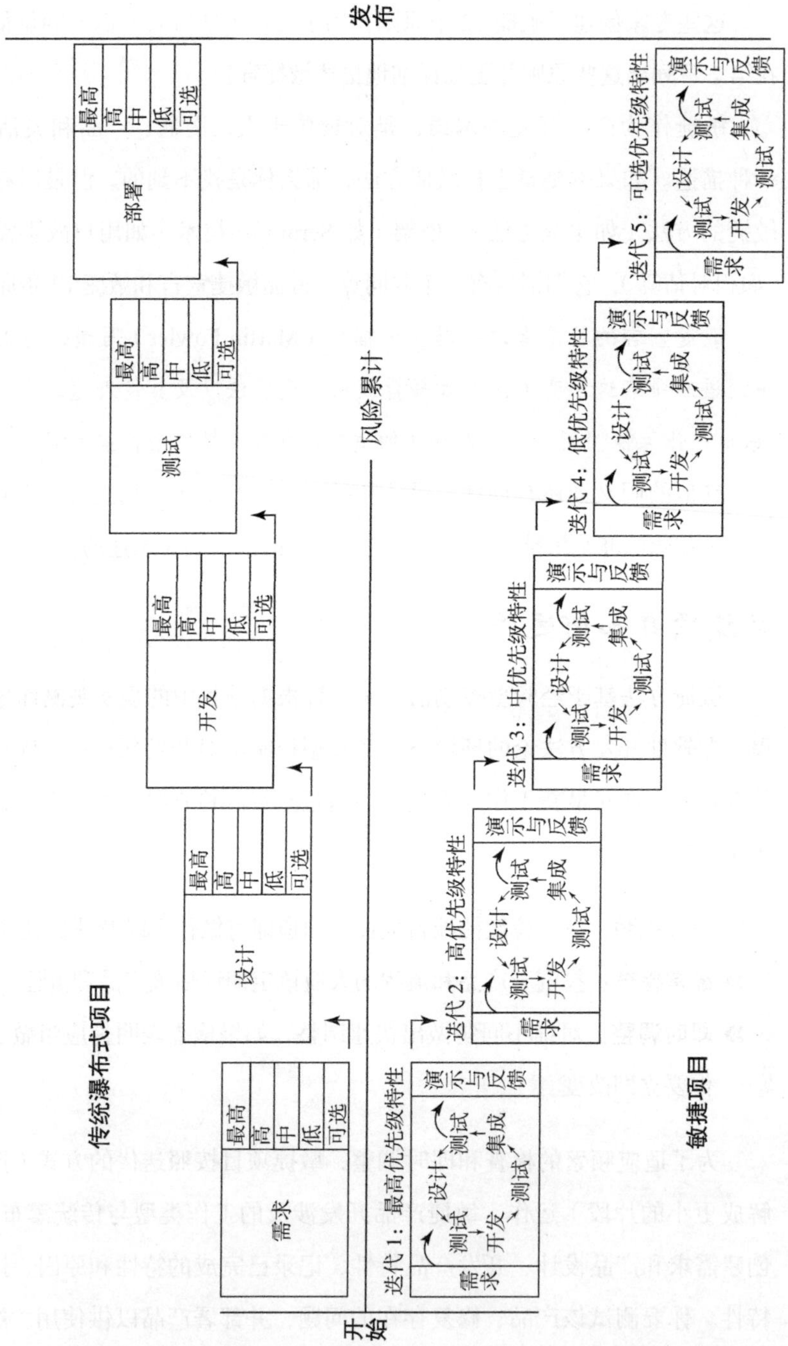

图 1-3 瀑布与敏捷项目对比

不开玩笑！危险！

把传统项目管理方法和敏捷方法进行混合使用，就好比在说："我有一辆特斯拉 Model S，但如果我在左前轮装上马车轮，那么如何才能让我的车和其他特斯拉跑得一样快速和高效？" 答案当然是不可能。但如果你全盘采纳敏捷方法，项目成功的可能性更大。

敏捷项目管理正转变为敏捷产品管理

按照定义，传统项目是指为实现商业论证中计划的特定收益而进行的临时性的团队工作。项目启动是我们对项目了解最少的阶段，然而它却是要确定项目预算、进度计划和预期价值的阶段。当项目结束时，项目团队解散，对项目不熟悉的运营团队被留下来支持客户和产品。如果还有额外的工作需要完成，则需要启动新的项目，组建新的团队，并且他们必须重新熟悉产品架构。项目通常在可交付物投入生产后结束，由其他团队对后续运营工作提供支持并评估项目对业务的影响。

如今，产品被认为是长期性的、创造价值的资产，需要永久性团队以迭代的方式对其进行细化、设计、开发、测试、集成、归档、支持，直到实现商业成果。一个高绩效团队要不断检查和调整产品，直到客户的问题得到解决。此外，团队还会保存来之不易的产品开发知识。团队和客户合作创造价值要高于遵循书面的规定。

我们越来越意识到项目驱动的方法限制了对客户价值的尽早和经常交付。然而，当采用敏捷方法进行产品开发时，你会专注于价值的交付而非对进度和成本的严格监控。当组织根据以下公式决定何时转变优先级时，能最有效地交付价值：

AC+OC>V，即实际成本 + 机会成本 > 价值

当开发产品额外需求的实际成本与未开发其他投资机会的机会成本之和超过剩余产品需求的预期交付价值时，开发团队需要转向开发更有价值的投资机会。

管理项目和开发产品的区别

管理项目和开发产品之间存在三个主要的区别：

- 产品从稳定的、长期的甚至永久性团队中受益最多。
- 产品不仅可以是短期资产，还可以是长期资产。活跃的产品从未真正完成，因为它们需要维护和改进。
- 产品是项目组合的一部分，旨在实现价值的最大化，而不是遵循规范。

永久性团队优于临时性团队

生命周期长的产品最好是由长期的甚至永久性团队进行开发和维护。团队在一起迭代开发新架构并且提升能力和绩效的时间越长，团队就越能理解客户需求，对团队的可预测性就会变得更强。聚焦于项目的团队在特定的一段时间内聚在一起工作，项目结束后，就各自奔向新的项目。当项目结束时，团队总结的经验教训可能不适用于下一个项目，因为人员、技术和客户极有可能是不同的。稳固的永久性团队能够实现信息透明、自我检查和自我调整（经验过程控制）。

小贴士
大用途

永久性并不意味着敏捷产品团队不会改变，团队成员的职业抱负受到限制。然而，团队中的人事变更确实是一个特例而非惯例。那些因个人能力提升而变得更有价值的团队成员，会获得职业发展的机会。理想情况下，永久性团队成员表现得更像一个家庭，而不是一个只针对一个项目的、临时的团队。

产品是长期的资产而非项目可交付物

产品开发是有风险的，因为不确定性因素无处不在。但正是不确性因素才使得敏捷产品开发成为理想的方法。传统项目的任务是在固定的时间期限内完成特定的系统可交付物，然而敏捷产品开发是通过构建可使用的、功能完善的产品增量，并在产品开发过程中不断收集和实现客户反馈来不断迭代，以减少不确定性因素。这样，产品就成了对标客户需求、解决问题的资产。活跃的产品从未完成，因为它们必须被加以维护和改进。

在时间、金钱和人员上的投资，特别是在当下资本支出的策略下，可以将产品转化为既能提高营收又能节约成本的可折旧资产。将产品开发看作是资产创造而非成本支出，可以转变人们的观点。通过敏捷产品开发持续交付客户价值，增加了获得额外资金的可能性。

这叫
技术支持

资本支出（通常被称为“CapEX”）是指公司用于购买、升级和维护实物资产（如房产、建筑、工厂、技术和设备）的资金。CapEX 通常被用于开展公司的新项目或投资。

追求价值高于遵循规范

早期失败是敏捷的主要特征。敏捷团队热衷于通过冒险来创造客户价值。就像科学家一样，他们提出一个假设，在真实的世界中进行测验、评估结果，然后调整假设并再次测验。他们一遍又一遍地重复这个过程，每次迭代都使产品更接近客户的需求。敏捷团队不再遵循大量文档化的规范，而是力求获得客户的真实反馈。在敏捷产品开发中，产品功能的优先级是由对要解决的问题最熟悉的人决定的。

为何敏捷产品开发效果更好

在本书中，你将看到敏捷产品开发如何比传统方法运作得更好。敏捷方法能够创造出更成功的产品。在前面专栏“软件项目的成功与失败”中，我们提到斯坦迪什集团做过一项研究，该研究发现尽管 29% 的传统项目彻底失败，但是采用了敏捷方法后，这个数据下降到只有 9%。敏捷产品开发失败率下降的原因是敏捷团队在频繁地检查进展和客户满意度的基础上对产品进行即时的调整。

下面是敏捷产品开发方法优于传统项目管理方法的一些关键之处。

- **项目成功率**：在本书第 17 章，你将了解为什么在敏捷产品开发中，项目的灾难性失败风险几乎能降低至零。通过对商业价值和风险进行优先级排序，敏捷方法能在早期便确定项目是成功的还是失败的。敏捷方法中对产品开发的全程测试能帮助你尽早发现问题，而不是在花费了大量的时间和金钱之后再去发现问题。
- **范围蔓延**：在第 9 章、第 10 章和第 14 章，你将看到敏捷方法如何在产品开发的全程中适应变化，把范围蔓延的可能性降至最低。按照敏捷原则，你能在每次冲刺开始的时候增加新的需求，而不需要干扰开发流程。通过全面地开发高优先级的特性，你能阻止范围蔓延威胁到关键的功能。
- **检查和调整**：在第 12 章和第 16 章，你将详细了解在敏捷产品开发的过程中如何定期检查和调整工作。通过从完整的开发周期和交付可工作的功能中获得频繁的反馈，敏捷产品开发团队能够在每个冲刺中改进他们的流程和产品。

透过本书的许多章节，你将知晓业务敏捷性如何帮助你获得对产品成果的控制。尽早并经常测试，根据需要调整优先级，使用更好的沟通技术，定期演示并发布产品功能，如果你能做到这些，就能够对各种因素进行微调控制。

第 2 章　运用敏捷宣言和原则

本章内容要点：

- 定义敏捷宣言与敏捷 12 条原则；
- 描述白金原则；
- 理解项目管理发生了什么变化；
- 进行敏捷石蕊测试。

本章描述了敏捷的基础：敏捷宣言及它的四项核心价值观和敏捷宣言背后的 12 条敏捷原则。在这些基本原则的基础上，我们还增加了 3 条白金原则，这些原则是 Platinum Edge 公司（由马克创建）在多年帮助企业提高业务敏捷性的经验基础上精心打造的。

这些基础给产品开发团队提供了评估团队是否遵循了敏捷原则以及他们的行为是否坚守了敏捷价值观所需的信息。当你理解了这些价值观和原则时，你将能提出这样的问题："这是敏捷吗？"并且你会对你的回答抱有自信。要了解更多关于开发团队的内容，请参阅第 7 章。

理解敏捷宣言

在 20 世纪 90 年代中期，互联网就在我们眼前改变了世界。人们在 .com 产业爆炸式发展的持续压力下开展工作，意图采用快速变化的技术成为市场的领跑者。开发团队夜以继日地工作，目的就是希望赶在竞争对手超越自己之前发布新的软件。IT 产业在短短数年间便已发生了天翻地覆的变化。

处于那个时期的变化步伐中，传统项目管理实践不可避免地暴露出了缺陷。使用传统的方法论，比如在第 1 章中讨论的瀑布方法，无法让开发者足够快速地响应市场变化并采用适应商业环境的新方法。于是开发团队开始寻求新的方法来替代这些过时的项目管理方法。在探索过程中，他们关注到一些能够产生更好结果的思路。

2001 年 1 月，17 位探索这些新方法论的先行者们聚在犹他州的滑雪胜地雪鸟滑雪场，分享他们的经验、想法和实践，讨论如何更好地表达这些内容，并且建议改进软件开发的方式。这次会议对项目管理未来所产生的影响超出了他们的想象，他们所创造的简洁明晰的敏捷宣言和随后提出的敏捷原则改变了 IT 业界，继而引发了产品开发在每个行业中的革命，而不仅仅是软件行业。

在接下来的几个月里，这些领导者构建了以下内容。

- **敏捷宣言（最初是敏捷软件开发宣言）**：一份对核心开发价值的刻意精简的表述。
- **敏捷原则**：一组支持产品开发团队交付价值并坚守敏捷的 12 条指导原则。
- **敏捷联盟**：一个专注于支持个人与组织应用敏捷原则和实践的社区开发组织。

这些工作的目的是促进软件产业更有创造力、更加人性化以及更加具有可持续发展性。

敏捷宣言是一份强有力的声明，发布者用了不到 75 个英文单词加以精心地表达。

敏捷软件开发宣言*

我们一直在实践中探寻更好的软件开发方法，身体力行的同时也帮助他人。由此，我们建立了如下价值观：

个体和互动高于流程和工具；

可工作的软件高于详尽的文档；

客户合作高于合同谈判；

响应变化高于遵循计划。

也就是说，尽管右项有其价值，但我们更重视左项的价值。

*敏捷宣言 Copyright © 2001：肯特·贝克，迈克·毕多，阿利·冯·贝纳昆，阿利斯泰·科克伯恩，沃德·坎宁安，马丁·福勒，詹姆斯·格兰宁，吉姆·海史密斯，安德烈·亨特，龙·杰弗里斯，乔恩·科恩，布莱恩·马里克，罗伯特·C·马丁、史蒂夫·梅洛，肯·施瓦伯，杰夫·萨瑟兰，戴夫·托马斯。

此宣言可以任何形式被自由地复制，但其全文必须包含上述声明在内。

无可否认，敏捷宣言是一份精确且权威的声明。当传统方法还在强调严格的计划、避免变更、记录一切并鼓励层级化控制时，该宣言已经聚焦于：

- 人；
- 沟通；
- 产品；
- 灵活性。

敏捷宣言代表了在如何构想、开发和管理产品方面的巨大转变。仅仅阅读宣言的左项，我们就能理解敏捷宣言的创建者们所展望的新范式。他们发现通过将更多的注意力放在个体和互动上，团队将能通过有价值的客户合作和对变更的积极响应更富有成效地交付可工作的软件。相比之下，主要关注流程和工具的传统项目管理方法往往为了遵循合同谈判和一成不变的计划而生成了详尽的或者过量的文档。

研究和经验都表明了为何敏捷价值观如此重要。

- **个体和互动高于流程和工具**：为什么？因为研究表明，当个体和互动得到正确对待时，工作绩效可以提高 50 倍。正确的做法之一是让开发团队集中办公，并配备一名经过授权的产品负责人。
- **可工作的软件高于详尽的文档**：为什么？因为在本次冲刺期间，未能测试和纠正的缺陷在下次冲刺中需花费 24 倍以上的人力投入及相应的成本。在功能被部署上市后，如果是由未参与到产品开发的生产支持团队进行测试和维修工作，则成本会增加 100 多倍。
- **客户合作高于合同谈判**：为什么？因为一个专职的产品负责人可以通过向开发团队即时澄清，使客户需求的优先级与开发团队正在进行的工作保持一致，从而使生产率提高 4 倍。
- **响应变化高于遵循计划**：为什么？通过瀑布型方法开发的 80% 的特性不经常或者从未被使用（如第 1 章所述）。虽然制订计划是至关重要的，但是开始阶段却是我们知道的最少的阶段。产品开发团队并不比瀑布型团队计划得少，其计划和他们一样多甚至比他们还多。然而，团队采取的是一种准时制（Just-In-Time，JIT）的方法，即在需要的时候规划得刚好够，以支持战略性的产品愿景和路线。在此过程中，调整计划以适应现状是敏捷团队避免功能浪费和交付让客户满意的产品的方法。

敏捷宣言的创建者们最初聚焦于软件开发是因为他们都来自 IT 行业。然而，敏捷技术已经从软件开发领域快速传播并扩展到计算机相关产品以外的其他领域。如今，Scrum 等敏捷方法正在颠覆包括生物技术、制造、航空航天、工程、营销、建筑、金融、航运、汽车、公用事业以及能源在内的各个行业，其中，苹果、微软以及亚马逊等企业走在敏捷的前列。针对你所提供的产品或服务，如果你希望得到早期的经验性反馈，那么你就能从敏捷方法中获益。

《2017—2018 年 Scrum 状态调查报告》中引用了一位 Scrum 联盟理事会成员的话："任何不经历敏捷转型的组织都会走向灭亡，这跟拒绝使用电脑的公司是一样的。"

敏捷宣言和敏捷原则起源于软件行业，全书在引用敏捷宣言和敏捷原则时完整地保留了这些语句。但如果你所创建的不是软件产品，你在阅读的时候可以尝试用你的产品来替代。敏捷价值观和原则适用于所有的产品开发活动，而不仅仅是软件。

敏捷宣言的四项核心价值观

敏捷宣言源自经验而非理论。当你在接下来的章节中重温这些价值观时，请考虑如果你将它们应用到实践中时，这些价值观意味着什么？这些价值观是如何对产品的及时上市、变更的处理以及对人们创新活动的评估进行支持的？

尽管敏捷价值观没有被创建者们编号，但为了便于参考，我们在整本书中都对它们进行了编号。编号与它们在敏捷宣言中的顺序相符。

价值观 1：个体和互动高于流程和工具

当你能够让产品开发中的每一位成员都贡献他 / 她的独特价值时，结果将非常可观。当这些成员的互动聚焦于解决问题时，一致的目标就能形成。此外，用于达成协议的流程和工具要比传统方法中的流程和工具简单得多。

一次充分讨论产品问题的简单交谈就可以在相对较短的时间里解决许多问题。试图用电子邮件、电子表格和文档去替代直接交谈，会产生大笔的开销并使进度延期。这些被管理和控制的沟通类型不仅不能提高清晰度，反而会含糊不清且浪费时间，并且会导致开发团队在创造产品的工作中分散注意力。

考虑一下，如果你更重视个体与互动的价值，那么这将意味着什么？表 2-1 展示了重视个体和互动与重视流程和工具之间的一些差异。

记住比较好

如果流程和工具被视为管理产品开发以及与之关联的任何事情的必由之路，那么人们及其工作方法必须与这些流程和工具保持一致，这种一致性使得人们适应新的想法、需求和思考变得困难。然而，敏捷方法认为人比流程更有价值，对个人和团队的强调使得人们更专注于他们的创新和解决问题的能力。在敏捷产品管理中，你也会使用流程和工具，但是它们被刻意精简，并直接支持产品创造。流程和工具越强大，你越需要花费更多的精力去关注它，也越需要遵从它。然而，重视个体和团队的力量并坚持以人为本，则会使生产力实现质的飞跃。敏捷环境以人为本，并倡导共同参与，从而使人们更容易适应新的想法和创新。

表 2-1 个体和互动与流程和工具的对比

	个体和互动	流程和工具
优点	• 沟通是清楚和有效果的 • 沟通是快速和有效率的 • 因为人们在一起工作，所以团队工作变得强大 • 开发团队能够自组织 • 开发团队有更多机会去创新 • 开发团队可以根据需要迅速调整流程 • 开发团队成员能为产品担负主人翁角色 • 开发团队成员能有更高的工作满意度	• 流程是清楚的并且易于遵循 • 有沟通的书面记录
缺点	• 为了实现对团队更多的赋能，减少对团队的命令和控制，管理层需要摒弃传统的领导方式 • 人们只有放下自我、融入团队，才能干好工作	• 人们可能过于依赖流程，而不是找到创建好产品的最佳方式 • 一种流程未必适合所有团队——不同的人具有不同的工作方式 • 一种流程未必适合所有产品 • 沟通可能会含糊且费时

价值观 2：可工作的软件高于详尽的文档

开发团队应当专注于生产出可工作的功能。在敏捷产品开发中，衡量你是否真正实现产品需求的唯一标准是生产出与该需求相对应的可工作的功能。对于软件产品来说，可工作的软件意味着该软件符合所谓的完工定义（DoD）：至少是已开发、已测试、已集成和已归档。毕竟，可工作的软件才是投资的初衷。

你是否曾经在汇报会议中做出类似的报告：你已完成了项目工作的 75%？如果你的客户说："我们已经没钱了，现在能拿走这已完成的 75% 的项目吗？"你将怎么回答？在传统项目中，你并没有任何可工作的软件给到你的客户——传统上的 75% 意味着你的进展是 75%，但是完成度是 0。然而，在敏捷产品开发中，根据完工定义，你已经实现了 75% 的产品需求——并且是最高优先级的那 75% 的需求，是可工作的、潜在可交付的功能。

记住比较好

尽管敏捷方法源自软件开发，但你也能在其他类型的产品中加以使用。第 2 条敏捷价值观就可以简单地表述为"可工作的功能高于详尽的文档"。

必须对干扰开发有价值的功能的任务进行评估，以确定它们对可工作产品的创建是支持还是削弱。表 2-2 列举了一些传统项目文档及其有用性的分析。请思考你最近参与的项目中所使用的文档是否能为交付给客户的功能增加价值。

表 2-2　识别文档是否有用

文档	文档是否支持产品开发	文档是"刚好够"还是"镀金"
使用昂贵的项目管理软件创建的甘特图形式的项目进度计划	否 包含贯穿始终的详细任务和日期的进度计划总是超出产品开发所需。同时，这里面很多的细节在你开发未来特性时会发生变化	镀金 尽管项目经理可能花很多时间来创建和更新项目进度计划，但事实上，项目团队成员常常只想知道关键的交付日期。管理层通常只想知道项目是否会按时、提前或延后完成
需求文档	是 所有产品都有需求——关于产品特性和要求的细节。开发团队需要知道这些需求来创建产品	可能镀金，应当刚好够 需求文档很容易增加冗余的细节。敏捷方法为支持与产品需求相关的对话提供了简单的方法
产品技术规范	是 记录你创建产品的过程能使未来的变更更加容易	可能镀金，应当刚好够 敏捷文档通常言简意赅——开发团队一般没有时间加以润色，希望简化文档
每周状态报告	否 每周状态报告是用来进行管理的，而不是支持产品创建	镀金 知道项目状态是有用的，但是传统的状态报告包含了过时的信息，并且跟必要性相比，更多的是负担
详细的沟通计划	否 一份联系人列表或许有用，但许多沟通计划中的细节对产品开发团队是无用的	镀金 沟通计划经常最终成为一种工作文档——使这份工作看上去异常的忙碌

敏捷产品开发中的术语“刚好够”（Barely Sufficient）是个褒义词，意味着项目中的任务、文档、会议或者几乎所有需要创建的东西达到实现目标的程度即可。“刚好够”代表着实用和效率——是足够的、刚刚好。“刚好够”的反义词是“镀金”，意味着在特性、任务、文档、会议或其他任何事情上增加不必要的努力。

所有的开发工作都需要一些文档。然而在敏捷产品开发中，只有当它们能以最直接、不拘泥于形式的方式支持开发工作并“刚好够”满足可工作的产品的设计、交付和部署时，才是有用的。敏捷方法极大地简化了与时间、成本控制、范围控制或报告相关的行政文书工作。

我们经常在编写一份文档时停下来并看看有谁在抱怨。一旦我们知道该文档的请求者，我们将尽力去了解这份文档为什么是必须有的。这种情形下的“五问法”（5 Whys）很管用——在每个回答后连续问“为什么”，以获得需要该文档的根本原因。一旦你知道需要该文档的核心原因，那么接下来就看你怎么使用敏捷方法或精简的流程来满足该需求。

产品开发团队制作的文档不仅精简，且需要对其进行维护的时间少，同时又能及时地从中发现潜在的问题。在接下来的章节里，你将了解如何创建并使用简单的工具（诸如产品待办事项列表、冲刺待办事项列表、任务板）让团队理解需求并评估每日项目的实时状态。敏捷方法让团队将更多时间投入在开发上而不是文档上，从而能够更有效地交付可工作的产品。有关产品待办事项列表的信息，请参阅第 9 章；要了解更多关于冲刺待办事项列表的内容，请参阅第 10 章。

价值观 3：客户合作高于合同谈判

客户不是敌人，真的。

在传统项目管理方法中，客户通常只能参与以下几个开发阶段。

- **项目开始**：当客户和项目团队谈判合同细节时。
- **项目中任何范围变更**：当客户和项目团队就合同变更进行磋商时。
- **项目结束**：当项目团队交付完整的产品给客户时。如果产品没有达到客户的期望，项目团队和客户将针对合同的补充变更进行谈判。

这种聚焦于谈判、避免范围变更以及限制客户直接参与的传统，不但阻碍了有价值的客户输入，而且会在客户和项目团队之间造成对立关系。

你对产品的了解一定会比刚开始开发时更多。在产品开发刚开始时就在合同中锁定产品细节，意味着你要在不完整的认知下做出决策。随着对产品的了解加深，如果你能够灵活地适应变更，那么，最终你将创造出更好的产品。

这些敏捷开创者们认识到，合作而非对抗能够产出更好、更精益、更有用的产品。在这样的思想指导下，敏捷方法论总是将客户看作产品开发的一部分。

在实践中使用敏捷方法，你将体验到客户与产品开发团队之间的伙伴关系。你在产品开发过程中的发现、质疑、学习与调整都将成为例行的、可接受的和系统化的步骤。因此，在这种伙伴关系中，开发团队可以交付出更符合客户需求的优质产品。

价值观 4：响应变化高于遵循计划

变化是创建伟大产品的有价值的工具。通常如果能快速响应客户、产品用户和市场，团队就能开发出符合人们需要的、有用的产品。

不幸的是，传统的项目管理方法试图摞倒变更这个“怪物”，并把它牢牢钉在在地上，使其失去知觉。严格的变更管理程序和不能适应新产品需求的预算结构使得变更很困难。传统的项目团队经常发现他们盲目地遵从计划，而错失了创建更有价值的产品的机会，或者更糟糕的是，他们无法及时地响应不断变化的市场条件。

图 2-1 展示了在传统项目中变更的时间、机会与变更的成本之间的关系。当时间以及你对产品的认知增加时，变更的能力在降低，并且成本在增加。

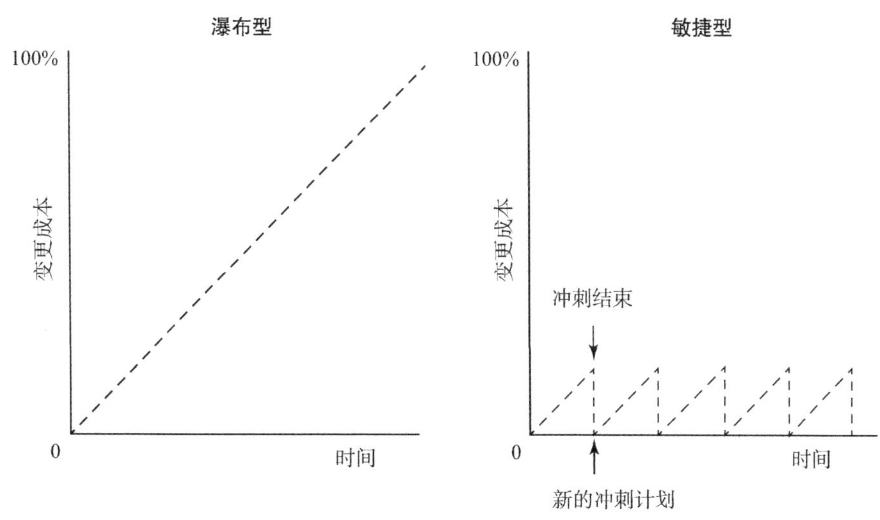

图 2-1 传统项目和敏捷项目变更的机会

相比之下，敏捷开发能系统地适应变更。敏捷方法的灵活性实际上提高了产品开发的稳定性，因为产品变更是可预测并可管理的。换言之，变更对于产品开发团队而言是意料之中的，而非颠覆性的。在后面的章节中，你将发现如何使用敏捷方法制订计划、开展工作和进行优先级排序，从而使团队快速响应变更。

随着新活动的展开，团队将这些现实状况纳入正在进行的工作中。任何新的事项都可以成为提供额外价值的机会，而不是要避免的障碍，进而给开发团队提供更大的成功的机会。

定义敏捷 12 条原则

在敏捷宣言发布之后的数月，创建者继续保持沟通。为了支持团队向敏捷过渡，他们为宣言的 4 个价值观增添了 12 条指导性原则。

这些原则，加上白金原则（稍后将在“附加白金原则”一节中进行解释），能够作为石蕊测试，用于判断一个团队的具体实践是否真正符合向敏捷过渡的意图。

以下是原始的 12 条原则的文本，由敏捷联盟在 2001 年发布。

第 1 条 我们最优先考虑的是通过尽早和持续不断地交付有价值的软件来使客户满意。

第 2 条 即使在开发后期也欢迎需求变更。敏捷流程利用变更为客户创造竞争优势。

第 3 条 采用较短的项目周期（从几周到几个月），不断地交付可工作的软件。

第 4 条 业务人员和开发人员必须在整个项目期间每天一起工作。

第 5 条 围绕富有进取心的个体而创建项目。为他们提供所需的环境和支持，信任他们所开展的工作。

第 6 条 不论团队内外，传递信息效果最好且效率最高的方式是面对面交谈。

第 7 条 可工作的软件是测量进展的首要指标。

第 8 条 敏捷流程倡导可持续开发。发起人、开发人员和用户要能够长期维持稳定的开发步伐。

第 9 条 坚持不懈地追求技术卓越和良好设计，从而增强敏捷能力。

第 10 条 以简洁为本，最大限度地减少工作量。

第 11 条　最好的架构、需求和设计出自自组织团队。

第 12 条　团队定期反思如何能提高成效，并相应地调整自身的行为。

这些敏捷原则为开发团队提供了实践指南。

对这 12 条原则的另外一种组织方式是以下 4 个不同的组合。

- 客户满意；
- 质量；
- 团队工作；
- 产品开发。

下面将根据这些组合来讨论这些原则。

客户满意的敏捷原则

敏捷方法聚焦于让客户满意，这合乎情理。毕竟客户才是开发产品的首要原因。

尽管敏捷 12 条原则都支持使客户满意的目标，但前 4 条原则尤为突出。

第 1 条　我们最优先考虑的是通过尽早和持续不断地交付有价值的软件来使客户满意。

第 2 条　即使在开发后期也欢迎需求变更。敏捷流程利用变更为客户创造竞争优势。

第 3 条　采用较短的项目周期（从几周到几个月），不断地交付可工作的软件。

第 4 条　业务人员和开发人员必须在整个项目期间每天一起工作。

你可以采用多种方式来定义一个产品的客户。

- 客户是为产品出资的个人或群体。
- 在有些组织中，客户可以是组织以外的顾客。
- 在其他组织中，客户可以是组织内部的一个或一组干系人。
- 最终使用产品的人也是客户。但为了便于区分并且和原始的敏捷 12 条原则保持一致，故在本书中称这些人为用户。

如何贯彻并落实这些原则？你可以参考下列方法。

» Scrum 团队（Scrum 是第 5 章中详细描述的一种常用的敏捷框架）设置产品负责人（Product Owner），由其负责把客户心中想要的翻译成产品需求。要想了解更多关于产品负责人的角色，请参阅第 7 章。

» 产品负责人根据业务价值或风险对产品特性进行优先级排序，并与开发团队进行沟通。开发团队在较短的开发周期（称为“迭代”或“冲刺”）中交付列表中最有价值的特性。

» 产品负责人每天保持深度参与，以便澄清优先级和需求、做出决策、提供反馈以及快速解答产品开发过程中突然出现的许多问题。

» 频繁地交付可工作的产品特性，让产品负责人和客户对于产品开发状态有全面的了解。

» 随着开发团队每 1~8 周或更短时间持续交付完成的、可工作的和潜在可交付的功能，整个产品的价值随着它的可用功能的增加而逐步提升。

» 客户的投资价值是通过在产品开发过程中定期收到新的、可使用的产品功能而不断累积的，并非通过等到最后一刻才第一次甚至是仅有的一次交付可发布的产品特性来体现。

在表 2-3 里，我们列出了一些在产品开发期间通常面临的客户满意度问题。你可以使用表 2-3 收集你遇到的一些客户不满意的例子。你认为使用敏捷方法后会有所不同吗？为什么会或者为什么不会？

表 2-3　当客户不满意时，敏捷如何能加以帮助

产品开发中客户不满意的例子	敏捷方法如何提升客户满意度
产品需求被开发团队误解	产品负责人与客户紧密合作定义和细化产品需求，并将其清晰地提供给开发团队 产品开发团队定期演示并交付可工作的功能。如果产品没有按客户所设想的那样工作，那么客户可以在冲刺结束时提供反馈意见，而不是等到开发结束时，因为那时反馈就太晚了
当客户需要时，产品不能交付	冲刺的工作能使开发团队尽早并经常交付高优先级的功能
没有额外的成本和时间，客户就不能请求变更	敏捷流程是为变更而建立的。开发团队能适应新的需求、需求更新以及每个冲刺的优先级调整——通过去除最低优先级需求（可能永远不会使用或很少使用的功能）来抵消这些变更的成本

小贴士
大用途

让客户满意的敏捷策略如下：

» 在每次迭代中，首先产出最高优先级特性；

- 理想情况下，把产品负责人和其他团队成员集中在一起办公，以消除沟通障碍；
- 把需求分解成可以在短期迭代中交付的小价值模块；
- 书面需求越简单越好，推进更加积极有效的面对面沟通；
- 当每项功能完成时，让产品负责人进行验收；
- 定期重新回顾 / 检查特性列表，以确保最有价值的需求始终具有最高优先级。

质量的敏捷原则

产品开发团队每天都在承诺他们创造的每个产品增量的生产质量——从文档开发、集成到测试结果。每位团队成员都贡献了他 / 她最好的工作成果。尽管敏捷 12 条原则都支持质量交付目标，但以下原则尤为突出。

第 1 条　我们最优先考虑的是通过尽早和持续不断地交付有价值的软件来使客户满意。

第 3 条　采用较短的项目周期（从几周到几个月），不断地交付可工作的软件。

第 4 条　业务人员和开发人员必须在整个项目期间每天一起工作。

第 6 条　不论团队内外，传递信息效果最好且效率最高的方式是面对面交谈。

第 7 条　可工作的软件是测量进展的首要指标。

第 8 条　敏捷流程倡导可持续开发。发起人、开发人员和用户要能够长期维持稳定的开发步伐。

第 9 条　坚持不懈地追求技术卓越和良好设计，从而增强敏捷能力。

第 12 条　团队定期反思如何能提高成效，并相应地调整自身的行为。

这些原则在日常实践中可以描述如下。

- 开发团队成员在技术质量的构建上必须具有完全的主导权并被授予解决问题的权力。他们承担着决定如何创建产品、完成创建产品所需的技术工作以及组织产品开发的责任。没有参与这项工作的人员不能指导团队成员如何去开展这些工作。
- 敏捷软件开发需要敏捷架构，以使产品编码和测试模块化，并具有灵活性和可扩展性。产品设计需要用来解决当前的问题，并且尽可能简单地处理不可避免的变更。

- 一套纸面上的设计永远不会告诉你哪些是可以工作的，因为纸面上的任何事都是可行的。当产品质量达到在短期内能被演示并最终交付时，每个人将知道产品在冲刺结束时是可以工作的。
- 当开发团队完成特性时，团队向产品负责人展示产品功能，以确认产品是否符合验收标准。产品负责人的评审贯穿整个迭代，理想的评审时间是需求开发完成之日。即使在特性开发期间，产品负责人的反馈有时也是必要的。
- 在每个迭代（对于大多数团队来说，持续 2 周或者更短的时间）结束时，把可工作的功能向客户演示。这样，进度显而易见且易被测量。
- 测试是开发中不可或缺且持续进行的一部分，它每天都在进行，而非等到迭代周期结束才做。尽可能地进行自动化测试。要了解更多关于自动化测试的内容，请参阅第 17 章。
- 在软件开发中，以微小增量的方式来检查代码是否经过测试、能否与以前的版本集成，这种增量可能一天发生几次（在一些诸如谷歌、亚马逊和脸书这样的组织中，这种增量甚至一天会发生成千上万次）。这个流程被称为持续集成（Continuous Integration，CI），它有助于确保当新代码加进原有代码库时，整个解决方案能够持续工作。
- 在软件开发中，保持技术领先的方法包括建立代码编写标准、使用面向服务的架构、采用自动化测试以及针对将来的变更进行构建。

敏捷原则不仅仅适用于软件产品。无论你是在策划一场营销活动、出版书籍，还是在进行生产或研发工作，保持技术领先都是至关重要的。所有领域都有一套团队可以一直用来构建质量的技术实践。

敏捷方法提供了以下针对质量管理的策略：

- 在产品开发之初定义“完成”意味着什么（也就是可交付），然后使用该定义作为高质量产品的标杆；
- 通过自动化方式每天进行积极的测试；
- 根据需要，仅构建那些必需的功能；
- 评审软件代码并进行精简（重构）；
- 向干系人和客户只展示已经被产品负责人验收过的功能；

- 在每天、每个迭代以及整个产品生命周期中设置多个反馈时点。

团队工作的敏捷原则

团队工作对于敏捷产品开发至关重要。创建良好的产品需要所有团队成员（包括客户和干系人）的通力合作。敏捷方法支持团队构建和团队工作，并强调在自管理式的开发团队中建立信任。一个永久的、熟练的、富有进取心的、统一的和被赋能的团队才是成功的团队。要了解更多关于永久性团队的内容，请参阅第 8 章。

尽管这 12 条原则都支持团队工作的目标，但以下原则在支持团队赋能、高效和卓越方面尤为突出。

第 4 条　业务人员和开发人员必须在整个项目期间每天一起工作。

第 5 条　围绕富有进取心的个体而创建项目。为他们提供所需的环境和支持，信任他们所开展的工作。

第 6 条　不论团队内外，传递信息效果最好且效率最高的方式是面对面交谈。

第 8 条　敏捷流程倡导可持续开发。发起人、开发人员和用户要能够长期维持稳定的开发步伐。

第 11 条　最好的架构、需求和设计出自自组织团队。

第 12 条　团队定期反思如何能提高成效，并相应地调整自身的行为。

小贴士
大用途

敏捷方法专注于可持续开发。作为知识型员工，我们的大脑就是我们带给产品开发的价值。仅从团队利益出发，组织需要的是那些始终充满活力且头脑清醒的员工。保持一个有规律的工作节奏，而不是经常超负荷地紧张工作，有助于团队成员保持思路敏锐并交付高质量的产品。这一事实早在 1908 年就为人们所知，当时恩斯特·阿贝（Ernst Abbe）将每天的工作时长从 12 小时减少到 8 小时，并对增加的累积产出进行了量化。《疲劳和不安的经济学》（*The Economics of Fatigue and Unrest*）的作者萨金特·弗洛伦斯（P.Sargant Florence）也指出了，8 小时工作制的产出比 9 小时工作制高出 16%~20%。

以下是一些可以用于实现团队工作愿景的实践：

- 确保开发团队成员有合适的技能和上进心；

- 为任务的完成提供足够的培训；
- 支持自组织团队决定做什么和怎么做，不需要让管理者来告诉团队做什么；
- 让团队成员作为一个整体而非个体来承担责任；
- 面对面沟通，快速、有效地传递信息。

设想你通常使用电子邮件与莎伦沟通。你先花时间构思你的信息并发送。该信息停留在莎伦的收件箱中，直到最终她来阅读。如果莎伦有任何问题，她会写一封回复邮件并发送。她发送的信息到达你的收件箱，直到你最终打开。如此这般反复，这种打乒乓球式的沟通效率太低且不适合在快速迭代中使用。一个 5 分钟的讨论就可以迅速地解决问题并且减少误解产生的风险，从而降低延误的成本。

- 通过全天自发地进行交谈来学习知识、增强理解和提高效率。
- 团队成员集中办公、位置靠得近可以提高沟通效率。如果集中办公不可能，那么请优先使用视频而不是电子邮件。依赖书面沟通进行协作的团队工作效率较低，并且更容易在沟通上出错。团队内部的书面沟通实则是一种累赘。
- 确保经验教训总结是持续的反馈循环而不是仅仅发生在项目结束时。当每个迭代结束时，应该进行回顾，及时地反省和调整，这么做能够提升开发团队的生产力，创造出更高的效率。在开发结束时举行的经验教训总结会价值最小，因为在下一个产品创建中，参与的团队和要开展的实践可能都会不同。要了解更多关于回顾会议的内容，请参阅第 12 章。
- 第一次回顾会议和后面的任何回顾会议一样有价值（甚至更有价值，）因为一开始团队有机会做出变更，从而使产品开发的后续工作受益。

以下策略促进了团队有效地工作。

- 开发团队集中办公，为有效的、实时的沟通扫清物理障碍。
- 创建一个有利于协作的物理环境：一个有白板、彩色笔和其他有助于开发和传递想法的触觉工具的团队房间，可以确保团队成员达成共识。
- 创建一个鼓励团队成员说出他们的想法的环境。
- 尽可能面对面沟通，如果通过交谈能处理问题，就不要发电子邮件。
- 如果有需要，当天就澄清所有的疑问。
- 鼓励开发团队自己解决问题，而不是让经理为开发团队解决问题。
- 抵制对团队成员进行洗牌的诱惑，努力使团队成长为一个稳定、永久、高绩效、能力不断提升的团队。

一个长远的产品观离不开长期的、永久性团队。一支高绩效的团队需要数年时间才能建立起来。从逻辑上来讲，他们对客户的了解、从每次产品发布中获得的反馈、对产品提供的支持以及产品开发环境无不鼓励团队要尽可能保持稳定。部分团队成员可能在团队之外寻求新的职业发展机会，但是在大多数情况下，团队应尽可能保持稳定，以实现价值的最大化。随着每个新特性的交付，团队趋向稳定，从而能够为客户的产品使用提供支持，并在这个过程中不断学习。

产品开发的敏捷原则

产品管理中的敏捷性围绕以下 3 个关键领域：

- 确保开发团队富有成效并能在长时间内以可持续的方式提高生产力；
- 不需要通过询问来中断开发活动流程，即可确保干系人能够随时看到产品进展的信息；
- 一旦出现新的特性请求就进行处理，并把它们纳入产品开发周期。

敏捷方法聚焦于规划和执行工作，以生产出能够发布的最好的产品。该方法支持开放的沟通，能够避免分散精力和浪费性的活动，确保每个人都清楚产品开发的进展。

尽管这 12 条敏捷原则都支持产品管理，但以下原则尤为突出。

第 1 条 我们最优先考虑的是通过尽早和持续不断地交付有价值的软件来使客户满意。

第 2 条 即使在开发后期也欢迎需求变更。敏捷流程利用变更为客户创造竞争优势。

第 3 条 采用较短的项目周期（从几周到几个月），不断地交付可工作的软件。

第 7 条 可工作的软件是测量进展的首要指标。

第 8 条 敏捷流程倡导可持续开发。发起人、开发人员和用户要能够长期维持稳定的开发步伐。

第 9 条 坚持不懈地追求技术卓越和良好设计，从而增强敏捷能力。

第 10 条 *以简洁为本，最大限度地减少工作量。*

以下是采用敏捷产品管理方法的一些优势。

- 敏捷产品开发团队可以更快地实现产品上市，并相应地节约成本。相比传统方法，敏捷方法最大限度地减少了在瀑布型项目早期通常要做的详尽的预先规划和文档，所以能更早地启动开发工作。
- 产品开发团队是自组织和自管理的。通常用于指导开发人员如何开展工作的管理工作可以被用来消除那些减慢开发团队进度的障碍和干扰。
- 敏捷开发团队决定在每次迭代中所需完成的工作量，并承诺实现这些目标。主人翁意识是敏捷方法有别于其他方法的根本，因为是开发团队自己做出了承诺，而不是遵守外部的承诺。
- 使用敏捷方法的人会问：“在仍然可以增加价值的情况下，我们可以设定的最低目标是什么？”而不是专注于把所有可能需要的特性和额外的改进都包括进去。敏捷方法通常意味着精简，即编制刚好够的文档、去掉不必要的会议、避免低效的沟通（例如电子邮件），并最大限度地降低底层代码的复杂性（刚好够让它工作就行）。

编写对产品开发没有帮助的复杂文档纯属浪费精力。记录一项决策的文档是必要的，但是你不需要用很多页去记录形成决策的历史和细微差别。保持文档“刚好够”，你将有更多的时间去专注于支持开发团队。

- 如果将开发工作按照几周或持续时间更短的冲刺周期拆分，你就能在坚持当前迭代目标的同时适应接下来的迭代变更。在整个开发过程中，每个冲刺的时间要保持一致，从而让团队长期处于一个可预测的开发节奏中。
- 规划、需求提炼、开发、测试和功能演示都在一个迭代中发生，这样可以降低长时间走错方向或开发出客户不想要的东西的风险。
- 敏捷实践鼓励富有成效的、健康的、稳定的开发节奏。例如，在流行的极限编程（XP）敏捷软件开发方法中，每周最多工作 40 小时，首选 35 小时。敏捷产品开发，尤其从长期来看，具有稳定性和可持续性，并更加富有成效。

传统方法通常会进行“死亡行军”，即为了达成先前未确定和不现实的截止日期，在开发结束前数天甚至数周加班加点。在“死亡行军”过程中，生产率急剧下降，并且将有更多的缺陷产生，因为缺陷需要在不中断其他功能模块的前提下进行纠正，所以缺陷纠正堪称是成本最高的可以被执行的工

作。缺陷通常是由系统超负荷运作——特别是不可持续的工作节奏导致的。

- 敏捷方法使优先级、现有产品的开发经验以及最终每次冲刺中的开发速度清晰可见，这有助于团队很好地判断在给定时间内能够完成或应该完成多少工作量。

如果你以前曾在传统项目中工作过，或许你对项目管理活动有基本的理解。在表 2-4 中，我们列出了一些项目管理的任务，以及你如何用敏捷方法满足那些需求。请使用表 2-4 来观照你之前的经验，并且思考敏捷方法较之传统项目管理有何不同。

表 2-4　传统项目管理和敏捷产品管理的对比

传统项目管理的任务	用敏捷方法完成产品开发的任务
在项目初期创建详尽的项目需求文档。在项目过程中试图控制需求变更	创建产品待办事项列表——一份简单的按优先级排序的需求列表。在产品开发期间，如果需求和优先级发生变更，则可以快速更新产品待办事项列表
与所有项目干系人和开发成员召开每周状态会议。每次会议之后，分发详细的会议纪要和状态报告	开发团队每天工作开始之前，召开不超过 15 分钟的会议，以统筹协调当天的工作和任何障碍。在每天工作结束时最多花 1 分钟来更新在团队中心区域可见的燃尽图 包括干系人在内的任何人，如有需要，都可以看到产品开发的实时进度
在项目初期创建一份详尽的包含所有任务的项目进度计划，试图保持项目任务按进度计划开展，并定期更新进度计划	按冲刺开展工作，并只为当前的冲刺确定具体任务
给开发团队分配任务	通过移除障碍和干扰来支持开发团队。开发团队负责定义并主动完成（而不是由别人来推进）他们自己的任务

成功的产品开发是由以下敏捷方法促进的：

- 为开发团队提供实时的问题解答，使其免受竞争的优先事项的影响，赋能团队制定解决方案并决定每次迭代中要完成的工作量；
- 制作“刚好够”的文档；
- 精简状态报告，使开发团队能够短时间把信息推送出去，而不是让项目经理花费大量的时间来提取有用的信息；
- 最小化非开发任务；
- 树立信心，认为变更是正常且有益的，而不是让人惧怕和躲闪的东西；
- 采用准时制（JIT）的需求细化方式，以最大限度地减少变更干扰或工作浪费；

- 与开发团队合作，建立现实的进度计划与目标；
- 保护团队远离组织安排的、与产品目标无关的工作，这些工作可能影响产品目标的完成；
- 理解工作与生活的适当平衡是高效开发的组成部分；
- 将产品视为长期投资，需要永久性团队追求价值高于遵循规范。

附加白金原则

根据我们在全球帮助大、中、小型组织的团队向敏捷产品开发转型的实战经验和现场测试，我们发展了被称之为“白金原则”的敏捷产品开发的3个附加原则。它们是：

- 抵制形式化；
- 将团队视为整体的思考与行动；
- 可视化而非书写。

你能在接下来的几小节中探索每项原则的具体细节。

抵制形式化

即便是最敏捷的产品开发团队也可能会走向过度形式化。例如，团队成员要等到进度计划中的会议召开，才去讨论本来几秒钟就可以解决的简单问题，这对我们来说并不少见。这些会议通常有议程和会议纪要，并需要为参会做一定程度的动员和遣散。在敏捷方法中，这种过度形式化是不需要的。

不开玩笑！危险！

你应当经常质疑形式化和没必要的华丽的展示。例如，是否有更容易的方法获取你所需要的内容？当前的活动如何尽可能快地支持高质量的产品开发？对这些问题的回答有助于你专注于高效的工作并避免无谓的任务。

在敏捷系统中，物理工作环境和讨论都是开放而畅通无阻的。文档只需保持最低的数量和复杂度，以便为产品贡献价值而非造成阻碍。花哨的展示（比如过度装饰的报告）要加以避免。专业且友好的沟通有利于团队协作，整个组织环境必须是开放的和舒适的。

以下是抵制形式化的一些成功的策略：

- 减少组织的层级，尽可能去掉团队中的头衔；
- 避免在美工方面过度投入，诸如精心制作幻灯片展示或者挑选额外的会议纪要格式，尤其是在冲刺结束阶段需要演示可交付功能的时候；
- 引导那些要求进行复杂工作展示的干系人，让他们认识到此类展示成本高但回报低。

将团队视为整体的思考与行动

团队成员应当专注于如何让团队整体最富有成效。这种专注意味着抛开个体的立场和绩效指标。在敏捷环境中，整个团队需要将对目标的承诺、对工作的主人翁意识，以及对实现该承诺所需时间的理解保持一致。

以下是将团队视为整体的思考与行动策略。

- 结对开发并经常交换伙伴。无论是结对编程（伙伴双方都具备某领域的知识）还是影子编程（只有一方具备该领域的知识），都能提高产品质量和团队成员的能力，并减少单点故障。你可以在第 17 章学习更多关于结对编程的知识。
- 用统一的“产品开发者”的头衔替代各种不同的头衔。开发活动包含所有使需求转化为功能所需的任务，这些任务包括设计、执行（如编码）、测试和归档，而不仅仅是写代码或转动一下螺丝刀。
- 只在团队层级汇报工作，反对创建细分团队的特别的管理报告。
- 用团队绩效度量指标替代个人绩效度量指标。

可视化而非书写

产品开发团队应当尽可能多地使用可视化技术，无论是通过简单的图表还是计算机建模工具。图形比文字更有用，只有当你使用图表或模型而非文档时，你的客户才能更好地把概念和内容联系起来。

图形化的演示几乎永远胜于文字的表述，我们若能亲自体验功能，则效果最佳。当我们采用这样的方案来丰富我们的交互时，我们定义系统特性的能力将成倍增长。

关于沟通工具，一张纸面草图甚至比一份正式的文档更加有效，即所谓的一图胜千言。如果你要试图达成共识，那么文字描述是最差的沟通形式，尤其是当你通过邮件发送很多文字描述的内容，并且有“如果有任何问题，请让我知道”这样的要求时。

可视化策略的例子包括：

- 在工作环境中配备大量的白板、贴纸、笔以及纸张，使绘图工具随手可得；
- 使用模型而非文字来沟通概念；
- 通过图表、图形和仪表板来汇报状态，类似于图 2-2 所示。

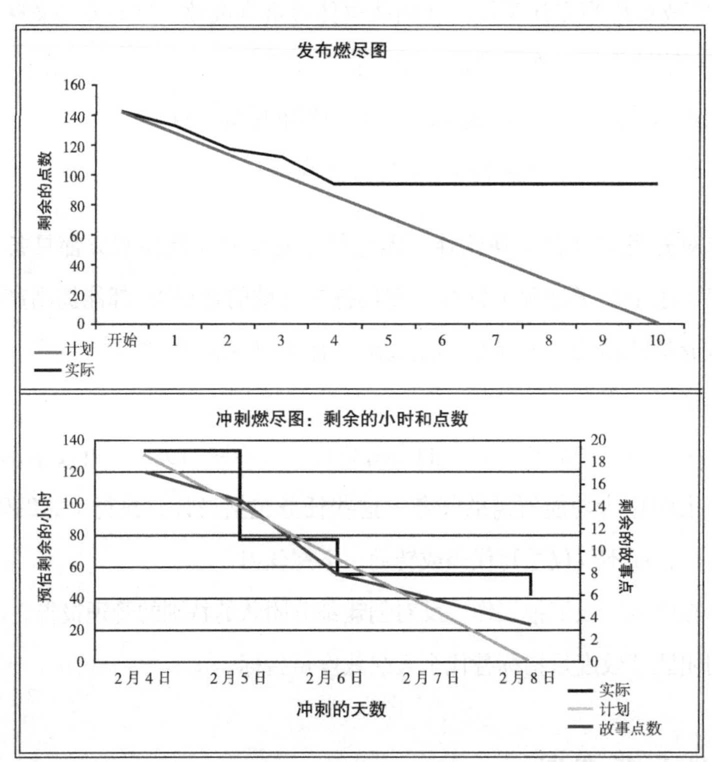

图 2-2 实现信息透明的图表和图形

敏捷价值观带来的变化

敏捷宣言和敏捷 12 条原则的发表规范了敏捷运动，并聚焦于以下方式。

- **敏捷方法改变了人们对产品管理流程的态度**。为了改进流程，过去的方法论者开发了一套能用于所有条件下的通用流程，并假设更多的流程和更正式的形式能产生更好的结果。然而，这种方法需要更多的时间和成本，并且降低了质量。敏捷宣言和敏捷 12 条原则告诉我们，过多的流程是问题而非解决方案，每种场合都有其适当的数量和流程。

» **敏捷方法改变了对知识型员工的态度**。IT 团队开始意识到，开发团队成员不再是任意支配的资源，而是那些用技能、天资和创新使得每个产品都有所不同的个体。同样的产品若由不同的团队成员来创造，将产生不同的结果。

» **敏捷方法改变了业务和 IT 团队的关系**。针对传统的业务和 IT 相分离的问题，通过敏捷产品开发，把这些贡献者组成同一个团队，彼此在同等的参与度和共同的目标下工作。

» **敏捷方法纠正了人们对待变更的态度**。传统方法视变更为一种需要避免或最小化的问题。敏捷宣言和敏捷原则却帮助人们认识到，变更能确保大部分好的想法得以实现。

即将到来的变革

企业正在大规模地利用敏捷技术解决商业问题。尽管敏捷 IT 群体和非 IT 群体的方法论已经经历了根本性的转变，但这些群体周围的组织通常仍然继续使用传统的方法论和概念。例如，公司资金和开支周期仍然按照以下方式运转：

- 长期进行开发工作，直到项目结束时才交付可工作的软件；
- 年度预算；
- 在项目开始时确定可能的假设条件；
- 公司激励措施主要针对个人绩效而非团队绩效。

由此方式导致的紧张局面使得组织远离了敏捷技术所带来的优势——高效和显著的成本节约。

真正完整的敏捷方法鼓励组织远离 20 世纪的传统方法，并且在所有层级都发展一种结构，使得大家都不停地要问什么对客户、产品和团队才是最好的？

产品开发团队只能像它服务的组织那样敏捷。当敏捷运动持续发展，敏捷宣言和敏捷原则所描述的价值观为促使个体产品、以客户为导向的解决方案和整个组织更富有成效与更加盈利的必要变革提供了一个坚实的基础。那些持续去探索和应用敏捷原则和实践的富有激情的方法论者，将不断推动敏捷运动的发展。

敏捷石蕊测试

要成为敏捷的一员，你需要去问：“这是敏捷吗？”如果你曾经质疑过某个特定的流程、实践、工具或方法是否遵守了敏捷宣言或敏捷 12 条原则，请参考以下问题。

（1）我们此刻的所作所为对有价值的软件的尽早和持续的交付是否提供了支持？

（2）我们的流程是否欢迎变更并能够从变更中获得好处？

（3）我们的流程是否引导并支持可工作的软件的交付？

（4）开发人员和产品负责人是否每日一起工作？客户和业务干系人是否与团队紧密合作？

（5）我们的环境是否给予团队完成工作所需的支持？

（6）我们进行的面对面沟通是否比电话或者邮件沟通更多？

（7）我们是否通过所开发的可工作的功能的数量来测量进展？

（8）我们能否长期维持目前的开发节奏？

（9）我们是否支持那些考虑未来变更的卓越技术和良好设计？

（10）我们是否最大化了不必要的工作量？换言之，为实现客户的产品目标，我们是否尽可能只做必要的工作？

（11）开发团队是否是自组织与自管理的？他们是否具有迈向成功的自由？

（12）我们是否进行定期的反思并相应地调整我们的行为？

如果你对所有这些问题的回答都是肯定的，那么恭喜你，你可能正变得更加敏捷。如果你对任何一个问题的回答是“否”，那么你能做些什么才可以将这项回答改为“是”？今后你随时可以回到这些练习题，并对你自己、你的团队和更广泛的组织使用该石蕊测试。

第 3 章 为什么敏捷工作更有效

本章内容要点：

- 揭示敏捷产品开发的收益；
- 比较敏捷方法与传统方法；
- 了解为什么大家喜欢敏捷技术。

敏捷方法在现实世界中效果很不错。为什么会这样？在本章中，你将了解敏捷流程如何改善人们的工作方式并减少无意义的消耗。通过对比传统方法，我们可以明显看到敏捷技术所带来的改进。

提起敏捷产品开发的优势，最重要的两个方面就是产品的成功和干系人的满意。

评估敏捷方法的收益

敏捷产品开发的概念不同于以往项目管理的方法和方法论。如第 1 章所提到的，敏捷方法能够使我们成功应对传统项目管理方法（如瀑布模式）所面临的关键挑战，并且能够做得更多。当我们需要解决复杂问题时，敏捷原则为我们想要如何工作以及如何合理地运作提供了一个框架。

传统的项目管理方法并不是专门为时下新产品开发这样的工作而设计的，而是针对更简单和更平常的系统。毫无疑问，这些项目管理方法并不适合创建更复杂的、现代化的产品，如人工智能、飞行器、网络安全、医疗设备、金融管理系统、移动应用程序等，这些产品需要不断创新，以保持竞争力。即使是在以前的技术开发项目中，传统方法——尤其是其应用于软件项目的记录是糟糕透顶的。有关传统项目的高失败率的详细内容，请参见第 1 章中所介绍的斯坦迪什集团的研究结果。

你可以在包括软件开发在内的许多行业中使用敏捷产品开发技术。如果你打算创建一个产品并想要在整个过程中得到早期反馈，那么你将会从敏捷流程中获益。

当你面临一个关键的紧急交付时，你会本能地选择走向敏捷。当你卷起袖子专注于你需要做的工作的时候，你会把形式抛诸脑后。你按照优先级顺序快速解决问题，以确保完成最关键的任务。

与其说走向敏捷，不如说正变得敏捷。当你变得敏捷时，你不会设置不合理的期限来强迫自己投入更多精力。相反，你意识到当人们能够解决实际问题时，即便处于压力之下，他们也能够运作得很好。举个例子，有一个流行的团队建设训练叫作“棉花糖挑战”，即在 18 分钟内，用 20 根意大利面条、一根胶带、一根绳子和一颗棉花糖，搭建出一个尽可能高的能够站得稳的结构。

伍耶克（Wujec）指出，比起大多数成年人，孩子们通常能建造出更高、更有趣的结构，因为孩子们在一系列成功的结构上以增量模式在规定的时间内不断搭建更高的结构；而成人则花很多时间进行预先规划，完成一个最终的规划版本，然后几乎没有任何时间来纠正错误。孩子们给我们上了宝贵的一课：大爆炸式地开发，即经过过度的前期规划后一次性完成所有的产品开发步骤，这种方法是达不到好效果的。形式主义（即将过多的时间花费在细化将来未知的步骤上）和单一的计划往往会阻碍成功。

“棉花糖挑战”设置的初始条件可以模拟实际产品开发中的初始条件。你要使用固定的人员、资源（4 个人、意大利面等），在规定的时间（18 分钟）内搭建一个结构（相当于开发一个产品），最终你完成的结果是无法预测的。而传统的项目管理却往往假设你在一开始就能准确地确定目标（特性或需求），然后准确地估算人员、资源和所需的时间。

这个假设与现实情形刚好相反。如图 3-1 所示，把传统方法倒过来就是敏捷方法。我们往往“假装”生活在左边的世界，而实际上是生活在右边的世界。

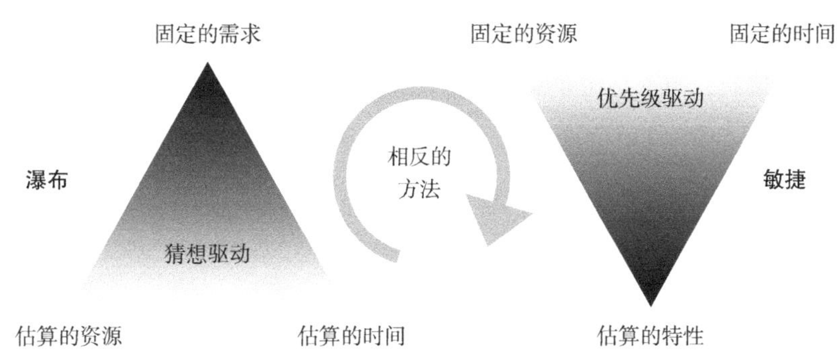

图 3-1 传统项目管理和敏捷概念的比较

在传统做法中，一个产品的所有需求和交付全部被一次性锁定，其结果是孤注一掷，要么完全成功，要么完全失败。这种方法的赌注是很高的，因为一切取决于项目周期中最后一个阶段的工作，包括集成和客户测试（如同在最后阶段，把“棉花糖”放在最上面）。

在图 3-2 中，你可以看到瀑布型项目的每个阶段是怎样依赖于前一阶段的。团队一起设计和开发所有的特性，意味着除非最低优先级的特性开发完成，否则你不能确定最高优先级的特性会交到你的手上。而客户则必须等到项目结束后才能获得产品每一个元素的最终交付。

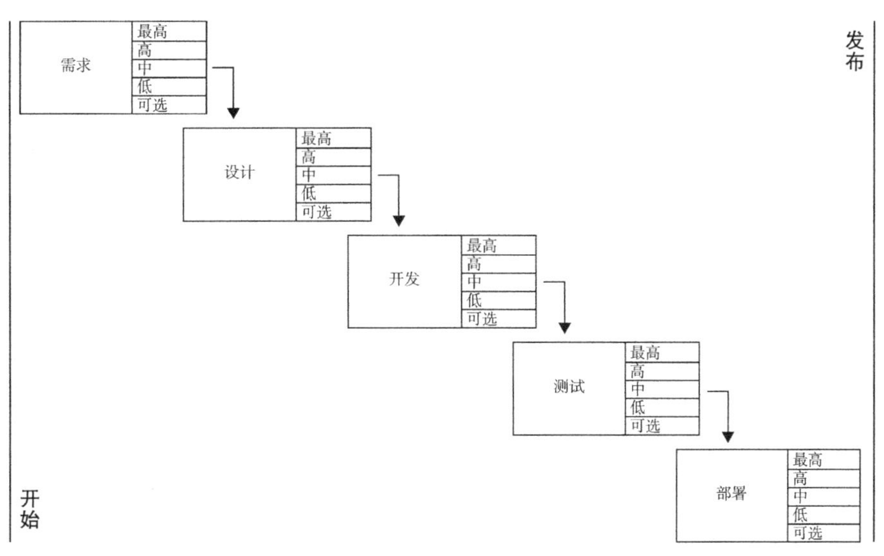

图 3-2 瀑布型项目生命周期是线性方法论

在瀑布型项目中，客户直到测试阶段才可以看到他们期待已久的产品的一部分。到这时，投入的资金和人力成本已经相当高，失败的风险也很高。在所有已经完成的产品需求中发现缺陷，就像在玉米地里寻找一根杂草。

敏捷方法将产品开发的观念颠倒了过来。在敏捷方法中，你在一个短的迭代周期中进行开发、测试和集成小的产品需求组，如图 3-3 所示。测试发生在每个迭代期间，而不是在开发结束时。开发团队识别并消除缺陷，防止它们落入客户手中，就像园丁在花盆里比在玉米田里更容易找到杂草一样。他们不仅能找到并清除杂草，还能防止杂草的种子发芽。

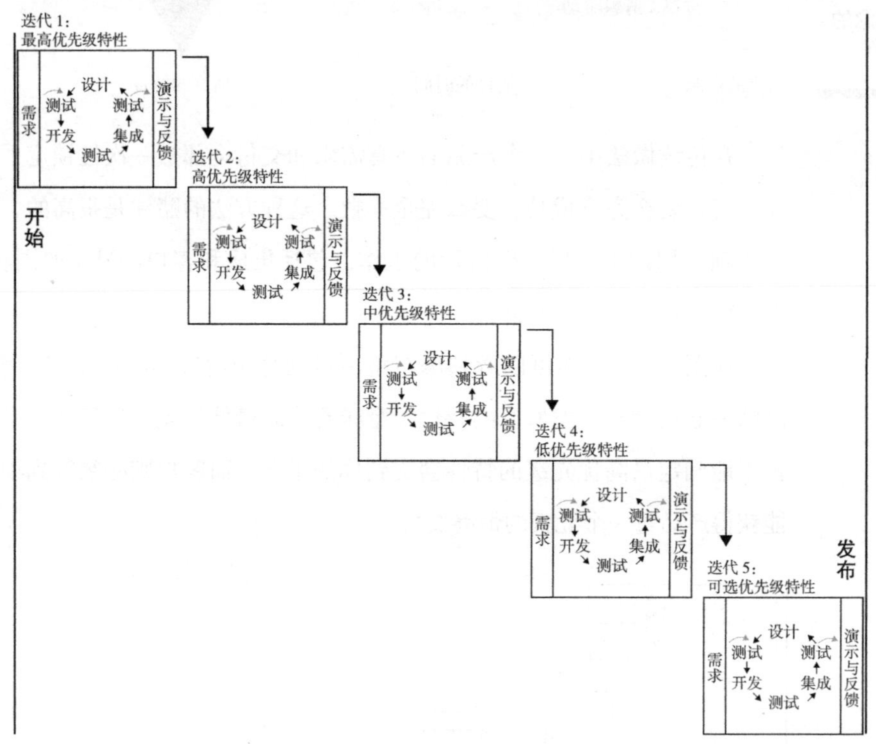

图 3-3 敏捷方法有迭代型开发周期

产品负责人（Product Owner）、Scrum 主管（Scrum Master）和冲刺（Sprint）是 Scrum 中的术语。Scrum 是一种流行的用于组织工作和展示进度的敏捷框架。Scrum 指的是英式橄榄球比赛中的并列争球，橄榄球队队友为了争球而围挤在一起。Scrum 鼓励团队像打橄榄球一样为了共同的目标而密切合作，并为结果承担责任（在第 5 章中，你将了解更多有关 Scrum 和其他敏捷技术的内容）。我们将以 Scrum 为例来解释本章其余部分的很多概念。

此外，在敏捷产品开发中，客户可以在每一个短周期结束时看到他们的产品。当客户的资金只投入了较小的一部分时，你可以首先开发优先级最高的特性，这将为你带来在早期确保价值最大化的机会。

使用敏捷产品开发方法可以减少每次迭代期间的风险。如果你的产品具有市场价值，那么你甚至可以在开发过程中就获得收益。此时，你的产品就能自融资！

瀑布方法的短板在哪里

正如第 1 章提到的，2008 年以前，瀑布模式是应用最广泛的传统项目管理方法。下面总结了瀑布型项目管理的主要短板。

- 项目团队必须预先知道所有的需求来估算时间、预算、项目资源和所需的团队成员。在项目的一开始就了解所有的需求，意味着你在开始任何开发工作之前都要投入很大的精力来收集详细的需求。
- 估算是复杂的，需要很强的能力、丰富的经验和大量的精力来完成。
- 客户和干系人可能不会积极地回答团队在开发过程中遇到的问题，因为他们可能认为已经在需求收集过程和设计阶段提供了团队所需的所有信息。
- 团队需要抵制新增的需求或者需要将它们记录为变更请求单，这将增加更多的项目工作，并且造成计划延长、预算增加。
- 团队必须创建和维护一定数量的过程文档来管理和控制项目。
- 尽管部分测试可以与开发同时进行，但是只有在项目结束，所有的功能都已经开发和集成完毕后，最后的测试才能完成。
- 只有在项目结束，所有的功能都开发完成之后，才能得到全面和完整的客户反馈。
- 虽然资金投入是持续的，但产品价值只有到项目结束时才能显现，这就造成了较高的风险。
- 为了实现产品价值，项目必须百分之百地完成。如果资金在项目结束前被用完，项目交付的价值即为零。

敏捷方法如何优于传统方法

与传统方法相比，敏捷框架具有明显的优势，包括更大的灵活性和稳定性、更少的非生产性工作、更快的和更高质量的交付、更高的开发团队绩效、更严格的管控和更快的失败检测。本节将描述所有这些优势。

然而，如果没有一个高素质的、长期的、有实力的开发团队，这些优势就不可能实现。开发团队是产品成功的核心。敏捷方法强调的是如何支持开发团队，重视团队成员的行动及互动。

记住比较好

敏捷宣言的第一个价值观是“个体和互动高于流程和工具”。培养开发团队是敏捷产品开发的核心，也是敏捷方法能成功的原因。

Scrum 团队主要由开发团队（其中包括特性创建者、测试人员以及其他进行产品交付工作的人员）以及下面两个关系开发团队正常运作的重要角色组成。

» **产品负责人**：产品负责人是敏捷团队成员之一，是产品和客户业务需求方面的专家。产品负责人关注商业客户和产品需求的优先级，并且通过每天为开发团队提供产品说明和最终的验收标准来支持开发团队。（第 2 章有更多关于产品负责人的内容。）

- **Scrum 主管**：Scrum 主管通常作为开发团队和使开发效率变低的干扰因素之间的缓冲剂。Scrum 主管也提供关于敏捷流程的专业知识，帮助消除那些阻止开发团队前进的障碍。此外，Scrum 主管还负责促进共识的建立以及团队的持续改进。

你可以在本书的第 7 章中找到关于产品负责人、开发团队和 Scrum 主管的完整描述。在本章的后面，你可以了解到产品负责人和 Scrum 主管是如何对开发团队的绩效进行支持和优化的。

更大的灵活性和稳定性

相比传统项目管理，敏捷产品开发能够提供更大的灵活性和更强的稳定性。首先，你要了解敏捷产品开发如何提供灵活性，然后我们再讨论稳定性。

一个团队，无论它使用什么项目管理方法或者产品管理方法，都要在产品开发之初面临两个重大挑战：

- 团队对产品最终状态的认知有限；
- 团队无法预知未来。

对产品和未来商业需求的有限了解，几乎注定了变更的存在。

敏捷宣言的第四个核心价值观是“响应变化高于遵循计划”。敏捷框架是以灵活性为基础创建的。

应用敏捷方法，团队能够适应在开发进程中出现的新知识和新需求。本书提供了许多关于敏捷流程如何实现团队灵活性的细节。某些流程可以帮助产品开发团队管理变更。以下是对这些流程的简单描述。

- 在一个产品开发启动后，产品负责人向干系人收集高层级的产品需求，并且对它们进行优先级排序。产品负责人并不需要预先将所有的需求进行详细的分解，只要刚好能让开发团队理解了要完成的产品是什么就够了。
- 开发团队和产品负责人在一起工作，把最初的最高优先级需求分解为更多详细的需求。生成了小的有价值的工作模块后，开发团队即刻便可着手开发。
- 无论优先级在冲刺之前多长时间被确定，你都能够在每个冲刺中专注于高优先级的工作。

迭代或冲刺是短暂的，通常持续 1~2 周，最多不超过 4 周。在第 10 章至第 12 章中，你可以找到关于冲刺的详细内容。

- 开发团队在当前冲刺中仅为一组需求而工作，并且在后续冲刺中将逐步了解更多的产品知识。
- 开发团队一次只规划一个冲刺，并且在每一个冲刺开始时更深入地研究需求。开发团队通常只开发下一个优先级最高的需求。
- 一次只专注于一个冲刺和仅关注优先级最高的需求，使得团队能够在每个冲刺开始的时候响应新的优先级最高的需求。
- 当变更发生时，产品负责人更新在未来冲刺中待处理的需求列表。根据不断变化的市场或业务条件，产品负责人定期对此列表重新进行优先级排序。
- 产品负责人可以首先投资高优先级的特性，可以选择在整个开发期间投资于哪些特性。
- 产品负责人和开发团队在每次冲刺结束时收集客户反馈并采取相应的行动。客户反馈常常导致现有功能的变更或产生新的有价值的需求。反馈也可能导致需求的删除或优先级的重新设置。
- 产品负责人一旦认为产品已经具有足够的功能来满足产品目标，就可以停止开发了。敏捷产品开发通常可以提前结束，即在时间或资金耗尽之前就能交付价值。

图 3-4 阐述了相比瀑布开发，敏捷开发如何能够更加稳定地处理变更。请思考图 3-4 中像钢条的那两幅图。在图 3-4（a）中，钢条代表了一个为期 2 年的项目。钢条的长度使它更容易扭曲、弯曲和折断。项目的变更也是同样的道理，长期的项目更容易结构失稳，因为项目规划阶段与现实中的执行情况不同，并且在长期的项目中没有一个做调整的基准。

在图 3-4（b）中，小钢条代表一个为期 2 周的迭代。比起长的钢条，这些小钢条更容易保持稳定不变。同样，较小的增量和已知的灵活性更容易保持项目的稳定性。一个 2 周不发生变化的商业需求比 2 年不发生变化的商业需求要容易实现得多。

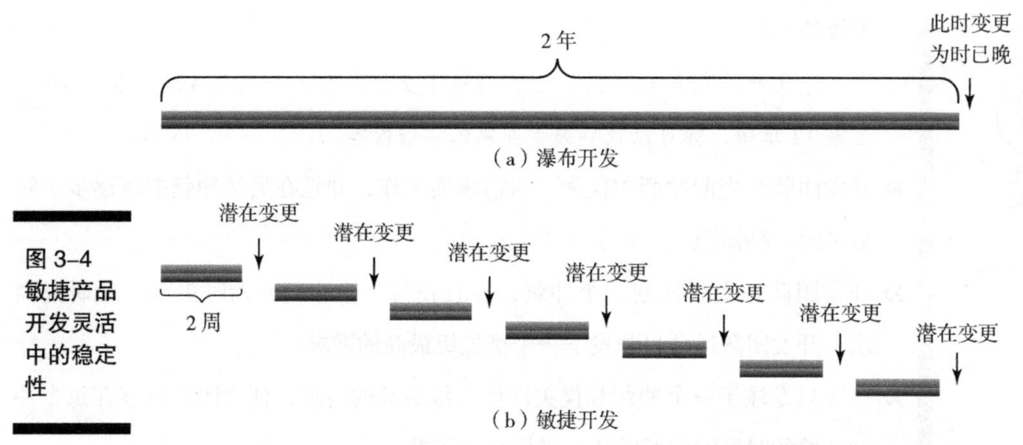

图 3-4 敏捷产品开发灵活中的稳定性

敏捷产品开发在战略上具有稳定性，在战术上保持灵活性。敏捷方法在适应变更方面非常强，因为定期变更的机制已在日常流程中确立。同时，敏捷开发中的迭代能分割不同领域，提供独立的稳定性。敏捷开发团队习惯适应产品待办事项列表中的变更，但一般不适应冲刺期间来自外部的范围变更。产品待办事项列表可能经常发生变化，但冲刺通常是稳定的，除非遇到紧急情况。

在迭代的开始阶段，开发团队规划在这个冲刺内要完成的工作。冲刺开始后，开发团队只开发计划中的需求。也有少数例外情况：如果开发团队提前完成计划，那么还可以要求团队执行更多的工作；如果发生紧急情况，那么产品负责人可以取消本轮冲刺。通常，对于开发团队来说，冲刺是最稳定的一个时间段。

这种稳定性能带来创新。当开发团队中的成员拥有稳定性时，换言之，他们了解了自己在该阶段的工作内容，便能够主动思考工作中的问题。他们也可能会在工作之余无意识地考虑工作任务，并且能够在不经意间给出解决方案。

敏捷产品开发提供了一个稳定的开发、反馈和变更的周期，使得团队既可以灵活地只开发那些合适的特性，又可以保持持续创新。

减少非生产性任务

在你工作日中的任何时点，当你正在创建一个产品时，你可能在开发产品，也可能在制定一些用于管理和控制产品开发的外围流程。很明显，第一类工作的价值比第二类工作的价值更高。因此，你要尽可能使第一类工作的投入最大化，第二类工作的投入最小化。

想要开发一个产品，你必须专注在解决方案上。这一显而易见的道理却在瀑布型项目中经常被忽视。一些参与软件项目的程序员只花了 20% 的工作时间开发功能，其余的时间都花费在参会、写电子邮件或生成不必要的报告与文档上。

产品开发是一种需要持续专注的高强度活动。许多开发人员在他们正常的工作日里因忙于其他类型的工作任务而不能获得足够的开发时间来跟上项目进度。从而形成了以下因果链：

漫长的工作日 = 疲劳的开发人员 = 不必要的缺陷

= 更多的缺陷修复 = 延迟发布 = 实现价值需要更长时间

不开玩笑！危险！

不要误认为你的开发团队只需要在一个周末工作就可以了。如果你开始在一个周末工作，那么从现在起，你的大多数周末可能都要用来加班。加班可能会给人造成错误的印象，即在你这样做之后，人们对你在工作上取得进展的期望并不会减少，如果有什么进展的话，他们就会期望更多。

最大化工作效率的目标是不加班，以及让开发人员在工作日专注于功能开发。为了提高生产效率，你必须减少非生产性的任务及相应的时间。

会议

会议可能会浪费大量的宝贵时间。在传统项目中，开发团队成员可能会发现自己身陷冗长且毫无意义的会议当中。下面的敏捷方法可以确保帮助开发团队的时间只花费在有成效和有意义的会议中。

- 敏捷流程只包括一些正式会议。这些会议目标明确，并且有特定的主题和限定的时间。在敏捷产品开发中，你通常不需要参加非敏捷会议。
- Scrum 主管的部分职责就是防止开发团队的工作时间被诸如一些非敏捷会议的请求所破坏。当开发者的开发工作受到某一需求的干扰时，Scrum 主管要通过寻问“为什么”来了解真实的需求。这样，Scrum 主管与产品负责人一起通力合作，可能会找到在不干扰开发团队工作的情况下满足需求的方法。
- 在敏捷产品开发中，当前的开发状态对整个组织来说通常是可视化的，从而省掉了状态会议的需求。你可以在 16 章中找到简化状态报告的方法。

电子邮件

电子邮件不是一个用来解决问题的高效的沟通模式。产品开发团队的目标是尽量少使用电子邮件，或者只在需要发送信息或者需要对问题做简单的“是”或“否”的回答时用电子邮件。即便在这种情况下，也有更好的工具存在，例如一些同步聊天的工具，在这些工具上进行的对话，所有的参与者都能看到。电子邮件的沟通是一个不可同步并且缓慢的过程：你发一封电子邮件，等待一个回复；你有另一个问题，再发送一封电子邮件。这个过程很可能会花掉很多时间，这些时间本来可以更富有成效被使用。

敏捷团队通过面对面讨论而非发送电子邮件来及时解决问题。

功能演示

在准备为客户做一次功能演示时，产品开发团队经常使用以下技术。

- **演示，而非描述**。换句话说，给客户演示你开发出的成果，而非单纯地描述。产品开发团队总是有一个可以用来演示的可交付的产品增量，从而避免做纯理论性的工作进展汇报。

小贴士
大用途

如果在演示过程中，客户和干系人有机会亲自体验产品增量，例如，用手去触摸键盘或者其他产品，那么他们可以提供更好的产品反馈。

- **展现功能是如何满足需求与达到验收标准的**。换句话说："这就是需求。这些是证明特性已经完成的验收标准。这是符合这些验收标准的功能成果。"
- **避免正式的幻灯片展示和相关的准备工作**。当你演示可工作的功能时，可工作的功能本身就说明了一切。成果演示要真实可信。

流程文档

文档是项目经理和开发人员长期以来的负担。产品开发团队可以使用以下方法来简化文档。

- **使用迭代开发**。许多创建的文档往往参考的是数月甚至数年前做出的决策。迭代开发把决策与产品开发之间的时间从数月、数年缩短到了几天。敏捷团队通过产品和相关的自动化测试而非大量的文档来进行决策。
- **记住，不能"一刀切"**。你不要为每个开发工作创建相同的文档，要选择对你的产品、干系人和客户有意义的内容。
- **使用非正式的、灵活的文档工具**。白板、记事贴、图表和其他的可视化工作计划展示表，这些就足够了。
- **使用那些简单且能提供足够信息的工具来管理产品开发进程**。不要单纯地为了报告去创建特殊的进程报告，如详细的状态报告。产品开发团队使用直观的图表（如燃尽图）来快速地传递开发状态，同时要记住“可工作的软件（或产品）是测量进展的首要指标”（敏捷原则第 7 条）。

更高的质量和更快的交付

在传统项目中，从完成需求收集到客户开始测试，是一个漫长且痛苦的过程。在此期间，客户在等待结果，而开发团队深陷在开发工作中。项目经理要确保项目团队按计划执行，尽量阻止变更，并通过频繁地提供详细的报告来让关注结果的每个人了解到最新的项目状态。

当测试开始时，项目接近尾声，测试出的缺陷可能导致预算增加、工期延误，甚至毁掉一个项目。测试是一个项目最大的未知项，而在传统项目中，这种未知会持续到项目最后。

敏捷产品开发旨在快速地交付高质量的功能。敏捷产品开发通过以下措施实现更好的质量和快速的交付。

- 客户在每轮冲刺结束时对可工作的功能进行评审，并立即向开发团队提供反馈，以便在下一轮冲刺中尽快对功能进行检查和调整。
- 短期的迭代开发（冲刺）限制了任何在给定时间里开发的特性的数量和复杂程度，使得已完成的交付物更容易被测试。在每个冲刺中，开发团队只能开发有限的特性。对于那些过于复杂的特性，开发团队将其分解到多个冲刺中。
- 开发团队每天进行产品开发和测试，在整个产品开发过程中维护可工作的产品。
- 产品负责人参与每天的问题解答，并快速澄清误解。
- 开发团队处于被赋能和被激励的状态，并且工作时间合理。因为开发团队不存在疲劳工作的情况，因此，产品缺陷很少出现。
- 因为开发工作一经完成，开发团队就会进行测试，所以错误能够很快被检测出来。这种广泛的自动化测试频繁发生，若需要的话，开发团队会对每行代码进行检查。
- 现代软件开发工具使得许多需求无须编程就可以写成测试脚本，从而加快了自动化测试。

提高团队绩效

敏捷产品开发的核心是团队成员的经验。相比传统的项目管理方法（如瀑布式），敏捷产品开发团队能获得更多的环境和组织的支持，可以花更多的时间专注于自己的工作，并能致力于持续的流程改进。下面介绍这些特征在实践中的意义。

对团队的支持

开发团队交付潜在可交付功能的能力是使用敏捷方法的核心。这一点的实现需要以下机制支持。

- 敏捷团队在实践中集中办公，即开发团队、Scrum 主管以及产品负责人集中在一个地方工作，并且靠近客户。集中办公能鼓励协作并使沟通速度更快、更清晰、更容易。你可以随时离开你的座位，与团队成员和客户直接沟通，从而立即消除任何模糊或不确定性。
- 产品负责人可以实时地响应开发团队的问题，消除混乱，使工作顺利进行。
- Scrum 主管通过消除障碍，确保开发团队能够专注于生产并实现生产效率最大化。

专注

使用敏捷流程可以让开发团队把尽可能多的工作时间用在产品开发上。以下方法可以帮助敏捷开发团队专注于产品开发。

- 开发团队成员被全职分配在一个团队目标上，消除了在不同开发任务之间切换而导致的时间和精力的损失。
- 开发团队成员都知道他们的队友是完全可用的。
- 开发团队专注于与其他功能相独立的尽可能小的功能单元。每个早晨，开发团队都知道当天的成功意味着什么。
- Scrum 主管有明确的责任保护开发团队不受组织中其他事务的干扰。
- 因为非生产性工作减少，所以开发团队花费在开发和相关的生产活动上的时间相应地增加。

持续改进

敏捷流程不是可以盲目地照搬照抄的方法。针对不同类型的产品，不同的团队能够根据各自的具体情况做出调整，如同你在第 12 章中看到的关于冲刺回顾的讨论。这里有一些可以让敏捷开发团队进行持续改进的方法。

- 因为每个新的迭代涉及一个全新的开始，因此，迭代开发使得持续改进成为可能。
- 因为冲刺周期只有短短 1~2 周，所以团队可以快速地应对流程变更。
- 在每一轮迭代结束时开展的评审被称为“回顾”，所有的 Scrum 团队成员讨论具体的改进计划。
- 整个 Scrum 团队，包括产品负责人、开发团队成员和 Scrum 主管，对可能需要改进的工作内容进行评审。
- Scrum 团队把在回顾中总结出的经验教训运用到下一轮冲刺中，从而使产品开发变得更有成效。

更严格的控制

敏捷开发的工作进展比瀑布式开发更为迅速。工作效率的提升有助于在以下方面提高对产品开发的控制。

- 敏捷流程提供了持续的信息流。开发团队在每天早上的例会中一起规划他们的工作，并且每天更新任务状态。
- 在每一个冲刺中，客户都有机会基于商业需求来更新产品需求的优先级。
- 基于每个冲刺结束时交付的可工作的功能，并根据当前的知识和更新的优先级来最终决定下一个迭代的工作内容，而不是锁定在数天、数周、数月还是在数年前确定的优先级。
- 当产品负责人为下一个冲刺设置优先级时，不会对当前的冲刺产生任何影响。在敏捷开发中，需求变更不会增加任何的管理成本和时间成本，也不会干扰当前的工作。
- 敏捷技术使得产品终止更容易。在每一次迭代结束时，你可以判断当前产品的特性是否已经足够。低优先级的特性可能永远不会被开发。

在瀑布型项目开发中，项目度量指标可能已经过期几周，而可供演示的功能可能还要等数月后才能开发完成。在敏捷开发中，每天的度量指标都是最新且相关的，每天完成的工作要加以整合和集成，可工作的产品最多每隔几周就能够进行演示。从第一个冲刺到整个开发工作结束，每个团队成员都知道团队是否正在交付产品特性。即时的知识获取和迅速的优先级排序能力使团队高水平的控制成为可能。

更快失败，失败成本更低

在瀑布型项目中，直到项目快要收尾，团队才有机会进行故障检测。此时，所有完成的工作都集中在一起，且大部分的投资都已经消耗殆尽。等到项目最后的数周或者数天才发现产品存在严重问题是极具风险性的。图 3-5 对瀑布方法和敏捷方法在风险和投入方面进行了比较。

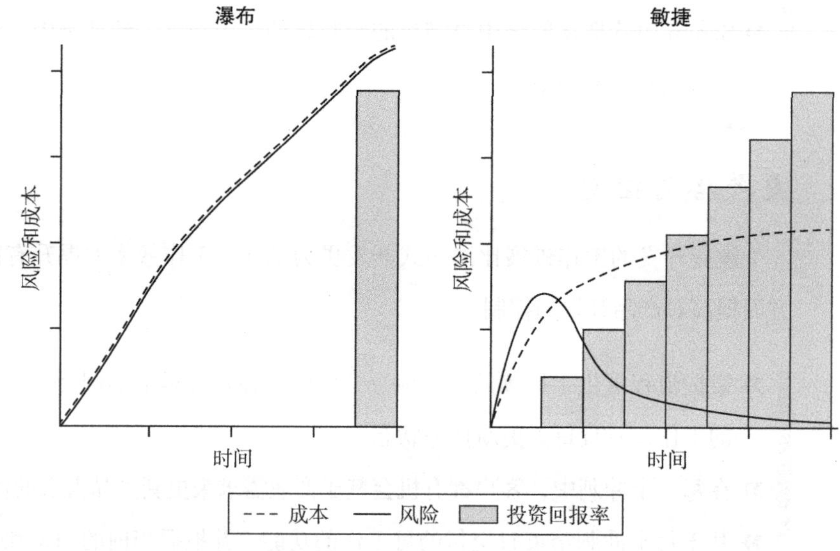

图 3–5 瀑布模型与敏捷方法论的投入与风险对比图

伴随着更严格的控制机会，敏捷框架能为你提供：

- 更早和更频繁的检测失败的机会；
- 每隔几周进行评估和采取行动的机会；
- 失败成本降低的机会。

你曾见过项目中哪种类型的失败？敏捷方法有什么帮助？你可以在第 17 章找到更多敏捷产品开发中关于风险管理的内容。

为什么大家喜欢敏捷

你已经了解了一个组织如何通过更快的产品交付和更低的成本从敏捷产品开

发中获益。接下来，你将了解直接或间接参与到产品开发的人如何也能从中获益。

高管层

敏捷开发提供了两个特别吸引高管的好处：效率和更高、更快的投资回报。

效率

敏捷实践通过以下方法实现开发过程中效率的大幅度提升。

- 敏捷开发团队是富有成效的。他们组织自己的工作，专注在开发活动上，受产品负责人和 Scrum 主管的保护而不被打扰。
- 非生产性活动被最小化。敏捷方法消除了没有意义的工作，使团队专注于开发。
- 使用简洁、实时、直观的工具（如图形和图表）来显示已完成的任务、进行中的任务以及接下来的任务，开发的进展情况一目了然。
- 通过持续测试，团队能够及早检测和纠正缺陷。
- 当团队开发了足够的功能后，产品开发就可以结束了。

提升投资回报率的机会

使用敏捷方法能够显著提高投资回报率的原因如下。

- **功能能够被更早地交付上市**。对特性进行分组开发和发布，而不是等到全部开发结束时，一次性发布所有的特性。
- **产品质量更高**。开发范围被分解为更小的模块，以便对其持续进行测试和验证。
- **创收速度加快**。相比传统的项目管理方法，使用敏捷方法开发的产品增量能被更早地发布和上市。快速上市的优势不容置辩。
- **产品能够实现自筹资**。在后续特性被开发的过程中，之前发布的功能可能已经产生收入。

产品开发和客户

客户喜欢敏捷产品开发是因为它可以适应不断变化的需求，并产生更高价值的产品。

提升对变更的适应

产品需求、优先级、时间线和预算的变更能够极大地破坏传统项目。相反，敏捷流程能使产品开发从变更中受益。具体说明如下。

- 敏捷开发即便在开发后期也欢迎变更，并且不会对正在开发的工作造成影响，增加了提升客户满意度和投资回报率的机会。
- 由于团队成员和冲刺周期保持不变，所以，产品变更带来的问题比传统方法少。根据优先级，将必要的变更纳入特性列表，并将列表中较低优先级的事项排后。最终，当未来的投资不能使产品获得足够的价值时，产品负责人选择结束开发。
- 开发团队优先开发最高价值的任务项，产品负责人控制优先级。因此，产品负责人能够确保开发活动与业务优先级的一致性。

更大的价值

通过迭代开发，当开发团队完成开发时，就可以发布产品特性了。通过以下方法，迭代开发和发布将为团队提供更大的价值：

- 团队更早交付最高优先级的产品特性；
- 团队可以更早交付有价值的产品；
- 团队可以根据市场变化和客户反馈调整需求。

管理层

管理人员喜欢敏捷开发，因为它能够提供更高质量的产品，减少时间和精力的浪费，并通过清除列表中不确定有用的特性来强调产品价值。

更高的质量

在软件开发中，通过测试驱动开发、持续集成、客户对于可工作的软件的频繁反馈等技术，你可以预先创建更高质量的产品。

也许你所从事的产品开发并不包括软件，但是技术实践可以确保任何类型的产品的质量。对于非软件开发，你能想到哪些可以预先构建质量的方法？

更少产品和流程的浪费

敏捷开发通过一系列策略来减少时间和特性的浪费，包括以下几个方面。

- **准时制（JIT）的开发**：仅仅强调目前最高优先级的需求，意味着不在那些可能永远不被开发的特性的细节上浪费时间。
- **客户和干系人的参与**：客户和其他干系人可以在每个冲刺提供反馈，开发团队在下个冲刺中尽快将反馈整合到产品中。随着开发的持续进行和不断的反馈，客户得到的价值随之增加。
- **对于面对面沟通的偏好**：更快、更清晰的沟通节省了时间并减少了混乱。
- **建立在开发上的变更**：只有高优先级的特性和功能才被开发。
- **对功能可工作性的强调**：如果一个功能不工作或者不能以有价值的方式工作，那么它可以尽早地以较低的成本被发现。

强调价值

敏捷管理中的简洁原则支持淘汰那些不能直接有效地对开发提供支持的流程和工具，并且可以去除那些几乎没有任何实际价值的特性。除了开发，这一原则同样适用于行政和文档工作，具体表现在以下几个方面：

- 更少、更短、更专注的会议；
- 形式主义减少；
- 刚好够的文档；
- 客户和团队共同对产品的质量和价值负责。

开发团队

敏捷方法赋能开发团队在适当的条件下开发出最好的产品。敏捷方法给予开发团队：

- 一个明确的成功的定义（通过在需求开发期间与产品负责人共同制定冲刺目标和验收标准来实现）；
- 独立组织开发活动的权力与尊重；
- 他们所需的客户反馈，从而为产品提供价值；
- 专职 Scrum 主管的保护，从而清除障碍和防止破坏；

» 人性化可持续的工作节奏；

» 个性化发展和产品改进的学习文化；

» 非开发时间最小化的结构。

在上述条件下，开发团队能够保持高效的生产力，从而更加快速地交付更高质量的产品。

在百老汇和好莱坞，那些在舞台和银幕上的表演者往往被称为“达人”。观众为了他们来看演出。而幕后的作家、导演和制片人要确保他们光彩照人。在敏捷环境中，开发团队就是“达人”。当“达人”成功时，每个人都会成功。

第 4 章　敏捷就是要以客户为中心

本章内容要点：

- 了解你的客户；
- 理解客户的问题；
- 预防问题产生的根本原因，而非治疗症状。

产品开发团队对客户所需的产品进行开发和维护。只有了解谁是你的客户以及他们需要解决的问题，才能使产品开发真正具有价值。在本章中，你将了解到团队通过何种方式了解他们的客户是谁、客户需要解决的问题，以及问题产生的根本原因（而不是症状）。

了解你的客户

“谁是我的客户？”这是每个人开始进行产品开发时必须要问的基本问题。产品开发团队通过分析产品和客户使用的数据来了解趋势，密切关注行业和市场，从而频繁地寻求该问题的答案。如果不清楚你的客户是谁，就会使产品开发变得困难，甚至会使你迷失方向。

客户包括组织外部的付费客户和组织内部的用户。有时客户甚至多达好几个层次，涵盖批发商、分销商和零售商等。产品所处的大环境可能会发生变化甚至是巨变，因此具有不确定性。从婴儿潮一代到千禧一代，每一代用户都带来一系列新的需求和需求背后的考虑因素。此外，产品开发还要考虑文化、民族，新的或者不断变化的科技或发明，新的法律法规，标杆对照的结果等因素。无论何时，客户都在不断要求更新、更物美价廉的产品。从操作系统需要每周更新的汽车到可穿戴产品，再到智能家居，客户的期望越来越多，需求变更也越来越频繁。只有能满足这些需求的产品供应商，方能在市场上取得一席之地。

只有了解你的客户是谁，才能使产品开发工作走上正确的道路。但是你又如何知道你走的是正确的道路呢？这样的不确定性容易令人不安。

适应不确定性

现代产品开发充满了不确定性。事实上，不确定性正是产品开发中可以确定的一面。对于客户提出的不断变化的问题，我们一般不能制定同样的解决方案。产品供应商要不断地问："我们是否已经准确地识别出了客户，并解决了真正的问题？"产品开发团队需要适应不确定性。

确定性的同义词有可预见性、必然性、有把握等，这些是低风险投资的预期要素。不确定性则充满了模糊性和不安全性，这是高风险投资的特点。产品开发团队需要不断努力应对最高的风险，从而为客户创造最大的价值。在整个产品开发过程中，随着团队不断学习、成长并获得经验和机会，客户的需求变得更加明确。

在迭代型产品开发中，团队可以在每个冲刺中开发出功能完备、可工作的产品增量，而不是半成品，并获得客户反馈。在每个冲刺中，团队通过紧密一致的反馈循环，使产品越来越接近客户的需求。团队也变得越来越能确定他们正在开发的产品正是客户想要的。团队在此过程中验证了假设，从而减少了不确定性。

适应不确定性是至关重要的，因为它能改变团队的观点。适应不确定性能增强团队的好奇心，而不是给他们虚假的自信感。创新和更好的创意往往来自一个具有好奇心的团队，这是所有著名的发明家共有的特质。

不确定性使团队将模糊性和风险转化为能带来成长和机会的富有成效的学习经历。不确定性激励着团队，这符合敏捷原则第 5 条："围绕富有进取心的个体而创建项目。为他们提供所需的环境和支持，信任他们所开展的工作。"虽然产品开发是一件有风险的事情，但始终向着好的方向发展。

识别客户的常见的方法

尽管你能通过很多方法识别客户和他们的需求，但这里我们讨论的是产品开发团队使用的几种流行的方法。在敏捷开发的环境中，"Customers" 指的是终端用户，“Clients”指的是为产品或服务付费的人。

在了解客户需求的技术层面，产品负责人和开发人员对他们的组织和团队是有价值的。能够引导使用这些技术的 Scrum 主管也同样是有价值的。每种技术都使团队走上了通往确定性的道路。

产品画布

在《启示录：如何打造用户喜爱的技术产品》（*Inspired: How to Create Tech Products Customers Love*）一书中，马蒂·卡甘（Marty Cagan）写道：“发现一种有价值的、可用的和可行的产品。”他这句话的意思如图 4-1 所示，即成功的产品开发要满足以下三个方面交叉区域的最佳平衡点。

- **有价值的**：客户会购买它吗？
- **可用的**：客户需要它吗？
- **可行的**：我们能做到吗？

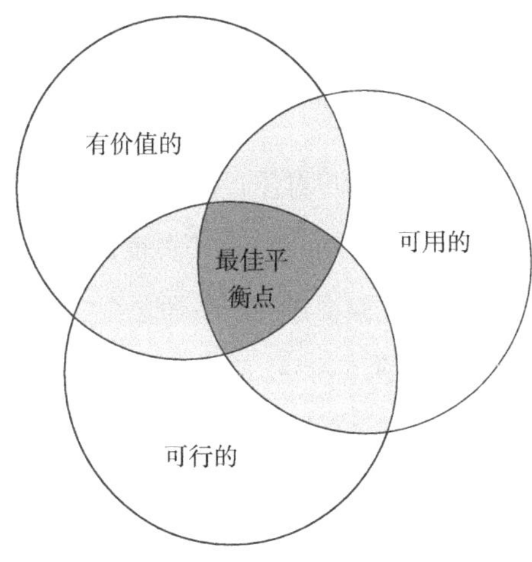

图 4-1 有价值的、可行的和可用的最佳平衡点

许多团队使用可视化技术（如产品画布）来探究和理解关键因素、合作伙伴、独特的价值主张、问题和可能帮助找到最佳平衡点的潜在解决方案。

产品画布是一个协作工具，能够促使团队在短时间内完成两个任务：第一，确定期望的目标或产品成果；第二，验证要为客户解决的问题的假设，使团队为开发做好准备。产品画布的实际应用能够为形成清晰的产品愿景提供灵感。你可以在第 9 章了解到更多关于产品愿景的内容。

团队将产品画布作为一个可视化的活动来建立对客户及其需求的共识。该工具是团队形成假设的起点，并且使团队能够继续深入探究，以获得新的洞见。

小贴士
大用途

产品开发团队通过可视化工具可以建立共识。对他们而言，最有效的沟通媒介是在白板、挂图或其他平面工具辅助下的面对面沟通。为什么？因为白板使人们不仅可以解释，还可以画出他们想要传达的意思。《团队协作的五大障碍》（*The Five Dysfunctions of a Team*）的作者帕特里克·兰西奥尼（Patrick Lencioni）曾说过："如果你能让组织中的所有人员劲往一处使，那么任何时候你都可以在任何行业、任何市场中占据统治地位，在任何竞争中打败对手。"共识的建立可以使团队为同一个目标而努力。

有许多不同的画布可供使用，如精益画布或者商业机会画布。它们都服务于类似的目的：形成组织观点、挑战假设、协作，以寻找战略方向。图 4-2 展示了敏捷产品团队经常使用的产品画布。左半部分用来讨论市场和客户问题，右半部分用来讨论产品和业务问题。左半部分定义了客户群体、客户问题、备选方案、价值主张、渠道和预计收入，右半部分定义了解决方案、关键干系人、关键成功因素、关键资源、合作伙伴和成本结构。左右两部分都能使团队对他们的产品进行更加详细的评估。

以下是团队在构建产品画布时可能使用的一些类别。

- **客户群体**：问题需要得到解决的目标客户群体。价值是为谁创造的？
- **早期使用者**：最初的目标客户。记住，你的产品不可能面面俱到，至少一开始不会这样。哪个市场细分能够率先验证你的产品理念？
- **问题**：目标客户群体面临的主要问题。
- **现有的备选方案**：你的产品可供选择的备选方案。
- **独特的价值主张**：单一的、清晰的、有说服力的信息，用来说明产品为何或者如何与众不同并值得购买。
- **渠道**：获得、保留并增加客户的渠道，包括使客户了解该产品、对该产品感兴趣，并激发客户去购买和使用该产品的创意；鼓励客户反馈以及客户推荐的方法；追加销售的机会。
- **解决方案**：目标客户群体所面临的问题的解决方法。
- **关键干系人**：对你的产品最重要的人，包括你需要获得其认可和支持的人、高管、有影响力的人。你能信任谁来批判你的产品并告诉你真相？
- **关键成功因素**：测量成功（测量成果而非输出）的方法。是否有一些关键的

图 4-2
产品画布

产品画布 ™

<table>
<tr>
<td>客户群体

我们为谁解决问题？
我们为谁创建价值？</td>
<td>客户问题

我们的目标客户群体面临的最大的问题是什么？</td>
<td>独特的价值主张

我们如何以独特的方式解决客户的问题或者满足他们的需要？
单一的、清晰的、有说服力的信息，用来说明产品为何与众不同并值得购买。</td>
<td>解决方案

我们解决客户群体所面临的问题的主要方法是什么？</td>
<td>关键成功因素

我们如何测量成功？
我们试图改变的关键测量指标是什么？</td>
</tr>
<tr>
<td>早期使用者

产品的潜在早期用户是谁？</td>
<td>现有的备选方案

当下如何去解决这个问题？</td>
<td>渠道

我们如何获得新客户？如何保留和发展老客户（向老客户推销更多的产品）？
获得新客户：我们如何才能使客户了解产品、对产品感兴趣，并激发客户去购买和使用产品？
保留老客户：我们如何让客户再次购买产品？
发展老客户：我们如何追加销售和交叉销售，并鼓励客户推荐？</td>
<td>关键干系人

我们需要获得其认同的最重要的干系人是谁？
我们需要说服的高管是谁？
我们的执行负责人是谁？
对这些干系人起关键影响作用的人有哪些？
我们还需要将谁纳入我们的统一战线？</td>
<td>关键资源和合作伙伴

为了交付解决方案给客户，我们需要哪些重要的内外部资源？</td>
</tr>
<tr>
<td colspan="3">收入 / 商业价值

交付的产品 / 服务 / 能力的商业价值是什么？（例如增加收入、节约成本、提高客户满意度、获得竞争优势、改善市场定位等）</td>
<td colspan="2">成本结构

产品生命周期中固有的最重要的成本是什么？
哪种关键资源成本最高？
哪项关键活动成本最高，是产品开发、市场营销还是客户支持？</td>
</tr>
</table>

市场 / 客户　　　　产品 / 业务

指标可以用来检验你的假设？

度量指标的使用可以让产品开发团队对每次产品发布的成功或失败进行评估。度量指标能帮助团队了解到他们是否真正理解并正在解决客户的问题。产品开发团队在达成这些目标之前不会认为他们的工作已经全部完成。本章中概述的产品画布和其他工具可以帮助团队尽早地识别这些业务度量指标。敏捷产品开发技术增加了不好的或错误的想法被迅速否决的可能性。

- **关键资源和合作伙伴**：为客户交付解决方案所需的重要的内外部人员、设备或资源。
- **收入 / 商业价值**：交付的产品、服务或能力的商业价值。考虑什么可以增加收入、节约成本、提高客户满意度、获得竞争优势和改善市场定位等。
- **成本结构**：产品生命周期中固有的重要成本。识别诸如资源、活动、开发、营销或支持等支出项中最昂贵的是哪一项。

产品画布基础内容的使用不仅能够帮助团队更好地理解客户及其预期的成果，还能使产品负责人构建一个简明但具有战略意义的产品愿景陈述以及支持愿景的产品路线图。第 9 章对产品愿景陈述和路线图进行了讨论。

客户地图

对于试图更好地理解客户的团队而言，聚焦于客户的地图工具也可以被用作可视化活动。我们将介绍两种常见的客户地图工具：客户旅程地图和同理心地图。

客户旅程地图可以帮助团队可视化客户平日里在完成目标或解决特定问题过程中的经历。在客户旅程地图中，紧跟客户目标之后的是以时间轴格式呈现的客户行为，然后是行为引起的客户的情绪或想法，因此，客户旅程地图是对客户经历的一个叙述。从客户旅程地图中获得的洞察可以为产品设计提供可靠的信息。图 4-3 概述了客户旅程地图中客户的行为、洞察和情绪之间的关系。

客户同理心地图（如图 4-4 所示）帮助团队深入、透彻地思考客户的情绪和感觉。它探究客户的所看、所听、所想、所感以及所做。它可以识别客户的痛点并确定产品如何能满足客户的需求。

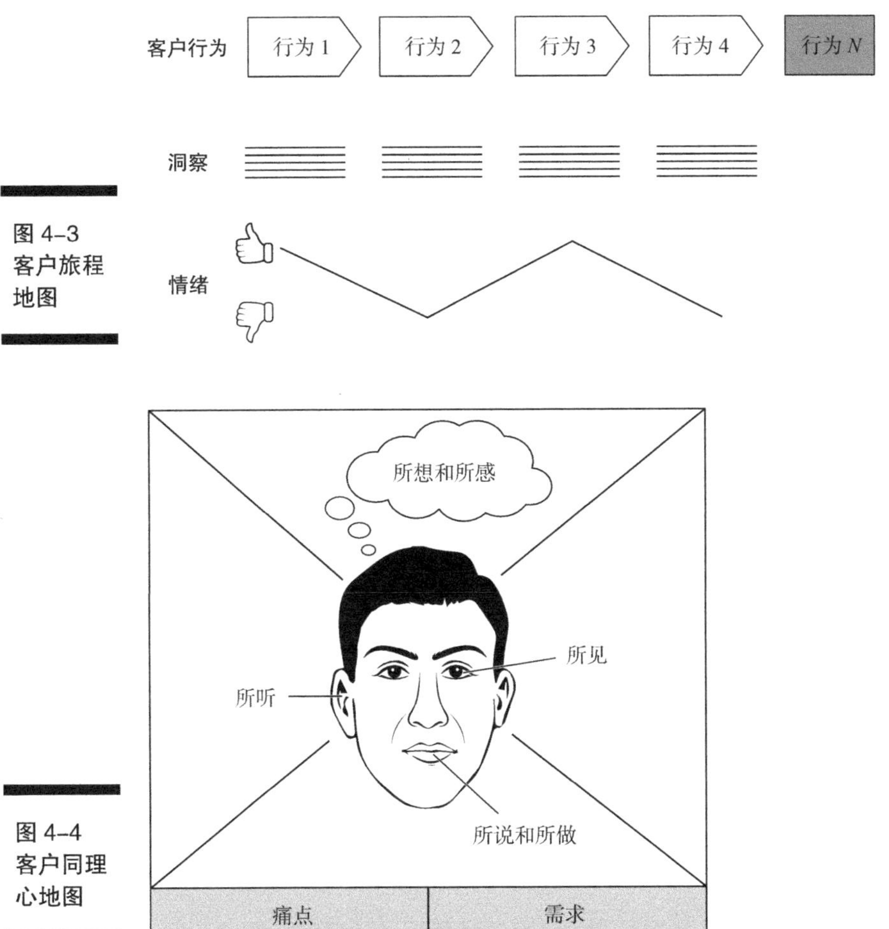

图 4-3 客户旅程地图

图 4-4 客户同理心地图

团队共同构建客户同理心地图，从而不断了解和深度挖掘客户的需求、动机和面临的挑战。在整个过程中，他们就感知、观察到的内容以及各自的见解进行公开讨论，以验证自己的理解。

用户目标达成理论（Jobs-To-Be-Done）

克莱顿·克里斯坦森（Clayton Christensen）为响应受到极大欢迎的颠覆性的创新理论，与哈佛商学院共同创立了用户目标达成理论。该理论指的是一种从功能、社会以及情感的角度探索为什么用户做出某种选择的方法。根据该理论，用户“雇用”（使用）产品和服务，以取得进步。他们把用户取得的进步称为“用户目标达成”，该理论一旦被理解，就可以帮助团队实现重大创新。注意，如果一个产品可以被“雇用”，那么它也可以被“解雇”。

理解一个公寓的“Jobs-To-Be-Done”

克莱顿·克里斯坦森讲述了2006年底特律的一位住宅建筑商的故事，他将公寓出售给那些想要搬出家庭的退休人员、离异的父母以及单身的父母。为了增加销量，建筑商与焦点小组共同策划了许多方案。他们考虑增加一个飘窗、改变墙壁的颜色或者做结构性的改变，然后评估这些改变是否对销量有影响，评估结果表明这些改变起到的作用微乎其微。

建筑商决定采访以前的客户，以了解他们购买公寓的原因和时间线。遗憾的是，没有任何答案出现，除了这一点：每位客户都提到他们对餐桌的担忧。开始感到困惑的建筑商意识到，尽管他们的餐桌没什么价值、被经常使用，并且可能已经老旧了，但它是家庭活动的中心，如做家庭作业、举行生日宴会、度过完美假期或者举行其他聚会活动都离不开餐桌。餐桌代表了他们的家庭。

客户在购买公寓时犹豫不决不是因为公寓的物理结构，而是因为不得不放弃一些具有深刻意义的东西所带来的焦虑。这里，“Jobs-To-Be-Done”就是即便在家庭规模缩小的情况下，也能让客户维持家庭聚会、保留美好的记忆和传统。

为了响应以上需求，建筑商对公寓重新进行了设计，加大了可供摆放餐桌的空间，并且为每位新的客户提供使用期长达2年的储物室，其中有一个分类区域用来存放他们的物品。克里斯坦森表示，这些变化不仅使建筑商在竞争中脱颖而出，而且公寓价格也上涨了。更好的情况是，在一个当时正经历严重经济衰退的行业里，他的业务量反而增加了25%。理解了“Job-To-Be-Done”，一切都变得不一样了。

用户目标达成理论要遵循以下4个原则。

- **“Jobs”表示个体在给定的环境下试图达成的目标**。产品开发团队需要理解客户正在努力去创造的体验，这并不是一个简单的任务。
- **环境要比客户特征、产品属性、新技术以及趋势更重要**。这项原则表明了要从客户所处的特定环境来看待创新。
- **好的创新能解决先前不充分的解决方案或者没有解决方案的问题**。如果客户只看过两个选项，那么能满足所有相关标准的第3个选项可以使犹豫不决的观望者变成准客户。
- **“Jobs”具有强大的社会和情感维度**。从社会和情感维度理解客户的选择，可以对客户的购买决策产生重大影响。

克里斯坦森分享了从用户目标达成理论的角度构建产品如何显著提高了销量。他所引用的具体案例包括奶昔、奶油花生巧克力和公寓。

产品开发团队在整个产品开发过程中都可以使用用户目标达成理论，特别是当他们评估从客户识别需求到他们购买的时间线时。用户目标达成理论的时间线示例如图 4-5 所示。与干系人和客户的密切互动有助于验证他们的假设。

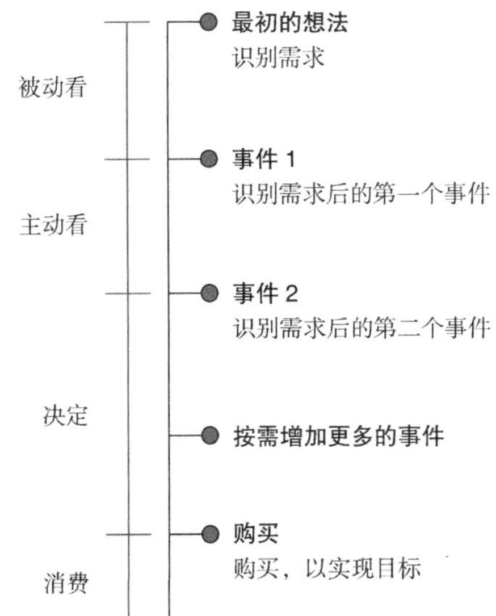

图 4–5 用户目标达成理论的时间线

产品开发团队通过考虑他们必须为满足客户需求而需要完成哪些“Jobs”而受益。要想更好地理解用户目标达成理论，需要进行客户访谈，这样你才能真正理解他们的需求。

客户访谈

想要了解客户需求，还有什么比与客户直接交谈更好的方式呢？团队采访客户，因为他们重视“客户合作高于合同谈判”和“个体和互动高于流程和工具”。客户访谈对于渐进明细技术（如分解和故事地图技术）的运用至关重要。请看第 9 章，了解关于渐进明细的内容。

成功进行访谈的关键是让客户讲述有关他们的问题的故事，并想象可能的解决方案。在访谈过程中，你要努力站在客户的角度，这样客户将会发现他们所不知道的事情，同时你也能发现他们是否做出了错误的假设。将访谈当作一个验证客户假设和审查其想法好坏的机会。

表 4-1 概述了采访者应该问的问题和不应该问的问题的类型。

左边是你应该问的问题。它们鼓励客户在回答问题时不受限于你可能有的任何偏见。右边的例子则极大地限制了客户回答问题的方式，并且不鼓励太多的交谈或讲故事。相反，我们要让客户畅所欲言。

表 4-1 客户访谈的注意事项

应该问	不应该问
使用以“为什么”“怎么样”“什么”等特殊疑问词开头的开放性问题。接着问更多的问题，比如：“多告诉我一些吧。” 使用能让受访者讲故事的问题，比如： 可以告诉我有关……吗？ 你是如何知道……的？ 你能给我举个……的例子吗？ 你希望你能做什么？ 关于……你知道什么？ 你感觉……怎么样？ 有了……生活将会有什么不同？ 你上一次……是什么时候？ 当你……会发生什么？ 询问过去的行为而非假设 / 理想的行为，比如： 你说……是什么意思？	开始就推销或者描述你的产品理念 多项选择题或者一个词或一句话就可以回答的问题，比如： 你喜欢……吗？你想要……吗？ 你会使用这个吗？ 你认为我们的产品怎么样？ 我们需要增加哪些需求？ 你多久使用一次？ 你曾经使用过……吗？ 你会为……付钱吗？ 如果你能……你将多久使用一次？ 只看到诸如“困难”“昂贵”“复杂”等模糊词汇的表面价值

产品探索研讨会

产品开发团队通过组织产品研讨会来收集干系人和 Scrum 团队成员的产品创意和见解。这些研讨会有很多不同的形式和应用。

研讨会若得以恰当地组织，可以使参与者才思泉涌。关键在于创建一个可以公开分享创意的安全的环境。话题的时间盒（设定讨论的时间限制）、大量的便利贴和马克笔，以及参与者思维的聚合或发散、进行探索和发现的自由都会对研讨会有所帮助。

有些人，尤其是性格内向的人，会前收到议程有助于让他们的思想涌流。议程可以帮助每个人提前做好准备并确保实现研讨会的目标。但是，注意不要利用议程来提供过于详尽的结构。轻量级的结构，尤其对于研讨会来说，可以帮助参与者讨论并取得其所需的进展。

召开研讨会的频率和参与者取决于团队、产品和要解决的问题。

找出客户需要解决的问题

客户问题的解决方案可能不是你所认为的那样，甚至可能不是客户最初所认为的那样，也可能不是客户告诉你他 / 她所希望的那样。付钱让你开发产品的客户和终端用户甚至可能对最初需要的产品持有相互矛盾的观点。产品开发中最困难的事情之一是客户在与产品交互之前往往不知道自己想要什么。

清楚地了解你的客户是谁会让你更容易理解他们的问题。团队要明白这一点，并花时间去了解客户的问题及其产生的根本原因，不然消除症状的代价可能很大。拥有 186 项专利的查尔斯·凯特灵（Charles Kettering）曾说："一个表述明确的问题就代表成功解决了一半的问题。"有几种方法可以用来更加深入地挖掘客户的问题及其产生的根本原因。

运用科学方法

敏捷产品开发的核心是科学方法。科学方法以 17 世纪以来的自然科学为特征，包括系统地观察、测量、实验、公式化、测试和修改假设。产品开发团队通过提问形成假设并测试这些假设，然后评估测试的结果，如此循环往复。

团队使用科学方法使他们对客户的需求和问题的理解从不确定到确定，如图 4-6 所示。

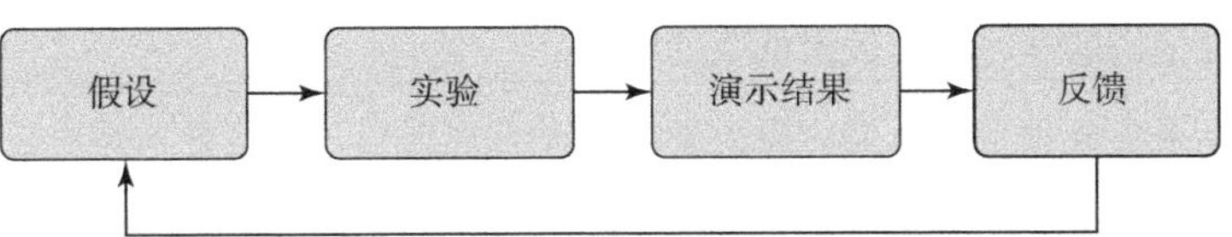

图 4-6
科学方法

为了运用科学方法，团队首先要对特定的客户问题进行观察或提问。然后，团队形成假设，并基于客户需求讨论可能的解决方案，以检验假设。每个需求都可以用来确定需要加以测量的预期成果，这样团队就能对结果进行评估。

团队在每轮冲刺中构建产品增量，并在冲刺评审阶段收集反馈。在产品待办事项列表中，团队对反馈进行优先级排序。当产品负责人觉得他们已经创建了足够的价值，并且已经准备好去接受市场的检验时，他们就会发布产品增量。接下来，团队要与客户积极互动，以获得更多的客户反馈。在必要时，团队要进行反馈循环。产品待办事项列表中的每个事项都应该实现预期的成果。

小贴士
大用途

科学方法不仅被团队用于产品开发，还被用在回顾会议中，以改进开发流程。在每次冲刺回顾会议上，团队会提出改进流程的新假设；在冲刺期间，团队通过试验来检验假设，然后评估结果，这是另一个说明科学方法对敏捷性至关重要的例子。

科学方法和研发

首先，研发人员会基于一系列的前提做出假设。其次，研发人员在每个冲刺中进行实证研究，并收集主题专家对实证研究结果做出的反馈，用来验证假设是否有效。如果有效程度弱，Scrum 团队要对该假设进行迭代，直到该假设站得住脚为止；如有效程度强，Scrum 团队可以进入下一个假设的验证。最后，Scrum 团队会撰写白皮书或期刊文章，其中有一句话是“假设要么有效，要么无效，这是我们通过实证研究得出的”。

尽早失败是成功的一种形式

约翰·麦斯威尔（John C. Maxwell）的口头禅“尽早失败，经常失败，从失败中不断前进”激励团队通过尽早地持续交付价值来加快学习的步伐。换句话说，在进行更多的投资之前，要尝试一些成本较小的试验，并对其结果进行评估。这能够使团队在可能行不通的解决方案上投入最少的时间和人力。想要了解客户需要解决的问题，可能需要进行一些尝试。产品开发团队要将失败当作学习的机会，尤其在他们的学习成本较为低廉的时候。

如果你只付出了为期一周的努力就学习到新知识，这就不是失败！

当使用敏捷方法进行产品探索时，验证假设无效和验证假设有效一样重要。这样做的目的是在进行更大规模的投资之前，尽早了解什么可行、什么不可行。

诺德斯特龙（Nordstrom）创新实验室

诺德斯特龙利用一个名为“创新实验室”的团队在其门店中试验各种产品创意。在一周内，该团队会进行一次冲刺，通过直接与客户进行快速的反馈循环，开发出一款产品来证明某个产品创意。

该团队开发出了一款 iPad 应用程序（App），在该 App 上，客户可以通过照片比较墨镜，同时还能选择要购买的墨镜。开发团队每实现一个新需求，就会将这款 App 给到销售代表，让其指导客户使用，然后立刻收集关于客户如何使用这款 App 的反馈。根据这些反馈，开发团队取消了一些客户不喜欢的功能，开发了他们在计划中没有考虑到的功能。

当时，客户和开发人员都喜欢这款产品。然而，故事剩下的部分才真正有趣。现在诺德斯特龙连锁店里并没有使用这款产品。为什么？我们无从得知。但这意味着它失败了吗？我们并不这么认为。如果他们在产品开发上确实浪费了一些时间，那么也只有一周而已。他们失败的代价很低，团队可以专注于下一个更有价值的问题。

术语最小可行性产品（MVP）是埃里克·莱斯（Eric Ries）在他的著作《精益创业》（*The Lean Startup*）中引入的一个概念，旨在帮助团队以最小的代价快速地从失败中学习。关键是不要在交付和测试任何特性之前试图开发出所有的特性。产品负责人和开发团队寻找下一个最小可行性产品增量，以测试和确定他们的解决方案是否可行。这就是敏捷原则第 10 条"以简洁为本，最大限度地减少工作量"。

定义聚焦于客户的业务目标

敏捷产品开发是以目标为驱动的。也就是说，它总是从理解和明确定义客户所期望的成果开始。产品开发团队每次要以特定的成果为导向，对发布、冲刺、需求和任务进行规划。从客户的角度设定目标，使团队能够专注于客户需求、保持战略上的稳定性和战术上的灵活性，从而解决客户问题。

产品开发团队要实现客户所期望的成果，要不断验证他们的梯子是否靠在了正确的墙上。以更快的速度开发出更多糟糕的产品并不是一个好主意。

有几种目标陈述形式可以帮助团队聚焦于客户需求。最有效的目标陈述通常是简洁明了、激励人心、令人难忘的。产品开发团队在每日例会上讨论当天的开发目标。

1961 年，美国总统约翰·肯尼迪（John F. Kennedy）提出了以下目标："十年之内，美国要致力于实现人类登月并且安全返回地球的目标。"这个目标陈述虽然很简短，但充满力量、鼓舞人心。达成这个目标就是驱动后续产品开发的期望成果。

产品发布目标以"使我的客户能……"开始，迭代或冲刺目标则以"演示……的能力"开头。即使在单个的需求层面（有时被称为用户故事），你也可以用目标陈述来描述需求、定义目标受众和可能获得的收益及其原因。无论使用哪种特定形式的目标陈述，要始终将客户所期望的成果放在首位。（想要了解更多关于发布计划、冲刺计划和用户故事的内容，请参阅第 10 章。）

这样，团队在冲刺期间所做的每件事都能使客户受益，并能够在某种程度上解决客户的问题。同时，每个任务更加有意义，每个影响开发的障碍也必须加以清除。基于开发目标，高绩效团队在不断学习的过程中以迭代的方式逐步实现业务成果。

目标应该遵循"SMART"原则，即具体的（Specific）、可测量的（Measurable)、可接受的(Acceptable)、可实现的(Realistic)和有时限的(Timebound),正如彼得·德鲁克(Peter F. Drucker)在1954年所著的《管理的实践》(*The Practice of Management*)一书中提出的“目标管理”这个概念。

用户故事地图

杰夫·巴顿(Jeff Patton)和彼得·伊科诺米(Peter Economy)因其所著的《用户故事地图》(*User Story Mapping*)一书而使用户故事被大众熟知,用户故事是产品开发团队使用的另一种可视化活动。和旅行地图类似,用户故事地图可以帮助团队对用户所需经历的产品使用流程以及改善其体验的各种备选方案形成一致的理解。制作用户故事地图是为了向每个人澄清最小可行性产品以及未来发布的路径。使用用户故事地图,团队可以更加全面地了解到他们的理念是如何贴合整体用户体验的。

例如,图4-7概述了如果用户在使用移动银行应用时被错误地收费,他/她是如何提交一个问题交易的。能够实现预期成果且功能最少的序列是在下图的第一行。其他最终在每个步骤上改善用户体验的备选方案在纵向上按照按优先级进行了排列。

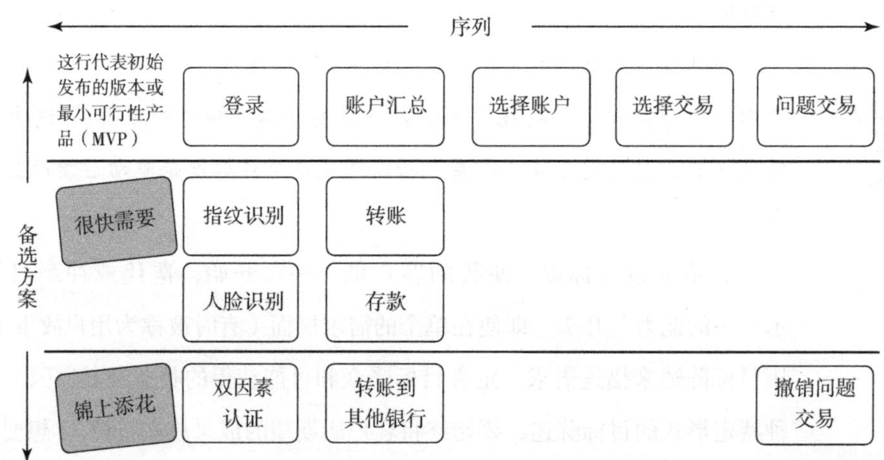

图4–7 用户故事地图

如果作为一个团队来绘制和可视化该流程,单个需求就更加容易被理解。团队可以一起起草产品待办事项列表,并基于客户体验,凝聚团队力量共同定义和创建解决方案。

自由结构——用简单的规则营造创新的文化

自由结构（Liberating Structures）是由基思·麦坎德利斯（Keith McCandless）和亨利·利普马诺维茨（Henri Lipmanowicz）共同编纂和分享的一套微观结构。自由结构提供了构建和促进协作的可供选择的方法。该方法通过最小化结构化的互动，使人们的思维不再受限，旨在帮助人们理解和解决复杂的问题。

这叫
技术支持

宏观结构指的是约束微观活动的组织政策和流程。传统的（不自由的）微观结构包括诸如传统的展示、讨论、头脑风暴和汇报等活动。

一个包含几十个自由结构的菜单定义了如何进行参与邀请、如何安排所需的物理空间和材料、如何分配参与人员、如何配置各个小组以及一系列的步骤和时间盒。每个自由结构都能够用于头脑风暴，以及讨论和发现复杂且具有挑战性的问题的解决方案。

产品开发团队经常使用的自由结构是“1-2-4-All”，它旨在让所有人都参与到研讨会中，从而同时提出问题、产生创意并给出建议。这个练习从对一个共同的挑战（以一个问题的形式）进行 1 分钟无声的自我反思开始。接下来，2 人一组，花 2 分钟的时间构建想法。然后，4 人一组，花 4 分钟的时间来记录每个人想法的不同点和相似点，并提出新的创意。最后，每个小组针对一个脱颖而出的重要的创意进行 5 分钟的陈述。时钟或计时器可以帮助每个人在自己的时间盒内工作。如果需要，团队可以重复进行这些步骤。在几分钟内，该团队能够利用集体的智慧产生更多、更好的创意。

自由结构非常适用于敏捷产品开发团队每天为客户解决的问题类型。

了解根本原因分析

根本原因分析（RCA）是一种识别问题或事件根本原因的系统方法，也是应对它们的方法。它的基本思想是，有效的管理要求你不仅要找到问题的症结、处理问题的方法，而且要找到预防问题的方法。

在评估客户试图解决的问题时，RCA 是一个关键方法。和医生一样，产品开发团队努力从根源而不是症状上解决问题。当问题从根源得到解决时，甚至得到预防时，症状就会消失。确定问题的根本原因可能更具有挑战性，但往往会产生一个更加简单的解决方案。

以下是团队进行根本原因分析时要遵循的典型步骤。

步骤一：**定义问题**。协作创建问题陈述。

步骤二：**收集数据**。收集支持问题的数据。

步骤三：**找出可能的原因**。从收集的数据中列出导致问题产生的因素。

步骤四：**确定根本原因**。列出根本原因。

步骤五：**就解决方案提出建议并加以实施**。形成一个需要验证的假设。

RCA 不仅对产品负责人和开发人员在解决以客户为中心的问题时非常有用，而且对 Scrum 主管在清除开发障碍或教导团队时也非常有用。障碍需要从根本上予以清除，这样它们就不会再次出现了。Scrum 主管不仅从战术上（主动清除），而且从战略上（主动预防）来解决障碍。

在任何时候，产品开发团队都可以使用几种方法来更好地理解他们试图解决的问题的根源。在本节中，我们讨论三种方法。

- **帕累托（80/20）法则**：如果 20% 的根本原因得以确定，那么他们就能使剩下的 80% 受益。
- **五问法**：对一个问题进行五层的讨论，以发现它的根本原因。
- **石川图（或鱼骨图）**：从多个类别对问题进行评估（通常是人、流程、工具和文化），以揭示其根本原因。

帕雷托法则

帕雷托法则是以经济学家维尔弗雷多·帕雷托（Vilfredo Pareto）（1848—1923）的名字命名的，也被称为二八定律，它指出 80% 的结果来自 20% 的原因。这条法则提醒我们，输入和输出之间的关系是不平衡的。

团队将帕雷托法则用于根本原因分析。例如，团队会收集有关客户投诉的数据，通过分析这些数据，团队能够将 80% 的已报道的事件归于 20% 的失败的原因。以下是帕雷托法则在产品开发中的一些其他应用。

- 80% 的投诉源自 20% 的客户。
- 80% 的产品功能源自 20% 的开发者的人力投入。
- 80% 的利润来自 20% 的产品客户。
- 在手机上的所有应用中，用户经常使用的占 20% 左右。

» 做 20% 的正确的事能产生更高的回报，并解决根本问题，减少症状的产生。

小贴士大用途

当产品负责人管理产品待办事项列表时，经常使用帕雷托法则。根据帕雷托法则，20% 的产品待办事项将为客户创造 80% 的价值。因此，团队要优先考虑前 20% 的产品待办事项，然后重新评估待办事项，但在实现前 20% 的待办事项后，要准备好进入下一个投资阶段。敏捷项目在耗尽时间或资金之前会耗尽价值。

五问法

“五问法”在自由结构中也被称为“九问法”，是使用一系列的“为什么”来深入探究问题的方法。其基本的思想是，每次你问“为什么”，答案就成了下一个“为什么”的基础。这是一个简单的工具，对较不复杂的问题很有用。

从中心问题的陈述开始的思维导图有助于指导小组或团队进行根本原因分析。当小组到达第 5 个（或第 9 个）“为什么”时，你可以更肯定的是，小组快要找到根本原因了。

该技术的一个应用是对使用帕雷托法则分析出的结果进行更深入的分析。下面是针对本章早些时候提及的移动银行应用程序运用五问法的例子。

问题：客户抱怨透支费用过高。

为什么 1：为什么客户抱怨透支费用过高？

回答 1：因为客户没有收到账户透支的通知。

为什么 2：为什么客户没有收到账户透支的通知？

回答 2：因为当透支存在时，没有向客户发送通知或警告信息。

为什么 3：当透支存在时，为什么没有向客户发送通知或警告信息？

回答 3：因为银行政策要求，只有当确定透支存在时，才会发送实体信件。

为什么 4：为什么银行政策要求向客户发出实体信件？

回答 4：因为由客户签署的新的账户合同对实体信件进行了规定。

为什么 5：为什么新的账户合同规定透支信要邮寄？

回答 5：因为当创建新的账户合同时，移动 App 并不存在。

当然，你可能需要问 5 次以上“为什么”来解决这个问题。关键是要脱离问题表面，深入探究问题的根本原因。当团队正在讨论一个问题或需要更好地理解产品或开发过程中的问题时，都可以使用“五问法”。

石川图（鱼骨图）

石川图或鱼骨图是由石川馨（Ishikawa Kaoru）在 1968 年创建的因果图，它显示了一个特定事件的原因。石川图也被称为因果图。如图 4-8 所示，石川图将可能的原因分为从原始问题分支出来的各种类别，在每个类别中可能有多个子原因分支。

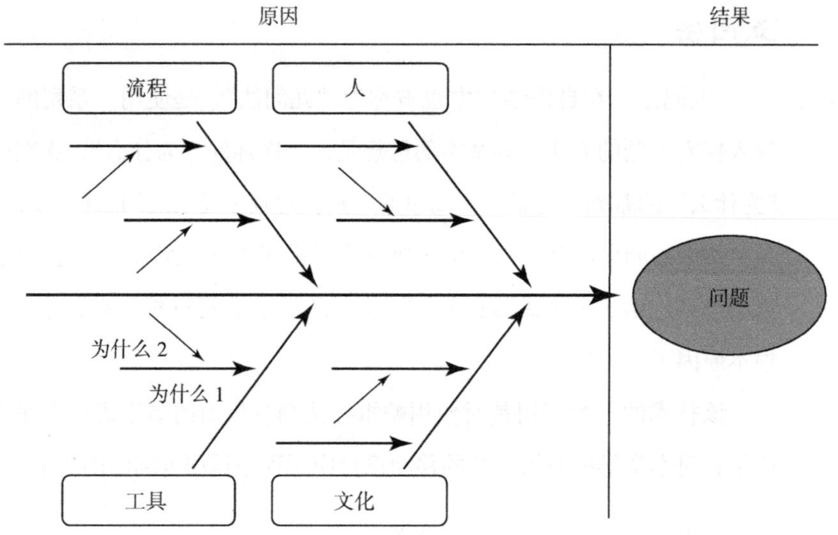

图 4–8 石川图

首先，团队在单个问题上的陈述要保持一致，选择每个人都能同意的措辞。他们可能需要对问题的陈述进行多次迭代，直到每个人都满意为止。

在问题陈述清楚之后，团队要为鱼骨的脊柱选择类别，如分析人员、流程、文化和工具。其他有用的类别是材料、环境、管理、产品线。

结合石川图和“五问法”的分析，可以帮助团队追踪每根鱼骨的根本原因。请注意，在分析过程中，若多次得出相同的根本原因，这是一个明确的信号，表明你正处于真正理解问题而非症状的正确道路上。

在本章中，我们讨论了理解客户及其问题如何成为敏捷性的核心。忘记这一点会导致浪费和遗憾，而牢记这一点会带来创新和成功。虽然你可能很难掌握识别客户及其问题的方法，但是你必然已经学会了一些技巧来指导团队，从而使不确定的产品逐步变得确定。

了解根本原因后，团队就像医生一样，可以根治问题而不是消除症状。有各种敏捷框架可以帮助产品开发团队找出根本原因。这些框架将在下一章中加以描述。

第二部分

走向敏捷

本部分内容要点：

- 理解敏捷意味着什么，以及如何将敏捷实践付诸实施；
- 概要性地了解三种最流行的敏捷方法，了解如何为促进敏捷互动建立合适的环境；
- 考察敏捷团队的行为在价值观、理念、角色和技能方面所需的转变；
- 发现小型的、自组织、自管理、存续时间长的永久性组织的优势。

第 5 章　敏捷方法

本章内容要点：

- 应用敏捷实践；
- 了解精益、Scrum、极限编程（XP）；
- 连接敏捷技术。

在之前的章节，你已经了解到敏捷产品管理的历史。你可能已经听说过一些常见的敏捷框架和技术。但是，你是否还在疑惑敏捷框架、方法和技术到底是什么样的？

在这一章中，你将了解当前最常使用的三种敏捷方法。

揭开敏捷方法的面纱

仅仅依靠敏捷宣言和敏捷原则并不足以推动敏捷产品开发项目，因为理论和实践还是有区别的。然而，这本书中描述的方法将提供必要的实践，帮助你取得成功。

敏捷是一系列技术和方法的总称，它们具有以下共性：

- 在称之为迭代开发的多次短期迭代中，演示有价值的和潜在可交付的功能；
- 强调简洁、透明和因地制宜；
- 跨职能、自组织团队；
- 将可工作的功能作为测量进度的标准；
- 快速响应不断变化的需求。

敏捷的同义词包括韧性、灵活性、灵敏性、适应性、轻量级、响应性，这些词为敏捷的含义提供了更多的见解。

敏捷团队包括 Scrum 团队（Scrum 是最受欢迎的敏捷框架），他们坚持敏捷价值观和敏捷原则，因此，他们在满足客户需求上会变得更加轻量级，更加具有韧性、灵活性、灵敏性、适应性和响应性。

敏捷产品开发是一种经验主义的方法。换言之，在产品开发实践中，敏捷团队根据经验而不是理论来调整方法。

就产品开发而言，经验主义信奉如下理念。

- **充分透明**：参与到开发流程中的每个人都理解该流程，并且能够为改进流程做出贡献。
- **经常检查**：检验员必须定期检查产品，并且具备发现偏离验收标准的技能。
- **及时调整**：为了进一步减少产品偏差，开发团队必须能够迅速做出调整。

许多方法都拥有敏捷的特征。然而，常用的三种方法是精益产品开发、Scrum 和极限编程（XP）。尽管它们使用了不同的术语或者有细微不同的聚焦点，但是这三种方法仍然有许多共同的元素，可以被完美地结合在一起使用。从广义上来说，精益和 Scrum 聚焦在结构上，极限编程同样关注结构，但是它更加关注开发实践，更多聚焦在技术设计、编码、测试和集成上。（考虑到这个方法被称之为极限编程，我们认为这样的聚焦是意料之中的。）

与我们合作的大多数使用敏捷方法进行产品开发的组织，通常都在精益的环境中工作。他们会持续关注对在制品数量的限制、浪费性的做法以及流程步骤，使用 Scrum 组织工作和展示进度，并通过极限编程尽早地构建质量。每种敏捷方法都将在本章后面加以详细地说明。

就像任何系统性方法一样，敏捷方法不是凭空产生的。敏捷概念中有一些来源于历史传承，也有一些来源于软件开发之外，但这并不奇怪，因为在人类活动的历史中，软件开发的历史并没有那么长。

敏捷方法的基础与传统项目管理方法论是不同的，比如瀑布模型来源于第二次世界大战期间所定义的一种用于物资采购的控制方法。早期的计算机硬件开发者使用瀑布流程管理第一个计算机系统的复杂性主要体现在硬件上——1 600 只真空管，但只有30行左右的手工编码的软件（见图5-1）。当问题简单、市场静态时，一个僵化的流程可能是有效的，但今天的产品开发环境相对于这样一个过时的模型而言过于复杂。

图 5-1
早期的硬件和软件

第一台可存储程序的计算机
SSEM——“baby”

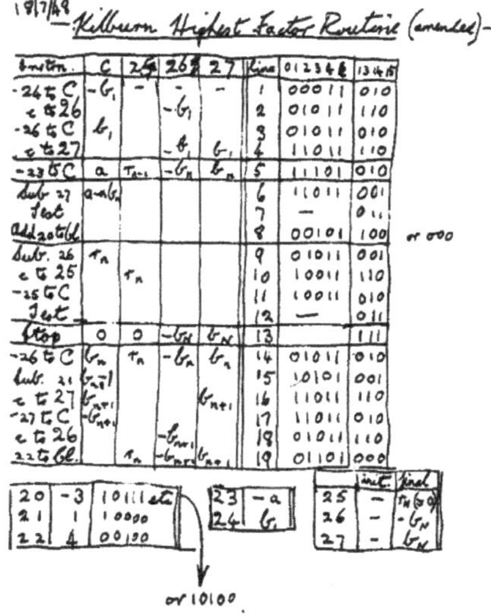

汤姆·吉尔伯恩（Tom Kilburn）
为“baby”编写的代码

走近温斯顿·罗伊斯（Winston Royce）博士，他于 1970 年发表的文章《管理大型软件系统的开发》（*Managing the Development of Large Software Systems*）中所提到的渐进式的软件开发流程被称作瀑布模型。当你在图 5-2 中看到它的原始图时，你就会明白这个名字的由来。

然而，随着时间的推移，计算机的发展形势发生逆转。通过大规模生产，硬件变得可重置，软件却变得更加复杂多样。

颇具讽刺意味的是，尽管图示告诉你完成任务必须按部就班，然而罗伊斯博士告诫说，你需要迭代。他说：

> “如果有问题的计算机程序首次被开发，那么如果考虑关键的设计和运行领域的需要，最终交付给客户部署的版本实际上将是第 2 版。”

罗伊斯博士甚至在图 5-3 中设置了说明迭代的图示。

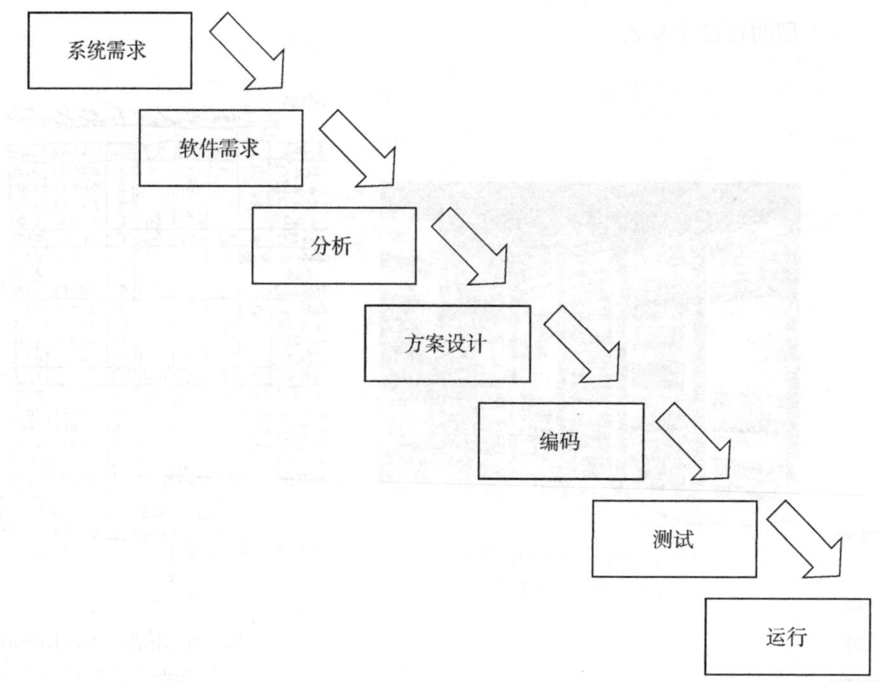

图 5-2 瀑布模型的起源

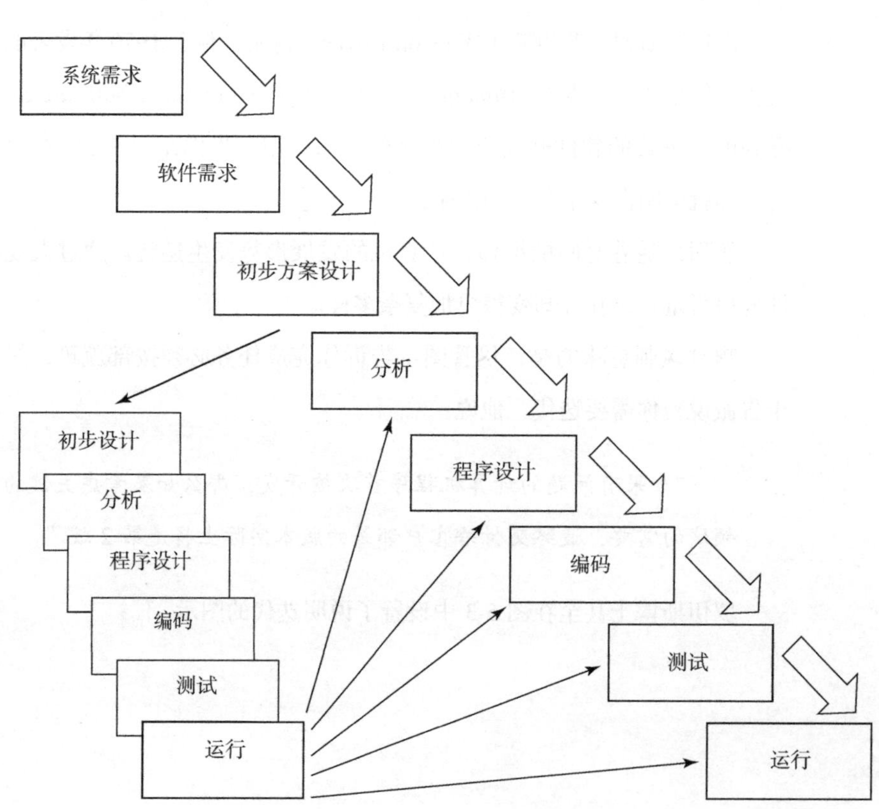

图 5-3 瀑布模型中的迭代

我们不确定当初这张图是否被人忽视，不过现在的软件开发社区已经几乎忘记了这个故事。从历史上来看，产品开发总体上受到了线性的、定义好的流程控制思想的限制。如果你在开发一个产品组件时，可能因为对客户的需求了解得不够而不得不重新回顾你认为正确的产品假设，以确保它能符合客户的需求，那么恭喜你，你其实已经迈出了变得更加敏捷的第一步。如果当初人们发自内心地接受罗伊斯博士的建议，那么敏捷可能已经辉煌 40 年了！

这个故事是专门针对技术产品开发的，但是迭代的经验过程控制也适用于非软件产品。

回顾三大方法：精益、Scrum 和极限编程

既然你已经对项目管理的瀑布型方法有了初步了解，那么你就可以了解更多用于产品开发的三大流行的敏捷方法：精益、Scrum 和极限编程。

精益概述

精益起源于制造业。大规模生产的方法已有超过 100 年的历史，当初是为了简化装配流程（如装配福特 T 型车）。在这些流程中，复杂、昂贵的机器和低技能的工人以低成本生产出有价值的产品。其理念是，如果你让机器和员工一直工作，并囤积库存，你就会获得高效率。

简单是不可信的。传统上，大规模生产需要损耗性的系统支持和大量的劳动力来确保制造的持续进行。这种方式会产生巨大的零件库存、额外的工人、额外的空间以及一些复杂的并不直接实现产品增值的流程。这听起来是否有点熟悉？

像减肥一样出现在制造业中的精益

在 20 世纪 40 年代的日本，一家名叫丰田的小公司想为日本市场生产汽车，但是负担不起大规模生产所需的巨额投资。公司研究了超市，发现消费者仅买他们需要的东西，因为他们知道总会有货物供应，当货架空了时，超市就会补货。根据这个观察，丰田发明了准时制（JIT）生产流程，可以把工厂转化成仓库使用。

准时制生产方式的结果是零件和成品库存显著减少，机器、人员和空间方面的投资降低了。

当时，大规模生产的一个巨大的成本是生产线上被训练成机器一样的工人，他们没有自主性，不能解决问题、做出选择或改进流程。他们的工作枯燥并且其潜能被抑制。相比之下，准时制生产流程给了工人自己决定接下来优先做什么的机会，他们直接对结果负责。丰田准时制流程的成功在全球范围内为大规模生产方式的改变做出了贡献。

了解精益和产品开发

精益这个术语最早出现在20世纪90年代，由詹姆斯·P. 沃麦克（James P. Womack）、丹尼尔·T. 琼斯（Daniel T. Jones）和丹尼尔·鲁斯（Daniel Roos）所著的《改变世界的工具：精益生产的故事》（*The Machine That Changed the World: The Story of Lean Production*）这本书中。eBay公司是将精益原则用于软件开发的早期采用者。公司每天响应客户的需求去更新网页，在短周期中开发出高价值的特性，进而一路领先。

精益的重点是最大化商业价值和最小化产品开发之外的活动。玛丽（Mary）和汤姆·波彭迪克（Tom Poppendieck）在他们的博客和书中讨论了关于精益软件开发的一套精益原则。以下是他们在2003年出版的《精益软件开发》（*Lean Software Development*）一书中的精益原则。

- **消除浪费**。做"刚好够"之外的任何事情（流程、步骤、工件和会议）都会放慢开发进度。浪费包括没有从工作中学习、构建错误的产品以及多任务并行（在不同任务或目标之间来回切换），这样只会实现部分产品特性，而不能创建一个完整的产品特性。
- **加强学习**。在学习中提升产品开发的可预测性。通过形成定期信息透明化、严格检查以及及时调整的工作理念，使产品改进成为可能。在整个组织中，鼓励"可以失败，但要从失败中吸取经验"的文化。
- **尽可能晚决策**。在开发后期也可以进行调整。不要延迟交付，但要给你的选择留出足够长的时间，以便在最后的时刻能够基于事实而非不确定的情况做出决策。挑战既定的标准，使用科学方法，对假设进行验证，以找到解决方案。我们已经在第4章对科学方法进行了详细的讨论。
- **尽快交付**。速度、成本和质量并不是互斥的。你越早交付，就能越早收到反馈，同时处理更少的工作、限制在制品的数量并优化工作流。管理工作流，而不是进度计划。使用即时规划来缩短开发和发布周期。

- **赋能团队**。通过自主工作、优化技能和对工作目标的认定，可以激励开发团队。管理者不会告诉开发人员如何完成他们的工作，而是支持他们围绕要解决的问题进行自组织，并帮助他们清除开发障碍，确保开发团队和个人拥有做好他们的工作所需的环境和工具。
- **内建质量**。当缺陷发生时和在最后验收前，建立发现和纠正缺陷的机制。一开始就要内建质量，而不是等到最后。打破各个功能之间的依赖关系，这样你就可以在任何时候开发和集成产品的功能，而不会造成流程的倒退。
- **统筹兼顾**。整个系统的强大程度取决于它最薄弱的环节，仅仅优化这个部分将会对整个系统进行次优化。解决问题，而不只是症状。持续关注整个工作流中的瓶颈，并消除这些瓶颈。在制订解决方案时，眼光要长远。

了解看板

除了精益原则外，产品开发团队最常使用的精益方法之一是看板（Kanban），有时被称为“精益—看板”。改编自丰田的生产体系，看板的本质是在系统中消除浪费，以改进工作流和提高产量的方法。

看板实践几乎可以被应用在任何情况中，因为它们就是从当前的情况着手，你无需对现有的工作流做任何改变。看板实践包括如下内容：

- 可视化；
- 限制在制品；
- 管理工作流；
- 政策显性化；
- 建立反馈循环；
- 协同式改进，试验性演化（使用模型和科学方法）。

后三个实践在其他敏捷框架中很常见，比如 Scrum 和极限编程（在本章后面会讨论）。前三个实践提高了产品开发团队的效率。

- **可视化**：可视化团队的工作流是识别潜在浪费的第一步。传统的膨胀流程存在于许多组织中，即便对这些流程加以可视化，也不能反映现实。当团队将他们的工作流可视化（在白板上、墙上或图纸上），并识别出生产力在哪个环节出现问题时，他们可以很容易地分析根本原因并知道如何消除限制因素，然后不断重复这个过程。

看板在本质上是一种符号、大型视觉板、信号卡或视觉信号。在工厂的墙上或者开发工作区的墙上，每个人都可以看到它。看板显示了团队接下来需要实现的产出。插在看板上的是代表生产单位的卡片。随着生产的进展，工人会移出、添加和移动卡片。当卡片被移动时，它们就会向工人发出需要补充工作或库存的信号。产品开发团队使用看板或任务板来展示他们的进度并管理他们的工作流（在第 6 章和第 11 章中有更详细的描述）。

- **限制在制品**：当团队一直开始新的工作，但是并没有完成它们的时候，在制品会持续增加。而敏捷就是要完成工作，并就完成的部分获得客户反馈，所以我们的目标是只有在其他事项完成的情况下才开始新的任务。一次做多件事情并不意味着你能更快地完成所有的事情，实际上你完成它们的速度要比一次做一件事慢。当产品开发团队限制在制品时，所有事项的完成速度会更快，因为这样做加快了队列中每个事项的完成速度。
- **管理工作流**：我们都经历过交通高峰期繁忙街道上发生的事情。当车辆数量超过了车道的承载量时，所有的车辆都会移动得很慢。每个人都想同时到达某个地方，所以每个人都需要等更长时间才能到达。为了更好地管理车流，我们需要控制进入车道的车辆，或者增加拥堵程度最高路段的车道数量。就像交通中的车辆一样，如果开发团队成员试图一次完成所有的工作，产品开发工作就会进展得很慢。而一次只做一件事，并识别和消除限制因素，会提升系统中所有事项的完成速度。

测量交付时间和开发周期有助于团队监控他们对工作流的管理。团队通过跟踪一个功能需求从接受到完成所需的时间来确定交付时间，通过跟踪从工作开始到完成的时间来了解开发周期，然后通过识别和消除阻碍其交付期和开发周期缩短的瓶颈来优化工作流。

团队可以将看板的基本原则与诸如 Scrum 的其他框架有效地结合起来使用。这些原则包括以下几点：

- 从你现在做的事情开始；
- 同意追求演进式变化；
- 尊重现有的角色、职责和工作头衔；

» 鼓励组织中的各级领导行为——从个人贡献者到高级管理人员。

想要支持良好的产品开发实践，请记住以下几点：

» 不要开发你不太可能使用的特性；
» 让开发团队成为产品的核心，因为这样做可以使价值最大化；
» 让客户对特性进行优先级排序，因为他们知道对他们来说什么是最重要的特性。首先处理优先级高的特性，以交付价值；
» 使用支持各方良好沟通的工具。

如今，精益原则继续影响着敏捷技术的发展，亦受到它们的影响。任何敏捷方法都要随着时间的推移而不断被调整。

Scrum 概述

根据 Digital.ai 发布的《2020 敏捷年度状态报告》（*State of Agile Report 2020*），Scrum 被认为是最受欢迎的敏捷框架。Scrum 是一种迭代的方法，它的核心是冲刺（Scrum 的迭代术语）。为了支持这一过程，Scrum 团队使用特定的角色、工件和事件。为了确保他们实现流程中每个部分的目标，Scrum 团队在整个开发期间要将信息透明化，并不断进行检查和调整。图 5-4 中展示了这一方法的运用。

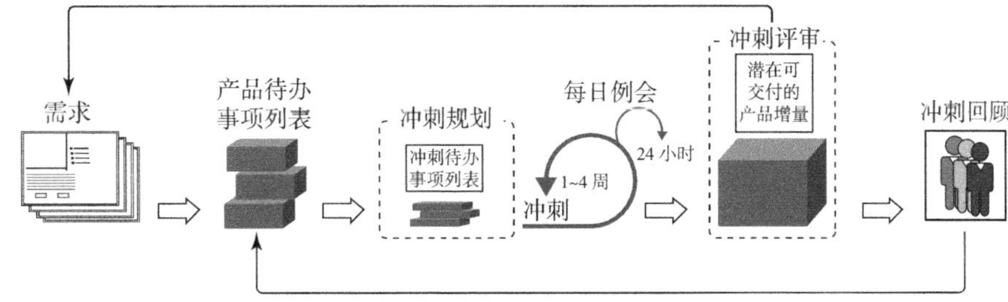

图 5-4　Scrum 方法

跟随冲刺的节奏

在每一个冲刺中，开发团队开发和测试产品的一个功能部件，直到产品负责人将其验收通过。通常每天验收通过的功能会成为整个产品的一个潜在可交付的增量，以向干系人进行演示并获得他们的反馈。根据这个反馈，产品负责人决定接下来的事项，即是否要发布增量以及要对产品待办事项列表做出哪些调整。

当一个冲刺完成时，另一个冲刺开始。功能发布上市通常发生在多个冲刺结束时，也就是产品负责人确定产品价值已经足够的时候。然而，产品负责人也有可能决定在每个冲刺结束后发布功能，或者在冲刺期间根据需要发布多次。

记住
比较好

冲刺的一个核心原则是它的周期性：冲刺及其流程是周而复始的，如图 5-5 所示。

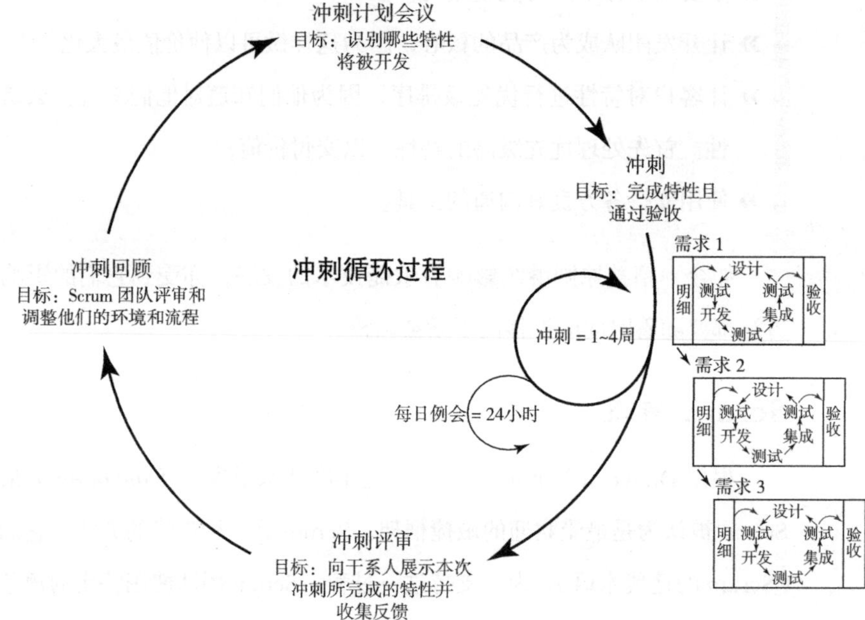

图 5-5 冲刺是循环的过程

在 Scrum 实践中，你要将信息的透明化、检查和调整作为日常工作中的一部分。

- 在冲刺中，你要使所有的开发进度透明化，并对照冲刺目标以及发布目标不断进行检查，以评估进展。
- 召开每日例会，组织和协调当天要完成的工作。基本上，Scrum 团队根据冲刺目标检查工作进展，并基于当天的情况调整计划，以实现冲刺目标。
- 当冲刺结束时，通过冲刺评审会议和冲刺回顾会议来评估产品增量和团队绩效，并对必要的调整进行规划。

检查与调整也许听起来很复杂，但其实不然。通过检查与调整来解决问题，并不需要你想太多，因为你在今天试图去解决的问题往往不同于你在未来需要解决的问题。

理解 Scrum 的角色、工件和事件

Scrum 框架为产品开发定义了特定的角色、工件和事件。

Scrum 的三个角色（参与产品开发的人员）如下。

- **产品负责人**：代表产品的业务需求方，并负责解释需求。
- **开发团队**：执行日常技术实现工作。开发团队专注于产品，并且每个团队成员都是集多项技能于一身的。也就是说，尽管每个团队成员可能有自己的专长，但是他们都能承担多种产品的开发工作。
- **Scrum 主管**：保护团队远离组织的干扰，移除障碍，确保 Scrum 得以适当地使用，不断改善团队的协作环境。

此外，Scrum 团队发现，当他们与另外两个非 Scrum 特定角色一起密切工作时，会更加有效和高效。

- **干系人**：干系人是指任何一个受到产品影响或对产品有输入的人。尽管干系人不是正式的 Scrum 角色，但在整个产品开发中，Scrum 团队与干系人一起紧密协作是必不可少的。
- **敏捷导师**：导师是在实施敏捷原则、敏捷实践和技术上经验丰富，并且能够与团队分享这些经验的人士，有时被称为敏捷教练。通常敏捷导师来自产品所在的部门或组织之外，所以他 / 她能以一个局外人的角度客观地支持 Scrum 团队。

与 Scrum 有特定的角色一样，Scrum 也有三种工件，它们是有形的可交付物。Scrum 团队将其透明化，并不断地检查和调整。

- **产品待办事项列表**：对产品进行定义的完整需求列表，通常从终端用户的角度就商业价值进行归档。产品待办事项列表动态地贯穿于整个产品生命周期。所有的范围描述，无论其详细程度如何，都在产品待办事项列表中。产品负责人对产品待办事项列表负责，确定其中的内容和优先级。
- **冲刺待办事项列表**：一个给定的冲刺中的需求和任务列表，使团队能够实现特定的冲刺目标。产品负责人和开发团队在冲刺计划阶段为冲刺选择需求，同时开发团队把这些需求分解到任务中。不同于产品待办事项列表的是，冲刺待办事项列表只能由开发团队在其认为适合的情况下进行变更，以确保实现冲刺目标。
- **产品增量**：可用的、潜在可交付的功能。在单次冲刺的范围内，产品增量

> 包括从需求中产生的功能，这些功能已经被细化、设计、开发、测试、集成、归档和批准，以满足预期的业务需求。无论产品是一个网站还是一所新房子，产品增量必须足够完整，以便演示其可工作的功能。当演示的可交付功能已经足够满足客户的业务目标之后，可以向客户发布产品增量。换句话说，团队可能需要不止一个冲刺才能生成可以交付给客户的足够有价值的功能。

最后，Scrum 还有五类事件。

- **冲刺**：冲刺是 Scrum 中关于“迭代”的术语。它是其他 Scrum 事件的“容器”，Scrum 团队在其中创建潜在的可交付功能。冲刺周期短，不超过一个月，通常是一至两周，在某些情况下，冲刺周期只有一天。一致的冲刺长度减少了偏差，Scrum 团队可以根据前一个冲刺中完成的工作，自信地推断出下一个冲刺中他们能做什么。冲刺让 Scrum 团队有机会立即做出调整，并持续改进，而不是等到最后。
- **冲刺计划**：在每个冲刺开始时召开的会议。在该会议上，Scrum 团队决定将哪些业务目标、范围和支持性的任务纳入冲刺待办事项列表中。
- **每日例会**：每天召开，时长不超过 15 分钟。在每日例会中，开发团队成员检查开发进度，调整冲刺目标的实现计划，并与 Scrum 主管协作清除障碍。
- **冲刺评审**：在每个冲刺结束时召开的会议。在该会议中，开发团队向干系人和整个组织展示他们在冲刺中完成的已被验收的产品模块。冲刺评审会议的关键是收集干系人的反馈意见，这将告知产品负责人如何更新产品待办事项列表并确定下一个冲刺目标。
- **冲刺回顾**：在每个冲刺结束时召开的会议。这是一个内部会议，其中 Scrum 团队成员（产品负责人、开发团队和 Scrum 主管）讨论冲刺中的成功做法、失败的地方以及他们将如何在下一个冲刺中进行改进。这个会议以行动为导向，会议最后将为下一个冲刺形成切实可行的改进计划。

Scrum 很简单，包括三个角色、三种工件和五类事件。每一个角色、工件和事件都在确保 Scrum 团队在整个产品开发过程中持续保持信息的透明度、持续检查和调整方面发挥作用。作为一个框架，Scrum 容纳了许多其他的敏捷技术、方法和工具，用于执行功能构建的技术部分。

必要的认证

如果你是敏捷专业人士或者想要成为敏捷专业人士，那么你可能在考虑获得一个或者多个敏捷资质认证。认证培训能够提供有价值的信息和实践敏捷的机会，你可以在你每天的工作中应用这些课程。认证还能够推动你的职业发展，因为许多组织都希望聘任那些具备敏捷知识的专业人士。

一些公认的、入门级的认证选择如下。

- **Scrum 主管认证（CSM）**：Scrum 联盟是一个促进对 Scrum 理解和应用的专业组织，提供针对 Scrum 主管的认证。获得 CSM 认证需要完成两天的培训课程和 CSM 测评。CSM 认证培训提供一个关于 Scrum 的整体介绍，是开启敏捷之旅的一个良好的起点。
- **Scrum 产品负责人认证（CSPO）**：Scrum 联盟也为产品负责人提供认证。和 CSM 认证一样，获得 CSPO 认证需要 Scrum 培训师进行两天的培训。CSPO 认证培训针对产品负责人的角色提供深度培训。
- **Scrum 开发者认证（CSD）**：Scrum 联盟为开发团队成员提供 CSD 认证。CSD 认证是一项技术序列的认证，获得该认证需经过 Scrum 培训师五天的培训，并通过一项敏捷工程技术的在线考试。CSM 认证或 CSPO 认证的两天的培训可以被纳入 CSD 认证培训中，另外三天则是技术技能聚焦于极限编程实践，如测试驱动开发、持续集成、编码标准、简单设计和代码重构。你可以在下一节了解更多关于这些实践的内容。
- **敏捷项目管理专业人士资格认证（PMI-ACP）**：项目管理协会（PMI）是全球最大的项目经理专业组织。在 2012 年，PMI 推出了 PMI-ACP 认证。获得该认证需要具备通用的项目管理经验、敏捷产品开发经验，参加培训并通过针对敏捷基础知识的在线考试。

高级认证和专业认证也适用于所有的 Scrum 角色以及敏捷领导者。

极限编程概述

极限编程（XP）是一种流行的产品开发方法，主要应用于软件领域，推动软件开发的实践走向极致。1996 年，肯特 · 贝克（Kent Beck）在沃德 · 坎宁安（Ward Cunningham ）和龙 · 杰弗里斯（Ron Jeffries）的帮助下提出极限编程的原则，随后于 1999 年在他编著的《极限编程解析》（*Extreme Programming Explained*）一书中对极限编程的原则做出了最初的解释，并在后续的版本中进行了更新。

极限编程的重点是客户满意度。由于采用 XP 方法的开发团队根据客户需求与客户协作开发特性，故可以获得很高的客户满意度。处理新需求是开发团队的日常工作，无论这些需求何时出现，开发团队都被授权去处理。开发团队根据出现的任何问题及时调整组织结构，并且尽可能高效地解决问题。

随着极限编程被不断地推广与实践，极限编程团队的角色定义已经淡化。现在一个典型的开发工作，其成员来自客户、管理层、技术和产品支持小组。他们在不同的时间可能承担着不同角色的职责。

发现极限编程的原则

极限编程的基本方法是与敏捷原则相一致的。这些方法如下。

- **编码是核心活动**。通过编写软件代码不仅可以交付解决方案，而且可以探索问题。例如，一个程序员可以利用代码来解释某一个问题。
- **XP 团队在开发期间而不是结束时做大量测试**。如果仅仅做一点测试就能帮助你发现一些缺陷，那么大量的测试将帮助你发现更多的缺陷。事实上，在开发人员已经制定需求的成功标准和设计单元测试之前，他们不会开始编码。一个程序漏洞所反映的并不是编码的失败，而是未进行正确的测试。
- **让客户和程序员直接沟通**。程序员在设计技术方案之前，必须了解商业需求。
- **对于复杂的系统，超越任何具体功能的、某一层次的总体设计是必不可少的**。在 XP 开发中，所谓总体设计指的是，在定期的代码重构中使用系统的改进代码流程来提高代码的可读性、降低代码的复杂性、提高代码的可维护性，并确保其在整个代码库中的可扩展性。

你可能发现极限编程与精益或敏捷能够相互结合，那是由于它们的流程元素非常相似，从而能够完美地融合。

开始了解一些极限编程实践

在极限编程中，虽然有一些做法与其他敏捷方法相似，但也不尽然。表 5-1 列出了几个关键的 XP 实践，其中大部分是常规做法，并且在敏捷原则中得到了体现。

表 5–1 极限编程的关键实践

XP 实践	基本假设
整体团队	客户需要和开发团队在一起（物理位置在一起），保持足够的参与度，从而使得团队提出的细节问题能够迅速得到解答，并最终交付与客户期望值相匹配的产品
规划游戏	所有的团队成员应参与规划。在业务和技术人员之间不存在隔阂

（续表）

XP 实践	基本假设
客户测试	作为展示每个所需特性的一部分，XP 客户定义了一个或多个自动验收测试，以显示该特性是可工作的。系统总在改进，从不倒退。自动化很重要，因为在时间的压力下，手动测试会被跳过
小型发布	尽可能经常地向客户发布价值。一些组织每天发布好几次。避免开发大量的没有发布的代码，这需要大量有风险的回归和集成工作。尽早、尽可能频繁地获取客户的反馈
简单设计	设计越简约，改变软件代码的成本就越低
结对编程	两个人共同处理一个编程任务。一个人偏战略（司机），另一个人偏战术（领航员）。他们相互解释各自的方法。他们轮流做司机和领航员。没有一行代码是只有一个人理解的。在代码与系统合并和集成之前，缺陷更容易被发现和修复
测试驱动开发（TDD）	在开始编码之前，先编写自动化客户验收测试程序和单元测试程序。编写一个测试程序，运行它，然后看着它失败。接下来，编写足够的代码使测试程序通过，即重构代码，直到测试程序通过为止。在你报告进展之前，先测试编码的正确性
设计改进（重构）	通过重构代码（去除代码中重复和低效的内容），不断改进设计。一个精益的代码库更容易维护，并且运行起来更加高效
持续集成	团队成员应使用最新的代码进行工作。尽可能经常将开发团队的多个代码组件进行集成，以便及时发现问题并在问题叠加之前采取修正措施。XP 团队每天都会生成多个版本
代码集体所有权	整个团队对代码的质量负责。共享的所有权和责任会带来最佳的设计和最高的质量。任何工程师都可以修改另一个工程师的代码，以推动产品开发流程
编码标准	使用编码标准来授权开发者做出决策，并维护整个产品的一致性。不要反复改变组织中产品开发的标准。统一的代码标识符和命名约定是编码标准的两个示例
隐喻	当描述系统如何工作时，使用一个隐含的比较和一个容易理解的简单的故事（例如，“系统就像做菜一样”）。这为团队所有的产品研讨活动提供了额外可以参考的语境
可持续发展的步伐	过度劳累的人是不会有效率的。太多的工作会导致错误的发生，继而产生更多的工作，最终产生更多的错误。对于较长的一段工作周期，要避免每周工作时间超过 40 小时

记住比较好

极限编程通过大幅提高最佳开发实践的常规的强度，着力突破开发团队的习惯的局限，使极限编程在提高开发效率和成功率方面取得了出色的成绩。

如果你正在进行的不是软件产品开发，那么也许你可以用一组特定于你所从事的行业的技术实践来替代 XP，这些实践将在整个产品开发过程中构建质量。

汇总

三种敏捷方法——精益、Scrum 和极限编程（XP）拥有同样的脉络。这些方法最大的共同点是它们对敏捷宣言和敏捷 12 条原则的坚持。表 5-2 列举了它们的相似之处。

表 5-2 精益、Scrum 和极限编程（XP）的相似性

精益	Scrum	极限编程（XP）
争取人心	跨职能开发团队	整体团队 集体所有权
整体优化	产品增量	测试驱动开发 持续集成
更快交付	四周或者更短的冲刺	小型发布

除了较为宽泛的敏捷框架和实践之外，Scrum 还纳入了可以持续提高敏捷产品开发成功率的各种工具。就像构建一个实体的家，以支持管道、电气、通风系统等内部便利功能一样，Scrum 为许多其他的敏捷工具和技术提供了框架，以便更好地完成工作。下面是一些工具和技术的示例，其中大部分内容，你将在后续章节中了解更多。

- **产品愿景陈述**：一个引人入胜的电梯游说——一个明确的、鼓舞人心的、达到产品外部边界的陈述。
- **产品路线图**：实现产品愿景所需特性的展示。
- **速度**：一个工具——而不是度量指标——让 Scrum 团队了解每个冲刺的历史工作量，并根据经验预测长期的功能交付。
- **发布计划**：建立一个具体的中期目标，即功能发布上市的触发器。
- **用户故事**：从最终用户的角度构建需求，以阐明业务价值。
- **相对估算**：使用自我校正的复杂性和工作量，而不是不准确的、会造成精确感错误的绝对度量。
- **密集**：跨职能团队共同开发一个需求，以便更快地完成工作。

第 6 章　敏捷在行动：环境篇

本章内容要点：

- 创建你的敏捷工作环境；
- 重新认识低科技的沟通方式，并使用恰当的高科技的沟通方式；
- 找到并使用你所需的工具。

请在脑海中想象一幅你当前工作环境的画面。或许它看起来会和下面描述的布局很像：IT 团队位于一个大型隔间式的办公区中，而项目经理距离该团队只有几步之遥；你与一支海外开发团队协同工作，你们有 8 小时的时差；业务客户在大楼的另一侧等待；你的经理待在某个小办公室里；会议室往往都已被预订，即便你能进入其中的一间，不到 1 小时也一定会有人赶你出去。

我们每个人可能都处在不同的物理位置，甚至可能在不同的时区，没有共同的物理工作空间，正如我们几乎所有人在 2020 年因为新冠肺炎疫情而不得不居家办公所经历的那样。

你的项目文件都存在某个共享盘的文件夹中。开发团队每天至少会收到 100 封电子邮件。项目经理每周都要召开团队会议，并要根据项目计划向开发人员交代新的工作目标。项目经理还会编写一份状态周报，并把它发送到共享盘中。产品负责人通常会很忙，几乎没有时间和项目经理一起检查进度，但不时地也会发邮件谈谈他们对正在开发的产品的新的想法。

虽然上述文字可能没有准确描述出你的处境，但在任何企业环境下，你都有可能看到类似的场景。相反，Scrum 团队在短而集中的迭代周期中进行开发，依赖于团队成员和干系人的及时反馈。为了在工作中变得更加敏捷，你的工作环境亟待改变。

本章将向你展示如何创建有利于沟通的工作环境，而这样的环境将最大程度帮助你走向敏捷。

创建物理环境

当 Scrum 团队成员在支持持续和密切协作的环境中一起工作时，Scrum 团队将大放异彩。正如其他章节中所提到的，开发团队成员对产品的成功至关重要。为他们创建合适的工作环境，能对他们的成功带来巨大的帮助。

团队成员集中办公

只要有可能，Scrum 团队应该集中办公，也就是物理空间上集中在一起工作。当 Scrum 团队实现集中办公时，以下做法可以显著地提升产品开发的效率和效果：

- 面对面沟通，充分利用语言或者非语言沟通的优势；
- 别坐着，站起身参加每日例会的小组讨论（会议要保持简短并紧扣主题）；
- 使用简单、低科技的工具进行沟通；
- 从 Scrum 团队成员那里实时获得清晰的解释；
- 时刻了解其他人正在做什么工作；
- 向他人寻求帮助来完成任务；
- 协助他人完成任务。

你会意识到集中办公的一个好处是渗透式沟通。当人们在同一个物理环境中工作时，即便没有密切关注，他们也会听到周围发生的事情。他们可以加入听力范围内发生的对话，从而贡献出可能会被忽视的观点。此外，当团队的某些成员处理问题的时候，其他成员也能感觉到紧张或放松。掌握发生在周围的事情可以让团队成员更加有见识，从而能更加独立自主地进行产品开发。

所有这些做法都秉持了敏捷流程的理念。当大家都在同一个区域办公时，你想要提问并马上得到答案就会变得更加容易。当问题比较复杂时，面对面沟通能够产生强大的协同作用，与任何形式的电子交流方式相比，都更加有效率且有效果（参见敏捷原则第 6 条）。

这叫技术支持

沟通有效性之所以能提高取决于“沟通保真度”，也就是期望表达的含义与被理解的含义之间的准确程度。洛杉矶加州大学教授阿尔伯特·梅拉毕恩（Albert Mehrabian）博士的研究表明，对于复杂且不协调的沟通，55% 是通过肢体语言传达的，38% 是通过特定文化的声音语调传达的，而只有 7% 是通过文字传达的。当你下次参加电话会议，讨论一个不存在的系统的细微设计差别时，请别忘了上面的研究成果。

“敏捷宣言”的签署者之一阿里斯泰·科克本恩（Alistair Cockburn）绘制了图 6-1。这张图展示了不同沟通形式的有效性。请留意两个人使用书面沟通和白板沟通的有效性的差别——通过集中办公，你能获得更好的沟通效果。

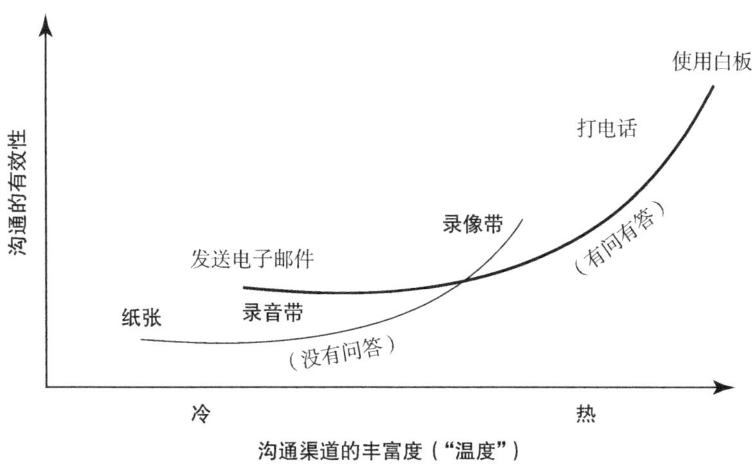

图 6-1 集中办公的沟通效果更佳

记住比较好

面对面沟通意味着我们在交流的时候是面对面的。尽管今天的技术比以往任何时候都能更加有效地将地理位置上分散的人员聚集到一起，但技术始终不能复制出人们在同一个地点工作所产生的社会效果，即有效和实时的协作。

Scrum 团队工作最有效的时候是他们集中办公的时候。但是，这并不意味着像 Scrum 这样的敏捷框架不能用于分散的团队。事实上，为了让分散的团队取得成功，像 Scrum 这样角色定义清晰、信息透明度高、严格进行经验反馈循环的框架实则更为重要。你可以在第 7 章、第 10 章、第 11 章和第 12 章了解更多关于 Scrum 的角色、工件和事件的内容。

在下面的章节，我们描述的是使 Scrum 团队实现有效沟通的理想情况。这些情况能让我们意识到，即便在不能实现集中办公的情况下，我们也有机会获得集中办公所产生的效果。

设立专用区域

如果Scrum团队成员在同一地点办公，你需要尽你所能为他们创建一个理想的工作环境。第一步就是设立专用区域。

设立一个使得Scrum团队在物理空间上距离很近的工作环境。如果条件允许，Scrum团队应当拥有自己的专用房间，这类房间有时被称为“团队工作室”或“Scrum工作室”。Scrum团队成员可以在这间工作室里布置所需的办公环境，如在墙上挂上白板和公告板，或把桌椅搬动到需要的位置。通过整理空间来提高生产力，这已经成为他们工作方式的一部分。如果没有单独的房间，一片紧凑型的办公区（Pod）也是可行的：在外围角落设置工作区，在中间放一张桌子或者设置一个交流中心。

如果你身处大型隔间式办公区而又无法拆除墙壁，那么就发挥你的创意，申请一组无人使用的隔间，并以有利于团队协作的方式配置这些隔间，即使这意味着要拆掉隔板。请设法创建一个可以用作团队工作室的空间。

记住比较好

合适的空间能让Scrum团队全身心地投入解决问题和研究解决方案上。可视化创意和在制品能使整个团队形成一致的理解。不受限制地与其他团队成员进行交流也是有效和实时协作的关键。请设法创建一个使上述做法得以实现的空间。

你所处的环境可能并不完美，但付出努力去寻求尽可能理想的工作环境是值得的。在你着手进行组织敏捷转型之前，请向管理层申请必要的资源，以创建最佳的工作环境。你所需的资源会有所不同，但至少应包括白板、公告板、记号笔、图钉和便利贴。你将会感到惊讶，这些投资竟如此之快地带来效率上的回报。

举个例子，一家客户的公司设立了一间团队工作室，并耗资6 000美元为开发者购置了多台显示器，以提高工作效率，最终这家公司提前了近两个月完成任务，并且在整个产品开发生命周期中节省了近60 000美元。就这一项简单的投资而言，可以说是相当不错的回报了。我们将在第15章向你介绍如何量化这些回报。

消除干扰因素

开发团队需要专注、专注、再专注。敏捷方法旨在创建一个以特定方式进行高效工作的架构。对这种高效工作的最大威胁就是干扰因素，比如，你需要快速回个短信。

好消息是，敏捷团队中已有专人致力于转移或消除干扰因素：Scrum主管。

无论你想承担 Scrum 主管还是其他角色的职责，你都需要了解哪种类型的干扰因素可能使开发团队偏离轨道，以及如何应对这些干扰因素。表 6-1 列举了常见的干扰因素，并提出了应对这些干扰因素的行为准则。

干扰因素会削弱开发团队的注意力、精力和表现。Scrum 主管需要魄力和勇气来管理和转移干扰因素。每排除一次干扰，就意味着向成功迈进了一步。

表 6-1　常见的干扰因素

干扰因素	要做	不要做
多个目标	要确保开发团队一次投入百分之百的精力专注于实现单个产品目标	不要把开发团队分散到多个目标、运营支持和特殊的职责中
多重任务	要让开发团队始终专注于完成单个任务，最理想的状况是一次开发一个功能模块。任务板可以帮助团队时刻追踪进程中的任务，并快速确定是否有成员在同时执行多个任务	不要让开发团队变换需求。变换任务会降低工作效率，从而导致成本大幅增加（至少 30%）
监管过度	你要在和开发团队共同制定迭代目标后，就放手让开发团队自己干；他们能够安排好自己的工作。你只需看着他们的生产率直线上升就好	不要干扰开发团队或允许他人这样做。冲刺评审会议已经提供了足够的机会让你来评估当前的进度
外部影响	要化解一切干扰项。如果出现冲刺目标之外的新想法，你应当在不威胁到本轮冲刺目标实现的情况下，要求产品负责人将其添加到产品待办事项列表中	不要干扰开发团队成员和他们的工作。他们正在朝着冲刺目标前进，而这对于一次积极的冲刺过程而言是首要事项。即使一件看似简单的小任务，也可能中断他们一整天的工作
管理层	要为开发团队屏蔽来自管理层的直接要求（除非管理层希望对团队成员的杰出表现进行嘉奖）	不要放任管理层对开发团队的工作效率带来消极影响。要让干扰开发团队的人寸步难行

低科技的沟通方式

当 Scrum 团队实现集中办公后，团队成员就能轻松且顺畅地相互交流。尤其是当你着手进行敏捷转型时，你会希望使用低科技的沟通工具：依靠面对面交谈和传统的纸笔做记录。低科技的工具营造了一种轻松的氛围，使得 Scrum 团队成员感到他们能够改变工作流，并且随着对产品的认知逐步加深而变得更加敢于创新。

沟通的首选方式应当是面对面交谈。亲自参与问题的解决是加速开发的最佳途径。

» **以面对面的方式召开简短的每日例会。**为了避免会议时间超过 15 分钟，Scrum 团队一般站着开会。实际上，他们聚集在任务板周围开会。

- **向产品负责人提出问题**。确保产品负责人参与到产品特性的相关讨论中，以便在必要时提供明确的意见。即便规划结束，也要与产品负责人沟通。换句话说，要确保随时都能见到产品负责人，就像见到其他团队成员一样。使用可移动的桌椅，这样包括产品负责人在内的 Scrum 团队可以重新布置他们的工作环境，以便更好地交流。移动的环境能实现更加顺畅的协作和更大的整体自由度。
- **与你的团队成员交流**。如果你对特性、开发进度或者集成工作有疑问，那么请与团队成员交流，不要来回发邮件。负责创造产品的是整个开发团队，并且团队成员需要在全天的工作中持续进行交流。

只要 Scrum 团队成员集中在一起，你就能使用物理和视觉的方法让所有人对产品的理解保持一致。你应该让每位团队成员都看到：

- 冲刺的目标；
- 达成冲刺目标所需的功能；
- 在冲刺中已完成了哪些工作；
- 在冲刺中接下来还要做什么；
- 谁正在进行哪项任务；
- 对可交付标准的明确定义；
- 还剩下哪些工作要做。

要支持这样的低科技沟通，我们只需要几样工具。

- 一两块白板（最好是可移动的——配备滑轮或重量较轻）。谈到协作，没有什么比一块白板更有效。Scrum 团队借助一块白板进行头脑风暴，以寻求解决方案，或者分享各自的想法。
- 大量不同颜色的便利贴（其中一些像海报那么大，用来传达你希望随时可见的关键信息——比如架构、代码标准以及团队的完成定义）。要了解更多使团队工作更加透明化的内容，请参见第 11 章。

小贴士大用途

我们比较喜欢的做法是为每位开发人员至少配备一套“便携式白板 + 便利贴记事板”的组合（包含一个轻便的画架）。这些低成本的工具能起到绝佳的沟通效果。

- 许多不同颜色的水彩笔。

- 一块在冲刺阶段专用的任务板或看板（详见第 5 章和第 11 章），用来追踪进度。

如果你决定配备一块冲刺阶段专用的看板，那么请使用便利贴来表示工作单元（即由特性分解成的不同任务）。对于工作计划，你可以将便利贴粘贴到一个较大的平面上（墙壁或者你的第二块白板）。你也可以使用带卡片的看板。你可以通过很多方式来定制你的看板，比如，使用不同颜色的便利贴来代表不同的任务，红色便利贴代表障碍的特性，而代表团队成员的绿色便利贴用来快速了解谁正在进行哪项任务。

这叫技术支持

信息发射源（Information Radiator）是向 Scrum 团队以及身处 Scrum 团队办公区中的其他人展示信息的一种工具。信息发射源可包括显示迭代状态的看板、白板、公告板和燃尽图，以及任何与产品开发或 Scrum 团队相关的其他标记。

一般来说，你可以在看板上移动便利贴或卡片来展示状态（参见图 6-2）。每个人都知道如何读懂看板，还知道如何根据看板显示的内容来行动。在第 11 章中，你会详细了解需要把哪些内容放在看板上。

发布目标：　冲刺目标：

发布日期：　冲刺评审：

US = 用户故事

Task = 任务

待办事项	进行中	验收	完成
			US Task Task Task Task Task Task Task Task Task Task Task Task
		US	Task Task Task Task Task Task Task Task Task Task Task Task
Task Task Task Task Task Task Task Task	US Task Task Task Task Task		
US Task Task Task Task Task Task Task Task			

图 6-2 在墙上或者白板上的 Scrum 任务板

不论你使用哪种工具，都请不要花很多时间来追求沟通内容的整洁和美观。过分追求排版和演示的形式（也就是大家通常所说的“华丽”）确实能给人这样一种印象：我们的工作既整洁又优雅。但工作本身才是真正重要的，所以请将你的精力集中在能支持工作进展的活动上。一言以蔽之，华丽是敏捷的“敌人”。

高科技的沟通方式

尽管集中办公通常能提升总体效率，但许多 Scrum 团队无法实现集中办公。在有些开发工作中，团队成员分散在多个办公室工作。而在另一些开发工作中，海外开发团队分散在世界各地。如果有多个 Scrum 团队成员在不同的地点办公，那么首先请尝试重新分配现有的人力资源，从而在每个地理区域内形成可以集中办公的 Scrum 团队。即便这种做法不可能实现，也不要放弃敏捷转型。相反，我们应尽可能地模拟集中办公。

当 Scrum 团队成员在不同的地点工作时，你必须投入更多精力，建立一个能带来连通感的工作环境。想要成功跨越距离和时区，你需要更加先进的沟通机制。尽管团队成员可以使用高科技的工具模拟集中办公的环境，但要想有效地开展工作，需要每个人的贡献。也就是说，如果一个团队成员是远程办公的，那么团队中的每个人可能都需要在镜头前帮助远程团队成员参与并投入到当前的工作中。

别做白费功夫的事！

在过去，制造流程往往需要把部分已完成的项目运送到另一个地点继续完成。在这种情况下，第二个地点的车间管理人员需要看到第一个地点的工厂墙壁上的看板。于是人们发明了电子看板软件来解决这个问题，但是该软件看上去就像一块普通的看板，所以总被当成普通的看板来用。该软件需要团队筛选或者上下滚动软件工具才能查看看板上的所有信息，这对团队来说明显费时费力，而物理看板如此有效的原因在于团队成员可以看到看板上实时更新的全部信息。

在决定选择哪类高科技的沟通工具之前，不要选择那些不支持直接和实时沟通或带来一些不必要的复杂度的工具，你可以使用的工具如下。

- **视频会议**：视频会议工具，如 Zoom、Teams、Hangouts，这些工具能够营造一种集中办公的感觉。如果你们必须进行远程交流，那么至少要确保你们能清楚地看到对方并听到对方所说的话，因为肢体语言也传达了一部分信息。

决策不是在会议中做出的，而是由会议进行传达的。决策通常是在一些不太正式的场合下做出的，比如在走廊的谈话中，在午餐时间，在饮水机旁，或者在某人办公室的即兴讨论中。除非你们是面对面地交流，否则复制这些类型的互动是很困难的。最接近面对面沟通的方法可能是使用远程机器人（一个带轮子的远程控制支架，顶部有一个显示远程者面部的平板电脑）。机器人可以在办公室里走动，好像远程者就在办公室里一样。也许这不是一个切实可行的选择，但它表明面对面交流是最好的选择。

- **即时通信软件**：虽然即时通信软件无法传递非语言的沟通信息，但它是实时、便捷且易于使用的。现有的即时通信软件包括 Slack、HipChat、Teams 等。多位成员还能在同一个会话中交谈并共享文件。持续沟通对于信息的传递很有用，对于问题的解决不太有用，而面对面沟通可以解决问题。
- **基于网络的桌面共享**：共享你的桌面能让你突出显示问题并及时更新问题，对于开发团队而言，效果尤为突出。直接看到问题总比在电话里讲出来的效果要好。大多数视频会议工具都具有这个功能。
- **协作工具**：这类工具能让你共享简单的文档，让每位成员获得最新信息，也能提供一块虚拟白板来进行头脑风暴。协作工具有 Google Drive、Miro、Mural、Jamboard 等。

科技在不断发展。因此，我们迫不及待地想看到，本书在下个版本发布的时候，又会出现哪些新的工具。

使用在线协作工具（例如刚刚提到的这些工具）会让你摆脱状态报告的工作，从而将精力集中在真正能为客户创造价值的工作上。这些工具可以使你正在使用的工件（如你的冲刺待办事项列表）供干系人按需细读。当管理层要求你提供更新的状态时，你可以直接邀请他们访问协作网站，自主查看他们所需的信息。通过每天更新这些文档，你为管理层提供的信息会比他们在传统项目管理周期中通过正式的状态报告程序获得的信息的质量更好。请不要为管理层提供单独的状态报告，因为这些报告重复了冲刺燃尽图中的信息，并且无助于产品的产出。

当你有一个带有共享文档的协作网站时，不要理所当然地认为所有人都能理解文档里的所有内容。使用协作网站是为了确保所有内容都是公开的、可访问的且透明的，但是不要让它使你的团队误以为你们已经形成了共识，因为共识是通过对话达成的。

选择工具

正如我们在本章中一直提到的，最适合用在敏捷开发中的工具是低科技工具，尤其是当 Scrum 团队开始适应这种更敏捷的工作和协作方式的时候。关于工具的选择，我们的建议是不要太关注哪种特定工具是最好的，而要更多关注这个工具是否能够帮助或者妨碍我们向客户交付价值。

我们倾向于一开始让团队使用低保真度的工具，如白板、挂图、便利贴和马克笔。之后，如果他们觉得有必要投资于更先进的技术，我们会鼓励他们找到一种为他们的工作提供有效支持的工具，而不是用一个新工具来指导他们如何工作。

下面我们将讨论选择敏捷工具需要考虑的几个要点。

选择工具的目的

当你选择敏捷工具时，你需要提出的首要问题就是：“我选择这种工具的目的是什么？”工具应当用来解决具体的问题，并且能对敏捷流程提供支持，因为敏捷流程关注的重点是如何把开发工作向前推进。

首先，请不要选择任何复杂度超出你的需求的工具。有些工具相当复杂，需要你在用它来提高工作效率之前投入精力去学习它的用法。如果你在一个集中办公的 Scrum 团队中，敏捷实践的培训和应用都已是一个不小的挑战，那么加入一套复杂的工具将是一个更大的挑战；而如果你的 Scrum 团队成员不是集中办公的，那么引入新的工具将会变得更加困难。

工具的良好石蕊测试如下。

- 作为开发团队的一员，我是否可以每天只花一分钟或者更短的时间来更新任务状态？
- 该工具是否能帮助我们完成工作？或者说，对工具的管理是否已经成了我们的一项工作？
- 该工具妨碍还是提高了透明度？
- 该工具促进还是阻碍了重要的面对面沟通？
- 管理该工具的成本是否证明了这种需求的合理性？
- 该工具是否使领导层之间的互动与敏捷的价值和原则保持一致？

你能在市面上找到许多专注于敏捷方法的网站、软件和工具。其中很多资源都很有用，但你不应该在实施敏捷方法的初期就购买昂贵的敏捷工具。这种投资是不必要的，并且会给采用敏捷方法带来更高的复杂度。在你完成前几次迭代并调整了你的方法之后，Scrum 团队将开始找出可以改进或需要变更的步骤。改进之一可能是增加或者替换工具。当一项需求从 Scrum 团队内部自然地出现时，采购必要的工具就更加容易获得组织的支持。这是因为这种需求跟某个产品的问题是紧密关联的。

支持被迫分散办公的团队取得成功的工具

在 2020 年新冠肺炎疫情严重期间，全球绝大多数人不得不远程办公长达数月。无数组织和行业转变了产品交付、协作的方式，甚至他们的商业模式也被迫发生转变。颠覆几乎发生在每一个行业。

我们的公司也不例外。在新冠肺炎疫情暴发之前，Scrum 联盟要求我们必须在教室中面对面讲授 Scrum 认证课程，如 Scrum 主管认证（CSM）和 Scrum 产品负责人认证（CSPO）。新冠肺炎疫情暴发之后，面授课程暂时被取消，这使得我们只能以在线直播的方式为学员提供急需的培训和经验分享。这种体验是由数字工具支持的，它将学员和我们已经获得认证的 Scrum 培训师聚集到一起，进行有价值的学习体验。

我们迅速适应了这种挑战，并找到了在虚拟环境中实现有效协作和学习的方法。通过视频会议，我们以小组讨论的方式进行协作。图 6-3 展示了一个学生电脑屏幕上的虚拟的教学环境。

我们也通过分享可视化的内容（事先准备好的幻灯片和实时绘画）来解释概念，同时让小组在虚拟的工作画布上练习和应用这些概念，并模拟本章中提及的许多工具。虚拟挂图、白板和便利贴提供了移动、移除和创建共享项目的近距离的体验。

这种体验与面对面教学是不同的。如果可以选择的话，我和我的学员肯定会选择面对面互动。但是线上授课的方式足以用来进行有效的学习，引用不少学员说过的话：“效果比预期的要好。”

通过使用这些工具，学员练习了所有与线下面授课相同的活动并体验了 Scrum 团队实际的工作方式。一个附带的好处是学员可以在课后保留虚拟板，以便持续协作。

图 6-3 虚拟的教学环境

尽管集中办公的团队可以更快、更好地构建产品，但是很多学员通过使用高科技的工具可以成功驾驭疫情下虚拟的工作环境。其他投资于这些工具以帮助员工进行虚拟办公的组织，即便在新冠肺炎疫情期间仍然可以持续运营。

组织与兼容性限制

你选择的工具必须能在你的组织内部正常运作。除非你所使用的全部是非电子化的工具，否则你需要考虑到组织层面关于硬件、软件、云计算服务、安全和电话系统的各项政策。

为 Scrum 团队创建敏捷环境的关键是要在战略组织级层面上做到这一点。Scrum 团队驱动敏捷产品的开发，因此，要尽早让组织的领导为你们的团队提供工具，以取得产品开发的成功。

第 7 章　敏捷在行动：行为篇

本章的内容要点：

- 澄清敏捷角色；
- 在组织中拥抱敏捷价值观；
- 转变你所在的团队的理念；
- 精进重要技能。

在本章中，你将看到根据你所在组织的需要而转变的行为动力学，以帮助你从敏捷技术所带来的工作效率的优势中受益。你会了解产品开发团队中的不同角色，以及如何改变团队对产品开发的价值观和理念。最后，我们将讨论团队掌握关键技能的一些方法，以获得敏捷产品开发的成功。

建立敏捷角色

在第 5 章中，我们介绍了 Scrum，这是当今应用最为广泛的敏捷方法之一。Scrum 框架以一种特别简练的方式定义了常见的敏捷角色。在本书中，我们使用 Scrum 术语来描述敏捷角色。这些角色如下：

- 产品负责人；
- 开发团队；
- Scrum 主管。

产品负责人、开发团队和 Scrum 主管共同组成了 Scrum 团队。团队成员之间是伙伴关系，也就是说，在团队中没有领导。

下列角色不是 Scrum 框架中的一部分，但对于敏捷产品开发而言仍至关重要：

- 干系人；
- 敏捷导师。

Scrum 团队和干系人共同组成了产品团队。其中，处于核心地位的是开发团队。产品负责人和 Scrum 主管履行确保开发团队取得成功的职责。图 7-1 展示了这些角色与团队间的组成关系。本节将详细讨论这些角色。

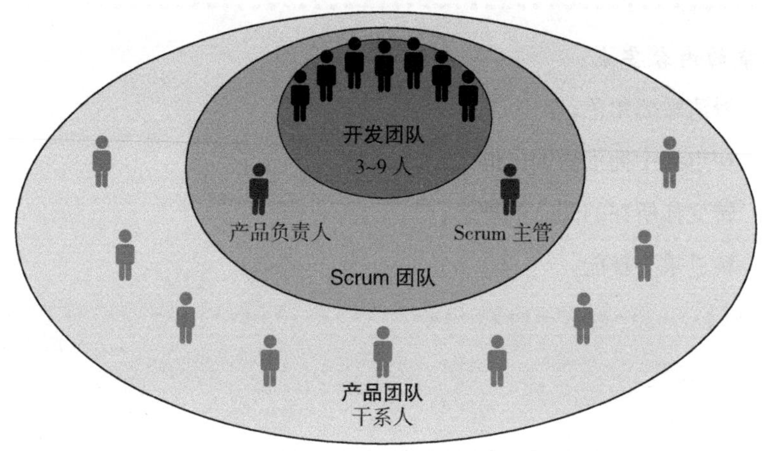

图 7-1 产品团队、Scrum 团队和开发团队

产品负责人

产品负责人（在非 Scrum 环境中，有时也被称作客户代表）负责处理客户、业务干系人和开发团队间的认知差距。产品负责人是产品本身以及处理客户需求和优先级的专家。产品负责人是 Scrum 团队的一员，保护开发团队免受业务干扰；每天与开发团队一起工作，帮助团队成员澄清需求，并验收整个冲刺期间完成的工作，为冲刺评审会议做准备。

产品负责人需要决定产品包含哪些功能和不包含哪些功能。同时，产品负责人还负责决定产品发布的内容和时间。因此，你会发现 Scrum 团队需要一个聪明且有见识的人来担任这一职务。

在敏捷产品开发中，产品负责人需要：

- 制定产品的战略和方向，并设定长期和短期目标；
- 将开发团队开发出的产品价值最大化；
- 提供或能获得产品专业知识；

- 理解客户和其他业务干系人的需求，并促进与开发团队就这些需求展开讨论；
- 对产品需求进行收集、优先级排序以及管理；
- 对产品预算和盈利能力负责；
- 决定已完成的功能的发布时间；
- 与开发团队每日协作，回答问题并做出决策；
- 验收或拒绝团队在冲刺阶段完成的工作；
- 当每轮冲刺结束时，在开发团队演示成果之前，介绍 Scrum 团队的这些成果。

如何成为一名优秀的产品负责人？答案是要能处事果断。优秀的产品负责人能深入理解客户的需求，并且他们经由组织授权，每天要权衡各方做出业务决策。产品负责人能通过干系人收集需求，而他们自身对产品也非常了解。他们能够自信地为产品需求划定优先级。

记住比较好

优秀的产品负责人能与业务干系人、开发团队和 Scrum 主管形成良好的互动关系。他们很务实，同时也能根据实际情况做出取舍。开发团队随时都可以找到他们，他们也会询问开发团队的需求。他们很有耐心，特别是在回答开发团队的问题时。

图 7-2 展示了产品负责人如何与干系人、客户或用户以及他们的 Scrum 团队合作。这些关系对于在整个组织内的沟通和产品反馈的获取是至关重要的。

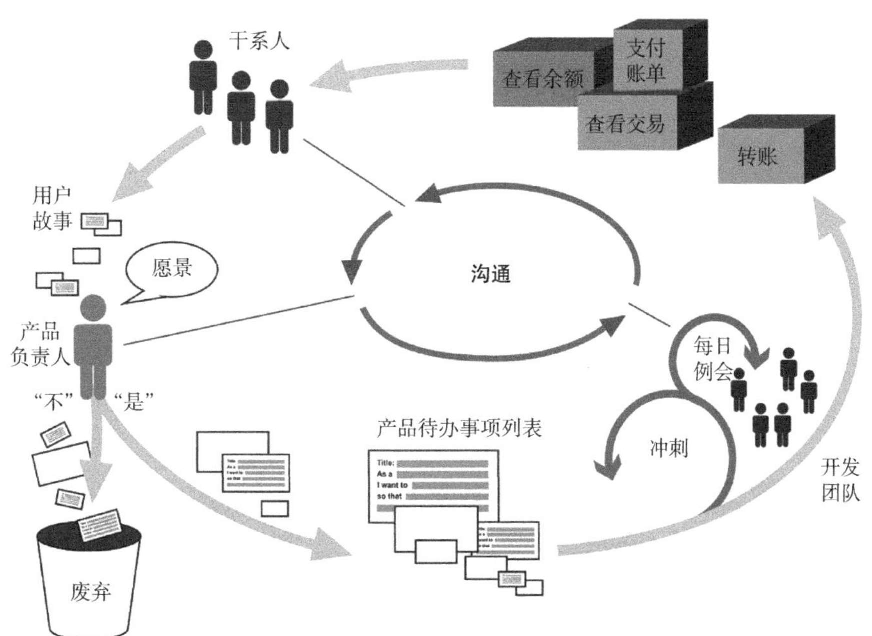

图 7-2 产品负责人的沟通环

表 7-1 列举了产品负责人的职责，以及与之相匹配的特质。

表 7–1 优秀的产品负责人的特质

职责	优秀的产品负责人
提供产品的战略和方向	构想完成后的产品 深入理解公司战略
提供产品专业知识	过去曾参与类似产品的工作 了解该产品的用户需求
了解客户和其他干系人的需求	了解相关的业务流程 创建可靠的用户参与和反馈渠道 与干系人保持良好的协作关系
对产品需求进行管理和优先级排序	处事果断 专注于效果 保持灵活性 把干系人的反馈转化为有价值的、以客户为中心的产品功能 擅长为具有经济价值的特性、高风险特性，以及战略体系的改进进行优先级排序 保护开发团队免受业务干扰，并且有勇气说“不”
对预算和盈利能力负责	了解哪些产品特性能带来最佳的投资回报率 有效地管理预算
决定产品发布日期	根据时间线理解业务需要
与开发团队一道工作	每天随时可以帮助开发团队澄清需求 与开发团队协作，了解其开发能力和技术风险 与开发人员保持良好的协作关系 熟练地介绍产品特性
验收或拒绝工作成果	了解需求的验收标准并确保已完成的功能正常工作
在每次冲刺完成时展示已完成的工作	在开发团队演示冲刺中已完成的可工作的功能之前，清晰地介绍本次冲刺的工作成就

产品负责人在整个开发期间担负着与业务相关的重要责任。尽管发起人为产品开发出资并对预算负责，但是产品负责人要管理预算的使用方式。

产品探索

产品探索是产品负责人的一项主要职责。我们可以经常看到产品负责人进行客户访谈，努力更好地理解客户面临的挑战和问题。他们和干系人会面并举办研讨会，以收集提高投资回报率（ROI）和产品价值的想法。产品负责人要探索出产品最终呈现的样子。

不开玩笑！危险！

产品探索不是要重新标榜瀑布型的规划阶段。通过不断检查和调整客户的需求，产品探索是持续进行的。

数据收集是产品负责人执行的另外一项活动。他们关注产品的使用趋势，寻找问题领域。他们深入研究客户服务问题，以了解改善客户体验的模式和机会。在用户界面（UI）、用户体验（UX）、工程的优秀专家的帮助下，产品负责人不断寻找改善产品设计的机会。请参阅第 11 章，了解产品负责人执行的其他产品探索活动。

产品负责人是一个全职的、需要全身心投入的角色，因为他们不仅要进行产品探索活动，还要为产品开发工作提供支持。

产品开发

当产品开发时，产品负责人是帮助团队实现冲刺和发布目标的关键。在整个开发期间，会出现很多需要澄清的问题，产品负责人会试图回答这些问题。

在进行发布和冲刺计划、产品待办事项列表中的活动以及召开冲刺评审和回顾会议之前，他们会做必要的准备工作（请参见第 10 章和第 12 章）。产品负责人关注团队的任务板。如果一个任务所花费的时间比预期要长或者受到阻碍，他们就会与 Scrum 主管以及开发团队通力协作，发现他们可以提供帮助的机会。请参阅第 11 章，你可以更好地理解产品负责人在整个冲刺期间如何支持产品开发工作。

如果有一个专职且果断的产品负责人，那么产品开发团队可以获得将需求转变为可工作的功能所需的所有业务支持。以下解释了产品负责人如何帮助并确保产品开发团队理解他们将要创建的产品。

开发团队成员

开发团队成员是创建产品的人员。在软件开发中，程序员、测试员、UI 设计师、文档工程师、数据工程师、用户体验工程师以及其他任何在产品开发第一线的人员都是开发团队成员。对于其他类型的产品，开发团队成员可能具有不同的技能。

在敏捷产品开发中，开发团队能够做到如下。

- **直接负责创建可交付物，即产品的特性和功能。**
- **自组织和自管理。**开发团队成员确定各自的任务以及完成这些任务的方式。
- **跨职能工作。**总体而言，开发团队具备将需求进行细化、设计、开发、测试、集成和归档后变成可工作的功能所需的全部技能，包括自动化部署产品增量所需的技能。高绩效的开发团队具备为客户 / 用户创建和发布产品增量所需的全部技能。

- **具备多项技能**。整个开发团队不仅仅是跨职能的，开发团队成员本身亦具备多项技能，即开发团队成员不依赖单一的技能。他们具备开发初期就可派上用场的技能，他们也愿意学习新技能，并将他们所了解的东西传授给其他的开发团队成员。

记住比较好

每位开发人员应该掌握不止一项技能。同时，对于每项技能，应当有多位人员可以掌握。只有当具备专业技能的开发人员（“我只做一件事”）不再局限于一项技能时，才能变得真正杰出。Scrum 团队每天都需要使用多项技能，而不像瀑布型项目那样只在开发的特定阶段使用。如果有一天，一位负责测试的开发人员请了病假，那么整个团队就无法完成那天的工作。因此，你需要在团队中多配备一名开发人员，以便在紧要关头帮助团队继续进行开发工作。

- **在理想情况下，在开发工期内只专注于一个产品目标**。
- **在理想情况下，集中办公**。Scrum 团队（包括产品负责人和 Scrum 主管）应该在同一间办公室的同一个区域一起工作，最好是在一个团队工作室中。

优秀的开发人员需要具备多项技能。你想要的是那种充满求知欲的开发人员，他们想办法为冲刺目标做出比前一天更多的贡献。一些开发人员起初并不是全能型的。理想的情况是，在团队工作中，拥有一项技能的开发人员在与其他团队成员进行结对开发的过程中，能够抓住机会尝试学习各种不同的技能，最终他们的技能组合更趋向于如图 7-3 所示的 T 型、Pi（π）型或者 M 型。

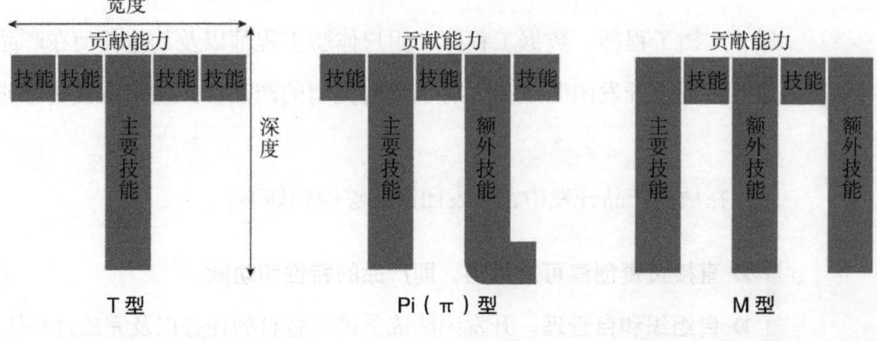

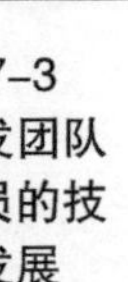

图 7-3 开发团队成员的技能发展

在高绩效的 Scrum 团队中，开发人员的技能组合是 Pi 型或者 M 型。换言之，除了他们的主要技能和广泛接触到的团队所需的技能外，他们还精通一项技能（Pi 型）或者两项技能（M 型）。具备 Pi 型和 M 型技能的开发团队，通常开发速度更高，因为他们可以清除单点故障。

请阅读表 7-2，了解团队职责和与之相匹配的人员的特质。

表 7-2　优秀的开发团队成员的特质

职责	优秀的开发团队成员
创建产品	享受创建产品的过程 擅长创建产品所必需的多项工作
自组织和自管理	充分展现出主动性和独立性 了解如何努力迈过障碍并达成目标 与团队的其他成员协调要完成的工作
跨职能工作	有好奇心 愿意为他 / 她的专长以外的领域做出贡献 喜爱学习新技能 热衷于分享知识
专注且集中办公	能够理解专注且集中办公所带来的效率和效益上的提升

Scrum 团队的另外两位成员是产品负责人和 Scrum 主管，他们在创建产品的过程中为开发团队的工作提供支持。产品负责人负责确保开发团队工作的成果（即开发正确的产品），而 Scrum 主管则帮助开发团队扫清障碍，使其工作尽可能有效率。

Scrum 主管

Scrum 主管（在非 Scrum 环境中，有时也称作引导者或团队教练）负责为开发团队提供支持，扫清组织层面的障碍，并保证所有流程始终秉持敏捷原则。

Scrum 主管与项目经理的职责不同。使用传统项目管理方法的团队是为项目经理工作的，而 Scrum 主管是一种服务型领导者，能为团队提供支持，从而让团队功能完备并高效运作。Scrum 主管是促成者的角色，而不是问责者的角色。你可以在第 16 章中了解有关服务型领导者的更多内容。

在敏捷产品开发中，Scrum 主管需要做的工作如下：

- 作为敏捷流程的教练和敏捷的提倡者，帮助团队和组织遵循 Scrum 价值观和实践；
- 以被动和主动的方式帮助团队扫清障碍，并保护开发团队免受外部干扰；
- 与产品负责人共同促进干系人和 Scrum 团队的紧密协作；
- 促进 Scrum 团队内部建立共识；

» 保护 Scrum 团队免受组织层面的干扰。

我们将 Scrum 主管比作航空工程师，他们的工作是减少飞机的阻力。虽然阻力一直存在，但是可以通过主动对飞机进行创新性的工程设计来减少阻力。同样，所有团队都有组织级障碍，这些障碍会降低团队的工作效率，与此同时，也总存在一些可以加以识别和移除的限制因素。Scrum 主管最重要的职责之一是挑战现状、清除障碍并防止开发团队的工作受到干扰。真正擅长这些工作的 Scrum 主管不论对产品开发还是组织而言，都是无价的。如果一个开发团队有 7 名成员，那么一名优秀的 Scrum 主管所产生的作用可以放大 7 倍。

如何成为一名优秀的 Scrum 主管？ Scrum 主管不需要具备项目经理的工作经验。Scrum 主管是敏捷流程的专家，能够指导他人。他 / 她知道该问哪些适当的问题，从而引导团队通过反思和回顾获得更高的绩效。Scrum 主管还必须与产品负责人和干系人进行通力协作。

引导技能可以消除团队在协同工作时产生的分歧，确保 Scrum 团队中的每位成员在正确的时间专注于正确的工作优先级。

Scrum 主管具备较强的沟通能力，并拥有足够的组织影响力，他们能够创造合适的环境，能够保护团队不受干扰，还能够清除障碍，以确保创造出迈向成功的条件。Scrum 主管是优秀的引导者和聆听者。他们能够在相互冲突的意见中寻求协商解决的方法，并能帮助团队克服困难。让我们在表 7-3 中回顾一下 Scrum 主管的职责和与之匹配的特质。

表 7–3 优秀的 Scrum 主管的特质

职责	优秀的 Scrum 主管
秉承 Scrum 的价值观和实践	Scrum 流程的专家 对敏捷技术充满热情
清除障碍，防范干扰	拥有组织影响力，可以迅速解决问题 善于表达、讲究策略、具有专业性 优秀的沟通者和聆听者 坚定秉持开发团队的需求，只专注于产品目标和当前的冲刺
促进外部干系人和 Scrum 团队的紧密协作	能从全局角度审视产品团队的需求 能避免拉帮结派，帮助打破组织筒仓
引导建立共识	了解帮助团队达成一致意见的方法

（续表）

职责	优秀的 Scrum 主管
服务型领导者	不需要或不想要掌权 确保开发团队的所有成员都获得必要的信息，以完成工作、使用工具和追踪进度 真正渴望帮助 Scrum 团队

影响力不同于权力。组织需要授权 Scrum 主管，这样他们可以影响团队和组织的变革，而不必对他人施加正式的权力。影响力通常与通过成功和经验赢得他人的尊重有关。Scrum 主管的影响力来自专业知识（通常是一个细分领域的知识）、工作年限（"我在该公司工作很久了，我清楚地了解它的历史"）、魅力（"大家基本上都喜欢我"）或人际关系（"我认识重要的人物"）。不要低估一个有组织级影响力的 Scrum 主管的价值。

Scrum 团队成员（产品负责人、开发团队和 Scrum 主管）每天都通力协作。

正如我们在本章前面提到的，产品团队由 Scrum 团队和干系人共同组成。有时干系人可能不会像 Scrum 团队成员那样积极参与产品开发，但他们仍对产品有着显著的影响，并能带来许多有价值的贡献。

取得共识：举手表决（The Fist of Five）

团队共同达成决议是团队协作的一部分工作内容。Scrum 主管的重要职责之一就是帮助团队达成共识。我们都曾在团队中工作，会遇到难以达成共识的各种情况，从一项任务要多久完成，到去哪儿吃午饭。通过举手表决这种非正式的方式，可以了解团队成员是否同意某个想法。

在数到 3 的时候，每个人竖起手指，手指的数量代表对问题的解决方案的赞同度。

- 5 只手指：我特别喜欢这个点子。
- 4 只手指：我想它是个不错的主意。
- 3 只手指：我可以支持这个想法。
- 2 只手指：我持保留意见，我们讨论一下。
- 1 只手指：我反对这个想法。

如果有人竖起 3 只、4 只或 5 只手指，而其他人只竖起 1 只或 2 只手指，那么需要大家讨论这个想法。你需要了解为什么支持该想法的人觉得它能行，而反对该想法的人有哪些保留意见。在所有团队成员至少竖起 3 只手指后，即他们不需要喜欢这个想法，但他们能够支持它时，团队就达成了共识，并且可以继续下一步。Scrum 主管建立共识的技能对于完成任务而言至关重要。

你也可以只要求团队成员竖起大拇指，这样可以快速获得大家对某项决议的共识度：拇指朝上代表支持，拇指朝下代表不支持，而拇指朝两侧代表任何方式可都行。有些人称之为"罗马式投票"。这比举手表决更快，更适合回答"是"或"否"的问题。

干系人

干系人是指与产品存在利益关系的任何人。他们并非最终对产品开发负责，但他们会提出见解，并且产品开发的成果会对他们产生影响。干系人群体是多样化的，包含来自不同部门，甚至不同公司的人员。

在敏捷产品开发中，干系人包括：

- 客户；
- 技术人员，他们的专业知识可以为开发团队的工作提供支持；
- 可以对产品产生影响的法律部门、客户经理、销售人员、市场营销专家和客户服务代表；
- 除了产品负责人之外的产品或市场专家。

干系人对于产品及其用法能够提出关键的见解。干系人在冲刺中能与产品负责人紧密协作，并且会在每次冲刺结束时的冲刺评审中提供与产品相关的反馈。

对于不同的产品和组织，干系人和他们所扮演的角色也会有所不同。几乎所有的产品团队都有来自 Scrum 团队之外的干系人。

有的产品团队还会指派敏捷导师，尤其是刚刚接触敏捷流程的团队。

敏捷导师

不论在哪个领域，当你要发展新的专业才能时，有导师指导总是一件很棒的事。敏捷导师（有时也被称为敏捷教练）拥有实施敏捷原则、实践和技术的经验，并能将此经验与产品团队分享。对于新组建的团队，以及想要拥有更高级别工作能力的团队，敏捷导师能为他们提供宝贵的反馈和建议。

在敏捷产品开发中，敏捷导师的角色如下：

- 以导师的角色服务于 Scrum 团队，但并不是团队的一部分；
- 往往是组织以外的人员，他们能提供客观的指导，而无须考虑个人和权利因素；
- 敏捷方法的专家，拥有在不同环境下运用敏捷技术进行产品开发的丰富经验。

你可以把敏捷导师想成高尔夫球教练。大多数人聘请高尔夫球教练，不是因为他们不知道怎么打高尔夫球，而是因为高尔夫球教练能够客观地观察到他们在比赛中从未注意到的细节。打高尔夫球跟实施敏捷技术是一样的，一些小的细节所带来的结果差异是非常巨大的。

建立新的价值观

许多组织都在墙壁上张贴其核心价值观。不过在本节中，我们想谈谈这样一种价值观：它是一种能体现每天通力协作、相互支持以及尽己所能实现 Scrum 团队承诺的方式。

除了敏捷宣言提出的价值观之外，Scrum 团队的五大核心价值观如下。

- 承诺；
- 勇气；
- 专注；
- 开放；
- 尊重。

下面我们将详细说明这些价值观。

承诺

承诺意味着参与和投入。在敏捷产品开发中，Scrum 团队承诺要达成特定的目标。组织对 Scrum 团队兑现其承诺充满自信，并会调动 Scrum 团队的积极性来实现每个目标。

带有自组织理念的敏捷流程能为团队成员带来实现承诺所需的一切权力。管理层没必要让 Scrum 团队负责完成他们识别出的每一项具体任务，因为任务可能会改变，而驱动成果实现的业务目标才是真正重要的。Scrum 团队成员要对彼此负责，因为他们是目标驱动型或成果驱动型的。在战略稳定的情况下，他们要保持战术上的灵活性。

承诺的实现需要自觉地努力。请考虑以下几点。

- **Scrum 团队必须在做出承诺时面对现实，在冲刺阶段尤为如此。**目标要高远，但是要切实可行。
- **整个 Scrum 团队必须对目标做出承诺。**这包括团队内部对可实现的目标达成共识。一旦 Scrum 团队同意实现某个目标，那么该团队必须尽其所能地达成该目标。

- **Scrum 团队是务实的，必须确保每次冲刺都能创造出实实在在的价值**。实现目标与完成目标范围中的每一项需求是不同的。举个例子，将冲刺目标定为“确保一款产品能执行某个特定的操作”会比“本次冲刺将完成七项需求”好得多。高效的 Scrum 团队专注于目标，并在如何达成目标上保持灵活性。
- **Scrum 团队愿意对结果负责**。Scrum 团队有权力掌管整个产品。作为 Scrum 团队的成员，你需要对如何安排你一天的行程、每天的工作以及产品开发的成果负责。

始终兑现承诺对于将敏捷方法用于长期规划而言至关重要。在第 15 章中，你将了解如何使用绩效来准确地确定项目进度和预算。

专注

在日常工作中，处处存在干扰。组织中有许多人想要占用你的时间来让他们的工作更轻松。这种干扰因素带来的代价十分高昂。来自 Basex 咨询公司的乔纳森·斯皮拉（Jonathan Spira）最近发表了一份题为《不专注的代价：干扰因素如何影响知识工作者的生产力》（*The Cost of Not Paying Attention: How Interruptions Impact Knowledge Worker Productivity*）的报告。他的报告详细介绍了美国企业如何在一年的时间里由于工作场所的干扰因素而损失了近 6 000 亿美元。

Scrum 团队成员能通过坚持营造容易使人专注的环境来改变这种异常的状态。为了减少干扰因素并提高工作效率，Scrum 团队成员需要做到如下几点。

- **在空间上与公司的干扰源分隔开**。为了确保高效工作，我们最喜欢在公司核心办公室之外找一个地点供 Scrum 团队办公。有时距离就是抵御干扰最好的方式。
- **确保你不把时间浪费在与冲刺目标无关的活动上**。如果有人试图用“必须完成”的工作来干扰你为冲刺目标所付出的努力，那么请向他说明你的工作优先级。你可以问：“这个要求如何让冲刺目标向前推进？”通过这个简单的问题，就能把许多工作从待办事项列表中删除。
- **要搞清楚需要做什么，并且只做需要做的事**。开发团队决定实现冲刺目标所必须进行的任务有哪些。如果你是一位开发团队成员，那么请用这项权力来让你专注于手头最要紧的任务。

- **平衡专注工作的时间和与 Scrum 团队其他成员交流的时间**。弗朗西斯科·西里洛（Francesco Cirillo）的“番茄工作法”（Pomodoro Technique）能帮你平衡专注工作的时间和与团队协作的时间。这种方法把工作分割成长度为 25 分钟的时间块，两个时间块之间休息一次。我们经常建议为开发团队成员提供降噪耳机，佩戴降噪耳机意味着“请勿打扰”。但是，我们也建议团队成员达成一项共识，就是所有的 Scrum 团队成员都留出一定的工作时间来进行团队协作。
- **检查你是否保持专注**。如果你不确定是否仍在保持专注（有的时候的确很难确定），那么请回到最基本的问题上：“我做的工作是否与达成总体目标和近期目标（比如完成当前的任务）一致？”

正如你所看到的，对任务的专注度并非无关紧要。在前期多花一些气力来营造一个无干扰的环境，对团队的成功很有帮助。

开放

Scrum 团队中没有秘密可言。只有在团队完全掌握所有事实的情况下，团队才能为产品开发的成果负起责任。信息就是力量，要确保每个人（无论是 Scrum 团队还是干系人）都能访问必要的信息并做出正确的决策，那么营造公开、透明的环境非常重要。被公开的不仅是工作进度，还有工作中面临的挑战。要充分利用开放的力量，你可以做到如下几点。

- **确保团队中的每位成员都能访问相同的信息**。大到产品愿景，小到任务状态的细节，只要是团队关注的信息，都必须存放在公共区域中。使用集中式信息库作为信息的单一来源，并把所有的状态（如燃尽图、障碍清单等）和信息存放到这里，这样可以避免出现“状态报告”的干扰因素。我经常把信息库的链接发给干系人，然后告诉他们：“点击这个链接就能看到我手头上的所有信息。要获得最新消息，没有比这更快的方法了。”
- **保持并鼓励他人采取开放的态度**。团队成员必须随时能够开放地探讨问题和改进的机会，不论问题是他们正在处理的，还是他们在别处看到的。开放的环境需要团队成员间的互信，而互信的环境则需要时间来建立。
- **通过阻止谣言来化解内部矛盾**。如果有人开始向你谈论另一名团队成员做了什么或者没做什么，那么请让他 / 她向能解决此类问题的人求助。千万别散播谣言。

- **始终保持对他人的尊重**。开放绝不是破坏或者刻薄的借口。尊重是营造开放环境的关键。

没有得到妥善解决的小问题，往往会成为今后的危机。开放的环境能让你从整个团队的贡献中受益，还能确保你的开发工作重心始终在产品的优先级上。

尊重

团队中的每个人都能做出重要的贡献。你的背景、教育经历和工作经验都会对团队带来独特的影响。你要分享你的独特性，同时寻找和欣赏他人的共性。Scrum 团队成员作为有能力且独立的个体能够互相尊重。当你做到下面几点时，你便促进了“尊重”的工作氛围。

- **推崇开放的工作环境**。尊重与开放是互不可分的。不尊重的开放会产生怨恨，而尊重的开放会产生信任。
- **鼓励积极的工作环境**。快乐的人更倾向于对他人友善。在积极性得到鼓励后，尊重也会随之而来。
- **找出差异**。别只是容忍差异，试着找出它们。最佳的解决方案来自不同的意见，这些意见往往都经过考量并且已被适当地提出质疑。
- **用同等尊重的态度对待团队中的每位成员**。不论团队成员的角色、工作经验或直接贡献如何，所有人都应被给予同样的尊重。鼓励每个人都尽其所能地做到最好。

记住比较好

尊重是一张安全网，它能让创新不断茁壮成长。如果团队成员在提出大量想法时感觉舒适自在，那么最终的解决方案将在多个方面获得改善；而如果缺少了尊重的团队环境，那么最终的解决方案是不可能得到改善的。请用尊重激发你的团队优势。

勇气

Scrum 的最后一个价值观是勇气。我们将它列在最后是因为其他四个 Scrum 价值观的实现都离不开勇气。换言之，实现目标需要勇气，专注需要勇气，开放需要勇气，尊重也需要勇气。总之，团队不仅一开始需要勇气，而且始终都需要勇气来实施 Scrum。

拥抱敏捷技术对很多组织来说都是一次改变。想要成功做出改变，就必须在面对阻力时拿出勇气。以下几点是培养勇气的小贴士。

- **认识到过去没问题的流程现在不一定行得通**。有时你需要提醒他人了解这一事实。如果你想要成功运用敏捷技术，你每天的工作流程需要改变。
- **准备好突破现状**。现状会阻挡前进的步伐。有些人拥有既得利益，他们不会想要改变自己的工作方式。
- **用尊重迎接质疑**。组织内的资深成员可能尤为抗拒变革，他们通常是工作方式旧规则的缔造者。而你现在正在挑战这些规则。用尊重的态度提醒这些成员，只有忠实地遵循敏捷 12 条原则，才能真正获得敏捷技术所带来的好处。请他们试着去改变。
- **拥抱 Scrum 价值观**。有勇气做出承诺，并能坚定地遵守这些承诺；有勇气保持专注，并向干扰者说“不”；有勇气保持开放的态度，并承认工作总有机会得到改进；还要有勇气尊重并包容他人的意见，即便他们质疑你的观点。

当你用更先进的方法替换组织中已经过时的流程时，请做好被质疑的准备。请接受这一质疑。为了最终的成果，这些都是值得的。

改变团队的理念

敏捷开发团队的运作方式与使用瀑布式开发方法的团队不同。开发团队成员必须根据每天的工作优先级改变他们的角色，安排自己的工作，并用全新的思维思考产品开发工作，最终实现他们的承诺。

想要成为成功的 Scrum 团队，应当具备如下特质。

- **专职的团队**：每个 Scrum 团队成员只负责实现 Scrum 团队决定的产品目标，而不会在完成一个产品的开发工作后，为其他团队开始新的产品开发工作。团队会长期保持稳定不变。
- **跨职能工作**：为了创建产品而完成不同类型的任务的意愿和能力。
- **自组织**：确定如何着手进行产品开发工作的能力和职责。

- **自管理**：保持工作正常运作的能力和职责。
- **控制团队规模**：适当的开发团队规模可以确保有效的沟通。规模越小越好，开发团队的人数最好控制在 9 人以内。

我们发现 4~6 人的开发团队规模是合适的。在这种规模的团队中，围绕工作进行自组织的沟通路线不会太复杂，团队成员具备足够广泛的技能，并且成本是可以管理的。

- **主人翁意识**：工作积极性高，并对结果负责。为自己具备的技能而感到自豪。

下面将更详细地介绍成功的 Scrum 团队的特质。

专职的团队

资源分配（我们更倾向于"人才分配"这个词，因为人不是无生命的物体）的传统方法就是在多个团队和项目中分配团队成员的部分时间，以达到百分之百的人员利用率，从而证明雇用团队成员成本的合理性。对于管理层而言，他们希望每周的所有时间都被员工有效地加以使用。但是，这种资源分配方法容易导致生产力下降，因为员工要频繁地切换工作环境，从一个任务切换到另一个任务，员工在认知层面不断遭到遣散和重新动员，为此要耗费精力。在制品不能交付价值，但是已完成的功能增量可以。

其他常见的人才分配方法是将一个团队成员从一个团队转到另一个团队，以临时填补技能或人力空缺，以及让团队同时开展多个项目。管理层经常利用这些策略，试图以最少的人力资源完成最多的工作，但是所有这些投入偏差会使其对输出的预测变得几乎不可能实现。

这些方法会造成相似的后果：生产力显著下降和绩效无法得到比较准确的预测。多项研究清楚地表明，并行完成多个产品目标的时间比依次完成至少增加了 30% 的时间。

"多任务并行"是指在多个工作任务之间进行切换。通过使团队成员一次只专注于一个产品目标，可以避免多任务并行的情况发生。

当你让 Scrum 团队一次只专注于实现一个目标时，会出现以下结果。

- **发布预期更加准确**：因为同一批人员在每个冲刺中用相同的时间持续完成同一个任务，所以 Scrum 团队可以准确地根据经验来推断出完成剩下的产品待办事项列表中的任务需要多长时间，比传统碎片化的分配方法的准确性更高。

- **迭代周期短、效率高**：冲刺时间短，因为反馈循环周期越短，Scrum 团队就能越快地响应反馈意见和变更需求。团队成员没有足够的时间在相互竞争的优先事项之间来回切换。
- **缺陷减少、修复成本降低**：工作任务切换会导致更多的产品缺陷，因为受到干扰的开发人员容易开发出更低质量的功能。在记忆犹新的时候（在冲刺期间）修复某些缺陷，比你不得不努力回想你之前的工作细节的成本要低很多。研究表明，当冲刺结束，你已经转到其他的需求开发时，缺陷修复的成本要高出 6.5 倍；当产品准备发布时，修复成本要高出 24 倍；在产品进入生产阶段后，修复成本要高出 100 倍。

小贴士
大用途

如果你想要增加可预见性、提高生产力、减少缺陷，那么就让你的 Scrum 团队成员专注于当前的开发工作。我们已经发现这是敏捷转型成功的最主要的促进因素之一。

跨职能工作

在传统项目中，经验丰富的团队成员通常被要求只发挥单一的技能。举个例子，微软技术平台（.NET）的程序员只做 .NET 的工作，而测试员只做质量保证的工作。具有互补技能的团队成员通常属于不同的小组，例如编程小组或测试小组。

敏捷方法把创建产品的人员汇集成一个有凝聚力的小组——开发团队。敏捷开发团队的成员应尽量避免出现受限的角色。当开发团队成员刚加入团队时，可能只具备某一项技能，但在协助产品创建的整个过程中，他们可以学会做许多不同的工作。

总体而言，跨职能开发团队具备将产品需求从想法转变成可交付的价值所需的所有技能。但是光靠跨职能开发团队是不够的，加上跨职能的人员才能真正提升开发团队的工作效率。

例如，我们假设一次每日例会决定测试是完成某项需求最高优先级的任务。在一名开发团队成员请病假的情况下，另一名同样具备某种测试技能的程序员或设计师可以加入测试团队，帮助其快速地完成这项任务。当开发团队跨职能工作时，可以在同一时间专注于同一产品需求，即让尽可能多的成员尽快完成某个特定需求，从而快速完成某项特性。

跨职能工作还能帮助消除单点故障。对于传统项目，每个人都知道如何完成一项工作。当团队成员生病、休假或离职时，可能没有其他人能胜任他 / 她的工作。而该成员之前做的工作可能会延误。相比之下，跨职能工作的敏捷开发团队成员有能力完成多种工作。当某位成员无法工作时，另一位成员能接替他 / 她完成任务。

跨职能工作鼓励每位团队成员做到如下几点。

- **把工作的条条框框都放到一边**。敏捷团队中不存在头衔一说。技能和为项目做贡献的能力才是关键。想象你是一名特种部队队员——你在不同领域的知识储备非常足，能用来应对任何情况。
- **努力拓展技能**。不要只在你了解的领域内工作。试着在每次冲刺中学到一些新东西。通过某些技术，比如 Mob 编程（整个团队通力协作，共同为一个项目编写代码），能助你快速学会新技能并提高产品的整体质量。第 11 章将对 Mob 编程进行更详细的讨论。
- **当他人遇到障碍时，快速伸出援手**。帮助别人解决现实工作中的问题是学习新技能的绝佳方式。
- **保持灵活性**。保持灵活性有助于平衡工作量，让团队更容易实现冲刺目标。

采用跨职能工作的方式，你无须等待某位关键人员执行某项任务。一位积极性很高的开发团队成员，即便他的经验没那么丰富，今天也能处理一部分高优先级的功能，而不是从较低优先级的功能入手。这位成员会不断地学习和提高技能。跨职能团队能够使下一位可用的人员根据需要主动拉取一个需要完成的任务（不管是什么任务），而不是让某人把工作推给某个人。

跨职能工作所带来的回报就是开发团队能够更快地完成工作。冲刺评审会议结束后往往都是团队庆祝的时间，比如去海边或保龄球馆放松一下，或者早点回家休息。

自组织

敏捷技术能使自组织的开发团队充分利用团队成员多样化的知识和经验。

记住
比较好

如果你读过第 2 章的内容，你或许会记得敏捷原则第 11 条：最好的架构、需求和设计出自自组织团队。

自组织是走向敏捷的重要一步。为什么？因为主人翁意识。自组织团队不必遵守来自他人的指令，他们拥有已开发的解决方案，并能在团队成员的参与度和解决方案的质量上发挥极大的优势。

对于使用传统的“指挥与控制”项目管理模式的开发团队而言，在起步阶段，他们可能需要额外的努力。而对于自组织的敏捷开发团队而言，没有项目经理来告诉他们该做什么。相反，自组织的开发团队会做到如下几点。

- **承诺实现自己的冲刺目标**。在每个冲刺阶段开始，开发团队会与产品负责人协作，并根据需求优先级确定此次冲刺能达成的目标。
- **确定任务**。开发团队确定达成每个冲刺目标需要完成的任务。开发团队协同工作，共同谋划由谁来完成哪项任务、如何完成，以及如何应对风险和问题。
- **估算需求和相关任务所必需的工作量**。开发团队最了解创建特定产品特性需要多大的工作量。
- **专注于沟通**。成功的敏捷开发团队需要通过秉持清晰明确的态度、进行面对面交流来磨炼他们的沟通技巧。

小贴士
大用途

沟通的关键是清晰明了。对于复杂的话题，要避免单向的、有潜在歧义的沟通模式，比如电子邮件。面对面交流能消除误解和不满。如果细节需要留存，你可以稍后用一封简短的电子邮件做总结。请参见第 6 章，了解更多有效的沟通媒介的内容。

- **协作**。从一支多元化的 Scrum 团队获取意见和建议通常能改进产品，但这需要强大的协作技能。协作是敏捷团队高效的基础。开发团队听取干系人的建议，并负责制定最终的解决方案。

记住
比较好

任何成功的产品都不会是一座孤岛。协作技能会帮助 Scrum 团队成员承担想法带来的风险，并为问题带来创新的解决方案。安全、舒适的工作环境是敏捷开发工作成功的基石。

- **共识决策**。想要实现生产力最大化，整个开发团队必须对开发工作的理解完全一致，并始终致力于完成手头上的工作目标。虽然 Scrum 主管常常在建立共识的过程中发挥着积极的作用，但最终还是由开发团队负责达成一致意见并做出决策，即每个人都拥有决策权。

- **积极参与**。自组织的开发团队可能会出现成员不积极的问题。所有开发团队成员都必须积极参与到开发工作中。没有人会告诉开发团队该做些什么才能创造出这个产品。开发团队成员需要自己告诉自己：要做什么、什么时候做，还有如何做。

小贴士
大用途

在做敏捷教练的时候，我们听到新组建的开发团队成员问了这样的问题："那么我现在该做什么？"优秀的Scrum主管会反问团队成员，要达成冲刺目标，他/她需要做什么；或者问问开发团队的其他成员有什么建议。如果团队没有完成某项需求，也没有新任务要开始，那么在开始开发新需求（增加团队的在制品）之前，用问题来回答问题，是引导开发团队迈向自组织的较实用的方式。比如："你能帮助谁？"或者"通过单独开发，你能学到一些东西吗？"

作为自组织开发团队的一员，你需要承担起责任，同时你也会有所回报。自组织为开发团队带来取得成功所需要的自由空间。自组织增加了开发团队的主人翁意识，使开发团队能够产出更优质的产品，从而帮助开发团队获得更多的成就感和自豪感。

自管理

自管理与自组织关系密切。敏捷开发团队对他们的工作方式拥有高度的控制权；控制权与职责相辅相成，确保了产品的成功。若要成功实现自管理，开发团队需要做到如下几点。

- **允许情境领导权交换更替**。在敏捷产品开发中，开发团队中的每位成员都有机会带领团队。对于不同的任务，自然会有不同的领导者产生；领导权将根据专业技能知识和此前的经验而非头衔，在整个团队中不断更替。
- **依靠敏捷流程和工具来管理开发工作**。敏捷方法旨在使自管理更容易实现。使用敏捷方法后，会议有了明确的目的和时限，工件信息可以被公开，但只依赖最少的人力投入来创建和维护。充分利用这些流程能让开发团队把大多数时间投入到创建产品上。
- **定期以透明的方式报告进展**。每位开发团队成员都有责任准确地更新每日工作状态。幸运的是，进展报告是一项能够快速完成的任务。在第11章中，你将了解到燃尽图能提供进展状态，并且每天只需要几分钟的时间来更新。始终保持最新且真实的状态，能让规划和问题管理更加轻松。

- **管理开发团队内部的问题**。在产品开发中可能出现许多障碍，比如挑战和人际交往问题。对于大多数问题，开发团队自己首先要对其进行应对和处理。
- **创建团队协议**。开发团队有时会编写一份团队协议，这份文档概述了每位团队成员将承诺达成的期望成果。工作协议使团队成员对行为预期达成一致的理解，并且授权引导者根据已经达成的协议将团队的工作保持在正轨上。
- **检查与调整**。找出最适合你的团队开展工作的方法。不同的团队采取的做法是不同的。有些团队早点上班效果好，其他团队晚些上班效果好。开发团队负责审查其自身的绩效，并确定继续使用的技术和需要变更的技术。
- **积极参与**。与自组织一样，只有当开发团队成员积极参与并致力于引导产品的方向时，自管理才能得以实现。

小贴士大用途

开发团队对于自组织和自管理需负起主要责任。但 Scrum 主管能通过多种方式为开发团队提供协助。当开发团队成员找寻特定的方向时，Scrum 主管能提醒他们拥有决定做什么和怎么做的权力。如果开发团队以外有人试图发号施令、强加任务，或者想要决定如何创建产品，那么 Scrum 主管会进行干预。Scrum 主管能够成为开发团队自组织和自管理的强大盟友。

控制团队规模

我们有意让敏捷开发团队保持小型化。小型的开发团队有着足够的灵活性。随着开发团队的规模逐渐扩大，与组织协调任务流程和沟通流程相关的开销也在随之增加。

理想情况下，敏捷开发团队拥有使其成为跨职能团队（可以执行产品开发所需的任何工作）且避免单点故障所需的最少的人员。为了实现技能全覆盖，团队规模通常不少于 3 人。从统计数据来看，当 Scrum 团队有 6 位开发人员时，开发速度最快；当 Scrum 团队有 4~5 位开发人员时，成本最低。保持 3~9 人规模的开发团队能帮助团队提高凝聚力，并且避免产生小团体或筒仓。

限制开发团队规模可以带来以下好处。

- 鼓励团队发展多样化的技能；
- 促进良好的团队沟通（每增加一个团队成员，团队沟通渠道就会呈几何级数增长，如图 7-4 所示）；

- 确保团队齐心协力；
- 增强主人翁意识，促进跨职能工作以及面对面沟通。

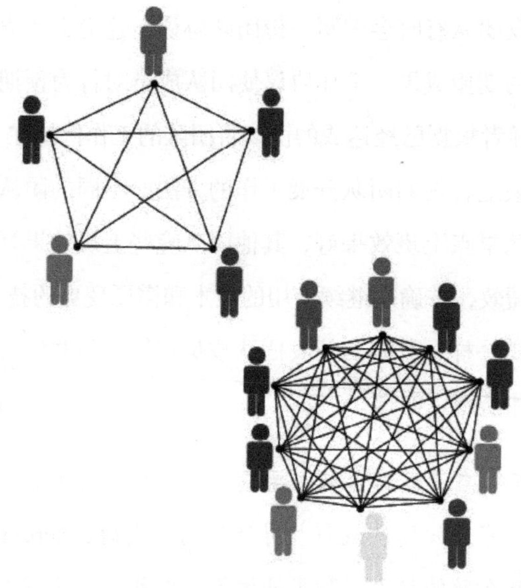

图 7–4 团队沟通的复杂性是团队规模的一个函数

当你拥有一支小型的开发团队时，相应的开发工作范围也会受到规模的限制，并且开发重点更加突出。开发团队成员在全天工作中会保持密切的沟通，因为任务、问题以及评审会在团队成员之间来回地出现。这种凝聚力能确保团队始终如一的参与度，能加强沟通，还能降低风险。

当你手头上有一个大型的产品开发项目，并且有一支大型的开发团队时，请把产品开发工作分解并交给多个 Scrum 团队来完成。想要了解更多关于团队扩展或者团队小规模化的内容，请参阅第 19 章。

主人翁意识

作为跨职能工作、自组织和自管理的开发团队的一员，你需要的是责任感和主人翁意识。传统项目中自上而下的管理方法，无法一直培养出承担产品和结果的责任所必需的成熟度，即主人翁意识。即使是经验丰富的开发团队成员，也可能需要调整自己的行为来适应自主决策的过程。

想要调整行为模式并增强自身的主人翁意识，开发团队可以这样做。

- **积极主动**。主动出击，而非等待他人告诉你该做什么。只做必要的工作来帮助你实现承诺和目标。

- **同甘共苦**。在敏捷产品开发中，成功与失败都属于产品团队。如果出现问题，请共同承担，而不是相互指责。当你成功时，要认识到团队的努力是成功的必要条件。
- **给予信任**。开发团队能够对产品开发做出成熟的、负责任的以及合理的决策。这需要一定程度的信任，因为团队成员已经逐渐习惯于拥有更多的控制权。

成熟的行为表现和主人翁意识并不意味着敏捷项目团队就是完美的，不会犯错。他们负责实现自己承诺的范围，并且为履行这些承诺而承担起责任。错误总会发生。如果没发生，你就不会将自己推到舒适区之外。一支成熟的开发团队能诚恳地指出错误、承担责任，并且不断地从错误中学习和改进。

第 8 章　永久性团队

本章内容要点：

- 了解为什么需要永久性团队；
- 了解什么可以激励人；
- 了解永久性团队为何以及如何可以不断地提高知识和能力水平。

把一个产品开发团队描述为永久性团队，似乎有点极端。在当今瞬息万变的商业环境中，团队怎么能永久？产品开发团队在开发生命周期较长的产品时，如果能持续通力协作，那么团队会随着时间的推移而变得越来越高效。当然，团队的调整不可避免，比如，团队成员想追求职业发展或其他商业机会。然而，团队成员的每一次变化都会使团队退步，需要重新学习和磨合。因此，团队应该尽可能地长期共存，以保证持续的、高质量的产品开发。

打造永久性的产品开发团队

今天的产品需要满足近期和远期的多种需要。在传统的项目管理中，产品开发的时间跨度为几个月到一年甚至多年。然而，以产品为中心的投资其实可以比传统项目更早获得回报，并且持续时间更长。一个产品持续 6 年、10 年甚至更久是很常见的。基于维护和改进的需要，产品开发团队会不断发现新的想法或需求。稳定、持久的产品开发团队最适合打造生命周期长的、有价值的产品。

高绩效的团队不应该是一个成本中心，而应该是一个收入中心和成本节约中心。他们是宝贵的组织资产，能为组织打硬仗。

在个人层面，永久性团队就像一个家庭，人数也与真实的家庭类似，他们彼此坦诚开放，共同应对前进道路上的挑战和障碍。他们甚至一起吃饭或社交，日复一日地一起学习和工作。成为优秀团队的一员，是一个人职业生涯中最有价值的经历之一。

彼得·圣吉（Peter Senge）在他所著的《第五项修炼：学习型组织的艺术和实践》（*The Art and Practice of the Learning Organization*）一书中写道："当你问人们成为优秀团队的一员是什么感觉时，最引人注目的回答是这种经历对他们的意义。人们会谈及他们所在的团队是将团队利益置于个人利益之上的团队，是有凝聚力、有战斗力的团队。很明显，对于许多人来说，成为真正的优秀团队的一员，是他们人生中最充实的一段经历。有些人用整个余生来寻找重获这种感受的方法。"

将敏捷原则和价值观加以定义是为了帮助团队相互协作。请牢记以下关键的敏捷原则。

> **第 5 条**　围绕富有进取心的个体而创建项目。为他们提供所需的环境和支持，信任他们所开展的工作。
>
> **第 8 条**　敏捷流程倡导可持续开发。发起人、开发人员和用户要能够长期维持稳定的开发步伐。
>
> **第 11 条**　最好的架构、需求和设计出自自组织团队。
>
> **第 12 条**　团队定期反思如何能提高成效，并相应地调整自身的行为。

利用长期积累的知识和能力

产品开发团队使用经验性的流程控制来检查、调整和学习。他们了解客户、用户、产品、架构和发起人。他们每天都在学习更好的技术，以改进他们的产品，并更有效地相互协作。在理想的情况下，团队集中办公，因此，他们更容易了解彼此的个人生活、工作愿望、梦想和目标，并在这个过程中形成宝贵的、共同的记忆。他们依此为参照，开展所有的工作。

不开玩笑！危险！

"交接"是玛丽（Mary）和汤姆·波彭迪克（Tom Poppendieck）在他们所著的《实施精益软件开发：从概念到现金》（*Lean Software Development: From Concept to Cash*）一书中提到的"软件开发的七大浪费"之一。在交接过程中，团队一半的知识会丢失，多次交接的情况更加复杂——如果鲍勃告诉吉姆，吉姆再告诉休，那么 75% 的知识就会丢失。要求别人来接替你的工作，需要代价高昂的场景切换、反复的研究，以及对工作的重新理解。总之，将团队成员换进换出，并要求他们交接工作，代价很高。

产品开发团队要成为学习的孵化器。能力是在团队合作的过程中发展起来的。当团队成员学习到对团队有益的新东西时，他们会很兴奋，并且愿意分享。

团队成员希望彼此都能成功。团队成员都知道他们的技能越熟练，就越能更快地创造出更好的产品。一次次冲刺评审和冲刺回顾中的新发现都会逐步推动团队进步。（在第12章中，你可以了解更多关于冲刺评审和冲刺回顾的内容。）

从产品的角度来看，随着时间的推移，产品开发团队对产品及其架构的理解越来越深刻。他们对产品的功能、测试内容、需要避免的区域、产品文档等都有深入的了解。变更很容易实现，因为他们了解产品的每一个可能受变更影响的部分。新兴的架构之所以有生命力，是因为团队建立了一个刚好够满足当前需求的架构，并在需要时不断进化。

为产品开发团队配备长期的人员，会使产品、组织、团队以及团队中个人的利益最大化。

引导团队至塔克曼成熟阶段

团队学习如何相互合作的过程被称为团队发展。教育心理学家布鲁斯·塔克曼（Bruce Tuckman）概述了大多数团队遵循的五个阶段。

- **形成**。在这一阶段，团队调整方向，熟悉情况。在这个不确定的时期，团队成员尝试了解共同的期望、个人在团队中的适应性，以及如何在与团队成员的互动中受益。团队互动会随着团队成员之间相互了解程度的加深而变得高效起来。
- **震荡**。这个阶段对团队来说明显是最困难的。在团队成员相互熟悉之后，就会意识到必须相互配合才能完成一个目标。然而，因为团队成员的性格不同，所以容易发生摩擦。当人际冲突出现时，团队成员的挫折感增加，竞争加剧。在这个阶段，如果没有Scrum主管的精心引导，团队可能会陷入僵局，导致长期问题。团队的绩效往往在震荡期间降至最低点。
- **规范**。如果团队成功地从震荡中走出来，就会产生团队意识，角色变得更加明确，人与人之间的分歧得到解决，绩效开始提高；而如果冲突得不到解决，团队可能就会回到震荡阶段。

- **成熟**。在这一阶段，团队开始大步前进。目标一致且明确，每个人都开始知道如何才能最好地帮助队友。虽然问题和冲突可能会出现，但都会被建设性地解决。团队体验到了由彼此的开放和透明而带来的高绩效。
- **解散**。在遥远的将来，当产品或团队到达终点时，团队解散。即便一个现有的团队接手一个新产品，这个团队在从旧产品到新产品过渡的过程中也可能会再次经历前面的四个阶段。

没有一个团队能逃过这几个阶段，也没有一个团队能跳过某一个阶段，因为每个阶段对团队的发展都至关重要。许多团队不止一次地经历多个阶段。不幸的是，很多团队在震荡阶段徘徊的时间比他们想的要长。然而在震荡阶段，团队会历练得更加成熟、团结和有力量。

小贴士大用途

想要解决震荡阶段的问题，每一个人际冲突和不良行为都必须得到解决。Scrum 主管带领团队检查其工作协议，以建立团队共识、改善团队行为并使团队目标保持一致。

人员变动会打乱成熟的团队，至少在一定程度上会让整个团队回到形成阶段，因为每个人都会重新了解变动对自己的位置有何影响。你应该充分利用高绩效团队，而不是打乱他们建立新的团队。敏捷组织鼓励团队从价值驱动的产品待办事项列表中抽取自己想做的内容，而不是把人当作资源填充到某个传统项目中。

不开玩笑！危险！

团队成员同时处理多个任务的代价很高，有效的多任务处理很少见。高绩效团队专注于一个最重要的目标，做好它，然后再攻克下一个最重要的目标。需要同时处理多个任务往往是优先级排序没有做好。如果你想提高绩效，就要改变现有的结构，以进行优先级排序。请参阅第 5 章和第 7 章，了解更多关于多任务并行的恶果。

成为一个高绩效团队并不容易。塔克曼的每个阶段都充满了挑战、学习机会和成长机会。当一个团队协作良好时，要尽可能地让它长久。

在著名的《新的新产品开发游戏》一文中，竹内弘高和野中郁次郎揭示了高绩效团队的三个共同属性：自主性、自我超越和交叉融合。一个高绩效团队能够发现并交付对客户有重大影响的成果。

- **自主性**。他们能够确定自己的方向并独立行动，具有自组织和自管理的能力。
- **自我超越**。团队追求突破极限，不断确立并提升自己的目标。

- **交叉融合**。他们是一个多样化、多技能的团队，愿意分享其知识和专长。

以上三个因素比其他因素更能塑造高绩效团队。

注重基本功

体育教练经常说“苦练基本功”。对于产品开发团队来说也是如此。高绩效团队之所以能成为高绩效团队，是因为他们掌握了基本功。这种掌握是通过经验获得的。理解基本面可以让团队不断改进其执行力并获得发展。一个团队提高绩效的历程通常被称为“守破离”。

“守破离”是一种艺术概念，被用来描述从学习到精通的各个阶段。我们将在第 20 章中讨论“守破离”。在这一章中，先把基本功做好，对理解并实现“守破离”很有帮助。

- **守（遵循）**。在这个初始阶段，学生完全遵循师傅的教导，专注于如何做任务。学生可能有很多种方法可以完成任务，但他 / 她更专注于师傅传授的方法。学生将方法和技能刻入记忆中，使其成为本能。
- **破（摆脱）**。这时候，学生开始学习技术背后的基本原则和理论。他们开始考虑其他师傅的想法，并将这些想法融入自己的实践中。学生在即兴创作的过程中，在成功和失败中学习更多的技能。
- **离（超越）**。在这个阶段，学生开始从自己的实践中学习，而不是从别人的经验中学习。学生创造自己的方法，并使他们所学到的东西适应自己的环境。在这个阶段结束时，学生对技能的掌握浑然天成，他们知道什么有用、什么没用。

“守破离”将学习的早期阶段集中在模仿的步骤上，然后转向理解原理，最后转向自主创新。扎实的基本功使得守破离成为可能。

高绩效团队会经历“守破离”三个阶段。他们广泛地学习并反复练习敏捷的基本原理。在一次次的冲刺中，他们的学习能力和绩效都得到了提高，直到进入“破”的阶段，取得了一套新的学习成果。最终，他们会进入“离”的阶段，但前提是要在“守”和“破”的阶段投入大量的时间和精力，这又再次强调了一个永久性团队的重要性。

制定工作协议

一个团队成功的根本是他们的工作协议，或者说团队行为的预期规范。工作协议是由团队定义的指南（而不是强加给团队的），它规定了团队如何一起工作，以创造一个积极的、富有成效的开发过程。许多团队将协议打印出来，大家签字，然后贴在墙上，以便让团队快速参考和不断受到提醒。团队会授权引导者（通常是 Scrum 主管）来帮助团队管理协议。明智的 Scrum 主管会帮助他们的团队根据约定的规范对自身行为进行评估。

工作协议可以让团队得到以下收益：

- 培养共同的责任感；
- 提高每个成员对自身行为的认识；
- 赋能引导者根据协议领导小组工作；
- 提高团队的工作质量。

如果协议条款对团队很重要，那么意味着团队确定了需要什么以及相应的处理方式。当条款数量有限，并且得到每个团队成员的充分支持时，协议就能很好地发挥作用。

典型的工作协议的例子如下。

- **会议**：开始和结束时间、会议行为和礼仪。
- **合作**：参与期望、透明度方法和建立共识。

工作协议可以使团队建立行为的一致性。最好的工作协议是由团队自己定义的，并由团队执行。请记住，每个团队的工作协议都是不同的。仅仅因为一个团队在某一特定行为上有困难，并不意味着每个团队的协议都要针对这个行为做出规定。最好的工作协议是简短的，3~5 项即可，易于记忆和执行。最好的工作协议应该只涉及那些对团队重要的事项。

自主性、专精能力和目的性

许多组织都在争论什么是激励员工的最佳方式。有些人质疑金钱或其他有形的奖励是否具有激励作用。是众所周知的棍棒好，还是胡萝卜更好？丹尼尔 · H. 平克（Daniel H. Pink）在其2009年的畅销书《驱动力：关于激励我们的惊人真相》

（*Drive: The Surprising Truth About What Motivates Us*）中揭示出，真正的激励来自给予团队成员自主性、专精能力和目的性。

自主性

自主性是指创造性地解决问题的自由或独立性——成为自己命运的船长。高绩效团队是由那些以他们认为的最佳方式解决客户问题的人组成的。自主性使团队成为自组织和自管理的团队。高绩效团队也可以自主行事，变得有能力为客户、发起人和干系人做他们需要的事情。

专精能力

专精是团队为了在行业中脱颖而出所表现出的内驱力。充满好奇心，学习必要的技能，甚至是多种技能，对他们都是非常有帮助的。团队成员对自己的技能感到自豪，并利用他们所掌握的技能将质量构建到他们的产品中。在学会一项技能或概念后，团队成员会迅速分享他们所学到的东西，以便团队中的每个人都能改进。“先学后教”强化和提升了团队的专精能力。

队友相互帮助

一位极富才华的开发团队成员对提升其团队的产品质量充满激情。然而，有时，他的激情变得很有争议，因为他责备他的队友不注重细节，导致交付的产品质量很差。就像一场暴风雨来袭过后，会留下散落一地的碎片，每一次责备都会降低整个团队的能量和动力。于是，他的队友经常与人事主管讨论这个团队成员的问题。

为了帮助他的队友，Scrum 主管每天早上在上班的路上打电话给他们，召开“发泄会”。Scrum 主管会问一些问题，然后当他的队友分享担忧、恐惧和不安时，Scrum 主管只是倾听，从不评判，只想成为他们的朋友。Scrum 主管能够帮助他的队友重新梳理观点，为当天接下来的工作做准备。

这种每日仪式的效果是惊人的！团队成员信任 Scrum 主管，在与他共事了很长的一段时间后，团队成员变得能够调整自己的行为。队友们认识到了这种变化，整个团队的绩效也得到了提高——逐渐开始能够实现冲刺目标，甚至做得更多！

团队成员和 Scrum 主管在回顾这段经历时都很开心，认识到他们的友谊基础深厚，这种友谊比他们在组织中任职的时间更长久。持久的团队关系很重要。

目的性

目的是产品开发团队的首要目标，他们会为之奋斗并全力以赴。这样的目的会促使他们每天来到办公室，满怀激情和决心地完成伟大的事业。2018 年，由肖恩·阿克（Shawn Achor）、安德鲁·里斯（Andrew Reece）等人撰写的文章《10 个人中有 9 个愿意挣较少的钱去做更有意义的工作》（*9 Out of 10 People Are Willing to Earn Less Money to Do More Meaningful Work*）表明，人们宁愿赚较少的钱，也要去做更多有意义的工作。

具有自主性、专精能力和目的性的团队和组织，能够不断提高团队成员工作的积极性，正如敏捷原则第 5 条："围绕富有进取心的个体而创建项目。为他们提供所需的环境和支持，信任他们所开展的工作。"

高度一致和高度自主的团队

高绩效的敏捷组织拥有高度一致和高度自主的团队——就像将一艘组织大船分解成小的快艇，所有的快艇都指向同一个方向。

团队自主有助于团队的发展。团队被赋予了自由和独立的权利，可以做任何必要的事情来帮助组织完成一致的目标。团队自主有助于团队利用其特别的能力解决只有他们才能解决的问题。

敏捷组织中的领导者为团队设定了宏大的愿景，并让团队自己决定如何实现这个愿景。

图 8-1 所示的四个象限描述了领导者在建立一致性和自主性（从低到高）上发挥的作用。当团队既高度一致又高度自主时，能获得最大的收益。

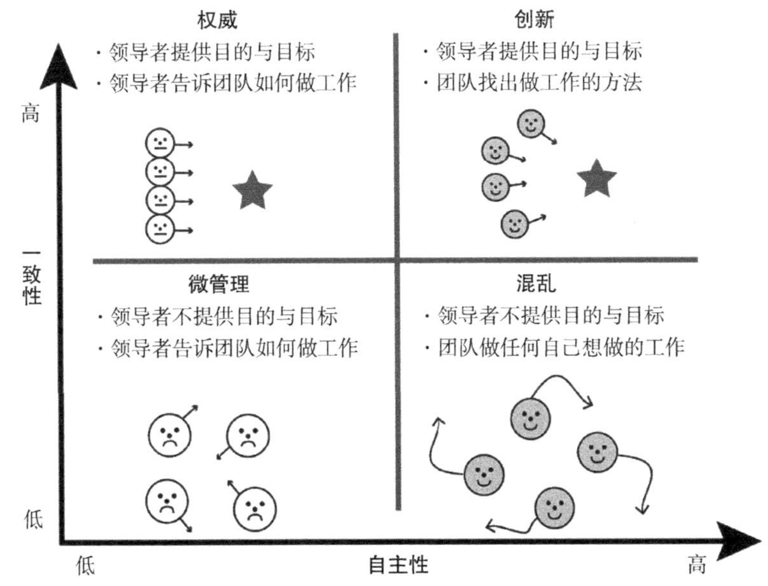

图 8-1 高度一致和高度自主的团队象限

建立团队的知识和能力

高绩效团队会在教育培训上投资，他们知道，学习对积累知识和发展能力至关重要。虽然在特定技能上的培训可能很有价值，但许多团队发现，成为实践社区的一部分也很有帮助。

实践社区（Community of Practice，CoP）是指一群拥有共同的关注点、共同的问题或对某一主题感兴趣的人，他们聚集在一起，以实现个人和群体的目标。例如，想学习如何改进自己角色的产品负责人与所有其他产品负责人一起参加实践社区，或者有兴趣学习更多关于产品负责人职责的人参加实践社区，以发展他们的技能。他们讨论自己遇到的挑战和成功的关键，互相启发，并根据自己的情况进行尝试。他们共同接受专家的额外帮助和指导，以学习自身专业之外的知识。

实践社区往往注重分享最佳实践和创造知识，以推动专业实践领域的发展。持续互动是其中的一个重要部分。许多实践社区依靠面对面的会议以及基于网络的协作环境进行沟通、联系和开展社区活动。

许多实践社区使用精益咖啡的方法来创造和讨论重要的话题，这种方法有助于确保社区活动能够聚焦于人们最关心的话题上。

这叫技术支持

精益咖啡是一种简单的会议引导技术。与会者在会议开始时花几分钟进行头脑风暴，提出他们想与小组进行讨论的想法。一旦提交，这些想法会被组织成主题。每个人都有机会投出5张点票（在主题便签纸上用记号笔画出的点）。每个人都可以按照自己的意愿分配点票，既可以将5张点票放在同一个主题上，又可以放在5个不同的主题上。获得最多票数的主题将被优先考虑。每个主题都有一定的讨论时限，比如8分钟。时间一到，小组成员用大拇指向上投票，表示同意继续讨论（第一次增加8分钟，第二次增加5分钟，第三次增加3分钟）；或用大拇指向下投票，表示不同意继续讨论，希望转入下一个话题。与会者在讨论了对他们最有价值的主题后，结束精益咖啡的讨论。

实践社区可以为任何团队角色、兴趣或课题（如架构、用户体验、安全、培训和客户支持）而加以组建。探讨从不设限！实践社区的成员学习到构建团队的知识和发展团队能力的实用理念后就离开当前的实践社区，参与到下一个实践社区。

通过了解成长为一个高绩效团队所需的艰苦工作、奉献精神、知识学习和能力建设，我们更加确信团队共事的时间越长，其做出的贡献就越大。使用生命周期长的产品的客户从高绩效、永久性团队中获益最大。

3

第三部分

敏捷规划与执行

本部分内容要点：

- 基于价值路线图，从产品愿景到落地执行；
- 定义及估算需求；
- 创建可工作的功能，并在迭代中演示；
- 检查工作并调整流程，以持续改进。

第 9 章　定义产品愿景和产品路线图

本章内容要点：

- 规划敏捷产品开发；
- 确立产品愿景；
- 创建产品特性和产品路线图。

首先，让我们澄清一个常见的困惑。如果你听说敏捷产品开发不用做规划，那么请立即打消这个念头。你不仅要做产品整体规划，还要规划每一次发布、每一个冲刺和每一天的工作。规划是敏捷产品开发成功的基础。

如果你是一个项目经理，你可能在项目开始时就做了大部分的规划。你可能听说过这样一句话："先计划好工作，再按计划工作。"这句话概括了非敏捷项目管理方法。

相比之下，敏捷产品开发不仅有预先的规划，而且它的规划贯穿整个产品生命周期。通过在活动开始前的最后责任时刻进行规划，能让你尽可能多地了解该活动。这种类型的规划被称为"准时制规划"或"情境知情策略"，它是成功的关键。Scrum 团队的规划与传统项目团队一样多，甚至更多。然而，敏捷规划在产品的整个生命周期中分布得更均匀（见图 9-1），并且是由整个产品团队完成的。

19 世纪德国陆军元帅、军事战略家赫尔穆特·冯·毛奇（Helmuth von Moltke）曾经说过："没有任何计划能在与敌人接触后幸存下来。"也就是说，在激烈的战斗中——就像在开发产品特性的过程中一样——计划总是在变化。准时制规划可以让你不受干扰地适应现实世界的变化，并在规划具体任务时掌握充分的信息。

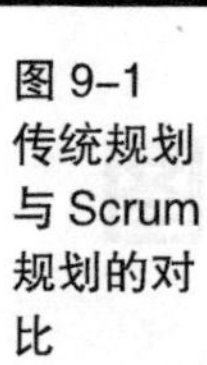

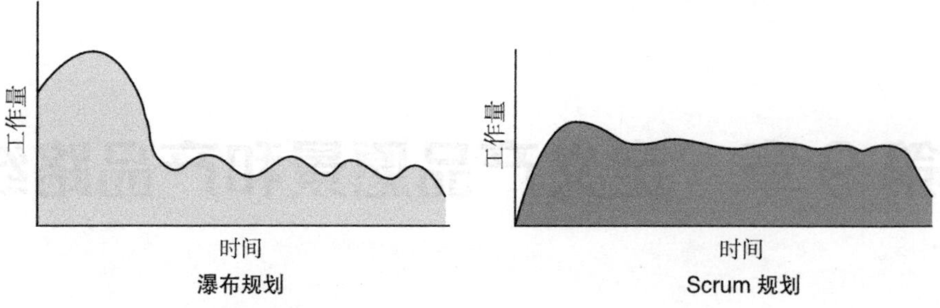

图 9–1 传统规划与 Scrum 规划的对比

本章介绍了准时制规划如何与敏捷产品开发相辅相成。你还会学习敏捷规划的前两步：创建产品愿景和产品路线图。

规划活动发生在多个节点。审视规划活动的一个好方法是使用价值路线图。图 9-2 显示了整个路线图。

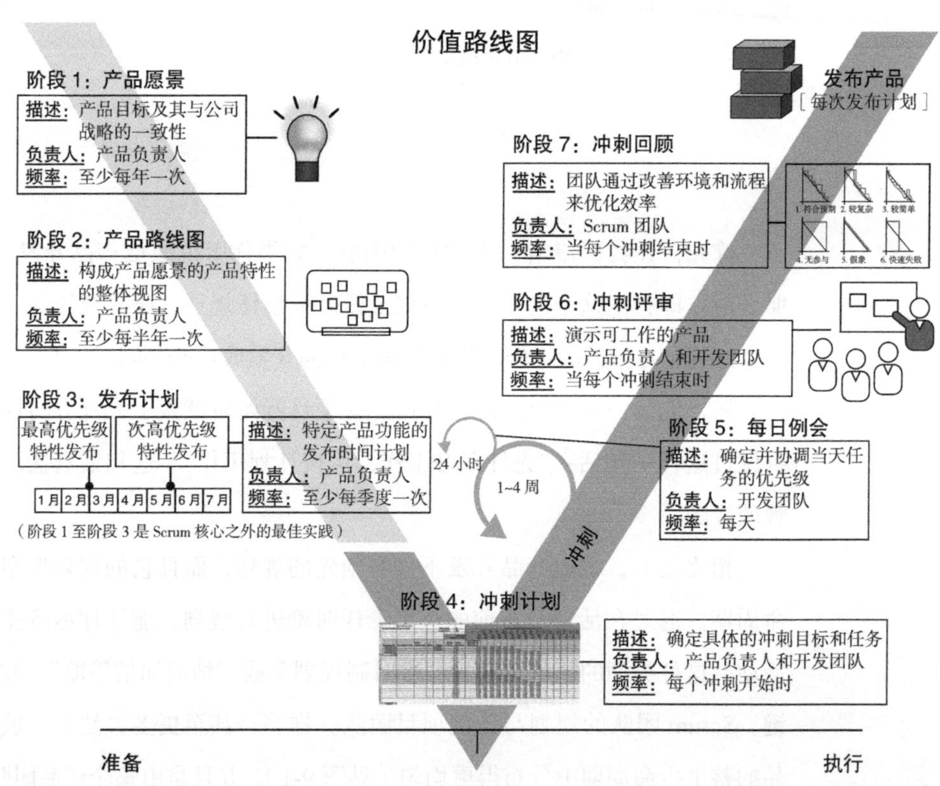

图 9–2 敏捷规划与执行的各个阶段和价值路线图

价值路线图有 7 个阶段。

» 阶段 1：产品负责人确定产品愿景。产品愿景是产品的目的地或最终目标，产品愿景包括产品的外部边界、产品与竞争对手的不同之处、产品如何支持你的公司或者组织的战略、谁会使用这个产品和为什么人们要使用这个产品。团队每年至少要审视一次产品愿景。

- 阶段 2：产品负责人创建产品路线图。产品路线图是产品需求的总体描述，它为开发这些需求设立了一个总体的时间框架。它还通过显示开发过程中将产生的有形特性来为愿景提供场景。通过识别产品需求，然后进行优先级排序并粗略估算这些需求所需要的工作量，能让你确定需求主题，并识别需求理解上的差距。在开发团队的支持下，产品负责人可以每半年修改一次产品路线图。
- 阶段 3：产品负责人创建发布计划。发布计划明确了可工作的功能的总体发布时间表。要实现一个产品愿景，可能需要安排多次发布，并且应首先发布优先级最高的特性，并在每个发布的启动阶段就创建发布计划。根据敏捷原则第 3 条，发布计划应该是“采用较短的项目周期（从几周到几个月），不断地交付可工作的软件”。你可以在第 10 章中阅读更多关于发布计划的内容。
- 阶段 4：产品负责人、Scrum 主管和开发团队一起为冲刺做计划，然后着手在每个冲刺中实现这些产品功能。在每个冲刺的开始阶段召开冲刺计划会议，在冲刺计划中，Scrum 团队确定冲刺目标（它确立了团队在冲刺期间要完成的工作的边界），列出能够在冲刺中完成的并且支持项目总体目标的需求，同时，Scrum 团队大致介绍如何完成这些需求。你可以在第 10 章中阅读更多关于冲刺计划的内容。
- 阶段 5：在每个冲刺过程中，开发团队通过每日例会来协调当天工作事项的优先级，从而实现冲刺目标。在每日例会上，根据到目前为止完成的工作，协调今天要做的工作和任何障碍，以便能够立即解决问题。你可以在第 11 章中阅读更多关于每日例会的内容。
- 阶段 6：在每个冲刺结束时，Scrum 团队进行冲刺评审。在冲刺评审中，你向产品干系人演示可工作的产品。你可以在第 12 章中了解如何进行冲刺评审。
- 阶段 7：Scrum 团队进行冲刺回顾。在冲刺回顾会议中，Scrum 团队会讨论这个冲刺中他们在开发流程和环境上存在的不足，并为下一个冲刺做好流程改进计划。与检查和调整产品的冲刺评审类似，冲刺回顾在每个冲刺结束时进行，以检查和改进流程与环境。你可以在第 12 章中了解如何进行冲刺回顾。

价值路线图中的每个阶段都是可以重复的，且都包含了规划活动。和敏捷开发一样，敏捷规划也是不断迭代且刚好够的。

渐进明细

在产品开发的每个阶段，你只需要规划当前阶段需要做的工作。在工作的早期阶段，你要进行粗略的整体规划，为产品创建一个随时间推移而不断演化的大致轮廓。在后续阶段，你要对你的规划进行细化，增加更多的细节，以确保近期开发工作的成功。这个过程被称为“需求渐进明细”。

你要首先进行粗略的规划，必要时再进行详细的规划，这样可以避免你把时间浪费在规划优先级较低的产品需求上，而这些需求可能永远不会被实现。这种模式还可以让你在产品开发过程中增加高价值的需求，而不影响整体工作流。

规划越即时，就会越有效。

记住比较好

斯坦迪什集团的研究表明，应用程序中多达 80% 的功能是客户很少使用或从不使用的。在敏捷产品开发工作的前几个开发周期中，你要先完成那些具有最高优先级且人们会使用的功能。通常情况下，尽早发布这些功能，能帮你通过先发优势获得市场份额；尽早接收客户反馈；提高产品存活力；尽早将功能货币化，优化投资回报率（ROI）；避免产品被淘汰。

检查和调整

准时制规划充分体现了敏捷技术的基本原则：检查和调整。在开发的每个阶段，你需要查看产品和流程（检查），然后根据需要做出变更（调整）。

敏捷规划是一个不断检查和调整的循环过程。请考虑以下几点。

- 在冲刺中的每一天，产品负责人提供反馈来帮助开发团队改进正在开发的产品。
- 在每个冲刺结束时的冲刺评审中，干系人为产品未来的改进方向提供反馈。
- 在每个冲刺结束时的冲刺回顾中，Scrum 团队讨论在这个冲刺中积累的经验教训，并改进开发流程。
- 在一次发布后，Scrum 团队可以根据用户的反馈来进行产品改进。反馈可能是直接的，比如，客户联系公司询问产品的相关信息；也可能是间接的，比如，潜在客户购买或者不购买产品。

检查和调整是非常棒的工具，能帮你以最有效的方式来交付最合适的产品。

记住比较好

当你刚开始开发的时候，你对于正在开发的产品了解有限，所以在那个时候无法做详细计划。敏捷方法论支持你在需要的时候做详细计划，然后立刻根据计划开发你定义的具体需求。

现有我们已经对敏捷规划工作有了更进一步的了解，可以来看看价值路线图的第一个阶段：定义产品愿景。

定义产品愿景

价值路线图的第一个阶段是定义产品愿景。产品愿景声明是一个用来表明你的产品如何支持公司或组织战略的电梯游说或简要总结。产品愿景声明必须清楚地说明产品的最终状态。

产品也许是用于推向市场的商业产品或者一套用于支持你的组织日常运营的内部解决方案。举例来说，假定你所在的公司是 XYZ 银行，你需要开发一个移动银行应用。这个移动银行应用支持公司的什么战略？如何来支持公司的战略？你的产品和业务战略通过愿景声明清晰、简明地联系在一起。正如著名作家和演说家西蒙·辛克（Simon Sinek）所说，这就是你的“为什么”。

图 9-3 展示了愿景声明——价值路线图中的第一个阶段——是如何与开发产品的其他阶段和活动联系起来的。

阶段 1：产品愿景

描述：产品目标及其与公司战略的一致性
负责人：产品负责人
频率：至少每年一次

图 9-3 产品愿景声明是价值路线图的一部分

在开发过程中，产品负责人负责了解产品及其目标和需求，因此，尽管其他人也会给出意见，但是最终还是产品负责人来创建产品愿景声明。确定了的产品愿景声明就成了一盏指路明灯。开发团队、Scrum 主管和干系人在整个开发工作中将参考这个“我们要完成什么”的声明。

创建产品愿景声明有如下四个步骤：

（1）设定产品目标；

（2）创建愿景声明草案；

（3）与产品干系人确认愿景声明，并根据反馈进行修改；

（4）最终确定愿景声明。

敏捷方法对愿景声明的形式并没有硬性的规定。但不管怎样，要确保产品开发参与的任何人，包括从开发团队到CEO，都应该理解这个愿景声明。愿景声明本身需要聚焦、清晰、非技术性，并且尽量简明扼要。愿景声明也应该是明确的，要避免成为一个营销口号。

第一步：设定产品目标

在编写你的愿景声明之前，你必须理解并且能够传达产品目标。你需要明确以下几点。

- **关键产品目标**：正在开发的这个产品将如何为公司带来收益？关键目标包含为公司特定部门带来的收益（比如客户服务部门、市场营销部门），或者为公司整体带来的收益。这个产品支持哪个特定的公司战略？第4章讨论的产品画布有助于定义产品目标。
- **客户**：谁会使用这个产品？这个问题或许有不止一种回答。
- **需求**：客户为什么需要这个产品？对于客户来说，哪个特性最为关键？如第4章所讨论的，该产品将解决什么问题？
- **竞争**：与类似的产品相比，这个产品如何？
- **主要差异**：与当前的主流产品或竞争对手的产品相比，该产品有何差异？

第二步：创建愿景声明草案

在你很好地理解了产品的目标之后，你就可以创建愿景声明的第一版草案了。

你可以找到很多愿景声明的模板。杰弗里·摩尔（Jeffery More）的著作《跨越鸿沟》（*Crossing the Chasm*）为定义产品总体愿景提供了一个很好的指导，它主要告诉大家如何在新技术的弄潮儿与大多数追随者之间架起一座桥梁。

推出任何新产品都是一种赌博。用户会不会喜欢这个产品？市场会不会接受这个产品？开发这个产品会不会有足够的投资回报？一份有效的书面产品愿景声明可以让你快速了解这些问题的答案。

这叫技术支持

投资回报率（ROI）是指公司从支出中获得的收益或价值。投资回报率可以是定量的，比如，在投资一个新的网站之后，ABC产品通过在线销售程序额外赚的钱。投资回报率也可以是无形的，比如，XYZ银行客户在使用了这家银行的新版移动应用之后，满意度有所提高。

你可以通过创建愿景声明，传达你开发的产品在质量、需求维护和使用寿命等方面的信息。

摩尔的产品愿景方法是务实的。在图 9-4 中，我们根据摩尔的方法构建了一个模板，以更明确地将产品与公司的战略联系起来。如果你使用这个模板来做产品愿景陈述，那么你的产品从推向市场到成为主流产品，它将经得起时间的考验。

产品愿景声明

为了：（目标客户）
谁：（需求）
这个：（产品名字）
是一个：（产品分类）
它：（产品的好处，购买理由）
不同于：（竞争者）
我们的产品：（差异 / 价值主张）

图 9–4 摩尔的愿景声明模版的扩展

小贴士大用途

使用现在时对一个产品进行描述将给人一种产品已经存在的感觉，这会使得愿景声明更具有说服力，同时还会让读者产生正在使用这款产品的感觉。

我们扩展了摩尔的模板，以下是一份移动银行应用的愿景声明。

为了：XYZ 银行客户。

谁：想要随时随地访问银行的在线功能。

这个：XYZ 银行的 MyXYZ 移动银行应用。

是一个：能够下载并在智能手机和平板电脑上使用的移动应用。

它：能让银行客户全天 24 小时按需安全地办理银行业务。

不同于：你在家里或者公司电脑上办理在线银行业务。

我们的产品：能够让用户实时地访问他们的资金账户。

支持我们的战略：随时随地为用户提供快速、便捷的银行服务。

正如你看到的，愿景聚焦在产品被开发完成之后的状态，而愿景声明则描绘了这种状态。

不开玩笑！危险！

在你的愿景声明中，应避免出现类似“赚更多的钱”“让客户开心”或者“卖出更多产品”这样笼统的描述。愿景声明要能在产品开发过程中帮助你进行产品范围决策。同时注意不要出现“使用 Java 9.x 版本，用 4 个模块创建程序……”这种技术细节。如果在开发初期就定义具体的技术细节，那么也许会限制你后期的工作。

以下是从一些愿景声明中摘录的内容，请注意避免使用这类错误的描述方法。

- 使用 MyXYZ 应用后，确保新增更多的客户。
- 在 12 月之前，让我们的客户满意。
- 修复所有的程序错误，以提高产品质量。
- 用 Java 创建新应用。
- 6 个月内打败 Widget 公司。

第三步：确认与修改愿景声明

在你起草好愿景声明后，可以使用下面的质量检查清单来进行审核。

- 愿景声明是否清晰，是否切中要点，并且面向内部听众？
- 愿景声明是否有力说明了产品是如何满足客户需求的？
- 愿景声明是否描述了最理想的情况下的成果？
- 愿景声明中的业务目标是否足够具体且可以实现？
- 愿景声明中所传递的价值是否和企业战略和目标相一致？
- 愿景声明是否令人信服？
- 愿景声明是否简明扼要？

这些问题将帮助你确定你的愿景声明是否充分。如果有任何答案是“否”，那么请修改愿景声明。

当所有的回答都是“是”的时候，你可以继续与如下这些角色一起审核愿景声明。

- **产品干系人**：干系人能够确认愿景声明，包括产品所应该实现的所有成果。
- **开发团队**：因为开发团队是最终实现产品的人，所以他们必须理解产品需要实现什么。很多产品负责人与开发团队一起创建产品愿景，从而使大家的工作目标和动机保持一致。
- **Scrum 主管**：对产品充分的理解有助于 Scrum 主管积极主动地排除障碍，使开发团队能够实现产品愿景。
- **敏捷导师**：如果你有敏捷导师的话，那么你可以和他分享愿景声明。敏捷导师独立于组织之外，能够提供客观的观点。

向其他人了解一下，他们是否觉得愿景声明清晰地传递了你需要表达的信息。请继续审核并修改愿景声明，直到干系人、开发团队和 Scrum 主管都完全理解它。

第四步：最终确定愿景声明

在你完成愿景声明的修改之后，请确保你的开发团队、Scrum 主管和干系人拿到最终的版本。你甚至可以把它打印出来，贴在 Scrum 团队工作区的墙上。在整个产品生命周期中，你都要参考这个愿景声明。

如果你的产品开发工作持续一年以上，你或许需要重新查看一下愿景声明。一般每年都要对愿景声明进行审核并修改，从而确保产品符合市场现状并且支持公司需求的变化。因为愿景声明定义了远期的产品边界，因此，当愿景得以实现，愿景的扩展不再可行时，在产品开发上的投资就应该终止。

记住比较好

产品负责人对产品愿景声明负责，他负责准备愿景声明以及和组织内外的沟通。产品愿景为干系人设定了期望值，同时帮助开发团队始终专注于目标。

恭喜你，你刚刚完成了你的敏捷产品开发战略及其预期价值成果的初步定义。现在可以创建产品路线图了。

创建产品路线图

产品路线图是产品需求的总体视图，在价值路线图中处于第二个阶段（见图 9-5），它是计划和组织开发过程中的有力工具。你可以使用产品路线图来对需求进行分类、排定优先级，识别差距和依赖关系，然后确定发布时间表。

图 9-5 作为价值路线图一部分的产品路线图

阶段 2：产品路线图

描述： 构成产品愿景的产品特性的整体视图
负责人： 产品负责人
频率： 至少每半年一次

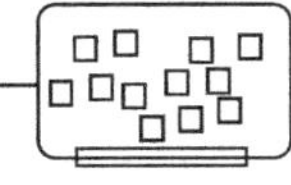

和产品愿景声明一样，产品负责人在开发团队和干系人的帮助下创建产品路线图。与创建愿景声明相比，开发团队的参与度更高。

小贴士大用途

请记住，你将在整个开发过程中不断完善、细化需求并进行工作量估算。在创建产品路线图阶段，你的需求细节、估算和时间框架处于高层级、比较粗略是没有问题的。

为了创建产品路线图，你可以：

（1）识别干系人；

（2）列出产品需求并将其可视化；

（3）基于价值、风险和依赖关系，将产品需求进行分组；

（4）大致估算实现需求所需的工作量，并对产品需求进行优先级排序；

（5）确定向客户发布功能组的大致时间框架。

因为优先级是可以变化的，所以你的产品路线图在开发过程中每年至少进行两次更新。

小贴士
大用途

你的产品路线图可以像在实物或虚拟白板上排列的便利贴一样简单，这使得更新像将便利贴从白板的一个位置移动到另一个位置一样简单。

你可以使用产品路线图来规划发布，即价值路线图中的阶段3。发布是指你发布给客户的一组有用的产品功能，从而获得实际反馈并产生投资回报。

下面将详细介绍创建产品路线图的步骤。

第一步：识别产品干系人

在最初设定产品愿景时，你很可能只识别了几个关键的干系人，他们可以提供高层级的反馈。在创建产品路线图阶段，你会把更多的注意力放在产品愿景上，并确定如何实现愿景，从而更深入地了解谁会与你的产品有利害关系。

现在正是与新老干系人接触的时机，以收集能帮你实现产品愿景的功能反馈。产品路线图是针对高层级产品待办事项列表的第一个切入点，本章后面会讨论。在第一轮细节确定后，你要接触的将不仅仅是Scrum团队、产品发起人或用户。你还需要考虑以下人员。

- **市场部**。你的客户需要了解你的产品，而这正是市场部提供的。他们需要了解你的计划，并根据他们的经验和调研，对向市场发布功能的顺序提出意见。
- **客服部**。产品进入市场后，你将如何支持它？产品路线图中的具体事项可能会帮你确定提供支持服务的相关人员。比如，一个产品负责人可能认为在线聊天功能没有太多价值，但客户服务经理可能会有不同的看法，因为他/她的员工在提供服务支持的同一时间只能处理一个电话，而在线聊天功能则可以同时解决 6 个客户的问题。此外，客户服务代表实际上每天都会与终端用户交谈，所以他们可能有很多见解值得你考虑。

» **销售部**。确保销售团队了解你的产品，这样他们才能合理地销售它们。和市场部一样，销售部会有客户需求的第一手资料。

» **法务部**。尽早与法律顾问一起审查你的产品路线图，以确保没有遗漏任何将来会使你的产品处于危险之中东西。

» **其他客户**。在识别产品路线图上的特性时，你可能会发现更多的人会从你创造的产品中受益。你要给他们一个机会来审查你的路线图，以验证你的假设。

第二步：确定产品需求

创建产品路线图的第二步是识别或者定义产品的不同需求。

当你第一次创建产品路线图时，你通常从大的、高层级的需求开始。你的产品路线图上的需求很可能有两个不同的层级：主题和特性。主题是特性和需求的最高层级的逻辑组。特性是产品中高层级的部分，描述了特性一旦完成后客户将获得的新能力。

当你开始创建主题和特性层级需求的时候，可以把那些需求写在索引卡片或者便利贴上。通过在不同类别间来回移动实体卡片，可以让需求的组织和优先级安排变得很容易。

当你在创建产品路线图的时候，你确认的产品特性构成了你的产品待办事项列表，即不考虑详细程度的完整的产品范围列表。一旦你确认了产品的第一个特性，你就开启了你的产品待办事项列表。

第三步：整理产品特性

在你确认了你的产品特性之后，你和干系人一起把这些特性分组到特定的主题中——按照共性，有逻辑地进行分组。和创建需求一样，你可以通过干系人会议来对特性进行分组。你可以按照使用流程、技术相似性或者商业需求给特性进行分组。

将主题和特性添加到产品路线图上，有助于你将每项特性的商业价值和风险分配给其他人，也可以帮助产品负责人、开发团队和干系人识别特性之间的依赖关系以及理解上的差距，并依据以上这些因素排定每个特性的优先级。

分解需求

在产品开发过程中，你将使用被称作分解的过程来把那些需求拆分成更小和更易于管理的部件。你可以把需求拆分成以下这些规模从大到小的部件。

- **主题**：一个按特性组成的逻辑分组，它也是最高层级的需求。你可以在你的产品路线图中把特性归类成主题。
- **特性**：产品高层级的组成部分。特性描述了一旦特性被开发完成后，客户将得到的新功能。在你的产品路线图中，你会使用到特性。
- **史诗故事**：由特性分解而来的中等规模的需求，往往包含多项行动或者价值渠道。在你能够开始创建产品功能之前，你需要将史诗进行分解。你可以在第10章找到如何使用史诗故事来发布计划。
- **用户故事**：一个包含了单一行动或集成的需求，这些行动小到可以立即着手实现，成为功能。在第10章，你将了解如何定义用户故事，以及如何在发布和冲刺层级使用它们。
- **任务**：将某个需求开发成可工作的功能所需采取的行动步骤，通常反映了你的完工定义，也是达到用户故事验收标准所需执行的任务。你可以在第10章找到关于任务和冲刺计划的知识。

请记住，每项需求可能并不需要上述全部规模的定义。举例来说，你可以在用户故事层级创建一项具体的需求，而不需要考虑主题或者史诗故事层级的需求。你或许在史诗故事层级创建了一项需求，但是它的优先级可能比较低。由于准时制规划的缘故，在你完成所有高优先级需求的开发之前，你或许不需要花时间去分解低优先级的史诗故事。

产品负责人可以与干系人和开发团队合作，以识别产品的主题和特性。举行产品探索研讨会可能会有帮助，会上干系人和开发团队面对面地写出尽可能多的需求。每个需求事项都应该用客户的语言来描述，而不是使用技术术语。比如，你可以用“我的客户现在可以……”作为需求事项的开头，以加强需求与客户、客户问题以及产品愿景之间的关联。

例如，我的客户现在可以：

- 查看她的账户余额；
- 支付账单；
- 查看她的最新交易；
- 提供反馈；
- 获取帮助。

以下是对需求进行分组和排序需要考虑的问题。

> » 客户将会如何使用我们的产品？
>
> » 如果我们提供这个需求，客户还需要做些什么？他们可能还希望做些什么？
>
> » 开发团队能否识别技术上的相似性和依赖关系？

用这些问题的答案来确定你的主题，然后根据这些主题将特性进行分组。举例来说，在移动银行的应用中，主题可能包括：

- » 账户信息；
- » 交易；
- » 客户服务功能；
- » 移动功能。

主题中的特性如图 9-6 所示。

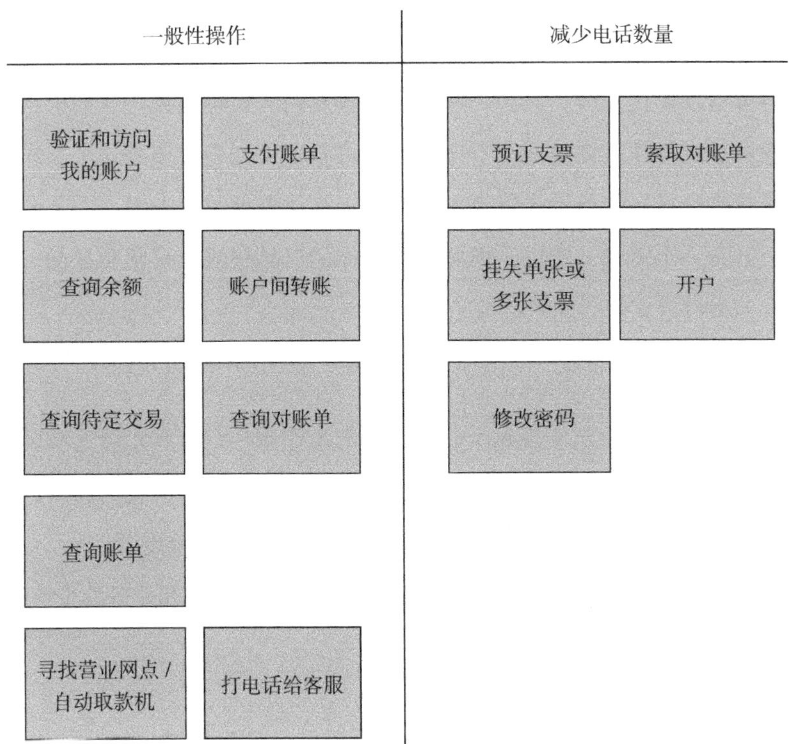

图 9-6 根据主题进行分组的特性

第四步：估算工作量和排序需求

你已经识别了你的产品需求并将其安排到多个逻辑分组中。接下来，你要进行工作量估算，并对需求进行优先级排序。以下是一些你必须熟知的术语。

- » 工作量体现的是实现某个具体需求的难易程度。
- » 估算是用数字或者文字表示的一项需求所需的工作量。
- » 估算需求指的是对实现这个需求的难易程度给出一个初步的想法。
- » 对一项需求进行排序或者优先级排序，指的是确定这项需求相对于其他需求的价值和风险，以及这些需求的开发顺序。

- 价值是指一项具体的产品需求可能为客户带来的收益，为此，组织会去创建该产品。
- 风险是指客户不确定一个需求可能产生的负面效应或对产品开发产生负面影响。

小贴士大用途

对于任何层级、任何规模的需求，从主题和特性到单个用户故事，你都可以使用这里介绍的估算和优先级排序技术。

确定需求优先级其实就是对它们进行排序。你可以找到多种方法来确定产品待办事项的优先级，其中一些事项比较复杂。简单起见，我们根据业务价值、风险和成本排序，创建一个有序的产品待办事项列表，按照这个顺序进行开发。对需求进行排序需要确定每个需求相对于其他需求的优先级。一个 Scrum 团队一次只开发一个需求，所以，据此来梳理你的产品路线图是很重要的。在第 13 章中，我们将讨论更多的优先级排序技术。

为了估算需求的工作量大小，你需要与两组不同的人合作。

- 开发团队决定实现每个功能所需的工作量。只有真正做这项工作的人才能提供工作量估算。开发团队还会为产品负责人提供关键的反馈，让他可以更好地理解技术风险对产品待办事项列表排序所产生的影响。
- 产品负责人在干系人的支持下，确定需求对客户和业务的价值和风险。

估算工作量

想要对需求进行排序，开发团队必须首先估算每个需求相对于其他需求的工作量的大小。

在第 10 章中，我们将向你展示 Scrum 团队用来准确估算工作量的相对估算技术。传统的估算方法以精确为目标，在项目进度表的每一个层次上都使用绝对时间估算，不管这个工作项是团队今天要做的还是两年后才开始做的。这种做法给传统团队一种错误的精确感，但事实上它并不准确（成千上万的项目失败证明了这一点）。在你刚开始了解某个产品的时候，你怎么可能知道 6 个月后每个团队成员要做什么，以及做多长时间？

相对估算是一种自我修正的机制，它可以让 Scrum 团队的估算更加准确，因为将两个需求进行比较，确定哪个需求更大，大体上大多少，这些更容易做到。产品开发团队看重的是准确性，而不是精确性。

为了对需求进行排序，你还要知道它们之间的依赖关系。依赖关系意味着一个需求是另一个需求的先决条件。例如，如果你有一个应用程序，要求用户建立一个用户配置文件，它需要通过用户名和密码进行验证。创建用户名和密码的需求将会是建立配置文件这个需求的依赖项，因为一般来说，你需要一个用户名和密码来建立一个用户配置文件。

评估商业价值和风险

产品负责人与干系人一起识别商业价值最高的事项（无论是潜在的高投资回报率，还是其他对客户产生的最终价值），以及那些如果不做就会产生很高负面效应的项目。

与工作量估算类似，你可以为产品路线图中的每个事项估算价值和风险。例如，你可以用货币投资回报率来进行价值估算，或者用高、中、低三个维度来对内部产品进行价值或风险估算。

工作量、商业价值和风险估算为产品负责人对每个需求的优先级决策提供了信息。价值和风险最高的事项应该在产品路线图的顶端。高风险事项应该首先被开发和实施，以避免后置风险。如果一个高风险事项会导致产品或其开发失败（一个无法解决的问题），那么 Scrum 团队要尽早了解它。如果某件事可能会失败，那么要尽早失败，以低成本失败，然后继续寻找有价值的新机会。从这个意义上来说，失败是 Scrum 团队成功的一种形式。

当你有了对价值、风险和成本的估算之后，就可以确定每个需求的相对优先级或顺序了。

- 具有高价值或高风险（或两者兼而有之）、低成本的需求将具有相对较高的优先级。产品负责人可能会把它排在产品路线图的最前面。
- 低价值或低风险（或两者兼而有之）、高成本的需求将具有相对较低的优先级。它很可能会被排在产品路线图的最底层，或者被删除。如果你的产品路线图上有什么东西不能支持你的产品愿景的实现，那么你可能要思考一下是否真的需要它。记住敏捷原则第 10 条："以简洁为本，最大限度地减少工作量。"

不开玩笑！
危险！

相对优先级只是一个帮助产品负责人进行决策和排定需求优先级的工具。它不是一个你必须遵守的数学概念，你要确保它能帮助你，而不是阻碍你。

确定需求的优先级

为了确定需求的总体优先级，请回答下面的问题。

- 需求的相对优先级是什么？
- 需求的先决条件是什么？
- 哪些需求能合并成一个可以发布给客户的可靠的功能集？

利用这些问题的答案，你可以在产品路线图中先安排最高优先级的需求。排定需求优先级之后，你就会得到类似图 9-7 这样的产品路线图。

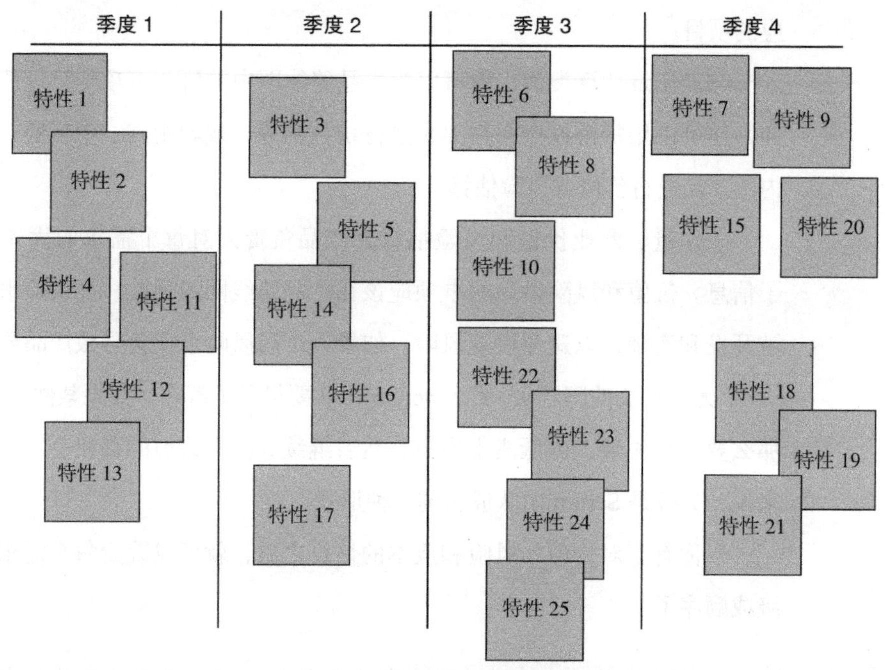

图 9-7 产品路线图与排序的需求

确定了需求优先级的列表被称为产品待办事项列表。产品待办事项列表是一份重要的敏捷文档，用敏捷术语来说也是一个工件，在整个产品开发过程中都会用到这份列表。

有了产品待办事项列表，你就可以向产品路线图中添加发布目标了。

第五步：确定高层级的时间框架

当你第一次创建产品路线图的时候，你的产品需求发布的时间框架是比较高层级的。对于最初的产品路线图，请为你的产品开发工作选择一个合理的时间增量，比如 3 天、3 周、3 个月、3 个季度，甚至更大的增量。根据需求和优先级这两项，可以把需求加到每一段时间增量中。

创建一个产品路线图看上去可能要做很多工作，但我们合作的每个团队可以在短短两三天的时间内创建产品愿景、产品路线图、首次发布的发布计划，并准备开始冲刺！你只需要收集好第一个冲刺中足够的需求，就可以开始开发产品了。在开发过程中，通过渐进明细，团队对产品的认知不断加深，此时你可以争取一些时间来确定其他的需求。

保存你的工作

现在你可以用白板和便利贴来做产品路线图规划。在你的第一个完整的产品路线图草案完成后，无论如何，请注意保存产品路线图，尤其是当你需要和远程干系人或者开发团队成员分享产品路线图的时候。你可以给你的便利贴和白板拍一张照片，或者把信息输入电子文档中并保存下来。无论你选择何种方式，请确保产品路线图便于更改和访问。

随着优先级的变化，你将在开发过程中更新产品路线图。就当前而言，第一个发布的内容要足够清晰，这是你在开发和交付价值前需要考虑的全部内容。

完成产品待办事项列表

产品路线图包含高层级的特性和暂定的发布时间表。产品路线图上的需求是产品待办事项列表的第一个版本。

产品待办事项列表是与产品相关的所有需求的清单。产品负责人负责通过更新（添加、更改、删除）和确定需求的优先级来创建和维护产品待办事项列表。Scrum 团队在整个开发过程中使用排好优先级的产品待办事项列表来规划每次发布和冲刺的工作。

图 9-8 显示了一个产品待办事项列表的样例。在创建产品待办事项列表时，至少要做到以下几点：

- 描述需求；
- 基于优先级对需求进行排序；
- 估算工作量。

顺序	ID	事项	类型	状态	估算
1	121	作为一个管理员，我想把账户和个人资料联系起来，这样客户就可以访问新的账户了	需求	未开始	5天
2	113	更新需求跟踪矩阵	管理	未开始	2天
3	403	为迈克尔做测试自动化培训	提高	未开始	3天
4	97	重构登录类	维护	未开始	8天
5	68	作为一个网站的访问者，我想找到相关位置，以便我可以使用银行的服务	需求	未开始	8天

图 9-8 产品待办事项列表示例

团队将主要致力于开发使用用户语言描述的特性（用户故事）。但也可能需要其他类型的产品待办事项，如开销项（团队确定需要、但对功能没有贡献的东西）、维护项（需要对产品或系统进行改进，但不直接增加对客户的价值）、改进项（冲刺回顾中确定的流程改进行动项）。产品负责人通过客户和干系人的视角来确定所有产品待办事项的优先级。

在第 2 章中，我们解释了敏捷产品开发文档应该是刚好够的，你只需创建产品绝对必要的信息。保持你的产品待办事项列表格式简单、刚好够，会在产品开发过程中节省很多时间。

Scrum 团队将产品待办事项列表作为需求的主要来源。如果一个需求存在，它就会存在于产品待办事项列表中。

在整个产品开发过程中，产品待办事项列表中的用户故事会以几种方式变化。例如，当团队完成用户故事时，你会在产品待办事项列表中标记这些故事为“完成”。你会创建新的用户故事。有些用户故事会被更新，或被分解成更小的用户故事，或以其他方式被完善。此外，你还可以根据需要，更新现有用户故事的优先级和工作量。

产品待办事项列表中的故事点总数——所有用户故事点加在一起——是你当前产品待办事项列表的估算值。随着用户故事的完成和新用户故事的添加，这个估算值每天都在变化。关于使用产品待办事项列表来预测发布时长和成本的更多信息，请参见第 15 章。

保持产品待办事项列表的更新，以确保成本和进度估算准确。最新的产品待办事项列表还能让你灵活地根据现有的特性来确定新识别的产品需求的优先级——这是一个关键的敏捷优势。

有了产品待办事项列表之后，你可以开始规划发布和冲刺了。我们将在下一章展开。

第 10 章　计划发布和冲刺

本章内容要点：

- 分解需求并创建用户故事；
- 创建产品待办事项列表、发布计划和冲刺待办事项列表；
- 让产品做好发布准备，并让组织的其他成员为发布做好准备；
- 确保市场准备就绪。

当你创建了产品路线图（见第 9 章）后，就可以开始详细描述产品细节了。在这一章里，你将了解如何将你的需求细化，如何优化你的产品待办事项列表，如何创建发布计划，以及如何构建冲刺待办事项列表。此外，我们还会讨论如何让组织的其他人员为发布做好准备，包括提供运营支持，以及确保市场准备就绪。

首先，你将看到如何将产品路线图中较大的需求分解为较小的、更易于管理的用户故事层级的需求。

细化需求和估算

你在敏捷开发初期面临的是非常大的需求。随着工作的推进，以及开发这些需求的工作逐渐临近，你需要把它们分解为更小的部分——小到可以开始进行开发工作。此过程被称作分解，更多信息请参阅第 9 章。

用户故事是一种清晰、有效的定义产品需求的形式。在本章中，你将了解如何创建用户故事，如何为用户故事进行优先级排序，以及如何估算用户故事所需的工作量。

什么是用户故事

用户故事是指一种对某个产品需求的简单描述，具体来说就是需求是什么、为谁完成。之所以称之为故事，是因为讲故事最简单的方式就是互相交流。通过面对面交谈来讲述用户故事是最有效的。本章描述的书面模式可以用来帮助进行这种对话。

传统的软件需求通常是这样写的："系统应插入技术说明。"这种需求只从技术角度明确了要做的事情，但总体业务目标并不明确。通过用户故事模式可以让开发团队了解更多的背景知识，并更加深入地参与，使其工作变得更加真实、有效。团队了解每个需求对用户（或客户、企业）的好处，并以更快的速度和更高的质量交付客户想要的东西。

你的用户故事至少要包括以下内容。

标题：<用户故事的名称>

作为：<用户类型>

我想：<采取这样的行动>

以便：<我获得这样的收益>

用户故事讲述了"谁""什么"和"为什么"。用户故事还应该有一个验证步骤列表（验收标准），以便你可以确认用户故事的工作需求是否正确。验收标准遵循这种模式：

当我<采取行动>时，（将产生……）

用户故事还可以包括以下内容。

- **用户故事编码**：可以在产品待办事项列表追踪系统中区分不同用户故事的特有的识别号。
- **用户故事的价值和工作量估算**：价值就是团队在创建产品时，用户故事会给组织带来的益处。工作量是指创建这个用户故事的难易程度。我们在第 9 章中介绍了如何估算用户故事的价值、风险和工作量。
- **提出该用户故事的人员的名字**：开发团队中的任何成员都能创建用户故事。

小贴士大用途

敏捷产品开发方法鼓励 Scrum 团队使用低科技工具，但是敏捷方法也鼓励 Scrum 团队去发现在各种场景下最适合每个团队使用的工具。有许多电子的用户故事工具可供选择。其中，有些工具是收费的，有些工具则是免费的。有些工具很简单，只用来做用户故事；而有些工具很复杂，并且整合了其他产品文档。我们更喜欢简洁明了的索引卡片，但这种方法并不适合所有人。你应该为你的 Scrum 团队和产品选择最适合的工具。

图 10-1 展示了一张典型的用户故事卡片的正面和背面。正面填写了用户故事的主要描述，背面展示了在开发团队创建功能后，你应该如何确认功能是否运行正常。

标题	账户间转账	
作为	卡洛儿（Carol）	
我想	在不同账户间转账	
以便	每个账户都有正确的金额	
价值	詹妮弗（Jennifer） 创建者	估算

当我这样做时	这种情况会发生
当我查看我的账户余额时	我看到转账选项
当我选择“转账”选项时	我在我想转账的账户中进行选择
当我选择“转入”选项时	显示我的可用账户和对应金额
当我选择“转出”选项时	显示我的可用账户和对应金额

图 10-1 基于卡片的用户故事示例

小贴士大用途

用户故事可以通过 3C 模式创建——卡片（Card）、对话（Conversation）和确认（Confirmation），这种模式使得 Scrum 团队能够创造客户价值。通过将用户故事限制在一张索引卡上，我们鼓励通过对话实现对客户需求的共同理解（而不是详尽的文档，这意味着没有什么可讨论的了）。如果对话得到了预先测验答案的支持（验收标准即确认用户行为符合预期的需求），那么你很可能走对了方向。

产品负责人负责收集和管理用户故事（确定优先级和发起分解讨论）。但编写用户故事并不只是产品负责人的责任，开发团队和干系人也应该参与创建和分解用户故事，以确保整个 Scrum 团队对需求有清晰、一致的理解。

小贴士大用途

值得一提的是，用户故事不是描述产品需求的唯一方式。在没有限定任何框架的情况下，你也能轻松地列出一系列需求。然而，用户故事的形式简单、紧凑，其中包括很多有用的信息。因此，我们发现这是一种非常有效的方式，它可以精确地传达到底要为客户做什么。

当 Scrum 团队开始创建并测试需求时，用户故事的好处便体现出来。团队成员会明确知道他们为谁去创建产品需求，应该为满足产品需求做什么，以及怎样仔细检查需求是否达到其目的。用客户语言描述的需求，所有人都能理解，但技术行话就不一定了。

在本章乃至整本书中，我们都会使用用户故事作为软件产品开发需求的示例。请记住，我们所描述的任何使用用户故事的方法，都能用来处理更普遍的需求和其他产品类型。

创建用户故事的步骤

当你创建用户故事时，请遵循以下步骤：

（1）识别干系人；

（2）识别谁将使用该产品；

（3）和干系人协作，以用户故事的形式写下产品需要实现的功能。

在后续部分中，你将了解如何使用这三个步骤。

敏捷型和适应型方法要求迭代性。不要花太多时间去确认你的产品可能遇到的每个需求。因为你总能在开发后期增加需求。最好的变更往往到开发后期才会出现，因为那时你已经非常了解产品和终端客户。

识别产品干系人

你可能很清楚谁是你的干系人——任何参与者、受产品影响的人、影响产品和产品创建的人。干系人会对你每次冲刺交付的每个产品增量提供有价值的反馈。

当你创建产品愿景和产品路线图时，你也会和干系人合作。

请确保干系人能够帮助你收集和创建产品待办事项列表。第 9 章中介绍的示例——移动银行应用的干系人如下。

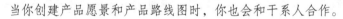

- 定期与客户互动的人，比如客服代表或银行网点工作人员。
- 与你的客户进行互动的不同领域的业务专家。比如，我们曾提到过的 XYZ 银行，可能会有一名经理负责支票账户，一名经理负责储蓄账户，一名经理负责在线账单支付服务。如果你正在创建一款移动银行应用，那么这些人都将是干系人。
- 你的产品的用户。
- 你正在创建的产品类型的专家。例如，创建过移动应用的开发者，懂得如何开展移动营销活动的市场经理，以及移动界面方面的用户体验专家，都可能为示例中 XYZ 银行的移动银行产品提供帮助。

- 技术型干系人，他们负责的系统可能需要和你的产品有交互。

识别用户

正如第 4 章中所讨论的，敏捷产品开发是以客户为中心的。基于定义好的用户画像、对他们需求的理解以及要解决的问题能帮助团队更清楚地理解产品需求。了解你的最终用户是谁以及他们将如何与你的产品进行交互，能帮你更好地了解如何定义和实现产品路线图上的每一个项目。

通过可视化产品路线图，你可以识别每一种类型的用户。移动银行应用的用户包括个人用户和企业用户。每种类型的用户都会以不同的方式和不同的原因与你的应用程序进行交互。知道了这些人是谁，你就可以确定他们每个人交互的目的和期望。

我们喜欢用用户画像来定义用户，或者用一个虚拟人物所代表的用户类型的书面描述。例如，“艾伦（Ellen）是一位 65 岁的退休工程师，她的退休生活是在环游世界中度过的。她的净资产是 100 万美元，她还有几处房产的投资收益”。更多关于用户画像的内容请参见第 4 章。

艾伦代表了 XYZ 银行 30% 的用户，产品路线图中有相当一部分像艾伦这样的人会使用的特性。当 Scrum 团队每次讨论这些特性时，可以简单地将用户类型称为艾伦，而不是重复所有关于艾伦的细节。产品负责人可能会根据需要确定几个用户画像，甚至会将艾伦可能的样子打印出来，贴在团队工作区的墙上，以便在整个开发过程中参考。

小贴士大用途

了解你的用户是谁，这样你才能开发出他们真正会使用的特性。

假设你是前面提到的 XYZ 银行的移动银行应用的产品负责人，你负责的部门需要在接下来 6 个月的时间里将产品推向市场。对于这款应用的用户，你有如下想法。

- 用户可能希望快速获得账户余额与近期交易的最新信息。
- 用户可能即将购买一件大宗商品，他们想确认余额是否足够。
- 用户的银行卡可能刚刚在操作时被拒绝了，但他们不知道为什么，他们想查看最近的交易信息，了解是否存在欺诈行为。
- 用户可能刚刚发现忘记支付信用卡账单，而且如果今天不还款，就会被罚款。

对于这款应用，你的用户画像会是谁呢？这里举几个例子。

- **用户画像 #1**：詹森（Jason）是一名经常出差且精通技术的年轻主管。当他有空时，他希望能更快地处理私事。他谨慎地投资了高收益的证券组合。他的可用现金保持在较低的水平。
- **用户画像 #2**：卡洛儿（Carol）拥有一家小公司，当客户想要出售自家房屋时，为他们提供中介服务。她去逛寄售中心，想要为客户购买沙发椅。
- **用户画像 #3**：尼克（Nick）是一名申请了助学贷款并兼职打工的学生，他知道他对钱很在意，因为他对任何花销都很在意。他刚刚丢失了支票本。

小贴士大用途

你的产品干系人能帮你创建用户画像。请找出谁是你的产品专家。这些干系人将非常了解你的潜在用户。

确定产品需求和创建用户故事

当你识别了不同的用户后，就能开始确定产品需求，并为用户画像创建用户故事。创建用户故事的一个好方法是召集你的干系人共同参加产品研讨会。更多关于产品研讨会的内容请参见第 4 章。

让干系人使用用户故事的形式，尽可能多地写下他们能想到的需求。对于前面所述的产品和用户画像而言，用户故事卡片如下。

- **卡片正面**：
  - 标题　查询银行账户余额
  - 作为　詹森
  - 我想　在我的智能手机上查看账户余额
  - 以便　我可以看到我的账户还有多少钱，是否够进行这笔交易
- **卡片背面**：
  - 当我登录 XYZ 银行的移动应用时，我的支票账户余额显示在页面顶部。
  - 在我购买或存入后，登录 XYZ 银行的移动应用，我的活期账户余额能显示相应的收支状况。

在图 10-2 中，你可以看到卡片格式的用户故事示例。

标题	冻结支票	
作为	尼克	
我想	冻结遗失或被偷窃的支票账户	
以便	我能防止别人非法使用我的账户	
____	卡洛琳	____
价值	创建者	估算

标题	账户间转账	
作为	卡洛儿	
我想	将支出进行分类	
以便	我能很容易识别出我为客户进行的每一笔消费	
____	詹妮弗	____
价值	创建者	估算

图 10-2 用户故事示例

记住比较好

请确保持续增加新的用户故事到产品待办事项列表中，并排定它们的优先级。当你需要做冲刺计划时，你要即时更新你的产品待办事项列表，这能帮你得到优先级最高的用户故事。

在产品开发的整个过程中，你都将创建新的用户故事。而在一次冲刺中，你还会分解现有的大的需求，直到它们可以被充分地管理。

分解需求

在整个开发过程中，你会把需求进行多次细化。

- 当你创建产品路线图时（见第 9 章），你创建出了特性（即在你开发新特性后，你的客户将拥有的能力）以及主题（即特性的逻辑组合）。尽管特性被有意地放大，但我们要求产品路线图中的特性在斐波那契量表上不能超过 144 个故事点（关于斐波那契数值的大小，请见本章的“估算扑克”）。此时，特性和主题都被开发团队认为是大型的。
- 当你计划发布时，你会将这些特性分解为更简明的用户故事。计划发布的用户故事可以是史诗故事（包含多个行动的非常大型的用户故事），或者包含单一行动的单个用户故事。对我们的用户而言，计划发布的用户故事不应超过 34 个故事点。你可以在本章的后续内容中了解到更多有关发布的信息。
- 当你计划冲刺时，你可以更进一步地分解需求。用户故事可以被分解为 8 个甚至更少的故事点。需求分解指南如图 10-3 所示。

用户故事冲刺					史诗故事发布			特性路线图		
1	2	3	5	8	13	21	34	55	89	144
XS	S	M	L	XL						

图 10-3 用户故事分解指南

想要分解需求，你需要思考如何将需求分解为单个行动。表 10-1 显示了第 9 章介绍的 XYZ 银行移动应用中的一个需求，该需求从主题级分解到用户故事级。

表 10-1 分解需求

需求级别	需求
主题	使用移动应用查看账户数据
特性	查看账户余额 查看最近的取款或购买清单 查看最近的存款清单 查看近期自动账单支付 查看我的账户提醒
史诗故事—— 从“查看账户余额”里分解	查看支票账户余额 查看储蓄账户余额 查看贷款余额 查看投资账户余额 查看退休账户余额
用户故事—— 从“查看支票账户余额”里分解	安全地登录移动账户 查看我的账户清单 选择并查看我的支票账户 查看取款后的账户余额变化 查看购买后的账户余额变化 查看一天结束时的账户余额 查看可用的账户余额 更改账户视图

用户故事和投资方法

你可能会问，到底要怎么分解一个用户故事呢？比尔·威克（Bill Wake）在他的博客中介绍了确保用户故事质量的“INVEST”方法。我们非常喜欢他的方法，所以把它收录在这里。

当你使用“INVEST”方法时，用户故事应该具有如下特点。

- 独立的（Independent）。在可能的范围内，一个用户故事应该不需要其他用户故事来实现该故事所描述的特性。
- 可协商的（Negotiable）。不需要详尽的表述。用户故事有讨论和细节扩展的空间。
- 有价值的（Valuable）。用户故事向客户展示产品价值。它描述的是特性，而不是实现它的技术任务。用户故事使用用户语言并且容易解释。使用产品或系统的人可以理解该用户故事。
- 可估算的（Estimable）。故事是描述性的、准确的、简明的，因此，开发人员通常可以估算创建用户故事中的功能所需的工作量。
- 小型的（Small）。规划和准确估算小型的用户故事比较容易。一个好的经验法则是，开发团队可以在一个冲刺中完成 6~10 个用户故事。
- 可测试的（Testable）。你可以很容易地验证用户故事，而且结果是确定的。

估算扑克

当你细化你的需求时，你还需要细化完成用户故事所需工作量的估算。让我们来点有趣的吧！

估算用户故事最流行的方法之一是玩估算扑克（Estimation Poker）游戏，有时也称为“计划扑克”（Planning Poker）。这种游戏能够确定用户故事的大小，还能与开发团队成员达成共识。

记住比较好

Scrum 主管能帮助协调估算工作，并且产品负责人能提供特性的相关信息，但开发团队负责估算用户故事所需的工作量级别。归根结底，开发团队必须努力创建这些故事所描述的特性。

要玩估算扑克，你需要一副如图 10-4 所示的扑克牌。你可以采用在线电子版，或者你可以用索引卡片和马克笔自己制作。扑克牌上的数字来自斐波那契数列，它的数字规律如下：

1，2，3，5，8，13，21，34，55，89，144，……

如果我们从数字 1 和 2 开始，斐波那契数列中的每一个后续数字都是由前两个数字之和得出的。

图 10-4 一副估算扑克牌

每个用户故事都会有一个相对于其他用户故事的估值。例如，一个估值为 5 的用户故事比估值为 3、2 和 1 的用户故事需要更多的工作量，它的工作量是估值为 1 的用户故事的 5 倍，是估值为 2 的用户故事的两倍多，大约是估值为 3 和 2 的用户故事加起来的工作量。它的工作量不如估值为 8 的用户故事，只是其一半多一点。

用户故事或史诗故事的规模越大，斐波那契数值之间的差距就会越大。需求越大，估算精度的差距就越大，这就是为什么斐波那契数列在相对估算方面如此有效的原因。

估算扑克的游戏规则如下。

（1）给开发团队的每位成员都提供一副估算扑克牌。

（2）产品负责人给出一个用户故事清单，团队同意其中的一个用户故事估值为5分。

这个用户故事将成为团队的基准故事。Scrum主管帮助开发团队取得共识的方法是“举手表决”或“拇指朝上或朝下”（如第7章所述），并进行讨论，直到每个人都同意该用户故事估值为5分。

（3）产品负责人向参与者阅读一则高优先级的用户故事。

（4）每位参与者选出一张与他/她对这则用户故事所需工作量估算一致的扑克牌，并将牌面朝下放在桌子上。

你不希望参与者看到对方的牌，除非所有的牌都出了，因为这样可以在一定程度上限制一个参与者对他人投票的影响。参与者应当将用户故事和其他已估算的用户故事进行对比。（在第一次游戏中，参与者只将用户故事与基准故事做比较。）

（5）所有参与者同时把牌翻过来。

（6）如果参与者选择了不同的故事分数。

a. 讨论的时间到了。

讨论是估算扑克游戏中的一个增值环节，能够帮助团队达成一致、取得共识。给出最高分和最低分的参与者谈一下他们的假设，以及为什么他们认为对这则用户故事的估算分数应当更高或更低。参与者把其他的用户故事的工作量与基准故事做比较。如果有必要的话，产品负责人可以提供有关基准故事的更多信息。

b. 当所有人都对假设达成一致意见并进行了必要的澄清后，参与者要重新评估他们的估算并将他们新选的扑克牌放在桌上。

c. 如果参与者给出的故事分数仍然不一致，他们将重复这个过程，通常最多重复三次。

d. 如果参与者不能对估算的工作量达成一致意见，那么Scrum主管将帮助开发团队确定一个大家都能同意的分数（他/她可能会使用如第7章所述的“举手表决”或“拇指朝上或朝下”的方法），或者确定这个用户故事需要更多细节，又或是需要进一步分解。

（7）参与者对每个用户故事重复执行步骤（3）到步骤（6）。

当你创建估算时，应当考虑到完工定义的每个部分，即已开发、已集成、已测试（包括测试自动化）和已归档。

你可以在任何时间点开始玩估算扑克，但是一定要在产品路线图开发过程中，以及在发布与冲刺单元里深入分解用户故事的时候。经过练习，开发团队会进入规划的节奏里并且更善于进行快速估算。

一般来讲，开发团队会花费每个冲刺不到十分之一的时间分解和细化产品待办事项，包括估算和再估算。让你的估算扑克游戏变得有趣！吃点零食，来点幽默感，保持轻松的氛围，还有必要时休息一下。

亲和估算

虽然估算扑克是行之有效的，但如果你有许多用户故事，该怎么办呢？打个比方，你用玩估算扑克游戏的方式来估算 500 个用户故事，这可能会耗费太长时间。你需要一种方法来估算整个产品路线图，这种方法可以让你仅聚焦于那些你必须加以讨论，以取得共识的用户故事。

当你有大量的用户故事时，很可能其中的许多故事非常相似，并且只需要相似的工作量来完成。一种确定适合讨论的用户故事的方法就是亲和估算（Affinity Estimating）。在亲和估算中，你能快速地对用户故事进行分类，然后再对这些故事类别进行估算。

当你根据亲和性来估算时，请把用户故事写在索引卡或便利贴上。这些类型的用户故事卡片很适合快速分类。

亲和估算是一项充满速度与激情的活动——开发团队可以请 Scrum 主管来帮助协调进行亲和估算。请按以下步骤进行亲和估算。

（1）开发团队对以下每个类别共同确定一则用户故事，每个类别所花的时间不超过 1 分钟。

- 非常小型的用户故事。
- 小型的用户故事。
- 中等的用户故事。
- 大型的用户故事。
- 非常大型的用户故事。
- 过大而无法纳入冲刺的史诗故事。

- 估算前的需求澄清。

（2）开发团队将所有剩下的故事归入步骤（1）中列出的类别里，每个用户故事所花的时间不超过 60 秒。

如果你的用户故事使用的是索引卡或便利贴，你可以直接把这些卡片分别放入桌上或白板上的不同类别中。如果你把所有的用户故事分给每位开发团队成员，并让每位成员对一组用户故事进行分类，那么这一步的速度会大大加快！

（3）开发团队评审并调整用户故事的位置，每 100 个用户故事最多花 30 分钟时间。

整个开发团队必须对用户故事的大小达成共识。

（4）产品负责人评审用户故事的分类。

（5）当团队的实际估值与产品负责人的期望估值相差超过一个用户故事的大小时，他们会讨论这个用户故事。

开发团队也许会决定（也许不会决定）调整这则用户故事的大小。

记住比较好

需要注意的是，产品负责人和开发团队完成待澄清项的讨论后，开发团队对用户故事的大小有最终决定权。

（6）开发团队使用估算扑克对史诗故事和需要澄清的用户故事进行估算。这些类别的用户故事应该很少。

相同大小的用户故事会得到相同的分数。你可以玩一轮估算扑克游戏去复查一小部分用户故事，但不需要把时间浪费在对每个用户故事不必要的讨论上。

用户故事的大小就像 T 恤的尺码一样，应该与斐波那契量表的数值相对应，如图 10-5 所示。

图 10-5 对应 T 恤尺码的用户故事的大小，以及对应的斐波那契数值

大小	点数
非常小（XS）	1
小（S）	2
中（M）	3
大（L）	5
非常大（XL）	8

小贴士大用途

你可以使用本章中的估算和优先级排序技术来处理任何层级的需求，从主题和特性到单个用户故事。

就这样，在几个小时内，整个产品待办事项列表就被估算出来了。此外，Scrum 团队通过面对面的讨论，对需求的含义有了共同的理解，而不是通过阅读大量的文档来各自意会需求。

发布计划

在敏捷术语中，发布是指你部署到市场上的一组可用的产品特性。发布不需要包含所有在产品路线图中列出的特性，但至少要包含最小可上市特性（Minimal Marketable Features），这是你在市场中进行有效部署和推广的规模最小的一组产品特性。你的早期发布将包括最高优先级（高价值、高风险或两者兼具）事项，并排除你在产品路线图阶段创建的许多低优先级的需求。

当计划一次发布时，你会确定下一组最小可上市特性，并确认团队能够行动起来发布最迫切的产品特性的日期。在创建愿景声明和产品路线图时，产品负责人负责确定发布目标和发布日期。而开发团队会在 Scrum 主管的引导下进行估算，以促进这一过程的实现。

发布计划是价值路线图的第 3 阶段（参阅第 9 章图 9-2）。图 10-6 展示了发布计划是怎样融入敏捷项目的。

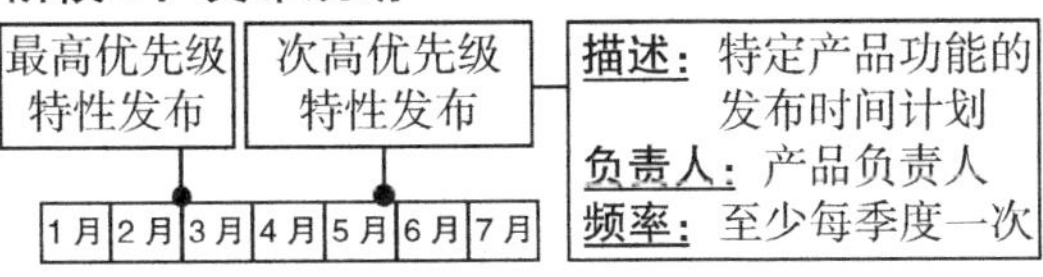

图 10-6 发布计划是价值路线图的一部分

发布计划包括完成以下两项关键活动。

- **修订产品待办事项列表**：在第 9 章，我们曾提到过，产品待办事项列表是你的产品里目前所有已知用户故事的一个综合列表，不论它们是否属于目前的发布。请记住，你的用户故事列表在整个开发进程中很可能发生变化。
- **创建发布计划**：包含发布目标、发布日期以及支持发布目标的产品待办事项的优先级排序。产品愿景提供了产品的长期目标，而发布计划提供了团队可完成的中期目标。

在发布计划的过程中，请不要创建新的、单独的产品待办事项列表。这样做不仅没有必要，还会降低产品负责人的灵活性。基于发布目标对现有产品待办事项列表进行优先级排序是必要的，这样能使产品负责人在冲刺计划中承诺范围时，获得最新的信息。

产品待办事项列表以及发布计划是产品负责人与团队之间最重要的信息发射源（关于更多的信息发射源的内容，请见第 11 章）。在第 9 章，你可以了解如何完成产品待办事项列表，接下来将描述如何创建发布计划。

发布计划包含一套特性的发布时间表。产品负责人在每次发布开始时创建发布计划。创建发布计划，请遵循以下步骤。

1. 建立发布目标

发布目标是发布产品特性的总体业务目标。产品负责人和开发团队根据业务优先级、开发团队的开发速度，以及开发团队的能力协作创建发布目标。

2. 确定目标发布日期

有些 Scrum 团队会基于功能的完成情况来确定发布日期，而有些团队也许会使用硬性日期，比如 3 月 31 日或者 9 月 1 日。第一种情况采用的是固定的范围和灵活的日期，第二种情况采用的则是固定的日期和灵活的范围。

如果发布日期和发布范围都是固定的，则可能需要对团队数量进行调整，以便按照进度计划完成发布目标。由开发团队，而不是产品负责人，估算实施产品待办事项所需的工作量。在不调整质量或资源（在本例中是人力资源）的情况下，强行规定一个固定的范围和时间线不可能成功。

3. 评审产品待办事项列表和产品路线图，以此来决定能支持发布目标的最高优先级的用户故事（最小可上市特性）

这些用户故事将组成你第一次的发布内容。

我们倾向于用大约 80% 的用户故事去完成发布目标，然后用剩下的 20% 去强化发布目标，同时还能使产品产生令人惊喜的因素。这种方法为 Scrum 团队提供了适当的灵活性和缓冲，让他们无须完成每一项任务就能交付价值。

4. 细化发布目标中的用户故事

在发布计划期间，依赖性、差距或新的细节往往会影响到估算和优先级的确定。这期间需确保对支持发布目标的产品待办事项列表做出估算（参考图 10-3）。确保支持当前发布目标的事项已经被分解并做了适当的估算。开发团队通过更新新增或修订的用户故事的估算来帮助产品负责人，并与产品负责人一起致力于实现发布目标。

发布计划是在依赖关系成为障碍之前加以识别和分解的初始机会。依赖关系是走向敏捷的反模式。团队应该努力成为高度一致和高度自治的团队。依赖关系的存在表明你的团队不具备解决它的能力。

5. 根据 Scrum 团队的速度，估算所需的冲刺次数

Scrum 团队使用速度作为一种输入，来计划在发布和冲刺中可以承担多少工作。速度是指在一个冲刺中完成的所有用户故事点的总和。因此，如果一个 Scrum 团队在第一个冲刺期间完成了 6 个用户故事，估值大小分别为 8、5、5、3、2、1，那么第一个冲刺的速度就是 24。Scrum 团队在计划第二次冲刺时，要记住它在第一次冲刺时完成了 24 个故事点。

在多次冲刺之后，Scrum 团队可以使用他们的平均运行速度作为输入来确定他们在冲刺中可以承担多少工作，以及用发布中的故事点总数除以平均速度来推断他们的发布进度计划。你将会在 15 章中了解到更多关于速度的知识。

请注意，有些团队会在发布中加入发布冲刺，以执行与产品开发无关但却是向客户发布产品所需的活动。如果你需要一个发布冲刺，那么在选择发布日期时，一定要考虑到这个因素。

将关键的开发任务（如测试）推迟到开发结束才进行，会导致风险。敏捷技术将风险前置，以避免测试滞后导致的意外和缺陷。如果一个 Scrum 团队需要发布冲刺，那么很可能意味着无法在组织层面支持每个冲刺都能得到真正的交付，这对走向敏捷是一种阻碍。Scrum 团队的目标是将向市场发布功能所需的每一种工作或活动都作为冲刺层级完工定义中的一部分。Scrum 主管应该共同努力，消除阻碍团队按照冲刺级别完工定义进行大规模发布的组织障碍。

在一些传统的或以项目为中心的组织中，有些任务由于环境的创建和请求需要时间，所以无法在一个冲刺中完成，如安全测试或软件产品的负载测试。虽然发布冲刺允许 Scrum 团队对这些类型的活动进行规划，但这样做是一种反模式，或者说与走向敏捷的做法相反。在这种情况下，Scrum 主管将与管理安全或负载测试环境的组织领导合作，找到让 Scrum 团队在冲刺期间完成安全测试或负载测试的方法。

每一个计划中的发布都从一个暂定计划转变为一个可以在发布冲刺中执行的

更加具体的目标。图 10-7 展示了一个典型的发布计划。

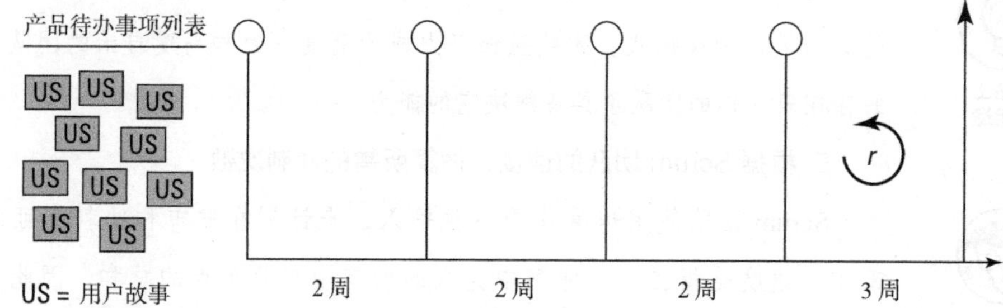

图 10-7 发布计划示例

小贴士大用途

请记住钢笔—铅笔法则：你可以确定（用钢笔写）首次发布的计划，但是首次发布以外的任何事都是暂定的（用铅笔写）。换句话说，为每个发布做准时制规划（见第 7 章）就可以了，毕竟事情都在不断变化，何必那么早地深入细节而自寻烦恼。

准备发布

在发布计划中，你还需要为你的组织做好产品发布的准备。下面将讨论如何为支持新功能的市场发布做准备，以及如何让公司或组织中的干系人为产品部署做好准备。

准备部署产品

每个冲刺都会创建一个有价值的可工作的产品增量来支持发布目标。如果每个冲刺的增量都符合完工定义，那么意味着它是可交付的，不需要做额外的工作来准备产品的技术部署。在任何一个冲刺中，如果为客户积累了足够的价值，就可以发布了。

这叫技术支持

对于软件产品开发，从发布到生产是通过持续集成（CI）和持续部署（CD）来完成的，这是软件产品开发中极限编程（XP）实践。（你可以在第 17 章中阅读更多关于 CI 的内容。）产品代码被提交并转移到质量保证（QA）中，然后团队尽可能快速无缝地将其转移到生产（实时）环境中。技术的进步使团队能够建立一个能够实现自动化构建、集成、测试和修复的管道。将 CI/CD 流水线与强大的自动化测试机制相结合，可以提高产品开发的敏捷性。开发非软件产品的团队应该尽可能地在已有产品中使用自动化测试和集成新功能的技术。

在信息技术（IT）中，通常涉及软件开发，开发运营（DevOps）是软件开发和 IT 运营（包括系统管理和服务器维护等功能）的整合。采用 DevOps 方法可以让每个参与的人（用户体验、测试、基础架构、数据库、编码、设计）一起工作，消除交接，简化协作，以缩短部署周期。如果没有可靠的 CI/CD 流水线，多个团队在同一产品上工作将不会成功。

并非所有的敏捷产品开发工作都使用发布计划。有些 Scrum 团队在每一次冲刺甚至每天都会发布功能供客户使用。组织、开发团队、客户、干系人、产品和产品的技术复杂性都是产品发布方法的决定因素。与这部分内容相关的敏捷原则是第 1 条和第 3 条（详见第 2 章）。

为运营支持做准备

产品发布后，必须有人对其进行支持，这个职责涉及响应客户的咨询、在生产环境中维护系统，以及增强现有功能以填补小的差距。虽然新的开发工作和运营支持工作都很重要，但它们涉及不同的方法和节奏。

将新的开发工作和支持工作分开，可以确保新的开发团队能够集中精力，以更快的速度继续为客户带来创新的解决方案，而不是在两类工作之间频繁切换。

我们建议采用图 10-8 所示的将新开发和维护工作分离的模式。

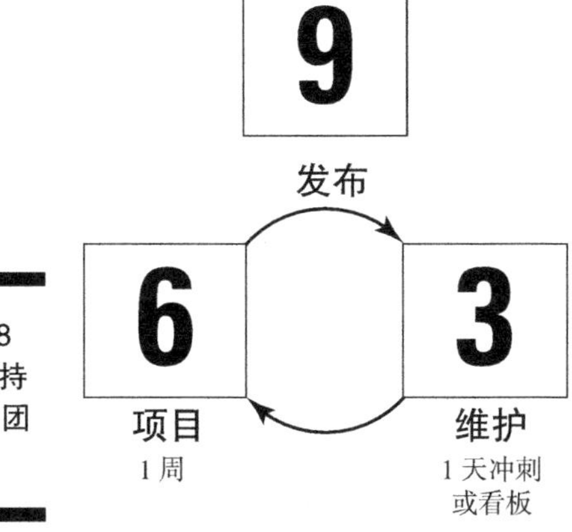

图 10-8 运营支持 Scrum 团队模式

例如，对于一个由 9 名开发人员组成的 Scrum 团队，我们会把开发团队分成两个团队：一个团队有 6 名开发人员，另一个团队有 3 名开发人员。（这些数字会根据情况而改变。）如第 9 章至第 12 章所述，6 人团队以 1~2 周的冲刺周期来完成产品待办事项列表中新的开发工作。团队在冲刺计划会议上承诺的工作将是其唯一的工作。

3 人小组的成员是我们的消防员，以单日冲刺或使用看板的方式进行维护和支持。（你可以在第 11 章中学习到单日冲刺，在第 5 章中学习到看板。）单日冲刺允许 Scrum 团队对前一天收到的所有请求进行分流，规划并实施优先级最高的事项，并在一天结束（甚至更早）时评审结果，即在将变更推送给生产之前审批出“通过”或“未通过”的结果。为了保证连续性，这两个团队的产品负责人和 Scrum 主管是一样的。

记住比较好

虽然改动后的产品开发团队的规模比以前小了，但仍然有足够的开发人员来保证新的开发工作的继续执行，并且不受维护工作的干扰。当开始向市场发布功能的时候，Scrum 团队会很好地合作，开发人员也会因为能够完成比项目刚开始时更多类型的任务而提升他们的技术水平。

团队应该在冲刺边界（例如每 3~5 个冲刺）让团队成员在这两种活动之间轮换，让每个人都有机会从这两种类型的工作中学习。如果支持工作过多，产品负责人可能要重新评估产品待办事项列表，看看是否有办法减少支持工作的比重和由此产生的分心。这种分心会导致团队专注于战术性的解决方案，而不是战略性的价值创造。

在准备发布时，通过建立期望，可以让 Scrum 团队更加有效地开发产品。建立期望还可以增加整个 Scrum 团队的主人翁精神，提高团队对长期成功的意识和投入。

与服务台或客户支持部门保持紧密工作关系的产品负责人可以通过了解真实用户如何使用他们的产品而受益匪浅。服务台报告对于评估产品待办事项列表的候选产品及其优先级排序很有价值。服务台通过了解 Scrum 团队正在努力解决的问题而受益。产品负责人让这些群体参与到发布计划中，以确保所有人都能在发布前做好运营支持的准备。

让组织做好准备

一个产品的发布往往会影响到公司或组织中的多个部门。为了让组织为发布新功能做好准备，产品负责人在发布计划期间与组织的其他成员协调，了解他们的期望和需要。如果产品负责人能够有效地做到这一点，那么在产品发布时就不会出现意外。

发布计划不仅涉及开发团队要发布的活动，而且涉及组织其他部门要开展的活动。这些活动可能包括以下内容。

- 市场营销。与新产品有关的市场营销活动是否需要与产品同时推出？
- 销售。特定客户是否需要了解产品？新产品是否会引起销售量的增加？
- 物流。产品是否为需要包装或运输？
- 产品支持。客户服务小组是否已经具备了必要的信息来回答有关新产品的问题？这个小组是否有足够的人手，以备在产品发布时客户问题突然增加？
- 法律。产品是否符合向公众发布的法律标准，包括定价、许可、正确的措辞？

需要为发布做好准备的部门以及这些群体需要完成的具体任务会因组织而异。然而，发布成功的一个关键是，产品负责人和 Scrum 主管让正确的人参与进来，并确保这些人清楚地了解为了功能发布他们需要做哪些准备。

在发布计划期间，你还需要让一个群体做好准备：客户。下面我们来讨论如何让市场为你的产品做好准备。

让市场做好准备

产品负责人负责与其他部门合作，确保市场（现有客户和潜在客户）为即将到来的产品做好准备。市场或销售团队可能会领导这项工作，团队成员靠产品负责人向他们通报发布日期和即将发布的功能。

记住比较好

有些软件产品只供内部员工使用。你在本节中读到的某些东西对于内部应用（也就是只在公司内部发布的应用）来说，可能显得矫枉过正。然而，很多步骤仍然是推广内部应用的良好指南。无论是内部客户还是外部客户，为新产品发布做好准备是产品成功的关键。

为了帮助客户做好产品发布的准备，产品负责人可能要与不同的团队合作，以确保以下几点。

- 营销支持。无论是新产品还是现有产品的新功能，市场部门都应该利用新产品功能的兴奋点来帮助推广产品和组织。
- 客户测试。如果可能的话，与你的客户合作，从部分终端用户中获取关于产品的真实反馈（有些人使用焦点小组）。营销团队也可以利用这些反馈信息，马上将其转化为推广产品的推荐词。

- 营销材料。组织的营销部门还准备了促销和广告计划，以及媒体包装。除此之外，还需要准备好媒体材料（如新闻稿和分析信息）以及市场和销售材料。
- 支持渠道。确保客户了解可用的支持渠道，以备他们对产品有疑问。

从客户的角度来评审你的发布待办事项列表。想想你在创建用户故事时使用的用户画像。将用户画像所对应的对客户有价值的事项更新到你的发布清单中。你可以在第 4 章中找到更多关于客户的信息。

终于，发布日到了。无论你在这一路上扮演了什么角色，这都是你努力到达的一天。是时候庆祝一下了！

冲刺计划

在敏捷产品开发中，冲刺是指一段确定的迭代时间，在这段时间内，开发团队持续创建一组特定的产品功能。在每次冲刺结束时，开发团队创建的产品功能应该能正常工作，开发团队可以演示这些功能，并交付给客户。

冲刺应有相同的时长。保持冲刺时长一致可以帮你测量开发团队的绩效，并能更好地规划每次新冲刺。

冲刺通常持续 1~4 周。一个月是任何冲刺持续的最长时间；更长的迭代会造成变更风险加剧，违背敏捷的初衷。我们很少看到持续超过两周的冲刺，更多的是持续一周的冲刺。一周的冲刺（周一到周五的工作周）是一个自然的循环，这在结构上防止了周末工作。当优先级每天都发生变化时，一些 Scrum 团队会执行周期一天的冲刺工作，这将在第 11 章中进行讨论。

市场和客户的需求变化越来越快，随之你能收集客户反馈的时机间隔也会越来越短。我们的经验法则是，冲刺周期不应长于 Scrum 团队保持优先级不变的时间。冲刺周期是业务是否需要变化的函数。

每次冲刺都包括下列事项：

- 在冲刺开始时进行冲刺计划；
- 每日例会；

- 开发工作——冲刺的主体；
- 冲刺结束后进行冲刺评审和冲刺回顾。

在第 11 章和第 12 章，你将看到更多有关每日例会、开发工作、冲刺评审和冲刺回顾的内容。

冲刺计划在价值路线图的第 4 阶段，如图 10-9 所示。整个 Scrum 团队需要协同工作来计划冲刺。

阶段 4：冲刺计划

描述：确定具体的冲刺目标和任务
负责人：产品负责人和开发团队
频率：每个冲刺开始时

图 10-9 冲刺计划是价值路线图的一部分

冲刺待办事项列表

冲刺待办事项列表是与当前冲刺和相关任务相关联的用户故事清单。当你计划你的冲刺时，你将会完成如下事项。

- 为你的冲刺设立目标。
- 选择支持这些目标的用户故事。
- 将用户故事分解为具体的开发任务。
- 创建一个冲刺待办事项列表。该列表如下。
  - 冲刺内按优先级排序的用户故事清单。
  - 每个用户故事的相对工作量估算。
  - 开发每个用户故事的必要任务。
  - 完成每个任务的工作量（以小时计算）。在任务层级，你要估算完成每个任务所需的小时数，而不是使用故事点。你的冲刺有具体的时长，也就是固定小时数的工作时间，因此，你可以根据每个任务花费的时间去考虑这些任务是否适合你的团队的冲刺能力。每个任务对于开发团队的完成时间不应该超过一天。

一些成熟的开发团队可能不需要估算任务，因为他们将用户故事分解为可执行的任务的大小非常一致。估算任务对新的开发团队很有帮助，可以确保他们了解自己的能力，并适当地计划每个冲刺。

  - 创建显示冲刺工作进展情况的燃尽图。

敏捷项目中任务的完成时间不应超过一天，有两个原因。第一个原因涉及基本的心理学原理：越靠近终点，人们越积极。如果你有一个你知道能很快完成的任务，那么你更有可能按时完成它，并从你的待办事项列表里把它划掉。第二个原因是时间超过一天的任务为团队提供了红色信号旗，告诉人们项目可能偏离了航线。如果一名开发团队成员报告，他/她在同一个任务上所花的时间超过一天或两天，那么这名团队成员可能遇到了障碍。Scrum 主管应该借此机会调查是什么原因导致他/她还没完成工作。（要了解更多关于管理障碍的内容，请阅读第 11 章。）

开发团队需要通力协作去创建和维护冲刺待办事项列表，并且只有开发团队可以修改冲刺待办事项列表。冲刺待办事项列表应该反映冲刺的最新进展。图 10-10 展示了一个冲刺待办事项列表示例。你可以使用这个例子，也可以寻找其他示例，甚至只使用一块白板。

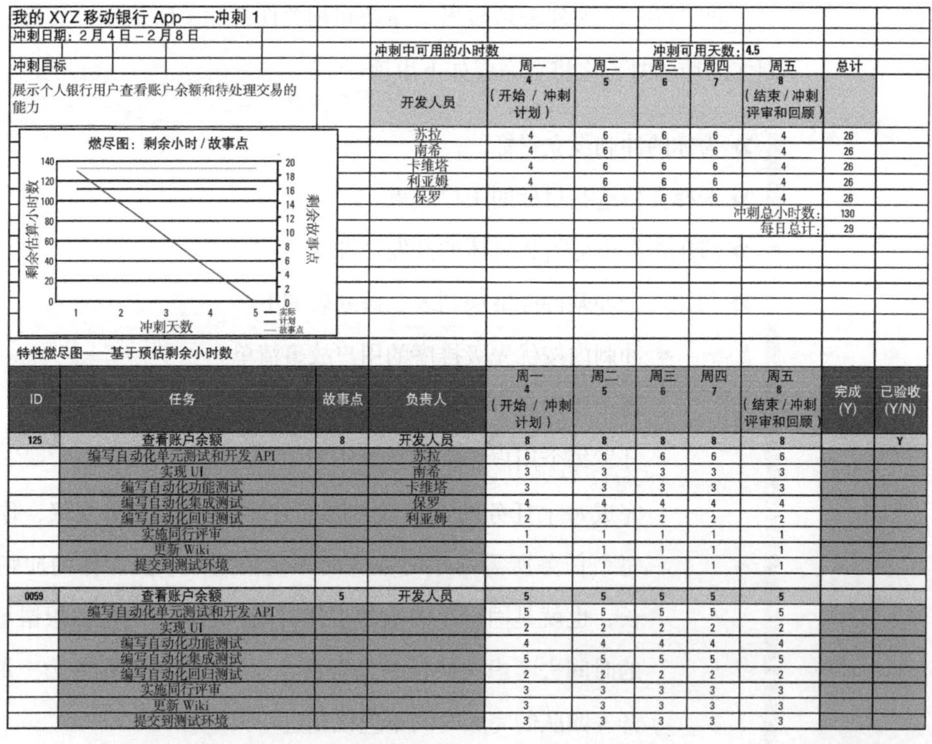

我的 XYZ 移动银行 App——冲刺 1

冲刺日期：2 月 4 日 – 2 月 8 日

冲刺目标

展示个人银行用户查看账户余额和待处理交易的能力

冲刺中可用的小时数　　冲刺可用天数：4.5

开发人员	周一 4（开始/冲刺计划）	周二 5	周三 6	周四 7	周五 8（结束/冲刺评审和回顾）	总计
苏拉	4	6	6	6	4	26
南希	4	6	6	6	4	26
卡维塔	4	6	6	6	4	26
利亚姆	4	6	6	6	4	26
保罗	4	6	6	6	4	26
					冲刺总小时数：	130
					每日总计：	29

特性燃尽图——基于预估剩余小时数

ID	任务	故事点	负责人	周一 4（开始/冲刺计划）	周二 5	周三 6	周四 7	周五 8（结束/冲刺评审和回顾）	完成 (Y)	已验收 (Y/N)
125	查看账户余额	8	开发人员	8	8	8	8	8		Y
	编写自动化单元测试和开发 API		苏拉	6	6	6	6	6		
	实现 UI		南希	3	3	3	3	3		
	编写自动化功能测试		卡维塔	3	3	3	3	3		
	编写自动化集成测试		保罗	4	4	4	4	4		
	编写自动化回归测试		利亚姆	2	2	2	2	2		
	实施同行评审			1	1	1	1	1		
	更新 Wiki			1	1	1	1	1		
	提交到测试环境			1	1	1	1	1		
0059	查看账户余额	5	开发人员	5	5	5	5	5		
	编写自动化单元测试和开发 API			5	5	5	5	5		
	实现 UI			2	2	2	2	2		
	编写自动化功能测试			4	4	4	4	4		
	编写自动化集成测试			5	5	5	5	5		
	编写自动化回归测试			2	2	2	2	2		
	实施同行评审			3	3	3	3	3		
	更新 Wiki			3	3	3	3	3		
	提交到测试环境			3	3	3	3	3		

图 10-10 冲刺待办事项列表示例

冲刺计划会议

开发团队会在每个冲刺的第一天（通常是周一早上）召开冲刺计划会议。

小贴士大用途

要召开一次成功的冲刺计划会议，你要确保参会的每个人（产品负责人、开发团队、Scrum 主管以及 Scrum 团队要求的其他人员）在整个会议过程中都能够全身心的投入。

你的冲刺计划会议时长是建立在你的冲刺周期的基础上的。你每周的冲刺计划会议不应超过 2 小时，或者一个月的冲刺计划会议不应超过一整天。这样的时间盒有助于确保会议保持聚焦与在轨。图 10-11 展示了一个对你的冲刺计划会议时长进行快速预估的参考。

如果我的冲刺周期为……	我的冲刺计划会议不应该超过……
1 周	2 小时
2 周	4 小时
3 周	6 小时
4 周	8 小时

图 10-11 冲刺计划会议与冲刺时间的比率

这叫技术支持

在敏捷产品开发中，限制会议时间有时也被称为"时间盒技术"。这种技术可以使会议保持聚焦，并确保开发团队有足够的时间创建产品。

你会把冲刺计划会议分成两部分：一部分用来设定冲刺目标以及为冲刺选择用户故事（做什么），而另一部分用来将你的用户故事分解为单独的任务（如何做与做多少）。接下来我们会讨论每一部分的细节。

第 1 部分：设定目标和选择用户故事

在你的冲刺计划会议的第一部分，产品负责人和开发团队在 Scrum 主管的支持下，通过以下工作决定在冲刺过程中要做什么：

（1）讨论并设定冲刺目标；

（2）从产品待办事项列表中选择支持冲刺目标的用户故事，进一步细化它们以便于理解，并修订它们的相对估算；

（3）如果需要，创建用户故事来填补差距，以实现冲刺目标；

（4）确定团队在当前的冲刺中可以做出哪些承诺。

小贴士大用途

不断细化产品待办事项列表，确保每个事项对于团队来说都已经熟悉。这种细化对于确保冲刺计划能够按时完成，并在每个冲刺结束时交付潜在的可交付功能也是至关重要的。Scrum 团队平均要花 10% 的冲刺时间为未来的冲刺细化产品待办事项列表。

在你的冲刺计划会议开始时，产品负责人应该提出一个冲刺目标，确定要为客户解决的问题，然后与开发团队一起讨论并商定冲刺目标。冲刺目标应该是团队将要演示并可能在冲刺结束时发布的功能的总体描述。该目标由产品待办事项列表中优先级最高的用户故事支持。移动银行应用（请参阅第 9 章）的冲刺目标示例可能如下所示：

展示移动银行客户登录和查看账户余额、待处理交易和先前交易的能力。

你可以使用冲刺目标来确定纳入本次冲刺的用户故事，如果需要的话，也可以细化这些用户故事的估算。在移动银行应用这个示例中，该冲刺的一组用户故事可以包括：

- 登录和访问我的账户；
- 查看账户余额；
- 查看待处理交易；
- 查看先前交易。

所有这些都是支持该冲刺目标的高优先级的用户故事。

不要忘记在之前的冲刺回顾中至少带来一个商定的改进事项。

评审用户故事的第二部分是确认每个用户故事的工作量估算是否正确。如果有必要，就调整估算。你可以邀请产品负责人一同参与会议，解决任何尚未解决的问题。在冲刺开始的时候，Scrum 团队对系统和客户的需求有了最新的了解，所以要确保开发团队和产品负责人有更多的机会来澄清和确定被纳入冲刺的用户故事的大小。

在你知道哪些用户故事支持冲刺目标后，开发团队应该确认其是否可以完成冲刺目标。如果你在先前讨论过的用户故事有任何一个不适合目前的冲刺，请把它们从冲刺中移除并重新放入产品待办事项列表里。

始终确保每次只规划和执行一次冲刺。请不要把用户故事放在特定的未来的冲刺中，这是一个容易掉入的小陷阱。例如，当你还在规划冲刺 1 时，不要决定用户故事 X 应该进入冲刺 2 或冲刺 3。相反，保持产品待办事项列表中用户故事按最新优先级排序，并专注于始终开发下一个最高优先级的故事。承诺只为当前的冲刺做计划。你在第 1 个冲刺中学到的东西可能会从根本上改变你在第 2 个、第 10 个或第 100 个冲刺中的做法。

在你确定了冲刺目标及冲刺所包含的用户故事，并为之做出承诺后，请继续进行冲刺计划的第 2 部分。

小贴士
大用途

因为你的冲刺计划会议也许会持续几个小时，在会议两部分之间你可能想要休息一下。

第 2 部分：将冲刺待办事项列表中的用户故事分解为任务

在冲刺计划会议的第 2 部分，Scrum 团队会完成下列工作。

（1）开发团队创建与每个用户故事相关联的任务。请确保任务围绕着完工定义：已开发、已集成、已测试（包括自动化测试）和已归档。

（2）开发团队再次检查并确认团队能够在冲刺的可用时间内完成任务。

（3）每名开发团队成员在离开会议前应该选择他 / 她的首要完成任务。

小贴士
大用途

开发团队成员应该每次只为一个用户故事的一个任务工作，即整个开发团队为一个需求持续工作，直到完成。这种方法被称为“蜂拥”。蜂拥是在短时间内完成工作的非常有效的方式。通过这种方式，Scrum 团队可以避免在冲刺结束时，所有的用户故事都已经开始，但完成的却很少。

在会议的第 2 部分一开始，请将用户故事分解成单独的任务，并给每个任务分配数小时的时间。开发团队的目标应当是在不超过一天的时间内完成任务。例如，XYZ 银行移动应用的用户故事可能如下：

登录并访问我的账户。

团队将这个用户故事分解成如下任务。

- 编写单元测试。
- 编写用户验收测试。
- 为用户名和密码创建身份验证屏幕，包含“提交”按钮。
- 创建让用户重新输入验证信息的屏幕。
- 创建一个登录后显示账户列表的屏幕。
- 使用网上银行应用的验证代码，为 iPhone/iPad/ 安卓应用重写代码。这个任务可能是 3 个不同的任务。
- 创建数据库调用，用于验证用户名和密码。

- 为移动设备重构代码。
- 编写集成测试。
- 向 QA 推送产品增量。
- 更新回归测试自动化套件。
- 运行安全测试。
- 更新 Wiki 文档。

当你知道每个任务将会花费的小时数后，请进行最后一次检查，以确保开发团队的可用工作小时数与总体任务估算是合理匹配的。如果任务超过可用小时数，那么你需要将一个或多个用户故事从冲刺里移除。请和产品负责人讨论哪些任务或用户故事最适合被去掉。

如果在冲刺内有额外时间，开发团队可以选择纳入另一个用户故事。只是要注意避免在冲刺一开始就过度承诺，尤其是项目最初的几次冲刺。

在你知道了冲刺包括哪些任务后，请选择你的首要任务。每名开发团队成员都应该选择他 / 她的首要任务去完成。团队成员应该一次只关注一个任务。

小贴士大用途

当开发团队考虑他们可以在冲刺中完成什么时，请使用以下指导原则来确保他们所承担的工作没有超出自己的能力。

- **冲刺 1**：团队认为可完成任务的 25%，包括学习新流程和开始新产品开发的工作。
- **冲刺 2**：假设 Scrum 团队能够成功地完成冲刺 1，那么开发团队认为他们能够完成工作量的 50%。
- **冲刺 3**：假设在冲刺 2 中取得成功，那么开发团队认为其能够完成工作量的 75%。
- **冲刺 4 和以后的冲刺**：假设冲刺 3 成功，那么开发团队认为其能够完成工作量的 90%。团队会发展出一种节奏和速度，获得对敏捷原则和产品的洞察，然后团队将会以近乎全速的速度工作。

小贴士大用途

避免为一个冲刺计划团队全部可用的生产能力。Scrum 团队应该在他们的冲刺中留有余力，以应对未知情况发生。与其增加估算，不如干脆明智一点，不要承诺每一个可用的小时都能投入生产。假设一切按计划顺利进行，那么提前完成任务的团队会加速前进。

Scrum 团队应当根据开发团队在任务中的进展情况，持续评估冲刺待办事项列表。在冲刺结束时，Scrum 团队在冲刺回顾（参见第 12 章）中也会评估估算技能和工作能力。此项评估对首次冲刺尤其重要。

小贴士
大用途

冲刺中总共有多少工作时间可以使用？在一周的冲刺或一周 40 小时的时间里，将 4.5 个工作日用来开发用户故事是明智的做法。为什么是 4.5 天？因为第一天大约有四分之一的时间用于制订冲刺计划，第五天大约有四分之一的时间用于冲刺评审（干系人评审已完成的工作）和冲刺回顾（Scrum 团队为未来的冲刺识别团队改进事项）。这样就剩下 4.5 天的开发时间。如果假设每个全职团队成员每周有 30 小时（每天 6 小时）能够专注于冲刺目标，那么可用的工作时间如下：

团队成员人数 ×6 小时 ×4.5 天

在冲刺计划结束后，开发团队可以迅速启动工作来创造产品！

Scrum 主管应该确保产品愿景和路线图、产品待办事项列表、完工定义和冲刺待办事项列表放在显眼的位置，并且在冲刺计划期间以及他们工作的区域内，每个人都能看到。这样一来，干系人就可以在不干扰开发团队的情况下，按需查看产品信息和进展。详情请参见第 11 章。

第 11 章　一天的工作

本章内容要点：

- 规划每天的工作；
- 追踪每天的进展；
- 开发与测试每天的工作；
- 结束一天的工作。

现在是周二早上 9 点，你们昨天已经完成了冲刺计划，并且开发工作已经启动。在本次冲刺剩下的时间里，你们每天的工作都将按照同样的模式进行。

这一章将介绍在每个冲刺的日常工作中如何使用敏捷原则。你将看到作为一个 Scrum 团队成员每天的工作内容：每日计划与协调、跟踪进展、创建并验证可用的功能、检查和调整、识别和处理工作中的障碍。你还将看到不同的 Scrum 团队成员如何在冲刺过程中合作，以确保产品在创建过程中的透明性。

计划一天的工作：每日例会

在敏捷产品开发中，制订计划将贯穿整个开发周期——每天都会发生。敏捷开发团队以每日例会开始一天的工作，大家在会上基于前面工作的完成情况评估未来的工作进展并调整当日的计划，识别障碍并协调解决方案（严重的障碍需要 Scrum 主管介入），标记完成的事项，同步并计划每个团队成员在一天内要做的事情，以实现冲刺目标。

每日例会在价值路线图中处于第 5 个阶段。从图 11-1 中大家可以看出冲刺和每日例会是如何适应产品开发的。请注意观察它们是如何循环执行的。

图 11-1 价值路线图中的冲刺和每日例会

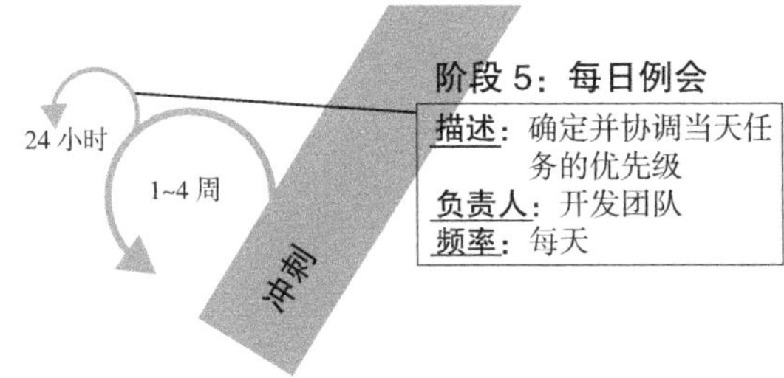

在每天的 Scrum 会议上，每个开发团队成员都会讨论以下四个主题，以促进团队合作。

不开玩笑！危险！

- **昨天完成了什么**有助于完成冲刺目标？

  不要把每日例会当作状态报告会，比如让每个开发人员交代他们前一天做了什么，或者在任务板上移动已完成的项目。开发者应该在完成任务后立即更新他们的任务，或者至少在一天结束时更新，这样当第二天 Scrum 团队一起进行每日例会时，状态已经反映出来了。换句话说，不要把时间花在昨天应该完成的事情上，除非它影响到如何开展今天要做的工作。
- **今天要做什么**有助于完成冲刺目标？
- **有哪些障碍**有碍于完成冲刺目标？
- **我对项目的感受**。（我们增加了第四个问题，以帮助 Scrum 主管每天都能更好地了解团队的健康状况，而不是每个冲刺了解一次）。

这叫技术支持

对于每日例会，你可能听到过其他类似的名字，比如每日碰头会（Daily Huddle）或者每日站会（Daily Standup Meeting）。每日例会、每日碰头会和每日站会指的都是同一个会议。每日例会指的就是每日 Scrum 会议。

针对团队的障碍，Scrum 主管需要阐述以下三句话：

- 昨天解决的障碍；
- 今天需要解决的障碍（和优先级排序）；
- 需要升级的障碍。

产品负责人在每日例会中会做什么？倾听。产品负责人要通过倾听来确定如何帮助团队更加有效地完成工作。产品负责人可以在需要的时候进行澄清，如果他 / 她发现开发团队正在进行冲刺目标以外的工作，那么他 / 她可能会发声提示大家。一个主动参与的、行事果断的产品负责人会让开发团队的工作更轻松。

Scrum 有一个规则，每日例会的时间不能超过 15 分钟。长时间的会议将会占用开发团队的工作时间。站着开会有利于缩短会议时间（这也是该会议被称为每日站会的原因）。你也可以使用道具来保证每日例会快速进行。

小贴士大用途

我们一般会在会议开始的时候把一个会发声的玩具狗（放心，它很干净）随机扔给一个开发团队成员，让他拿着这个玩具说出这四个主题，然后将玩具传给下一个人。如果有人用时过长，我会把道具换成一包 500 页、重达 5 磅的打印纸，发言的人必须用一只手托起，他可以一直说，直到托不动为止。这样的话，要么会议很快结束，要么我们开发团队成员很快练成无敌臂力——从我们的经验来看，一般都是会议很快结束。

为保证每日例会简捷有效，Scrum 团队可以遵循以下准则。

- **任何人都可以参加每日例会，但只有开发团队成员、Scrum 主管和产品负责人可以发言**。每日例会是 Scrum 团队协调每日活动的机会，而不是承担干系人更多的需求或变更。干系人可以在会后跟 Scrum 主管和产品负责人讨论问题，但干系人不应该分散开发团队对于冲刺的专注。
- **会议只关注当下的优先事项**。Scrum 团队应该只评论已完的任务、即将开始的任务和遇到的障碍。
- **每日例会是为了协调，而不是解决问题**。开发团队和 Scrum 主管负责在会后立即对工作进行相关讨论并移除障碍。为防止会议变成解决问题的专题会，Scrum 团队可以：
  - 在白板上创建一个列表来跟踪需要立即处理的问题，会后马上处理它们；
  - 每日例会结束后立刻开一个专题会来解决问题。有些 Scrum 团队每天都参加这个专题会，有些则只按需参加。
- **每日例会是为了团队成员之间的平等协作，而不是所有人向其中一人汇报项目状态，比如 Scrum 主管或产品负责人**。项目状态会体现在每天工作结束后的冲刺待办事项列表中。
- **会议非常短，必须准时开始**。Scrum 团队通常会有一个工作协议来确保会议按时开始和结束，并会让迟到的人接受一些有趣的惩罚（比如做俯卧撑、捐献团队建设基金）。无论使用何种惩罚，Scrum 团队都会一致同意，这种方法不是由团队外的人（如经理）指定给他们的。

- **Scrum 团队可以要求每日例会的参会者站着开会，而不是坐着**。站着开会让人更想快一点结束会议并开始一天的工作。

每日例会对于让团队成员每天集中精力在正确的任务上是十分有效的。因为团队成员是在同伴面前做出承诺，所以一般不会推脱责任。每日例会还可以保证 Scrum 主管和团队成员可以快速处理障碍。这种会议形式非常有用，以至于很多没有使用敏捷方法的组织也会召开每日例会。

我们倾向于开发团队在正常上班时间 30 分钟后再召开每日例会，这样可以为那些因堵车而迟到、看邮件、喝咖啡或处理每天开始的例行工作的员工提供一些缓冲时间。晚一点开会还能给开发团队一定的时间来检查前一天晚上或上周末运行的自动化测试工具所生成的缺陷报告。

每日例会是为了讨论进展，规划当天的工作。其实我们不仅要讨论进展，还需要跟踪进展，下面我们学习如何在每天的工作中跟踪进展。

跟踪进展

你还需要每天跟踪冲刺的进展。本节讨论了在冲刺中跟踪任务进展的一些方法。

冲刺待办事项列表和任务板是跟踪进展的两个工具。冲刺待办事项列表和任务板使 Scrum 团队能够在任何时间向任何人展示冲刺的进展。

敏捷宣言认为个体和互动高于流程和工具。要保证你的工具能够支持你的 Scrum 团队而不是妨碍他们，所以如果有必要，就修正或更换你的工具。（关于敏捷宣言的具体内容，请参见本书第 2 章。）

冲刺待办事项列表

在冲刺计划阶段，工作重点是把用户故事和任务加到冲刺待办事项列表中。而开发团队在冲刺阶段则每天要更新冲刺待办事项列表，并跟踪任务进展。图 11-2 展示了 XYZ 移动银行应用程序的冲刺待办事项列表（第 10 章讨论了冲刺待办事项列表的细节）。

我的 XYZ 移动银行 App——冲刺 1

冲刺日期：2 月 4 日 – 2 月 8 日

冲刺目标

展示个人银行用户查看账户余额和待处理交易的能力

冲刺中可用的小时数	周一 4（开始 / 冲刺计划）	周二 5	周三 6	周四 7	周五 8（结束 / 冲刺评审和回顾）	总计
开发人员						
冲刺总小时数：						
每日总计：						

冲刺可用天数

燃尽图：剩余小时 / 故事点

特性燃尽图——基于预估剩余小时数

ID	任务	故事点	负责人	周一 4（开始 / 冲刺计划）	周二 5	周三 6	周四 7	周五 8（结束 / 冲刺评审和回顾）	完成 (Y)	已验收 (Y/N)
125	查看账户余额	8	开发人员	8	8	0	0	0	Y	Y
	编写自动化单元测试和开发 API		苏拉	6	0	0	0	0		
	实现 UI		南希	3	0	0	0	0		
	编写自动化功能测试		卡维塔	3	0	0	0	0		
	编写自动化集成测试		保罗	4	0	0	0	0		
	编写自动化回归测试		苏拉	2	1	0	0	0		
	实施同行评审		南希	1	1	0	0	0		
	更新 Wiki		保罗	1	1	0	0	0		
	提交到测试环境		南希	1	1	0	0	0		
0059	查看账户余额	5	开发人员	5	5	5	0	0	Y	Y
	编写自动化单元测试和开发 API		卡维塔	5	5	0	0	0		
	实现 UI		保罗	2	2	0	0	0		
	编写自动化功能测试		苏拉	4	4	0	0	0		
	编写自动化集成测试		南希	5	5	0	0	0		
	编写自动化回归测试		南希	2	2	0	0	0		
	实施同行评审		苏拉	3	3	0	0	0		
	更新 Wiki		保罗	3	3	0	0	0		
	提交到测试环境		卡维塔	3	3	1	0	0		

图 11-2 冲刺待办事项列表示例

冲刺待办事项列表必须对整个项目团队保持每天随时可用，这样才能保证任何人如有需要，可以随时查看冲刺的状态。

注意观察图 11-2 左上角的燃尽图，该图展示了开发团队的进展状态。你可以看到，开发团队成员的完成率与他们可用时间的燃烧率非常接近，产品负责人已经验收了几个用户故事并将其标记为“完成”。

你可以针对冲刺待办事项列表和产品待办事项列表创建燃尽图。图 11-3 展示了燃尽图的详细内容。

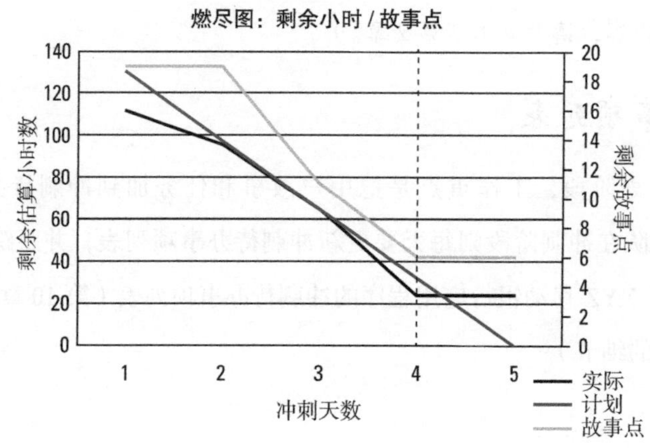

图 11-3 燃尽图

燃尽图是让进展和剩余工作可视化的有力工具，图 11-3 展示了如下信息：

- 剩余工作小时数——第一竖轴（单位：小时）；
- 已用时间——横轴（单位：天）。

有些燃尽图还有第二竖轴，如图 11-3 所示，用以展示剩余故事点，与剩余工作小时数共享同一时间横轴。

燃尽图让所有人一眼就能看出冲刺的状态，进展非常清楚。通过比较可用的小时数和实际剩余的工作量，你可以随时看出工作量是否按计划完成，进展状态比预期好还是说明遇到了麻烦。这些信息可以帮助你确定开发团队是否可以完成冲刺目标，并在冲刺早期做出明智的决定。

图 11-4 展示了几种不同情况下冲刺中的燃尽图示例。

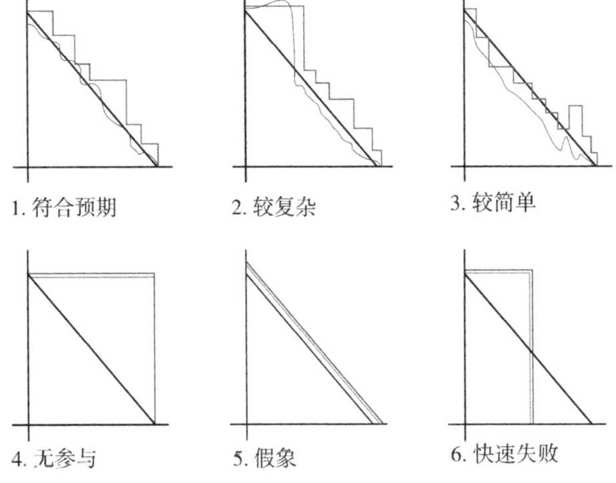

图 11-4 各种不同的燃尽图

通过图 11-4，你可以判断出工作的进展状况。

- **1. 符合预期**：该图展示了一个正常冲刺的状况。随着开发团队完成任务、深挖出一些细节或者发现一些开始没有考虑到的工作，剩余工作小时数会相应地增减。尽管剩余工作量偶尔会增加，但基本是可管控的，团队会全力以赴在冲刺结束前完成所有的用户故事。
- **2. 较复杂**：在这种冲刺中，实际的工作量增长到开发团队认为不可能全部完成。团队能够在早期发现这个情况，并与产品负责人协商从冲刺中移除部分用户故事，从而仍然可以完成冲刺目标。冲刺中范围变更的关键是，它们是由开发团队而不是其他人发起的。

- 3. **较简单**：在这种冲刺中，开发团队提前完成了一些关键的用户故事，并与产品负责人协商为冲刺加入新的用户故事。
- 4. **无参与**：燃尽图里有一条直线意味着团队要么没有更新燃尽图，要么当天没有任何进展。不管是哪种情况，都预示着将来可能出现问题。就像心电图一样，燃尽图中出现一条水平直线绝不会是好事。
- 5. **假象**：这种燃尽图模式在新的敏捷团队中很常见，他们向管理层汇报其期望的工作用时，而不是真正的工作用时。在这种情况下，团队成员会把工作用时估算修改得和剩余的可用时间一样。这种模式的出现一般意味着工作环境让人有恐惧感，领导层的管理风格带有胁迫性。
- 6. **快速失败**：敏捷方法的一大好处就是能够快速验证是否有进展。这种模式展示的是一个团队没有积极参与或毫无进展的例子。产品负责人在冲刺过程中为了减少损失而决定结束冲刺。只有产品负责人可以提前结束冲刺。

冲刺待办事项列表可以帮助你在整个冲刺过程中跟踪进展。你还可以参考以前的冲刺待办事项列表来比较多个冲刺之间的进展状况。在每个冲刺中，你都会对流程做一些调整（更多内容请参考第 12 章中检查和调整的概念），通过持续的检查和调整以便不断改进流程。之前的冲刺待办事项列表应该保留。

另一种跟踪冲刺进展的方法是使用任务板。请继续阅读，了解如何创建并使用任务板。

任务板

虽然使用冲刺待办事项列表是一种很好的跟踪并展示项目进展的方式，但它可能是电子版的，这样就不能保证任何想看到它的人能立即看到。所以，有些 Scrum 团队除了使用冲刺待办事项列表之外，还会使用任务板。任务板快速便捷地展示了当前冲刺过程中开发团队正在做的和已经做完的任务。

我们很喜欢任务板，因为你无法否定它所展示的项目状态。跟产品路线图一样，只要在一块白板上贴几个便利贴，就可以做成一个任务板。任务板至少由下面四列内容组成（从左到右）。

- **待办事项**（To Do）：最左边一列是剩下的需要完成的用户故事或任务。
- **进展中**（In Progress）：将开发团队正在开发的用户故事和任务放在此列。进展中的用户故事只能有一个，如果有更多用户故事，则是一种警告，意味着要么团队成员不是按照跨职能的方式工作，要么就是在囤积他们想要做的任务（而不是集群式协作）。这样在冲刺结束的时候，会出现很多用户故事可能只是部分完工，而不是已经全部完工。

- **待验收**（Accept）：开发团队完成一个用户故事后把它放到待验收列，该列中的用户故事都是已经准备好被产品负责人检查的，产品负责人检查后要么验收该用户故事，要么对它提出反馈。
- **已完工**（Done）：产品负责人审核完一个用户故事，并确认它已经完成后，会将该用户故事放到此列。

限制你的在制品！一次只拿一个任务，把其他任务留在待办事项列表中。理想状况下，开发团队每次只开始一个用户故事的工作，全力投入在这个用户故事上并尽快完成它。高绩效的团队和组织会做好一件事后才开始做另一件。

因为任务板是真实存在的物体——大家可以移动一张用户故事卡片，直到它被完成——相比电子文档，它可以极大地提高开发团队的参与度。只需要将任务板放到 Scrum 团队的工作区域并确保每个人都能看到，就能鼓励大家积极思考并行动。

只有产品负责人被允许将用户故事放到已完工列中，才能避免团队成员对用户故事状态的误解。

图 11-5 展示了一个典型的任务板，对进行中的工作进行了可视化呈现。

这叫
技术支持

任务板跟看板很相似。看板发源于日本，原意是视觉信号。看板由丰田公司发明，是精益生产流程的一部分。

在图 11-5 中，任务板显示了四个用户故事，每个故事都被一条被称为“泳道”的水平线分开：第一个用户故事已经完成，所有的任务都已经完成，产品负责人已经接受了团队所做的工作；第二个用户故事已经完成，正在等待产品负责人验收；第三个用户故事正在进行中；第四个用户故事还没有开始。每个用户故事的状态不仅可以让 Scrum 团队一目了然，使战术协调更快、更方便，而且对此感兴趣的干系人也可以一目了然。

敏捷项目的日常工作肯定不仅仅包含计划和进展跟踪。接下来，你将了解一天中的主要工作，无论你是哪种角色——开发团队成员、产品负责人还是 Scrum 主管。

发布目标： 冲刺目标：

发布日期： 冲刺日期：

US = 用户故事

Task = 任务

待办事项	进展中	待验收	已完工
			US Task Task Task Task Task Task Task Task Task Task Task Task
		US	Task Task Task Task Task Task Task Task Task Task Task Task
Task Task Task Task Task Task Task Task	US Task Task Task Task Task		
US Task Task Task Task Task Task Task Task			

图 11-5 任务板示例

产品负责人对产品待办事项列表有所有权，开发团队对冲刺待办事项列表有所有权。所有权意味着对待办事项列表进行更新、澄清并保持其透明度。

冲刺中的敏捷角色

每个 Scrum 团队成员每天在冲刺中都有特定的角色和职责。开发团队每天的重点是产出可交付的功能，产品负责人工作的重点是为将来的冲刺准备产品待办事项列表，并实时澄清各种问题，以支持开发团队执行冲刺待办事项列表。而 Scrum 主管则是敏捷教练，通过移除障碍和保护开发团队免受外部干扰，来最大化地提高开发团队的生产力。

以下是产品团队的每个成员在冲刺期间的职责描述。

产品负责人每天成功的关键

成功的产品负责人会专注于确保开发团队拥有保持高效开发所需的一切。产品负责人通过经常与客户会面来了解他们的问题和需求。产品负责人保护开发团队不受优先级竞争的影响，让团队专注于冲刺目标。产品负责人与 Scrum 团队的其他成员坐在一起，这样可以在开发工作完成后提供即时反馈，使开发团队能够将需求转化为有价值的可用的功能。

产品负责人在冲刺中通常有以下职责。

» **积极主动的贡献：**
- 期待下一次冲刺，并精心设计用户故事，以备下一次细化产品待办事项列表或召开冲刺计划会议；
- 必要时将新的用户故事添加到产品待办事项列表中，确保新的用户故事支持产品愿景、发布目标和冲刺目标；
- 与其他产品负责人或干系人协作，在发布或冲刺目标上保持一致，并根据需要维护产品待办事项列表；
- 审查产品预算，及时了解产品的支出和收入情况；
- 审查市场上关于产品性能的信息和趋势。
- 与 Scrum 主管一起，注意寻找机会主动消除那些如果不及早解决就会阻碍开发的障碍，比如冲刺计划中出现的产品问题或法律措辞问题。

» **回应性的贡献：**
- 及时提供关于需求的澄清和决策，以保证开发团队的开发工作；
- 消除 Scrum 团队其他成员提出的业务障碍（比如其他团队或干系人的计划外请求），屏蔽团队的业务干扰；
- 评审完成的用户故事功能，并向开发团队提供反馈。

开发团队成员每天成功的关键

成功的开发团队成员对自己的工作感到自豪。他们持续创造出高质量的产品。他们在工作设计时会考虑变更，意识到随着认识的深入，重构是必要的也是预期之中的。他们与队友并肩一起执行任务，甚至是执行不熟悉的任务，以扩展能力，从而为团队做出贡献。他们在自己特定的学科中表现出色，每天都在尝试提高自己的能力。

如果你是开发团队中的一员，你将在一天中做以下工作。

» **积极主动的贡献：**

- 选择最高优先级的任务，尽快完成；
- 与开发团队的其他成员合作，设计实现用户故事的方法，在需要的时候寻求帮助，并当其他团队成员需要帮助的时候提供帮助；
- 与其他 Scrum 开发团队合作，在技术上统一产品发布或冲刺目标；
- 不断改进回归测试自动化、CI/CD 管道和单元测试；
- 评估改进产品架构和开发流程的机会；
- 如果不能有效地清除任何障碍，就及时提醒 Scrum 主管。

» **回应性的贡献：**

- 当你对某个用户故事不清楚时，请产品负责人进行澄清；
- 对其他团队成员的工作进行同行评审；
- 根据冲刺的需要，承担超出你正常角色的任务；
- 按照完工定义（在下一节“创建可交付功能”中描述）中商定的内容开发完整的功能；
- 每天报告完成冲刺待办事项列表中任务的剩余工作量。

Scrum 主管每天成功的关键

成功的 Scrum 主管既是教练，又是引导者。他们指导团队提高绩效，并引导团队互动，帮助团队快速达成决策。因为 Scrum 主管也和团队并肩战斗，所以他们每天都在寻找机会通过各种方式为团队成员服务，比如消除障碍、指导组织与团队合作，以及确保组织环境能促使团队成功。在团队级别相对简单的事情得到改善之后，Scrum 主管的工作会变得更加困难，因为他 / 她要努力消除组织级别影响团队的障碍，这无疑更加复杂。

如果你是一名 Scrum 主管，通常在一天中会做以下工作。

» **积极主动的贡献：**

- 在必要的时候，通过指导产品负责人、开发团队和组织来维护敏捷的价值观和实践。
- 消除障碍和组织问题，既要从战术上解决眼前的问题，又要从战略上解决潜在的长期问题。Scrum 主管会质疑组织中一些制约因素，这些制约因素从战略上阻碍了 Scrum 团队变得更高效。在第 7 章中，我们将 Scrum 主管比作航空工程师，他们不断消除和防止组织对开发团队的拖累。

- 建立关系，促进与 Scrum 团队成员的紧密合作，在整个组织中建立影响力，并倡导敏捷性。

记住比较好

非语言沟通能说明很多问题。Scrum 主管可以从理解肢体语言中受益，以识别 Scrum 团队中未言明的紧张关系。

- 为即将到来的引导机会做准备，比如研究回顾模型，可以帮助团队最大限度地发挥回顾性讨论的作用，以及获取供应以促进亲和估算。
- 屏蔽开发团队的外部干扰。
- 与其他 Scrum 主管和干系人合作，解决或升级障碍。

» **回应性的贡献：**

- 根据需要，在 Scrum 团队中引导建立共识。

小贴士大用途

我们时常告诫 Scrum 主管，"永远不要单独吃午饭，要持续建立关系"。你永远不知道什么时候你会需要依靠关系来消除障碍。

干系人每天成功的关键

作为产品团队的成员，成功的干系人知道如何与产品负责人合作，以确保产品的成功。他们提供建议、协作并倾听，同时给予反馈和支持。在扁平化的敏捷组织中，干系人赋能、指导和服务于 Scrum 团队，而不是从外部或自上而下地指挥团队的活动。每天，他们只有在被请求时才会参与团队讨论，其他情况下，他们的反馈会在冲刺评审会议中讨论。关于产品干系人角色的更多信息，请参见第 7 章。

如果你是一位产品干系人，通常一天中会做以下事情。

» **积极主动的贡献：**

- 为产品负责人就客户需求和待办事项列表的优先级提供咨询服务；
- 寻找消除团队障碍的机会，不断询问自己能提供怎样的帮助。

» **回应性的贡献：**

- 参与冲刺评审并提供反馈，可以参加团队要求的任何其他讨论；
- 看看团队的燃尽图或任务板，寻找帮助团队成功的机会；
- 实践敏捷原则第 5 条："为他们提供所需的环境和支持，信任他们所开展的工作。"

敏捷导师每天成功的关键

对于刚接触敏捷技术的团队来说，敏捷导师是团队重要的传声筒。他们挑战团队的思维，帮助创造健康的紧张感。他们教会团队自己寻找答案（而不仅仅是给他们答案）。团队明白，他们会从敏捷导师那里得到诚实和坦诚的回答。敏捷导师努力成为“多余”的人，将他们的经验和专业知识传输给 Scrum 主管。敏捷导师每天以团队需要的任何方式参与其中。

从战略上讲，敏捷导师与组织的领导者一起帮助团队最大限度地创造价值。Scrum 团队的最大步伐是由他们工作的环境所决定的。敏捷导师根据敏捷价值观和原则帮助领导者改善环境。关于敏捷导师的战略作用，请参见第 18 章。

如果你是一名敏捷导师，通常一天中会做以下工作。

» 积极主动的贡献：

- 为 Scrum 主管提供咨询服务，主要是帮助他们提升专业知识、影响力和能力，以便有效地引导团队；
- 在开发人员和产品负责人努力学习改进他们角色的过程中，以即时纠正的形式为他们提供敏捷性指导；
- 指导干系人和其他组织领导如何更好地支持 Scrum 团队，让团队可以在每个冲刺中都为客户交付有价值的和潜在可交付的功能。

» 回应性的贡献：

- 观察 Scrum 团队活动以及非正式的互动，并提供反馈和指导；
- 参加团队要求的任何讨论；
- 检查团队燃尽图或任务板，提供改进反馈，以帮助团队取得成功。

如你所看到的，每个 Scrum 团队成员在冲刺中都有特定的工作。在下一节中，你会看到产品负责人和开发团队是如何共同创造产品的。

创建可交付功能

冲刺中日常工作的目标是以可交付给客户或用户的形式为产品创建可交付功能。

在一个单独的冲刺场景中，一个产品增量或可交付功能是根据完工定义（已开发、已集成、已测试和已归档）的可以使用的产品，并且是可以发布的产品。冲刺结束后，开发团队可以选择发布或不发布产品——发布时间要根据发布计划确定。发布计划可能需要多次冲刺才能使产品包含一组最小可上市特性，以证明其足以面向市场进行发布。

小贴士
大用途

使用用户故事有助于对可交付功能进行思考。一个用户故事从一张写在卡片上的需求开始，随着开发团队不断完成功能开发，每个用户故事都会变成一个用户可以执行的行动。可交付功能等同于完成的用户故事。

为了创建可交付功能，开发团队和产品负责人需要参与以下三种主要的活动：

- 细化；
- 开发；
- 验证。

在冲刺中，以上三种活动可以随时发生。下面你马上要学习每个活动的细节，记住，它们之间没有严格的先后次序。

细化

在敏捷项目中，细化是确定一个产品特性的细节的过程。任何时候，每当开发团队处理一个新的用户故事，细化过程都会确保任何关于该用户故事的问题得到回答，从而确保开发过程顺利进行。

产品负责人与开发团队合作，阐述用户故事，但开发团队应该对设计决策有最终决定权。如果开发团队在一天中需要进一步澄清需求，那么产品负责人应随时提供咨询。

不开玩笑！
危险！

协同设计是使用敏捷方法能够成功的重要原因。记住这些敏捷原则：“最好的架构、需求和设计出自自组织团队。业务人员和开发人员必须在整个项目期间每天一起工作。”要注意那些倾向于独立细化用户故事的开发团队成员，如果该成员把他 / 她自己与团队隔离开来，也许 Scrum 主管要花点时间对他 / 她进行敏捷价值观和实践的相关培训。

开发

产品开发过程中的大部分活动必然是由开发团队完成的。产品负责人继续与开发团队一起工作，根据需要澄清需求并验收完成开发的功能。

开发团队应该能够直接接触到产品负责人。比较理想的情况是，当产品负责人不与客户和干系人互动时，他 / 她会与开发团队在一起。

Scrum 主管也应该和开发团队坐在一起，他 / 她致力于保护团队不受外部干扰并移除开发团队遇到的障碍。

为了保证敏捷实践可以持续，请确保应用我们在第 5 章中展示的极限编程中的开发实践，要做到以下几点。

- **让开发团队成员结对完成任务**。这样做可以提高工作质量，并且有利于技能共享。
- **遵循开发团队商定好的设计标准**。如果不能遵循，重新评估这些标准并加以改进。
- **在开发前先建立自动化测试**，在下一节和第 17 章，你可以了解更多关于自动化测试的内容。
- **避免开发本次冲刺目标之外的新特性**。如果在开发过程中出现新的、可有可无的功能需求，那么把它们加到产品待办事项列表中。
- **集成当天已完成的编码的变更，一次一个集合**。对集成的变更进行测试，以保证百分之百正确，至少每天集成变更一次，也有些团队会每天集成多次。
- **进行代码评审，以保证代码遵循开发标准**。识别需要修正的地方，把这些修正作为任务加入冲刺待办事项列表中。
- **在工作进行过程中，同步创建技术文档**。不要等到当前冲刺结束，甚至发布前的那次冲刺结束才创建文档。

持续集成是指在软件开发中对每一次代码构建都做集成和全面的测试。持续集成能帮助我们在一些问题变成灾难之前识别它们。持续集成（CI）与持续部署（CD）搭配使用被称为 CI/CD。将两者结合起来，团队就能尽早、频繁地发布。请在第 10 章中阅读更多关于 CI/CD 的内容。

验证

在冲刺中验证完成的工作有三部分：自动化测试、同行评审和产品负责人评审。

预防缺陷的成本比从已部署的系统中修复缺陷的成本要低得多。

自动化测试

自动化测试是指用计算机程序来为你的代码做大部分的测试。有了自动化测试，开发团队可以快速开发并测试代码，这对提升团队的敏捷性有非常大的帮助。

通常 Scrum 团队白天开发，晚上执行自动化回归测试和安全漏洞扫描。循环完成后，团队可以评审测试程序生成的缺陷报告，在每日例会中报告发现的任何问题，并在白天的工作中立即修正那些问题。

软件自动化测试可以包含以下内容。

- **单元测试**：测试源代码的最小组成部分 —— 组件层次。
- **系统测试**：与整个系统一起测试该代码。
- **集成测试**：验证在开发环境中创建的新功能在与现有功能集成时仍能正常工作。
- **回归测试**：用以前的产品增量功能测试新的产品增量，以确保以前的功能依然可用。
- **漏洞或渗透测试**：安全测试，以评估产品面临的内部和外部威胁。
- **用户验收测试**：验证新功能是否满足验收标准。
- **静态测试**：基于开发团队已经一致认可的规则和最佳实践来检测产品代码是否符合标准。

同行评审和团队开发技术

同行评审和结对编程是团队用来构建产品增量的技术。简单地说，同行评审就是开发团队成员互相评审对方的工作；而结对编程是指两个人一起工作，一个人驾驶（飞行员），一个人在后面观察（导航员）。这两种做法都能提高产品质量，建立或拓展团队成员的能力，并减少单点故障的出现。

一个新的趋势正在迅速发展，那就是 Mob 编程。Mob 编程是一种产品开发的方法，整个团队在同一时间、同一空间、同一台计算机上做同一件事。整个团队在一台电脑上持续协作，每次只交付一个工作事项。客户通常也会被邀请与团队一起参与该项工作。Mob 编程将结对编程的优势从两个人扩展到了整个团队。

Mob 编程的好处包括对产品的技术理解更广，沟通和决策问题更快，防止项目范围蔓延、镀金，减少技术债务，减少团队成员的多任务并行，以及减少在制品。

开发团队可以在开发过程中进行同行评审。集中办公使这一过程变得简单——你可以找与你邻座的人，让他快速看一下你刚刚完成的工作。开发团队还可以在工作日中为同行评审特意留出时间。自管理的团队应该自己决定哪种方式最适合他们团队。

产品负责人评审

当完成一个用户故事的开发和测试后，开发团队把该故事移到任务板上的待验收列，然后产品负责人评审功能并根据用户故事的验收标准验证它是否符合用户故事的目标。当开发团队完成用户故事时，产品负责人每天都要验证（接受或拒绝）用户故事。

正如在第 10 章中讨论过的，每张用户故事卡片的背面都有验证步骤，这些步骤能让产品负责人能评审并确认代码工作是否良好，是否符合用户故事要求。图 11-6 展示了一个用户故事卡片的验证步骤的示例。

当我做这个：	会发生：
当我打开账户页面	我能够看到我的可用账户余额
当我选择转账	我能够选择转出的账户和金额
当我提交转账申请	我能收到账户确认资金已经转移的信息

图 11-6 用户故事验证

产品负责人应该通过运行一些检查来验证相关的用户故事是否符合完工定义。当一个用户故事满足其验收标准并符合完工定义的时候，产品负责人把用户故事从待验收列移到已完工列，以更新任务板。

当产品负责人和开发团队一起为产品创建可交付功能的时候，Scrum 主管会帮助 Scrum 团队识别并清除过程中出现的障碍。

识别障碍

管理和帮助解决团队识别的障碍是 Scrum 主管的主要工作。任何阻碍团队成员全力工作的事情都是障碍。

虽然每日例会是开发团队识别障碍的最好时机，但开发团队还是可以在一天中的任何时候向 Scrum 主管报告问题。

障碍的一些例子如下。

- **本地战术性问题**，比如：
  - 一个经理想安排一名团队成员去做一个高优先级的销售报表；
  - 开发团队需要更多的硬件或软件来改进流程；
  - 一名开发团队成员不理解一个用户故事并宣称产品负责人没空帮忙解决。
- **组织级障碍**，比如：
  - 彻底抵制敏捷技术，特别是当公司已经为建立和维护以前的流程付出了大量的人力、物力时；
  - 管理者们可能没有工作在第一线，而技术、开发实践和项目管理实践都是不断发展的；
  - 其他部门可能对 Scrum 的要求和使用敏捷技术的开发步伐不是很熟悉；
  - 组织可能推行一些对敏捷项目团队不合理的政策，如集中化工具、预算限制以及与敏捷流程不一致的标准化流程，这些都可能对敏捷团队造成障碍。

记住比较好

Scrum 主管最重要的特质就是在组织层面的影响力，这种影响力使得 Scrum 主管有能力进行一些极为困难的交谈，以达成一些或大或小的、有助于 Scrum 团队成功的变革。我们在第 5 章提供了不同类型的影响力的例子。

除了创建可交付功能这个主要任务之外，在敏捷项目每天的工作中还有很多其他的任务，这些任务中的很大一部分就落在了 Scrum 主管身上。表 11-1 展示了潜在的障碍和 Scrum 主管可以用来移除障碍的行动方案。

表 11-1　常见的障碍和行动方案

障碍	行动方案
开发团队需要不同系列移动设备的模拟软件，以便测试用户界面和代码	做一些调研来评估软件的花费，为产品负责人准备一份总结并与其讨论资金问题。通过采购流程购买，并把软件交付给开发团队
管理层希望借用一位开发团队成员来做几个报表，但所有的开发团队成员都已经满负荷	告诉想要借人的经理，那位团队成员的工作已经排满，而且整个冲刺期间都不会有空。建议这位经理与产品负责人讨论该需求，以便他 / 她能够根据剩余的产品待办事项列表进行优先级排序。你就像是一位问题解决者，可以建议其他的替代解决方案，让该经理可以得到他 / 她需要的东西

（续表）

障碍	行动方案
某开发团队成员无法继续开发某个用户故事，因为他 / 她不能完全理解这个故事，而且产品负责人因为个人有急事不在办公室	与开发团队一起研究，在等待解决方案期间是否有可以同时开展的工作，或者找到另一个可以解决该问题的人（干系人、客户或主题专家）。如果都行不通，开发团队可以看一下接下来要做的任务（与暂停的用户故事无关），并启动这些任务，以保持项目的正常运行
一个用户故事变得很复杂，现在看来已经无法在本冲刺内完成	开发团队与产品负责人合作将该用户故事进行拆分，从而确保一些可以展示的价值在当前的冲刺内完成，将剩下的任务放回到冲刺待办事项列表中。这么做的目的是保证冲刺顺利结束，而不是结束的时候还有未完成的用户故事

信息发射源

团队每天利用信息发射源向自己和干系人广播重要信息。信息发射源是指海报、任务板、列表或任何可以按需查看的工件。信息发射源，如冲刺待办事项列表或任务板，可以减少诸如“一个故事的状态如何”或“团队是否在实现冲刺目标的轨道上”等问题。大多数信息发射源都被张贴在团队的物理工作空间中，如果团队与其他团队协作，则可以张贴在公共协作或会议区域。如果团队使用的是数字协作工具，需为信息发射源提供明显的链接和便捷的访问方式，从而提高信息的透明度。

不开玩笑！危险！

低保真的触觉信息发射源是我们的最爱，因为它们就在你的面前，即使是无意的，也不能被忽视。它们比数字工具更容易被引用，因为你必须点击或搜索才能找到你想要的信息。Scrum 主管为团队成功创造环境的方法之一就是通过信息发射源来确保有用的工件的透明性。

团队认为有用的信息发射源包括以下几类。

- **产品愿景声明和产品路线图**。提供持续的可见性，明确产品战略方向。请参见第 9 章。
- **产品画布**。将用户画像、需求、目标和其他在产品开发之初建立的考虑因素可视化，并随着 Scrum 团队对客户和市场了解的加深而对其进行更新。请参见第 4 章。
- **产品待办事项列表**。帮助 Scrum 团队成员和干系人可视化产品能力，并确定接下来的优先事项是什么。请参见第 9 章。

- **冲刺待办事项列表**。显示冲刺的范围和每个任务的状态。
- **任务板**。显示冲刺中每个用户故事的状态。请参阅本章前面的任务板示例。
- **团队工作协议**。提醒团队在共同工作时同意遵守的行为。该协议可以在冲刺回顾和团队讨论中进行更新。请参见第 8 章。
- **带目标的发布和冲刺燃尽图**。形象地展示每天的情况，即每次迭代实现目标的进展和趋势。请参见第 10 章。
- **完工定义**。提醒团队什么是可交付性以及每个用户故事所需的工作。在回顾期间更新完工定义，或者随着团队能力的发展而更新。请参见第 2 章、第 10 章、第 12 章和第 17 章。
- **用户画像**。团队在工作中用可视化的方法提醒团队谁是他们的客户。请参见第 4 章。
- **敏捷宣言、敏捷原则和 Scrum 价值观**。提醒团队注意其试图促成的价值观和原则，并且在日常指导团队时，Scrum 主管和敏捷导师经常提及这些价值观和原则。请参见第 2 章和第 7 章。

到目前为止，你已经在本章中看到了 Scrum 团队如何开始一天的工作和在一天的工作中所做的事情。Scrum 团队也会用一些任务来结束一天的工作。下一节将告诉你如何在冲刺中结束一天的工作。

结束一天的工作

每天工作结束的时候，开发团队会通过更新冲刺待办事项列表来报告任务进展，比如哪些任务已经完成了、新开始的任务还剩多少小时的工作量。根据 Scrum 团队使用的不同的跟踪进展工具，冲刺待办事项列表的数据也可以自动更新到冲刺燃尽图中。

小贴士大用途

要根据正在进行中的任务的剩余工作量来更新冲刺待办事项列表，而不是已经花费的时间。重要的是剩下的工作还需要多少时间和精力，这可以让团队知道他们是否还在实现冲刺目标的正确轨道上。如果可能，不要花时间跟踪已经用了多少小时在什么任务上。跟踪检测最初的预测是否准确，这在可以进行自我修正的敏捷模型中是没有必要的。另外，我们遵循的规则是，开发团队更新状态报告的时间应该少于1分钟。如果花费的时间超过1分钟，那说明你用错了工具。我们在本章前面提到的冲刺待办事项列表的模板可以帮你解决这个问题。

产品负责人应该把任务板上通过验收的用户故事挪到已完工列中。

Scrum 主管可以在第二天的每日例会前评审冲刺待办事项列表，以发现任何可能的风险。

Scrum 团队每天这样循环工作，直到冲刺结束，然后就要进行冲刺评审和冲刺回顾了。

第 12 章　展示、检查和调整

本章内容要点：

- 展示产品并收集反馈；
- 评审冲刺并改进流程。

在冲刺评审中，Scrum 团队有机会展示其有价值的工作，产品负责人向干系人展示冲刺中已完成的潜在交付的功能。在冲刺回顾中，Scrum 团队（开发团队、产品负责人和 Scrum 主管）会评审这个冲刺的进展状况，并确定下个冲刺中可能的改进机会。这两个事件的基础是敏捷概念中的检查和调整。

在本章中，你将了解如何实施冲刺评审和冲刺回顾。

冲刺评审

冲刺评审是一个会议，用于评审和演示开发团队在冲刺期间完成的可交付和有价值的功能，产品负责人收集反馈并相应地更新产品待办事项列表。任何对冲刺中取得的成就感兴趣的人都可以参加冲刺评审，这意味着所有干系人都有机会了解产品的进展并提供反馈。

冲刺评审是价值路线图中的第 6 个阶段。图 12-1 展示了冲刺评审在敏捷产品开发中的定位。

图 12-1 价值路线图中的冲刺评审

阶段 6：冲刺评审

描述：演示可工作的产品
负责人：产品负责人和开发团队
频率：当每个冲刺结束时

下面将会为你展示进行冲刺评审要做的准备工作，如何组织冲刺评审会议，以及收集反馈的重要性。

准备演示

准备冲刺评审会议一般只需要几分钟。冲刺评审这个词虽然听上去很正式，但对于敏捷团队来说，展示是非正式的。虽然会议需要准备和组织，但不需要多么华丽的包装，相反，冲刺评审的重点是演示开发团队所完成的工作。

不开玩笑！危险！

如果在冲刺评审中你展示的工作过分重注形式，那么请问自己是不是以此来掩饰没有用足够的时间来做真正有价值的功能开发工作？如果是的话，请尽快回到价值的核心路线上——创造可工作和可交付的产品。**炫耀是敏捷性的敌人**。

产品负责人和开发团队需要参与冲刺评审的准备工作，必要时可由 Scrum 主管来引导。产品负责人确切地知道开发团队在冲刺中完成了什么，因为他 / 她和开发团队一起工作，接受或拒绝有价值的、可交付的完成事项。开发团队准备要演示的已完成、可交付的功能。

准备冲刺评审所需的时间应该是很少的（通常不超过 20 分钟），只需要确保每个人都知道谁在做什么、什么时候做，并让演示顺利进行。

记住比较好

未交付的工作没有商业价值。在单次冲刺的场景下，可交付的功能意味着开发团队已经满足了对每个需求的完工定义，并且产品负责人已经验证了产品符合所有的验收标准，如果价值和时机适合市场，则可以向市场发布或交付。实际上，你可以根据沟通过的发布计划选择发布时间。在第 11 章中，你可以了解更多关于可发布功能的信息。

开发团队在冲刺评审中演示的代码必须是符合完工定义的。换句话说，产品增量是经过以下完整的流程的：

- 开发；
- 测试；
- 集成；

» 归档。

在冲刺中，随着用户故事的状态不断变成“完工”，产品负责人和开发团队应该及时检查代码是否符合这些标准，如用户故事验收标准。这种贯穿整个冲刺的持续验证降低了冲刺结束时的风险，并帮助团队把准备冲刺评审所花的时间降到最低。

当你了解已完成的用户故事，并且为演示这些用户故事的功能做好了准备时，你就可以信心十足地召开冲刺评审会议了。

冲刺评审会议

冲刺评审会议有三个活动：展示 Scrum 团队已完成的工作；干系人对这些工作提供反馈；根据实际情况和干系人的反馈，团队对产品进行调整。图 12-2 展示了 Scrum 团队各个循环阶段收到的有关产品的反馈。

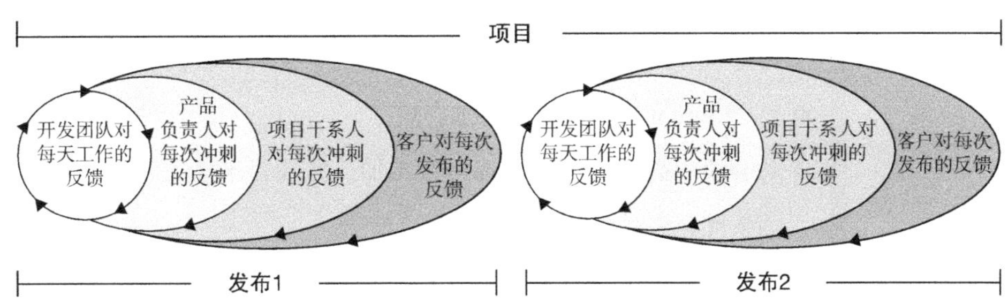

图 12-2 敏捷项目反馈循环

这个反馈循环在整个项目周期中会按以下方式不断重复。

- 每天开发团队成员在高度协作的环境中一起工作，这种环境有利于通过同行评审和非正式的沟通来进行反馈。
- 在整个冲刺过程中，每当开发团队完成一项需求时，产品负责人会通过评审可工作的功能是否可接受来提供反馈。然后开发团队立即将反馈（如果有的话）合并到一起，以满足用户故事的验收标准。当团队完成用户故事时，产品负责人根据用户故事的验收标准，对为用户故事创建的功能进行验收。
- 在每次冲刺结束时，项目干系人在冲刺评审会议中对完成的功能提供反馈。
- 在每次发布时，终端客户会针对新的可用功能提出反馈。

冲刺评审通常安排在冲刺最后一天的晚些时候进行，如果从周一开始进行冲刺，那么冲刺评审通常是周五。Scrum 的规则之一是在一个月的冲刺中，花在冲刺评审上的时间不超过 4 小时，所以通常在一周的冲刺中，你花在冲刺评审会议上的时间不应超过 1 小时，如图 12-3 所示。

如果我的冲刺时长为……	我的冲刺评审会议时长不超过……
1周	1小时
2周	2小时
3周	3小时
4周	4小时

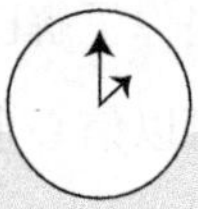

图 12-3 冲刺评审会议与冲刺时长的比率

下面是一些冲刺评审会议的指导方针。

- 不要使用幻灯片！如果你需要展示已经完成的用户故事列表，那么参考冲刺待办事项列表即可。
- 整个 Scrum 团队都应该参加会议。
- 对会议感兴趣的任何人都可以参加，如项目干系人、暑期实习生甚至 CEO。当条件允许时，也可以邀请客户参加。
- 产品负责人介绍发布目标、冲刺目标和新的能力。
- 开发团队演示冲刺中完成的可工作的产品增量，通常会展示新的特性或架构。收到负面或批评性的反馈时，团队要避免产生自我防卫的想法或行为，因为这会阻碍干系人的反馈；
- 演示的环境应该尽可能与计划中的生产环境一致。比如，你正在开发一款移动应用，请在智能手机上（或投影仪屏幕上）展示它的特性，而不是在笔记本电脑上。
- 干系人可以针对演示的产品增量提出问题并提供反馈。
- 不允许有隐藏的作弊功能，比如用硬编码或其他编程捷径来使应用看上去比当前的实际情况更成熟。作弊功能会给 Scrum 团队在未来的冲刺中带来更多的工作，也会使干系人认为这是团队已经完成的功能。通过设定准确的预期来建立信任。

- 冲刺评审是反映剩余预算的良机，可以帮助产品负责人评估剩余待办事项列表的价值。

小贴士
大用途

第 15 章中讨论的公式 AC+OC>V，在这里有助于决定何时停止或转移开发工作。当实际成本（AC）加上未来开发的机会成本（OC）大于价值（V）时，要停止或转移开发工作。冲刺评审是与干系人决定未来是否开发某功能或在产品开发上进行投资的好机会。

- 产品负责人可以根据开发团队刚刚展示的特性和新增到产品待办事项列表中的事项，带领大家讨论下一步的工作。

记住
比较好

当进入冲刺评审时，产品负责人已经看到将要展示的每个用户故事的功能。如果产品负责人不接受开发团队所做的用户故事，这个故事就不会在冲刺评审中得到展示。由于产品是在一个一个的冲刺中迭代构建的，冲刺评审对于确保与干系人和产品愿景保持一致至关重要。在每一个冲刺中，团队都应该专注于解决客户问题。

冲刺评审会议对开发团队而言非常有价值，它为开发团队带来直接展示他们工作成果的机会，并让干系人认可开发团队努力的成果。该会议对鼓舞开发团队的士气也很有帮助，有助于激励团队实现产品愿景、解决客户问题，并实现预期的商业成果。当干系人在产品演示过程中听到开发团队使用业务语言时，他们对开发团队的信心和信任也会增加。（拥有稳定团队的另一个好处是，他们可以保留来之不易的关于客户和业务的知识。）

小贴士
大用途

检查是一种宝贵的工具。奥运会上运动员打破的世界纪录最多。为什么他们可以打破世界纪录？因为全世界数以亿计的人都在观看比赛。冲刺评审为 Scrum 团队提供了一个类似的舞台，尽管它小得多。因为他们的工作经常被曝光，所以责任心更强。

接下来，你将了解在冲刺评审会议中如何记录并利用干系人的反馈。

在冲刺评审会议上收集反馈

收集冲刺评审反馈是非正式的。产品负责人或 Scrum 主管可以代表开发团队做笔记，因为团队成员经常会参与到演示和由此产生的对话中。例如，在白板上公开收集反馈，可以验证反馈的提供和接收是否符合预期。透明性还可以防止收集到重复的反馈。

因为冲刺目标是基于团队对客户需求的假设而选择的，冲刺评审为团队提供了与干系人一起验证其假设的机会，更理想的情况下甚至可以与客户一起验证。

请记住我在这本书中所用的示例项目：一款 XYZ 银行的移动应用。干系人可能对他们看到的 XYZ 银行移动应用的功能做出如下反馈。

- 销售或市场部门的人："可以考虑让用户基于你的展示结果保存他们的偏好设置，这有助于提高用户的个性化体验。"
- 职能部门的总监或经理："根据我的观察，你们或许可以重复利用一下去年 ABC 项目开发的代码模块，该项目团队做了类似的数据操控功能。"
- 与公司中负责质量或用户体验的专业人士一起工作的人："我注意到你们的登录做得比较简单，程序会处理特殊字符吗？"

评审会议中可能会出现新的用户故事，这些新的用户故事可能具有全新的特性，也可能是在现有代码上的变更，二者都受欢迎。

在最开始的几轮冲刺评审中，Scrum 主管可能需要提醒干系人关于敏捷原则和实践的相关事项。有些人一听到"演示"这个词就会期待华丽的幻灯片和打印材料，Scrum 主管有责任控制干系人的这些期望，并给他们介绍敏捷价值观和相关的实践。

产品负责人需要把任何新的用户故事加到产品待办事项列表中并排定优先级，产品负责人还要把计划在当前冲刺中完成但没有完成的用户故事放回冲刺待办事项列表中，并根据最新的优先级对这些用户故事重新排序。

产品负责人要及时完成产品待办事项列表的更新，为下一次冲刺计划会议做准备。

冲刺评审结束后，就可以进行冲刺回顾了，你可能希望在冲刺评审和冲刺回顾之间稍作休息，这样 Scrum 团队成员就可以轻松地参加回顾性讨论。

刚刚完成冲刺评审之后，Scrum 团队将进入冲刺回顾，此时他们应该已经为检查流程做好了准备，并且对如何调整已经有了一些想法。

冲刺回顾

冲刺回顾是一个会议，在该会议上，Scrum 主管、产品负责人和开发团队讨论当前冲刺的状况和如何在下一个冲刺中改进。Scrum 团队应该以自我指导的方式来召开这个会议。如果管理者或监督者参加冲刺回顾会议，那么 Scrum 团队成员会避免彼此坦诚相见，这就限制了团队以自组织的方式进行检查和调整的效果。

团队可能会邀请其他经常与干系人互动的人参加冲刺回顾会议，但这些邀请通常是例外。

冲刺回顾是价值路线图中的第 7 个阶段。图 12-4 显示了冲刺回顾是如何融入敏捷产品开发的。

图 12-4 价值路线图中的冲刺回顾

阶段 7：冲刺回顾

描述： 团队通过改善环境和流程来优化效率
负责人： Scrum 团队
频率： 当每个冲刺结束时

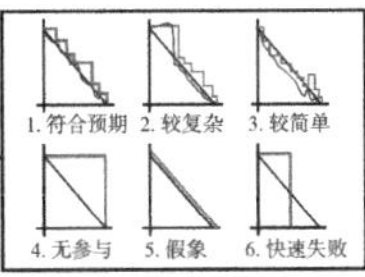

冲刺回顾的目标是持续改进流程、环境、协作、技能、实践和工具。根据 Scrum 团队的需要来改善和定制工作方式可以提高 Scrum 团队的士气，提高实现预期成果的效率，并提高工作产出的速度（关于速度的详细内容，请参见第 15 章）。

然而，对一个团队有效的方法不一定对另一个团队有效。Scrum 团队以外的管理者不应规定所有的 Scrum 团队应如何克服挑战，而应允许他们为自己找到最佳的解决方案。

你的冲刺回顾的结果可能只对你的 Scrum 团队适用。举个例子，我们以前一起工作过的一个团队愿意每天早点开始工作并早点下班，这样他们就可以跟家人一起度过夏日的午后时光。而同一组织内的另一个团队觉得他们在晚上工作会更高效，所以他们决定下午才到办公室并一直工作到晚上。结果是两个团队的士气、效率都提高了。

利用冲刺回顾中得到的信息来评审并改进工作流，以使下一个冲刺更加成功。

记住比较好

敏捷方法 —— 尤其是 Scrum —— 能迅速暴露产品开发问题。Scrum 并不能解决问题，它只是暴露了问题，并提供了一个检查和调整问题的框架。冲刺待办事项列表中的数据可以准确地显示开发团队在哪个环节被拖慢。开发团队会进行讨论并协作。这些工具和实践有助于揭示团队效率低下的地方，并让 Scrum 团队在一个个冲刺中完善实践。注意暴露出来的东西，不要忽视，也不要绕开。

停止线

大野耐一在20世纪50年代和60年代建立了丰田生产系统——精益生产的开端，他将流水线管理分散化，授权流水线工人做决定。生产线工人实际上有责任在发现装配线上的缺陷或问题时，按下红色按钮停止生产线。而在传统做法里，工厂经理将停止生产线视为失败，并专注于让装配线在一天中运行尽可能多的时间，以使产量最大化。大野耐一的理念是，你可以通过消除制约因素主动创建一个更好的系统，而不是试图优化现有的流程。

在刚开始采用这种做法时，管理人员的生产率出现了下降，因为他们比没有采用这种做法的管理人员的团队花费了更多的时间来修复系统中的缺陷。没有修复系统缺陷的团队宣告他们胜利了。然而，没过多久，修复了系统缺陷的团队不仅迎头赶上，而且开始比没有在系统中进行持续改进的团队生产速度更快、成本更低、缺陷和差异更少。这种定期和持续改进的过程，正是丰田公司如此成功的原因。

接下来，你将了解如何计划回顾，如何召开冲刺回顾会议，以及如何利用每次冲刺回顾的结果来改进后续的冲刺。

计划回顾

对于首次冲刺回顾，每位Scrum团队成员都应该思考一些关键内容并且准备好进行讨论。冲刺中哪些事项进行得较好以及哪些我们应该继续保持？哪些需要改变以及如何改变？

Scrum团队的每位成员都可以在会议开始前甚至在整个冲刺中做一些记录，Scrum团队也可以记录每日例会中出现的障碍。从第二次冲刺回顾起，你可以将当前的冲刺和之前的冲刺进行比较。

如果Scrum团队客观且透彻地思考过冲刺中哪些环节进行得比较好、哪些环节可以改进，他们就可以进行冲刺回顾了，这将是一场非常有帮助的对话。

冲刺回顾会议

冲刺回顾会议是一个以行动为导向的会议，Scrum团队会在下次冲刺中立即应用在回顾中学到的东西。

记住比较好

冲刺回顾会议是一个以行动为导向的会议，而不是辩论会议，如果你听到诸如“因为”之类的词，那么对话正在偏离行动而转向理论了。

Scrum的规则之一是在一个月的冲刺中，花在冲刺回顾上的时间不超过3小时。所以，通常在冲刺的每一周中，在冲刺回顾会议上花费的时间不超过 45 分钟。图 12-5 显示了这个时间表的参考示例。

如果我的冲刺时长为……	我的冲刺回顾会议应该不超过……
1周	45分钟
2周	1.5小时
3周	2.25小时
4周	3小时

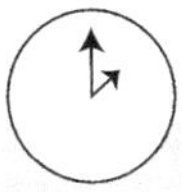

图 12–5 冲刺回顾会议与冲刺时长的比率

冲刺回顾应该包含以下 3 个主要问题。

- 冲刺中哪些工作进行得比较好？
- 我们想做哪些改变？
- 我们如何进行改变？

下面是检查的示例。

- **结果**：比较计划的工作量和开发团队实际完成的工作量。评审冲刺或发布燃尽图，它们会告诉团队工作是如何开展的。
- **人员**：讨论团队组成和一致性。
- **关系**：讨论沟通、协作和团队如何一起工作。
- **流程**：仔细检查支持、开发和同行评审流程。
- **工具**：考虑工件、电子工具、沟通工具和技术工具等是怎样为 Scrum 团队工作的。
- **生产力**：团队怎样才能提高生产力并在下个冲刺中完成更多的工作，同时保持可持续的速度？请记住敏捷原则第 8 条（敏捷流程倡导可持续开发）敏捷原则第 10 条（最大限度地减少工作量），或者用更聪明的方式工作。

如果团队的冲刺周期为一周，那么每年有近 52 次机会进行回顾。为了保证每次回顾的参与度，你可使用多种回顾形式。对于团队来说，拥有多样性并以结构化的形式进行讨论是很有帮助的。《敏捷回顾：团队从优秀到卓越之道》（*Agile*

Retrospectives: Making Good Teams Great）的作者埃斯特·德比（Esther Derby）和戴安娜·拉森（Diana Larsen）为冲刺回顾提供了一个很好的框架，可以让团队专注于讨论，从而实现真正的改进。

1. 准备目标

预先公布回顾的目标和范围，有助于让 Scrum 团队在会议中专注于提供正确的反馈。在后续的冲刺中，回顾会议可以只关注 1~2 个特定领域的改进。

2. 收集数据

讨论上一个冲刺中做得好的和需要改进的具体实例，建立冲刺的总体状况可视图，可以考虑用白板记录参会者的意见。

3. 产生洞见

根据你刚刚收集到的信息，提供如何在下一个冲刺中改进的方案。

4. 决定做什么

团队集体决定使用哪个方案，并确定可以实施的具体行动，把想法变成现实。

5. 结束回顾

重申下一个冲刺的行动计划，感谢做出贡献的人，并思考如何让下一个回顾会议开得更好。

对于部分 Scrum 团队来说，一开始可能很难开口讨论，Scrum 主管可以提出具体的问题来引发讨论。在参加回顾会议之前需要多练习，最重要的是要鼓励 Scrum 团队对冲刺负责——真正地走向自我管理。

而其他一些 Scrum 团队则会在回顾会议中发生一些争辩和讨论，Scrum 主管要引导这些讨论，以指导他们朝着期望的成果前进，并确保会议按时结束。

小贴士大用途

任何从冲刺回顾中产生的行动项都应该被添加到产品待办事项列表中。Scrum 团队为实现产品愿景所做的所有工作，比如特性、技术债务、费用开支和改进，都应该被添加到产品待办事项列表中。Scrum 团队应该同意在每个冲刺中至少包含一个以前回顾的改进事项，以持续改进他们在每个冲刺中交付潜在可交付功能的工作。

在整个产品开发过程中，一定要利用冲刺回顾的结果来检查和调整每一个冲刺，而不仅仅在方便的时候。

检查和调整

冲刺回顾是你把检查和调整的想法付诸实践的最佳时机之一，在回顾中你会碰到一些挑战并想到解决方案，会后不要把这些方案束之高阁，应把改进作为你每天工作的一部分。

你可以非正式地记录改进建议，有些 Scrum 团队把回顾会议上识别出的要实施的改进方案发布在团队共享区，以保证它们的可视化和实施。不要忘记将行动事项添加到产品待办事项列表中，以提醒在即将到来的冲刺中实施它们。

在后续的回顾会议上，请务必对之前的冲刺评估进行评审，并确保把提出的改进意见落到实处，这非常重要。高绩效的团队应该学会如何将回顾转化为后续工作的“加速器”。

第四部分

敏捷管理

本部分内容要点：

- 增量化追求创造价值（成果），而不是满足需求（产出）；
- 有效应对范围变化；
- 成功管理供应商和合同；
- 监控和调整进度及预算；
- 自组织以实现最佳沟通；
- 检查和调整，以提高质量、降低风险。

第 13 章 产品组合管理：追求价值而非需求

本章内容要点：

- 了解敏捷产品组合管理有何不同；
- 了解产品组合投资决策的方法；
- 学习如何管理敏捷产品组合。

如今，组织领导者面临着比以往更快地交付价值的严峻挑战。在资源和资金有限的情况下，想要跟上快速变化的市场，决定哪些产品的投资机会能使组织的回报最大化并不容易。在本章中，我们将分享用于管理产品组合的各种敏捷方法和技术。产品组合管理有助于组织追求价值（成果），而不是满足需求（输出）。

与产品开发一样，敏捷产品组合管理也是基于敏捷宣言的价值观和原则，并能产生以下结果：

- 首先交付最高的商业价值；
- 更频繁地交付价值；
- 降低核心成本（重新确定优先级排序）；
- 透明度更高；
- 来自较短反馈循环的即时数据；
- 团队和产品透明化，便于进行例外管理；
- 小规模、增量式的持续改进；
- 可持续的生产力；

- 得益于改善的工作重点和可持续的工作节奏，团队的士气提高了；
- 不仅满足了需求，而且实现了价值最大化。

理解敏捷产品组合管理的不同之处

由于Scrum团队持续地优先关注价值最高、风险最大的事项，敏捷产品开发工作往往在耗尽时间或金钱之前就能完成价值交付。产品组合也是如此。事实上，许多从单个产品中实现价值最大化的原则同样适用于产品组合。

敏捷组合管理是选择和监督一组符合组织长期目标及风险承受能力的产品投资的艺术和科学。管理产品组合需要有能力在众多机会中权衡优势和劣势、机会和威胁。这些选择涉及权衡以下事项：短期与长期、扩大的细分市场与收缩的细分市场、国内与国际、提高产品投资与现有的产品投资。

权衡各种事项的利弊确实是一门艺术和科学。产品负责人和组合领导者要评估优势、劣势、机会和威胁（SWOT分析）。有效的产品组合管理能够为客户和干系人实现价值最大化。

这叫技术支持

SWOT分析可以帮助团队对事物进行分析，如产品、公司、团队或产品组合，几乎没有任何限制。在确定了讨论的主题之后，团队开展头脑风暴，分析出它们的优势、劣势、机会和威胁。分析结果是对团队考虑的最重要的因素的简明总结，它可以指导产品组合、待办事项列表、愿景和路线图。

所有的敏捷原则都可以帮助管理组织的产品组合。

第1条 我们最优先考虑的是通过尽早和持续不断地交付有价值的软件来使客户满意。

第2条 即使在开发后期也欢迎需求变更。敏捷流程利用变更为客户创造竞争优势。

第3条 采用较短的项目周期（从几周到几个月），不断地交付可工作的软件。

第4条 业务人员和开发人员必须在整个项目期间每天一起工作。

第5条 围绕富有进取心的个体而创建项目。为他们提供所需的环境和支持，信任他们所开展的工作。

第6条 不论团队内外，传递信息效果最好且效率最高的方式是面对面交谈。

第 7 条 可工作的软件是测量进展的首要指标。

第 8 条 敏捷流程倡导可持续开发。发起人、开发人员和用户要能够长期维持稳定的开发步伐。

第 9 条 坚持不懈地追求技术卓越和良好设计，从而增强敏捷能力。

第 10 条 以简洁为本，最大限度地减少工作量。

第 11 条 最好的架构、需求和设计出自自组织团队。

第 12 条 团队定期反思如何能提高成效，并相应地协调和调整自身的行为。

当从宏观层面对产品组合进行评估时，必须做出关键性的决定，即哪些产品的投资机会应该在总体上进行、哪些应该在下一步进行、哪些可能在以后进行。此外，还必须谨慎平衡，确保组织及团队能力的健康和蓬勃发展。负担过重会导致组织成员的创新力减少、身心疲惫和不得不接受现状。

我们应该投资吗

与金融投资一样，资本预算编制使用一个关键度量指标来估算潜在投资的盈利能力：内部收益率（IRR）。内部收益率是将初始投资成本与未来的收入流或成本节约的净现值相比较。内部收益率越高，组织领导者对产品投资就越有信心。

同样的财务回报原则也可以应用于产品组合管理。我们可以将初始产品的成本（包括开发成本、劳动力成本、许可成本和维护成本）与未来的年化收入流或成本节约进行比较。如果内部收益率超过资本成本和初始投资成本，那么它可能是值得投资的项目。其他需要考虑的是 CapEx（资本支出）和 OpEx（运营支出）之间的平衡。可以资本化的支出越多，投资的利润越高。

这叫技术支持

资本支出是指公司用于购置、升级和维护有形资产的资金，如房地产、建筑物、工业厂房、技术和设备，通常用于公司开展新项目或投资。运营费用也称为运营支出（OpEx），是指运行产品、业务或系统的持续成本。

了解内部收益率以及 CapEx 和 OpEx 之间的平衡，有助于回答“我们应该投资吗”这个问题。以下是预测产品财务收益时需要考虑的其他因素。

- **价值和风险**。投资组合需要优先考虑的是价值和风险因素。价值体现在组合必须满足客户的需求。尽可能在早期以较低的成本失败，这样你可以在最长的跑道中，在系统最简单、财务资源多数可用的情况下找到解决方案。

» **短期与长期**。短期收益与长期价值的权衡。

» **产品组合**。平衡产品，使产品多样化，并利用新产品和夕阳产品的生命周期的优势（从发现到上市）。

影响产品投资收益预测的因素

在预测产品投资收益时，应考虑几个因素，如价值和风险的优先级、短期与长期、产品结构平衡等。我们将在下面的内容中逐一讨论。

价值和风险的优先级

敏捷产品团队提倡专注于做一件事，把它做好并完成，然后整个团队转移到下一件最重要的事情上。团队一次只做一件事，避免任务切换带来巨大的成本损失。

在整个产品组合中确定优先级也是如此。产品组合可能有一个投资机会待办事项列表，但明智的产品组合管理者会减少在制品，每次只关注一个机会。他们会评估机会的预期结果，一旦验收通过，就转到下一个机会。

他们根据价值和风险对产品组合进行优先级排序。价值标准包括投资回报率和内部收益率、市场份额、收入、成本节约、企业形象、产品改进、维护、安全、监管合规性等。风险标准包括用户采用新产品的风险、使用组织不熟悉的技术风险、组织无法在所需的时间内交付价值的风险等。投资组合的优先级是价值和风险的函数。在第9章，你可以了解更多关于使用价值和风险来确定优先级的信息。

图13-1显示了一个有用的价值和风险的矩阵工具，产品组合的管理者可以用它来评估各种产品的投资机会。价值最高、风险最大的产品应该是团队首先尝试的，而价值最低、风险最大的产品则应该是团队尽量避免的。

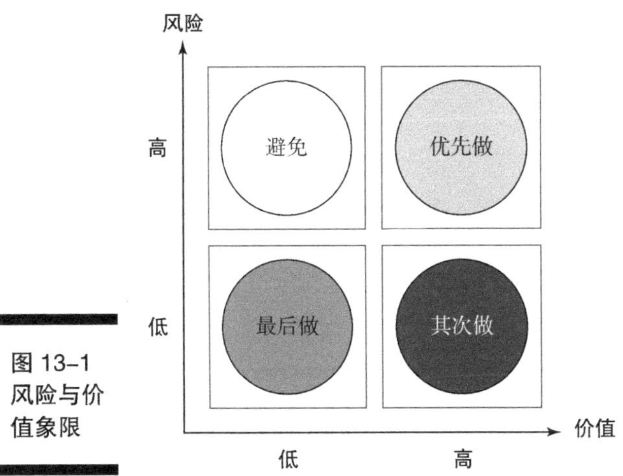

图 13-1 风险与价值象限

使组织和产品组合的优先级保持一致

我们的一个医疗客户由于采用了传统的项目管理方法，在年度规划方面遇到了困难。资金被预留，预算在全年中不断被更新，以便进行调整和分配。经理们像鹰一样盯着 CapEx 和 OpEx 目标。众多活跃的、彼此强依赖的工作同时进行，因此团队很难取得进展。专业技术人员需要同时在多个项目中工作。

在进行新的年度规划时，他们请来了一位专业的敏捷导师帮忙。敏捷导师安排了一次研讨会，以帮助他们解决预算编制和生产率方面的问题。导师指导小组使用一种新方法，该方法帮助他们从评估风险和价值的标准达成一致开始。

然后，所有管理者填写了卡片，上面写着他们计划中的产品投资机会的标题，并将其放在墙上的风险价值矩阵中。在价值标签栏中记录各自估算的投资回报（如 50 万美元、30 万美元、10 万美元等），并在讨论每张卡片时为他们估算的 ROI 进行辩护。

在将所有的卡片都贴在墙上之后，他们达成的第一个共识是投资机会太多——他们的计划不切实际。第二个共识是他们可以通过了解价值、风险和大致的估算来确定投资组合的优先顺序。最有价值的机会子集按优先级呈现出来，更重要的是借此机会在组织级别层面达成一致。

然后，他们将最好的机会按优先顺序排列在墙上，从左边价值最大 / 风险最大的机会开始，到右边价值最小 / 风险最小的机会结束。在这个过程中，他们实质上已经创建了自己的产品组合投资机会待办事项列表。

结果显著改善。高优先级的机会要么提前成功，要么将高风险、低价值的机会迅速从清单中删除。当组织中的任何团队有余力时，就可以从排好优先级的机会待办事项列表中选取工作，使组织中越来越多的人才能够以最快的速度专注于交付最重要的工作。

优先有序的产品机会组合使团队能够从投资机会待办事项列表中选取工作。在第一个团队从产品投资待办事项列表中选取工作后，下一个团队会检查第一个团队是否需要帮助，如果不需要，则选取下一个最有价值的产品投资机会，以此类推。这种方法可以确保最有价值的产品投资机会首先得到组织的关注。它还有助于在保持较少的在制品的同时以组织现有的速度行进。

短期决策与长期决策

投资组合领导者与产品负责人合作，进行短期与长期的产品组合决策。他们经常要问的问题是："我的短期产品投资机会应不应该被舍弃？我的短期投资会不会为实现长期战略愿景铺路？"

组织级技术债务的短期偿还带来了长期成果

医疗机构新成立的敏捷转型团队（ATT）对支持敏捷转型的责任相当认真，非常重视偿还组织级技术债务的短期投资决策。（参见第 18 章，了解更多关于敏捷转型团队的内容。）随着试点 Scrum 团队开始工作，测试自动化的不足就暴露出来了。数以千计的测试用例本来是可以自动化的，但却被大家日复一日地手动使用。每天新创建的功能都会导致更多的手动测试用例被制作出来，使手动测试的债务堆积得更高。

在与 Scrum 团队协商后，敏捷转型团队认为解决债务的最佳方法是通过创立一个新的 Scrum 团队来解决这个问题。

新的 Scrum 团队的第一项工作是建立一个所有团队都能使用的测试框架。每个试点团队都将新的测试框架嵌入各自的完工定义中。该框架帮助所有团队自动完成测试，并将其添加到共享的测试池中。当 Scrum 团队对他们新的冲刺工作进行自动化测试时，新成立的 Scrum 团队使用新的框架来处理累积的自动化测试债务。测试用例债务一个个逐步被偿还了。

产品的质量和团队的生产力都得到了提高。变更更容易引入，当优先级发生变化时，团队可以毫不费力地调整。手动测试人员获得了自动化测试的新技能，这为学习其他技能打开了大门。

从长期来看，由于对自动化的投资，所有团队的开发速度或相对速度都有所提高。技术债务的短期偿还带来了长期成果。

Scrum 团队经常会问："我们下一步应该做什么？"此时，Scrum 团队必须做出决定：要么修复某些东西，要么构建或实施新的东西。Scrum 团队必须在积极主动性工作和回应性工作之间取得平衡，并且为加快产品开发而决定偿还技术债务或投资于自动化或进行平台升级，以加快产品开发。

为了做出短期与长期的决策，投资组合管理者与产品负责人、干系人和开发团队需要紧密合作。敏捷方法所固有的强大的沟通闭环和快速反馈循环为他们的决策提供了参考。当他们与干系人和产品负责人互动时，会了解到客户的需求和机会。然后，产品负责人、干系人和开发团队快速建立产品愿景声明和路线图，以获得资金支持，接着创建发布计划和冲刺计划。前期的冲刺提供了机会可行性的早期信息，以最小的投资为短期和长期决策挖掘信息。

平衡产品结构

产品结构也被称为产品分类，是指一个组织向客户提供的产品系列的总数。例如，耐克公司销售的不同的产品（鞋、袜、裤子、衬衫、运动衣、团队装备、运动器材等）。公司的产品结构有四个维度，包括宽度、广度、深度和一致性。

- **宽度**：组织提供的产品线数量或品种，例如，从鞋子到服装或团队装备的产品线数量。
- **广度**：某一产品系列的产品数量，例如每种跑鞋类型的数量。
- **深度**：每种产品的变化总数，如各种尺寸、款式或颜色的鞋子。
- **一致性**：产品线中的产品与它们到达消费者手中的方式之间的联系。它描述了产品线之间在使用、制造和分销方面的密切关系。例如，你可以用同样的方式使用、生产和销售两个系列的鞋子，使其产品线一致。

产品结构在决定企业和品牌形象方面非常重要，因为它能帮助你在目标市场中保持一致性。

你可以采用各种策略来平衡产品结构。小公司通常从宽度、深度和广度有限的产品结构开始，并且使其具有高度的一致性。随着时间的推移，该组织可能希望产品差异化或收购新产品，以进入新的市场。他们也可能在产品线上增加质量较好或较差的类似的产品，以提供不同的选择和价位。它们会拉长产品线——向上增加更昂贵的产品，向下增加质量较差、价格较低的产品。

产品组合中均衡的营销组合非常重要，原因有很多：首先，它能帮助产品组合领导者实现投资价值最大化；其次，它确定了通过产品差异化和利用新的市场、客户细分和价位来获取利润的必要步骤；最后，它为产品营销设定了方向。

管理敏捷产品组合

管理敏捷产品组合涉及许多易变的部分，可能会使这个过程变得复杂。有效的产品组合侧重于设定切合实际的的战略优先级，减少在制品，以便尽快完成组合中的产品交付。我们应严格遵守敏捷原则第 10 条：以简洁为本，最大限度地减少工作量。

布兰特·巴顿（Brent Barton）在他的文章《敏捷产品组合管理的五个简单规则》（*The 5 Simple Rules of Agile Portfolio Management*）中描述了管理和规划产品组合的挑战。他总结道，在一个组织筒仓中规划多个产品的新功能就像做微气候预测一样，准确率不到50%。准确率之所以如此低，是因为微气候气象学家没有（或不能）超越他们自己的领域去考虑更大的系统如何影响天气模式。换句话说，如果没有适当的视角来合理地将产能与需求相匹配，那么产品组合规划几乎是不可能实现的。

为此，巴顿定义了五个简单的规则来降低敏捷产品组合管理的复杂性。

- **所有的工作都是被强制排名的**。把所有的事情都列为最高优先级的组织无法阐明真正的优先级。强行对投资机会组合进行排序，可以使投资机会更加清晰和集中。与回答“我们是否应该投资”这个问题类似，如果在规划产品组合时考虑到其对客户的价值和业务风险、技术风险或两者兼而有之，那么产品组合的优先级划分是最优的，即先处理最有价值和风险最大的机会。

记住比较好

在《精要主义：如何应对拥挤不堪的工作与生活》（*Essentialism: The Disciplined Pursuit of Less*）一书中，格雷格·麦吉沃恩（Greg McKeown）提到：“‘priority’这个词是在15世纪出现的。最初它是单数，直到20世纪，我们才将这个词复数化，开始谈论‘priorities’。我们不合逻辑地认为，改变这个词就能改变现实。”

- **在刚好够的数据上操作**。在需要针对所有的产品组合做出决策时，期望拥有完美、详细的数据是不现实的。某一领域的细节水平程度很高并不意味着在其他获得细节比较昂贵的领域也需要如此。与所有的经验控制过程一样，从你所知道的开始，然后根据所学到的知识进行检查和调整。
- **近期的能力是固定的**。根据现有的组织能力做出投资机会决策。预测团队能力或技能数量并以此来影响产品组合管理的成果，这样做只会增加复杂性并导致相应的问题产生。及时预测和组建新团队比领导者通常认为的更具挑战性。
- **每一个独特的基于价值的交付功能都有一个组合**。尽可能将工作简化并分解为最小的、最有价值的增量。使组合中的团队能够高度一致、独立自主。通过渐进明细，将他们的工作与战略联系起来。
- **每个组合都有一个“消化吸收”系统**。组合中的战略决策应充分考虑到技术创新、构建、发布、演变、支持和衰退所需的整个工作范围。

这五个简单的敏捷产品组合管理规则有助于减少复杂性，使组织聚焦，有助于行动和加速分析。像所有的指南一样，它们是很好的起点，但需要持续的检查和调整。

以下是有效确定产品组合的优先级次序所要考虑的其他因素。

- **可视化产品组合**。与口头或书面指示相比，通往目的地的地图更容易遵循。同样，可视化可以使产品团队更有效地协作。在一个自组织的环境中，完全透明是检查和调整的关键。

  确保每个人都能看到你的产品组合如何与企业愿景、目标（预期成果）、成功标准和战略保持一致。产品和功能的路线图必须是可见的，并支持决策过程。可视化有助于为在最后的责任时刻做出的决策提供信息。

  图 13-2 显示了一个按价值、风险和估算值排序的与战略愿景一致的投资机会组合待办事项列表的例子。

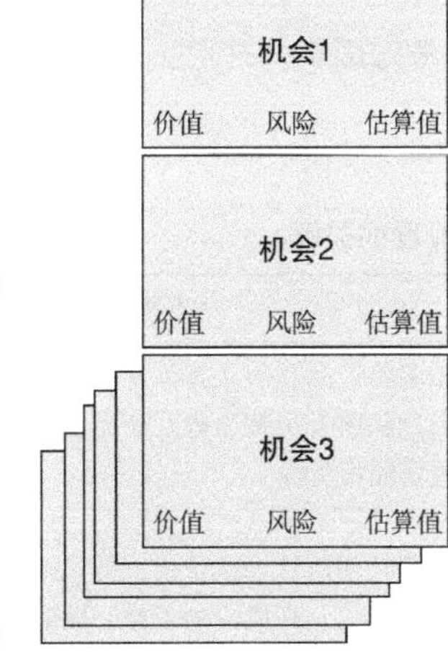

图 13-2 排好优先级的投资机会组合待办事项列表

- **优化人才配置**。优化 Scrum 团队的人才队伍，以创造最大收益。
- **评估产品性能**。确保有客户驱动的度量指标，以适应不断变化的市场环境和客户需求。
- **确定潜在的价值**。确定要设计和开发的新产品，并追寻新的想法。监督你的业务和竞争对手，获取客户反馈，预测客户的未来需求。新技术、法律或法规也可能影响预期价值。

- **寻找可能的努力方向**。寻找并投资于可能的努力方向。可能的选择有：预测产品的市场潜力，进行案例研究，运行焦点小组。
- **开始努力**。新产品或特性必须由团队开发。初步的实验可以帮助你看到产品的市场潜力。
- **逐步为产品提供资金**。每一项潜在的工作都需要资金，包括用于新团队成立或开发工作的初始资金，以及用于持续建设、过渡和产品发布后的运营预算。与其为整个开发工作分配资金，不如考虑用增量资金。例如，分配 90 天的资金，看看在这段时间内能创造什么样的价值。如果成功，再资助 90 天。这笔资金还需要产品负责人和发起人不断监督，以确保资金的合理使用。
- **让供应商参与进来**。供应商或厂商管理是敏捷产品组合管理的一个关键点。这包括采购或授予合同，减少并确定可能的供应商，监督正在进行的项目，并完成合同收尾。确保供应商支持敏捷原则是至关重要的，因为他们需要根据不断变化的优先事项和客户需求进行调整。很多时候，你可以与供应商一起使用增量资金模式来更有效地管理产品组合。让产品负责人或 Scrum 主管尽早与供应商建立联系。

表 13-1 列出了有效管理产品组合的重要考虑因素，并对不同情况下“做什么”和“不做什么”给出了建议。

表 13–1 有效的敏捷产品组合管理的关键

主题	要做	不要做
与产品负责人合作	被授权的产品负责人与客户密切接触，了解他们的需求和问题。让产品负责人参与产品组合决策，可以使产品组合更加一致	不要将产品负责人排除在合同谈判、产品探索或产品组合决策之外。产品负责人要对产品的投资回报负责
确定工作优先级，并限制要做的工作	处理单一的、下一个最有价值的机会，做好它，验证是否实现了预期的成果，然后再转向下一个机会。确定优先次序和限制要做的工作，可以提高发布上市的速度和组织重点，并建立有机的跨职能能力	不要让团队从事低价值、低风险的工作，而牺牲高价值、高风险的工作。同时，处理太多事情会使你无法处理对客户更重要的、更优先的事情
注重需求与能力的平衡	避免团队和组织的负担过重。负担过重会导致人们疲惫不堪、效率低下，他们会犯更多的错误，造成延误，而且纠正错误的成本很高。更糟糕的是，他们的创新能力将受到限制	不要把速度预期强加给团队。当 Scrum 团队基于他们当前的能力计划发布和冲刺时，他们的效率会更高

（续表）

主题	要做	不要做
最大化地提高内部和外部价值	专注于为你的客户创造价值，并保持更广阔的视角，做对你的组织最有利的事情。敏捷产品组合管理更多的是为未来改善你的组织，而不是完成项目。将资金用在最能产出效果的地方	不要只关注内部价值或外部价值。历史表明，那些以内部为中心、忽视客户或忽视对员工的关注的企业往往会很快消失
经常重新进行优先级排序	随着市场环境和客户需求的变化，检查和调整产品组合，并不断地对产品投资机会进行优先级排序	不要因为不适应变化而变得无动于衷
以较小的模块提供价值	在规划产品组合时，请将向市场发布的价值增量做得小而简单。这样做不仅可以创造更快的现金流和投资回报，而且还可以降低复杂性和风险	不要像管理库存那样把价值搁置在储物架上。当有“刚好够”的价值时，就把它发布出来
避免并行的产品工作	产品组合领导者应当明白，同时进行几个产品的工作时，组织将得到更少的成果。确定优先级，然后选择下一个最有价值的机会，并对其进行细化。接下来，只有在有能力的情况下，才选取下一个最有价值的投资机会	不允许并行工作。通过减少没有价值的在制品来简化产品开发

汤姆·狄马克（Tom Demarco）在《懈怠》（*Slack*）一书中进一步解释了并行产品工作的反模式。汤姆提出，人员和团队是不可替代的（不可交换或替换）。需要并行支持多个产品开发工作的人员或团队在情境切换中会付出高昂的成本。根据美国心理学协会的数据，这种成本有时甚至可以高达 40% 的生产时间。

来自加州大学欧文分校的格洛丽亚·马克（Gloria Mark）及柏林洪堡大学的丹妮拉·古迪斯（Daniela Gudith）和乌尔里奇·克洛克（Ulrich Klocke）进行的一项研究也认为，人们在工作中被打断的情况下，会承受更高的工作负荷、更多的压力、更高的挫折感，以及付出更多的努力。同样的原理也适用于并行的、被中断的产品开发。

图 13-3 说明了串行产品开发工作（专职团队）和并行工作（全面出击团队）之间的区别。

在这个例子中，一个产品组合有三个项目，每个项目依次进行（串行）。假设一个单位的价值可以在一个单位的时间内产生，每个产品开发工作完成后产生一个单位的价值（$）。

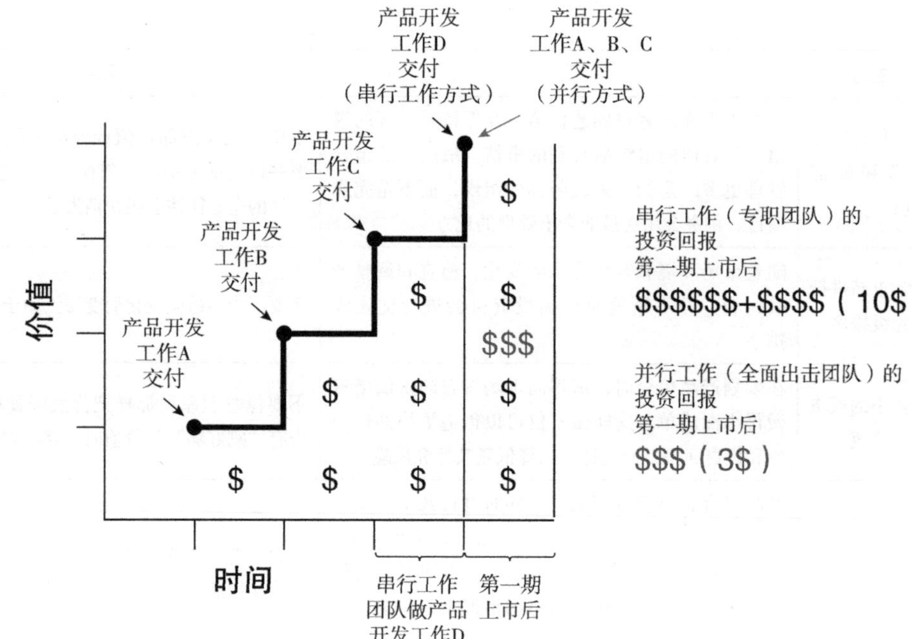

图 13-3 因全面出击的并行产品开发而造成的延期财务成本

让团队多任务并行，更确切地说，多任务处理或任务切换会使团队精力分散，进而导致每项工作的完成时间至少增加 30%（最高达 40%）——在本场景下是 33%。在三个产品开发工作中（99%），全面出击团队的任务切换的时间大约相当于整个工作的时长。

又过了一个单位的时间，经过部署，并行工作终于完成，投资回报为 3 美元（每个部署工作的投资回报为 1 美元）。串行产品研发工作的投资回报为 10 美元，其投资回报率（ROI）是并行开发的 3 倍以上。

记住比较好

不要再全面出击了，每次只让团队执行一个项目。当团队专职于一个项目时，每个人都能更早地交付价值，以及更早地获得整体更高的投资回报率。让你的产品组合超负荷或让你的团队同时做多件事根本没有意义。

我们应该继续投资吗

是否应该继续投资，是所有产品组合领导者与产品负责人必须合作回答的问题。产品组合领导者和产品负责人要考虑“什么时候是产品下线的合适时机”，或者“我们是否已经到了收益递减的地步，该产品的投资回报将不如其他产品”。

这叫技术支持

收益递减法则又称边际收益递减法则。该法则指出，在一个生产过程中，随着一个投入变量的增加，在其他因素不变的情况下，在达到某一个点后，单位产出的边际收益将开始减少。

图 13-4 显示了如何将收益递减法则应用于产品组合。在组合的早期阶段，知识价值被获取，随后随着新功能发布上市，客户价值（或成果）急剧增加（图 13-4 中“收益最高”的部分是曲线中最具生产力的部分），在这个阶段投入更多的时间和精力是有好处的；接下来是“收益递减”部分，这时每增加一次投入，产出率就会下降，最好在这个阶段内的某个地方停下来并“剪掉尾巴”，换句话说，现在应该考虑更有价值的投资机会；最后一个阶段，“负收益”是要避免的，你的努力不仅没有得到回报，反而降低了你的整体产出。

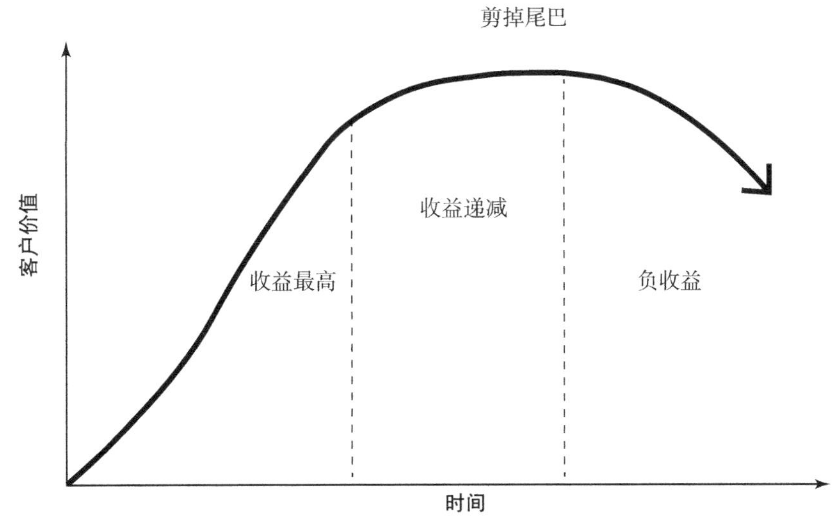

图 13-4
收益递减法则

当到达收益递减点时，就应该停止或减少对产品的投资。换句话说，是时候使用第 15 章中讨论的不等式 V<AC+OC，转向下一个最有价值的投资了。

为下一个机会检查并调整

在你取得了一个成就之后，下一步是什么？保持一个细化的投资机会组合待办事项列表，可以让这个决定变得更加容易。

本节介绍了在产品组合中持续进行优先级排序并转移到下一个最有价值的投资的一些关键点。

转移到下一个最有价值的事项

如果持续对一个投资机会组合待办事项列表进行优先级排序，转向下一个最有价值的事项是比较容易做到的。和产品待办事项列表一样，将重点放在下一个产品组合待办事项上。

修订产品组合投资

如果你的产品组合投资的成果没有让你实现原定目标，那么就该对产品组合进行调整了。敏捷产品组合的优点在于它能够以最小的干扰改变优先级。在每个冲刺结束时都会实现可交付功能的Scrum团队，他们会经常通过检查来确定是否实现了足够的价值。

敏捷组合管理确保组织为客户提供最佳的投资价值，同时做对组织最有利的事情。一个好的产品组合领导者与被授权的产品负责人合作，了解并遵循敏捷原则。他们还了解如何使产品组合与战略方向保持一致、如何确定优先级、如何减少在制品、如何帮助他人融入他们的团队并协同工作。他们追求价值（成果）而不是满足需求（输出）。

第 14 章 范围和采购管理

本章内容要点：

- 了解敏捷产品开发如何改变范围管理；
- 用敏捷技术管理范围和范围变更；
- 了解敏捷实践给采购带来的不同的方法；
- 管理采购。

范围管理是每个产品开发工作的组成部分。为了开发一个产品，你必须理解基本的产品需求以及为实现这些需求所要做的工作。当新的需求出现时，你应该能够对产品范围的变更进行优先级排序和管理。同时，你还必须确认所完成的产品特性是否满足了客户的需求。

采购也是许多产品开发工作的组成部分。如果你需要从组织之外寻求资源来完成开发，就应该知道如何采购商品和服务以及在产品生命周期中如何与供应商团队合作。此外，你还应该掌握一些关于创建合同以及不同的成本结构的知识。

在本章中，你会了解如何管理范围，如何利用广受欢迎的敏捷方法来应对已知的变更。你还会看到如何管理与产品范围相关的产品和服务的采购。首先，让我们来回顾一下传统的范围管理。

敏捷范围管理有何不同

从历史上来看，项目管理的很大一部分工作是范围管理。产品范围是指一个产品包含的全部特性和需求。项目范围是指创建某项目预算内的产品特性的全部工作。

传统的项目管理把需求的不断变更视为前期规划失败的标志，然而，在敏捷产品开发中，范围是可以变更的，这样 Scrum 团队能够以增量的方式及时融入自己的经验和客户反馈，从而开发出更好的产品。敏捷宣言的签署者们一致认同范围的变更是合理且有益的。敏捷方法非常明确地拥抱变更，并且认为变更将有助于开发出更贴近需求的、有用的产品。

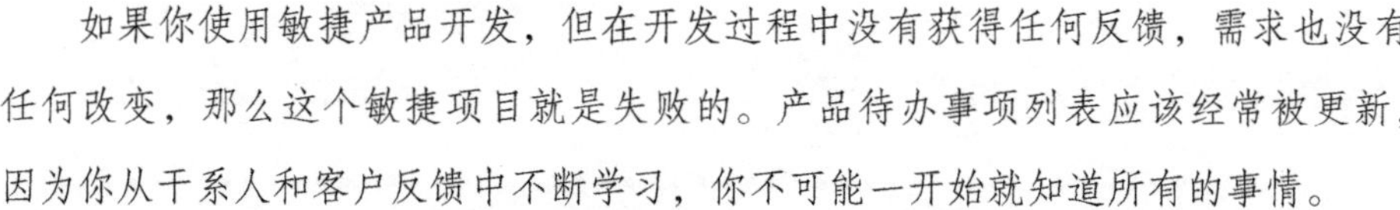
如果你使用敏捷产品开发，但在开发过程中没有获得任何反馈，需求也没有任何改变，那么这个敏捷项目就是失败的。产品待办事项列表应该经常被更新，因为你从干系人和客户反馈中不断学习，你不可能一开始就知道所有的事情。

本书第 2 章详细介绍了敏捷宣言和敏捷原则。该敏捷宣言和敏捷原则回答了“我们有多么敏捷”这个问题。而你在产品开发中使用的方法与敏捷宣言和敏捷原则的匹配度，将决定这些方法的敏捷度。

在敏捷原则中，与范围管理密切相关的有如下 4 条。

第 1 条 我们最优先考虑的是通过尽早和持续不断地交付有价值的软件来使客户满意。

第 2 条 即使在开发后期也欢迎需求变更。敏捷流程利用变更为客户创造竞争优势。

第 3 条 采用较短的项目周期（从几周到几个月），不断地交付可工作的软件。

第 10 条 以简洁为本，最大限度地减少工作量。

敏捷范围管理的方法与传统项目范围管理的方法有着本质的区别，具体对比请参考表 14-1。

表 14-1 传统范围管理与敏捷范围管理的对比

采用传统方法的范围管理	采用敏捷方法的范围管理
项目团队试图在项目初期确定并整理出完整的范围，而此时团队对产品知之甚少	在产品开发初期，产品负责人搜集高层级的需求，分解并进一步细化近期需要实现的需求。在整个开发过程中，随着团队对客户需求和产品实际情况的认识不断加深，需求会逐步集中和完善
组织将定义需求阶段之后的范围变更视为失败	在开发产品时，组织认为变更是一种积极的完善产品的方式；开发后期的变更往往是最有价值的变更，因为此刻你对产品的理解最深

（续表）

采用传统方法的范围管理	采用敏捷方法的范围管理
当干系人确定需求之后，项目经理严格控制并阻止变更	变更管理是敏捷流程固有的一部分 在每个冲刺中，你都可以重新评估范围，并有机会纳入新的需求 产品负责人对新需求的重要性和优先级进行评估，并将它们加入或替换到产品待办事项列表中
变更成本随着时间的推移不断增加，同时，团队实施变更的能力下降	在产品开发初期，资源和进度是固定的 具有高优先级的新特性并不会对整体预算和进度产生影响，它们只是会排挤最低优先级的特性 迭代式开发允许在每个新冲刺中产生变更
由于担心中期变更，所以团队会纳入一些不必要的产品特性，进而项目普遍存在范围膨胀	Scrum 团队确定范围的依据是产品特性对产品愿景、发布目标和冲刺目标的直接支持程度 开发团队优先实现最有价值的特性，并确保包含这些特性的产品尽快交付 价值相对较低的特性或许永远不会实现，这对于客户和其业务来说是可以接受的，因为最高价值的功能已经实现

在敏捷产品开发中的任何时点，任何人包括 Scrum 团队、干系人或者组织中任何有好想法的人都可以提出新的产品需求。产品负责人评估这些新需求的重要性和优先级，并将它们加入产品待办事项列表中。

这叫技术支持

在传统项目管理中，有一个术语被用于描述项目初始定义阶段之后的需求变更：范围蔓延（Scope Creep）。由于瀑布模型无法积极支持项目中期的变更，因此一旦发生范围变更，项目进度和预算将会受到很大的影响（了解更多关于瀑布模型方法论的介绍，请参阅第 1 章）。即使你是和一个经验丰富的项目经理谈起“范围蔓延”，他 / 她也会不寒而栗。

在每次冲刺开始的计划阶段，Scrum 团队可以根据产品待办事项列表的优先级来判断一项新需求是否应被纳入这次冲刺。较低优先级的需求将被留在产品待办事项列表中，将来再作考虑。在第 10 章中，你可以了解到冲刺计划的内容。

下一节将讨论在敏捷产品开发中如何管理范围。

管理敏捷范围

欢迎范围变更，有助于创造出最好的产品。但是，拥抱变更意味着你必须全面了解当前的范围，并且知道当变更出现时如何处理。幸运的是，敏捷有明确的方法来管理现有的需求和新增的需求。

- **产品负责人**：确保团队所有其他成员——Scrum团队和干系人——根据产品愿景、当前的发布目标和当前的冲刺目标，清晰地理解现有的产品范围。
- **产品负责人**：根据产品愿景、发布目标、冲刺目标和现有的需求来决定新需求的价值和优先级。
- **开发团队**：根据优先级实现产品需求，以便优先发布产品最重要的部分。

下面，你将了解在产品开发的不同环节如何理解并传达需求。你会看到当新需求出现时如何评估优先级，你还将发现如何使用产品待办事项列表和其他敏捷工件来管理范围。

理解产品开发的范围

在开发的每个阶段，Scrum团队管理范围的方式有所不同。使用图14-1所示的价值路线图（首次出现在第9章中），是一种了解在敏捷产品开发中如何管理范围的好方法。

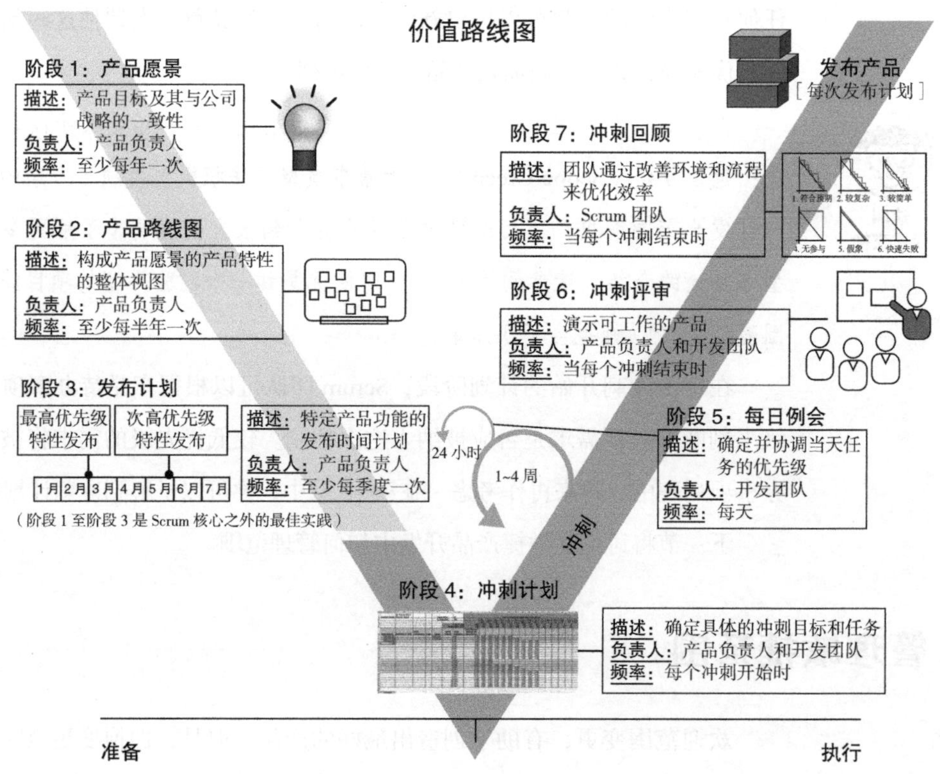

图14-1 价值路线图

价值路线图中各阶段的定义如下。

- **阶段 1：产品愿景**。产品愿景声明确立了产品将包含的功能的外部边界，是确立范围的第一步。产品负责人须确保产品团队所有成员熟悉并正确诠释产品愿景声明。
- **阶段 2：产品路线图**。在创建产品路线图时，产品负责人参照愿景声明并确保产品特性支持愿景声明。当新的特性需求被细化后，产品负责人需要理解这些特性，并将这些特性对应的范围以及他们对产品愿景的支持程度清晰地传达给开发团队和干系人。
- **阶段 3：发布计划**。在发布计划阶段，产品负责人需要决定发布目标，即计划在下一个发布时推向市场的中期功能边界，并据此选择相关的范围。
- **阶段 4：冲刺计划**。在冲刺计划中，产品负责人需要确保 Scrum 团队理解发布目标并据此制定出每次冲刺的目标——冲刺结束后，潜在可交付的即时的功能边界。产品负责人和开发团队仅选择支持冲刺目标的范围作为冲刺的组成部分。产品负责人同时还要确保开发团队理解本次冲刺所选择的每个用户故事的范围。
- **阶段 5：每日例会**。在每日例会上，Scrum 团队为实现冲刺目标同步工作聚焦点和当前进展。这次会议可能引发范围变更并在将来的冲刺中实现。

当讨论的话题超出每日例会允许的时间和形式时，Scrum 团队可以决定举行专题会议。在这类会议上，Scrum 团队成员会讨论影响他们实现冲刺目标的问题。如果在冲刺过程中发现了新功能——新的范围，产品负责人会对其进行评估，可能将其添加到产品待办事项列表中并确定它们的优先级，以便在未来的冲刺中实现。

- **阶段 6：冲刺评审**。产品负责人通过重申冲刺范围——Scrum 团队的冲刺目标和已完成的范围，来确定每次冲刺评审会议的基调。尤其在第一次冲刺评审时，所有参会的干系人应该对冲刺范围有正确的期望，这非常重要。

  冲刺评审可以激发团队的灵感，当整个团队相聚一堂，与可工作的产品互动时，他们或许会从新的角度来审视这个产品，提出改进建议。产品负责人将根据冲刺评审会议中获得的反馈来更新产品待办事项列表。
- **阶段 7：冲刺回顾**。在冲刺回顾中，Scrum 团队可以对冲刺成果进行讨论，确认其与冲刺开始时他们所承诺的目标是否一致。如果开发团队没有达到冲刺目标，他们将需要优化计划和工作流，从而确保为每次冲刺选择适量的工作。如果开发团队实现了他们的目标，他们就可以在冲刺回顾阶段提出办法，为将来的冲刺增加更多的范围。Scrum 团队的目标就是要在每次冲刺中不断提高生产力。

范围变更概述

许多人，甚至是组织之外的人都可以对新的产品特性提出建议。你可能会从如下渠道获得关于产品特性的新想法：

- 用户社区反馈，包括有机会预览这个产品的群体或个人；
- 预见新的市场机会或者威胁的业务干系人；
- 深刻理解组织长期战略和变化的高管层和资深经理；
- 对产品了解得越来越多且最接近可工作产品的开发团队；
- 在和其他部门的合作中发现机会，或者清除开发团队障碍的 Scrum 主管；
- 对产品和干系人需要了解最多的产品负责人。

在敏捷产品开发中，因为你将会收到关于产品改进的建议，所以你需要决定哪些是有效的，并管理相关的变更。继续往下看，你会找到答案。

管理范围变更

当你收到新的需求时，可以使用下列步骤来评估优先级，然后更新产品待办事项列表。

不开玩笑！危险！

不要在冲刺进行中增加新的需求，除非开发团队要求——通常是由于团队有了计划外的可用时间。

（1）通过询问关于需求的一些关键问题来评估新的需求是否属于产品、发布或者冲刺的一部分。

a. 新的需求是否支持产品愿景声明？

- 如果是，那么将这项需求添加到产品待办事项列表和产品路线图中。
- 如果不是，则说明这项需求不属于本产品的范围，或许可以将其作为备选产品的范围。

b. 如果新的需求支持产品愿景，那么新的需求是否支持当前的发布目标？

- 如果是，则这项需求可以作为当前发布计划的备选需求。

- 如果不是，那么将这项需求留在产品待办事项列表中，由后续发布实现。

c. 如果新的需求支持发布目标，那么新的需求是否支持当前的冲刺目标？

- 如果是，且冲刺尚未启动，那么可以将这项需求加入当前的冲刺待办事项列表中。
- 如果不是，或者冲刺已经开始，或者两者兼而有之，那么将这项需求留在产品待办事项列表中，在后续的冲刺中处理

（2）**评估新需求所需要的工作量**。

开发团队负责此项工作。第 9 章中有关于如何评估需求的介绍。

（3）**将这项需求和产品待办事项列表中的其他需求进行优先级比较，并根据优先级进行排序，将其加入产品待办事项列表中**。

请考虑如下事项。

- 产品负责人最清楚产品的业务需求以及新需求相对于其他需求的重要性。如果对需求的优先级有疑问，产品负责人也可以寻求干系人的支持。
- 开发团队对一个新需求的优先级也可能会有技术上的洞察。比如，如果需求 A 和需求 B 有相同的商业价值，但是你必须先完成需求 B 以确保需求 A 可行，那么开发团队将提醒产品负责人，需求 B 可能需要率先完成。
- 虽然开发团队和产品干系人能够提供信息协助，对需求进行优先级排序，但是最终还是由产品负责人来确定优先级。
- 将新需求添加到产品待办事项列表可能意味着其他需求的优先级会在产品待办事项列表的清单中下移。图 14-2 展示的就是在产品待办事项列表中添加新需求的过程。

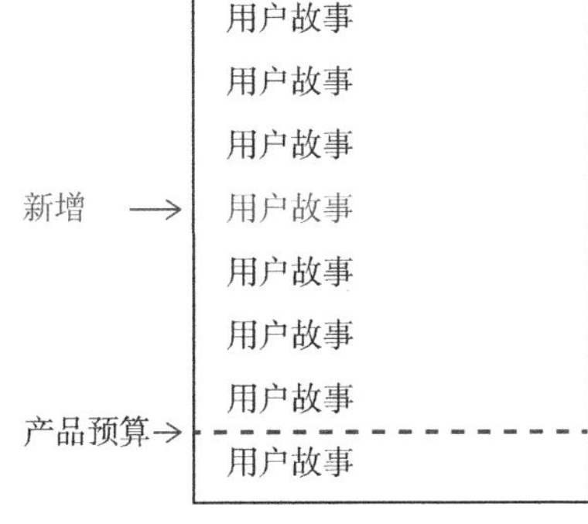

图 14–2 在产品待办事项列表中添加新需求

产品待办事项列表是产品所有已知范围的完整清单，它也是你在敏捷产品开发中管理范围变更的最重要的工具。

保持对产品待办事项列表的更新将有助于你快速评估新需求的优先级和添加新需求。有一份当前的产品待办事项列表在手，你将始终清楚还没有完成的范围。第 9 章有更多关于需求优先级排序的信息。

在范围管理中使用敏捷工件

从愿景声明到产品增量，每个敏捷工件都会支持你的范围管理工作。当特性被移动到优先级列表的顶部，你可以逐步分解需求。我们在第 9 章中讨论了需求的分解和渐进明细。

表 14-2 揭示了每个工件——包括产品待办事项列表——在持续进行的范围优化中所承担的角色。

表 14–2 敏捷工件在范围管理中的角色

工件	在确立范围时的角色	在范围变更时的角色
愿景声明：产品最终目标的定义。第 9 章有更多关于愿景声明的介绍	以愿景声明为基准，判断哪些特性应被纳入当前的项目范围	当有人提出新的需求时，那些需求必须支持产品愿景声明
产品路线图：构成产品愿景的产品特性的整体视图。第 9 章有更多关于产品路线图的介绍	产品范围是产品路线图的组成部分。这种特性级的需求有助于业务会谈中阐述实现产品愿景的意义	当新需求出现时，请及时更新产品路线图。它形象地展示了新需求在产品中被采纳的过程
发布计划：一个易达到的中期目标，包含最小可上市特性集。第 10 章有更多关于发布计划的介绍	发布计划包含了当前发布的范围。你或许希望按主题（需求的逻辑分组）来规划你的发布	将属于当前发布的新特性加入发布计划中。如果新的用户故事并不属于当前的发布，那么就可以将其留在产品待办事项列表中由后续发布处理
产品待办事项列表：产品所有已知需求的完整清单。第 9 章和第 10 章有更多关于产品待办事项列表的介绍	如果一个需求在产品愿景范围中，它就会被登记在产品待办事项列表中	产品待办事项列表包含了所有的范围变更。在产品待办事项列表中，新的、高优先级的特性会使得那些原本优先级相对较低的特性的优先级继续降低
冲刺待办事项列表：当前冲刺范围内的产品待办事项和工作任务。第 10 章有更多关于冲刺待办事项列表的介绍	冲刺待办事项列表包含了当前冲刺范围内的产品待办事项列表中的事项	冲刺待办事项列表确定了冲刺所认可的范围。当开发团队在冲刺计划会议上承诺了冲刺目标后，只有他们才可以修改冲刺待办事项列表

敏捷采购管理有何不同

采购是敏捷产品开发的另一部分，即管理为交付产品范围所需要的服务或商品的采购。与范围类似，采购也是产品开发投资的组成部分。

第 2 章解释了为什么敏捷宣言视客户合作高于合同谈判的原因。这为敏捷产品开发的采购关系定下了重要的基调。

视客户合作高于合同谈判的观点并不意味着敏捷开发工作没有合同，毕竟对于商务关系的构建和维护来说，合同和谈判至关重要。事实上，敏捷宣言提出买卖双方应该合作创造产品，并且认为双方关系的重要性远高于对未尽事项的争论，以及对一些最终对客户或许没有意义的合同条款的核实。

敏捷 12 条原则全部适用于采购。然而在保证产品开发所需的商品和服务方面，以下 6 条原则的作用尤为突出。

> **第 2 条** 即使在开发后期也欢迎需求变更。敏捷流程利用变更为客户创造竞争优势。
>
> **第 3 条** 采用较短的项目周期（从几周到几个月），不断地交付可工作的软件。
>
> **第 4 条** 业务人员和开发人员必须在整个项目期间每天一起工作。
>
> **第 5 条** 围绕富有进取心的个体而创建项目。为他们提供所需的环境和支持，信任他们所开展的工作。
>
> **第 10 条** 以简洁为本，最大限度地减少工作量。
>
> **第 11 条** 最好的架构、需求和设计出自自组织团队。

表 14-3 重点介绍了传统的项目采购与敏捷产品开发的采购之间的差异。

表 14-3 传统采购管理与敏捷采购管理的对比

采用传统方法的采购管理	采用敏捷方法的采购管理
项目经理和组织对采购过程负责	自管理开发团队在确定采购清单的过程中扮演更重要的角色。Scrum 主管为开发团队采购所需物品提供支持
与服务供应商签订的合同常常要求提供确定的需求、翔实的文档、全方位的项目计划和基于瀑布型生命周期的可交付成果	敏捷产品开发的合同关注每次冲刺结束后对可工作功能的评估，而不会关注那些对交付高质量的产品可能并没有贡献的固定的交付成果和文档
买卖双方间的合同谈判有时极具挑战性。谈判活动常常是很紧张的，甚至在项目启动前就可以损害买卖双方之间的关系	从采购过程开始，Scrum 团队就专注于维持买卖双方间积极的合作关系
因为新的供应商必须设法理解上一家供应商大量尚未完工的工作，所以在项目启动后更换供应商会消耗大量的成本和时间	供应商在每次冲刺结束后提供完整的、可工作的功能。如果供应商在冲刺中期变更，那么新的供应商可以立即为下一次冲刺开发需求，从而避免漫长且昂贵的过渡过程

瀑布型团队和 Scrum 团队都非常关注供应商的成功。传统的项目方法专注于他们在履约及依照清单核对文档和可交付物来定义成功。与此不同，敏捷方法则专注于通过实现客户预期成果的可工作的产品来定义成功。

下一节介绍如何在敏捷产品开发中管理采购。

管理敏捷采购

本节重点关注 Scrum 团队如何完成采购的全过程，即从确定需求到选择供应商、再到与供应商合作签订合同，以及最后在产品开发工作结束时关闭合同。

确定需求和选择供应商

在敏捷产品开发中，当开发团队决定需要第三方提供一种工具或服务来创造产品时，采购工作开始启动。

敏捷开发团队具有自管理和自组织的特点，他们可以做出有助于开发产出最大化的决策。自管理适用于包括采购在内的所有产品开发领域。你可以在第 7 章和第 16 章找到关于自管理团队的更多信息。

开发团队有很多机会来考虑外部的商品和服务。

- **产品愿景**：开发团队可能开始考虑有助于实现产品愿景所必备的工具和技能。在此阶段，开发团队可能只是谨慎地研究需求，而不启动采购流程。
- **产品路线图**：开发团队开始考虑需要创造的特性，并可能意识到一些创造产品所必备的商品和服务。
- **发布计划**：开发团队对产品了解得更多，并且可以识别那些有助于达成下一个发布目标的特定的商品或服务。这个阶段开始为采购做动员。
- **冲刺计划**：开发团队处于开发的第一线，可能会识别一些对本次冲刺非常迫切的需要。
- **每日例会**：开发团队的成员提出遇到的阻碍。对商品或者服务的采购可能会帮助团队移除这些障碍。
- **全天工作**：开发团队成员在合作中相互沟通。某些具体的需求可能从开发团队成员之间的谈话中产生。
- **冲刺评审**：产品干系人可能会识别未来冲刺的新需求，开发这些新需求需要采购商品或服务。

- **冲刺回顾**：开发团队可能会讨论特定的工具或服务对以前的冲刺有什么帮助，并为后续的冲刺提出采购建议。

当开发团队决定需要某种商品或服务后，开发团队、Scrum 主管配合产品负责人一起拿到需要的资金。产品负责人负责管理范围和预算，所以他也对所有的采购负最终的责任。在与供应商建立联系并开始采购活动后，Scrum 主管通常代表 Scrum 团队管理供应商关系。

当采购商品时，开发团队或许需要在决定采购前比较供应商和商品。一旦你选择了采购的对象和渠道，那么这个过程通常就是购买并提货。

相对于采购商品而言，采购服务的过程通常周期更长且更为复杂。对于如何选择一家服务供应商，敏捷所特有的考虑如下。

- 供应商是否可以适应敏捷产品开发环境？如果适应，供应商有多少运用敏捷技术的经验？
- 供应商是否可以与开发团队一起现场办公？
- 供应商和 Scrum 团队间是否有可能建立积极的合作关系？

你所供职的组织或者公司可能会受制于与供应商选择相关的法律法规。比如参与政府工作的公司，经常要为一项成本超过特定金额的工作征集多家公司的建议书和投标书。虽然你的表兄弟或者你的大学朋友可能是完成这项工作最有资质的人选，但如果你不遵守相关的法律，可能就会惹上麻烦。假如你对如何简化复杂的流程心存疑虑，请与你们公司的法务部门进行核实。

在你选择一家服务供应商后，你需要订立一份合同，以便供应商可以开始工作。下面介绍合同如何在敏捷产品开发中发挥作用。

理解采购服务的成本计算方法和合同

在开发团队和产品负责人已经选择一家供应商后，他们需要一份合同来确保双方在服务和定价上达成一致。为了启动签订合同的过程，你必须知道不同的定价结构和它们如何在敏捷产品开发中发挥作用。当你理解了这些方法后，你就明白了该如何订立一份合同。

成本结构

当你正在为一项敏捷产品开发工作采购服务时，你需要着重了解固定总价法、固定时间法、工料法和天花板法的区别。在敏捷环境中，每种方法都有其独特的优势。

- **固定总价法**：在项目启动时就有设定的预算。对于固定总价法，供应商持续开发产品并发布产品特性，直至供应商已经消耗掉全部预算或者你已经交付了足够的产品特性。比如，你有 250 000 美元的预算，并且你的供应商成本是每周 10 000 美元，那么供应商在开发中的预算将持续 25 周。在这 25 周里，供应商会尽可能多地创造和发布可交付的功能。
- **固定时间法**：设有具体的截止期限。比如，你需要为下一个销售旺季、为一个特殊的事件，或者为了与另外一种产品同时发布而及时推出产品。你制定成本的依据是供应商团队在开发过程中的成本，以及诸如硬件或者软件这样的额外资源的成本。
- **工料法**：比固定总价法或者固定时间法更具有开放性。你与供应商的合作一直持续到完成足够的产品功能，且不需要考虑总成本。当开发结束，你的干系人确认产品已经拥有了足够的特性并宣布产品完成时，你才知道总成本。

  比如，你的开发成本为每周 10 000 美元，在 20 周后，你的干系人觉得他们拥有了足够有价值的产品特性，则你的项目成本为 200 000 美元。如果客户在 10 周后就认为他 / 她拥有了足够的价值，那么成本将是 100 000 美元。
- **天花板法**：产品开发的工料具有固定的价格上限。

向供应商压价的谬论

试图威逼供应商提供尽可能低的价格的做法往往会造成双输的局面。在经常实行最低价中标的产业领域中，承包商有这样一种说法：低价投标，持续加价。供应商常常在项目的征询方案阶段提供一个较低的价格，然后一直增加许多项目变更单，直到买方最终支付的资金达到或超过高价位的报价。

在瀑布型项目管理模式中，因为在项目的启动阶段，当你对产品还是一无所知时就锁定了范围和价格，所以后续的项目变更单及其带来的成本增长将不可避免。

对于供应商和买方来说，随着产品开发工作的展开，以固定的成本和期限来定义产品范围是一种更好的模式。双方都能够从开发中所学习到的知识受益，并且你也可以在冲刺结束时得到更好的产品，这个产品具有在冲刺结束时价值最高的功能。努力做一名好的合作者，而不是试图去做一名强硬的谈判者。

不管用哪种成本计算方法，敏捷产品开发总是优先完成价值最高的产品特性。

创建合同

当你知道了成本计算方法后，需要 Scrum 主管协助创建一份合同。合同在法律上约束了买卖双方之间关于工作量和支付方式的预期。

组织不同，创建合同的负责人也不同。在有些情况下，来自法务部或者采购部的人员起草合同，然后请 Scrum 主管审核；在其他情况下则正好相反，Scrum 主管起草合同，由法务或者采购专家审核。

不管谁具体创建合同，Scrum 主管通常代表 Scrum 团队负责下列事项：发起合同的订立工作，谈判合同细节，以及引导合同通过所有必需的内部审批。

在创建合同和进行谈判时，视合作价值高于谈判价值的敏捷方法是维系买卖双方关系的关键。在整个合同创建的过程中，Scrum 主管与供应商紧密合作，并进行坦诚、频繁的沟通。

敏捷宣言并没有暗示合同是不必要的（“客户合作重于合同谈判”）。不管你的公司或者组织的规模大小，你都要在你的公司和你的供应商之间订立一份服务合同。跳过合同，会使买卖双方陷入对开发工作预期的困惑之中，从而导致工作未完成甚至出现法律问题。

绝大多数合同都使用法律语言来描述参与方和工作量、预算、成本核算方法及支付期限。一份针对敏捷产品开发的合同可能包括以下内容。

- **对供应商将要完成的工作的描述**：供应商或许有它自己的产品愿景声明，这也许是描述供应商工作的理想出发点。你可以参考第 9 章中关于产品愿景的描述。
- **供应商可能使用的敏捷方法如下。**
  - 供应商将要参加的会议，比如每日例会、冲刺计划会议、冲刺评审会议和冲刺回顾会议。
  - 在每次冲刺结束后交付可工作的功能。
  - 完工定义（在第 11 章讨论过）：根据产品负责人、开发团队以及 Scrum 主管达成的协议，完成了开发、测试、集成和归档的工作。
  - 供应商提供的工件，比如带有可将进展可视化的燃尽图中的冲刺待办事项列表。
  - 供应商将要成为团队成员，比如开发团队。

- 供应商是否将在你的公司现场办公。
- 供应商将与其内部的 Scrum 主管和产品负责人一起工作，还是同你的 Scrum 主管和产品负责人合作。
- 合作结束条件的定义：达到固定的预算或者固定的时间，或者足够完整的、可工作的功能。

» **如果供应商不使用敏捷方法，则描述供应商和供应商承担的工作将如何与买方的开发团队和冲刺进行整合。**

以上内容不是一个全方位的清单，合同条款因产品和组织的不同而异。

合同在最终定稿之前可能将要经过多轮的审核和修改。每当你打算进行一项变更时，请与你的供应商对话，这是一种可以清楚地解释变更并与供应商维持良好关系的方法。如果你通过电子邮件发送了一份更改了的合同，那么请紧接着打个电话来说明你更改了什么内容以及为什么要更改，回答任何问题并讨论针对后续更改的任何想法。坦诚的讨论有助于将合同制定过程变得更加积极。

在合同的讨论过程中，如果关于供应商服务的任何实质性内容发生了变更，产品负责人或者 Scrum 主管最好与开发团队一起审核这些变更。开发团队尤其需要了解供应商在服务、方法和团队人员上的任何变化，并对此发表意见。

你的公司和供应商将很可能要求他们各自团队之外的人员来进行审核和批准。审核合同的人员可能包括高级经理或者高管、采购专家、会计师或者公司的律师。尽管不同的组织所涉及的人员不同，但 Scrum 主管必须确保任何需要审阅合同的人员按要求执行。

现在你已经对如何选择供应商和创建合同有所了解了，是时候看看如何与供应商合作了。

与供应商合作

你与供应商在敏捷产品开发中如何合作在一定程度上取决于供应商团队的结构。在理想的情况下，供应商团队应与买方组织充分整合，供应商的团队成员与买方的 Scrum 团队集中办公。只要有需要，供应商的团队成员就作为买方开发团队的一部分进行工作。

供应商不是你的组织的一部分，并不意味着供应商的团队成员不是 Scrum 团队的一部分。因为你希望你的供应商能作为开发团队的一部分，所以 Scrum 团队

的所有 Scrum 活动都要包含供应商的团队成员。

位置分散的供应商团队也可以被整合起来。虽然供应商不能在买方公司现场办公，但是他们仍然可以作为买方 Scrum 团队的一部分。第 16 章有关于敏捷团队活力的更多信息。

如果供应商不能集中办公，或者供应商承担产品中某个独立的部分，那么供应商可能会有一个单独的 Scrum 团队。供应商的 Scrum 团队按照与买方 Scrum 团队相同的冲刺进度计划工作。请查阅第 15 和第 19 章，你可以了解如何与多个 Scrum 团队进行合作。

如果供应商不使用敏捷产品管理方法，那么供应商的团队就独立于买方的 Scrum 团队进行工作，在买方的冲刺之外执行自己的进度计划。供应商的传统项目经理要确保其可以在开发团队需要时交付服务。如果供应商的进程或者时间表成为开发团队的障碍或者干扰，那么买方的 Scrum 主管可能需要介入。请查阅第 16 章“管理分散式团队的产品开发”这一节中关于与非敏捷团队合作的信息。

供应商可能会在一段规定的时间或者开发工作的生命周期内提供服务，当供应商的工作完成后，要对合同进行收尾。

合同收尾

当供应商按照合同要求完工后，买方的 Scrum 主管通常需要为履行合同而完成一些最后的工作。

如果开发工作根据合同正常完成，那么 Scrum 主管或许希望能以书面的形式确认合同的结束。如果是工料合同，那么 Scrum 主管更应该明确地按此执行，从而确保供应商不会在低优先级的需求上继续工作并为这些需求开出账单。

根据组织结构和合同的成本结构，Scrum 主管可能要负责在工作完成后通知买方公司的会计部门，确保供应商的款项得到妥善的支付。

如果产品开发在合同规定的结束时间之前完成（已经交付了足够的价值，可以重新部署资金到新的产品开发工作中），那么 Scrum 主管需要书面通知供应商并附上合同中关于提前终止合同的说明。

请以一份积极的总结来结束本次合作。如果供应商做得很好，那么 Scrum 主管可能想在冲刺评审时答谢供应商团队的所有成员。每位成员都可能会再次合作，一句简单、真诚的“谢谢”会为以后的开发工作维持良好的关系。

第 15 章　时间和成本管理

本章内容要点：

- 了解敏捷产品开发的时间管理有何特殊之处；
- 了解敏捷产品开发中的成本管理有何不同之处。

时间管理和成本控制通常是敏捷产品开发管理工作中两个关键的方面。在这一章，你将学到时间和成本管理的敏捷方法。你将了解如何使用 Scrum 团队的开发速度来评估时间和成本，以及如何通过加快开发速度来降低产品开发的时间和成本。

敏捷时间管理有何不同

在敏捷产品开发中，“时间”一词指的是确保及时完成和有效利用时间的一系列过程。为了更好地理解敏捷时间管理，我们回顾一下第 2 章提过的一些敏捷原则。

第 1 条　我们最优先考虑的是通过尽早和持续不断地交付有价值的软件来使客户满意。

第 2 条　即使在开发后期也欢迎需求变更。敏捷流程利用变更为客户创造竞争优势。

第 3 条　采用较短的项目周期（从几周到几个月），不断地交付可工作的软件。

第 8 条　敏捷流程倡导可持续开发。发起人、开发人员和用户要能够长期维持稳定的开发步伐。

表 15-1 列举了传统项目和敏捷产品开发中时间管理的一些区别。

表 15–1　传统时间管理方法与敏捷时间管理方法的对比

传统时间管理方法	敏捷时间管理方法
固定的范围直接决定项目的进度	范围是可变的。时间是可以固定的，并且开发团队可以只处理在特定时间框架内能够实现的需求
项目经理根据项目初期收集的需求确定项目时间	在开发过程中，Scrum 团队反复评估在给定时间框架内他们能够完成的工作
在需求收集、设计、开发、测试和部署等多个阶段，团队同时处理所有的项目需求，并且对关键需求和可选需求同等对待	Scrum 团队以多轮冲刺的方式开展工作，优先完成高优先级、高价值的需求
团队在项目中后期，即需求收集和设计阶段完成后，才开始进行实际的产品开发	Scrum 团队几乎在第一次冲刺就开始进行产品开发工作
传统项目的时间更容易变化	冲刺是在时间盒内完成的，冲刺周期是固定的，具有可预测性
在项目启动阶段，项目经理在对产品知之甚少的情况下，就试图预测进度	Scrum 团队基于冲刺的实际开发绩效来确定长期的进度。在开发过程中，随着 Scrum 团队对产品和开发团队的速度的了解逐步加深，他们会调整时间估算。本章稍后会详细介绍速度

记住
比较好

敏捷技术中固定进度或固定成本的方法风险更低，因为敏捷开发团队在时间或成本限制范围内始终交付高优先级的功能。

敏捷时间管理方法的一大好处是，Scrum 团队可以比传统项目团队更早交付产品。比如，得益于更早的开发工作和以迭代的方式完成功能开发，与我们公司合作的敏捷项目团队常常能够比计划时间提前 30%~40% 将产品推向市场。

小贴士
大用途

敏捷开发团队能够更快完成的原因并不复杂，他们只是更早地启动了开发工作。

下一节，我们将探寻如何管理时间。

管理敏捷进度

敏捷实践在进度和时间管理方面，同时提供战略和战术方面的支持。

- 早期的规划本质上是战略级的。产品路线图和产品待办事项列表中的高层级的需求可以帮助你形成对整体进度的初步认识。在第 9 章，你可以发现如何创建产品路线图和产品待办事项列表。
- 为每次发布和冲刺所做的详细计划都是战术级的。你可以阅读第 10 章关于发布计划和冲刺计划的介绍。

- 在发布计划阶段，你可以将你的发布目标确定为在某个具体日期前完成最小可上市特性。
- 你还可以为一个发布预留足够的时间来实现某个特定的特性集。
- 在每次冲刺计划会议上，除了为冲刺选择范围，开发团队也可以评估完成每个冲刺需求的相关任务所需的小时数。冲刺待办事项列表可用于在冲刺过程中管理详细的时间分配。

» 一旦你的开发开始，Scrum 团队的开发速度就可用于调整你的进度安排。

在第 10 章，我描述了为最小可上市特性制订的发布计划。所谓最小可上市特性，就是有足够价值的、在市场上可以有效部署和营销的最小产品功能组合。

为确定一个敏捷开发团队在给定时间内能够交付多少功能，你需要知道开发团队的速度。下面，你将看到如何测算速度、如何将速度用作规划的输入，以及如何在产品开发过程中提升速度。

速度

敏捷产品开发中时间管理的一个最重要的事项就是速度的使用，这是 Scrum 团队用于预测长期时间线的强大的经验数据集。在敏捷术语中，速度就是一个开发团队的工作速度。在第 9 章中，我们用故事点来描述为实现需求或者用户故事必须付出的工作量。你可以根据开发团队在每次冲刺所完成的用户故事点（满足完工定义）来测量其速度。

确定产品开发的周期

敏捷产品开发的周期由以下因素决定。

- **指定的截止日期**：Scrum 团队从业务角度考虑可能希望设置一个具体的完成日期。比如，你可能希望为某一个购物季推出一个产品，或者希望这个产品与竞争对手的产品发布时间相符。在这种情况下，你会设置具体的完成日期，并且从开发启动到结束都希望尽可能多地实现可交付的功能。
- **预算考虑**：Scrum 团队可能还会有预算方面的考虑，因为这将影响产品开发持续的时间。比如，如果你有 160 万美元的预算，而你的开发工作每周需要 2 万美元，那么你的开发工作将可以持续 80 周。你将有 80 周的时间用于实现和发布尽可能多的可交付功能。
- **已完成的功能**：敏捷产品开发也可能会持续到完成足够多的产品功能，以交付特定数量的价值为止。Scrum 团队可能会反复冲刺，直至完成所有最高价值的需求，然后再确定那些很少有人使用或者不会带来很多回报的低价值的需求。

一个用户故事是对一个产品需求的简要描述，它明确了一个需求必须达到的目标。用户故事点则是开发和实现一个用户故事所需要的工作量的相对数值。第 10 章探究了创建用户故事和使用故事点来评估工作量的细节。

一旦你知道了开发团队的速度，你就可以用速度作为长期规划的工具。速度可以帮助你预测 Scrum 团队需要多长时间完成给定数量的需求以及开发工作可能需要的开销。

下面，你将深入研究速度这一时间管理工具。你会看到范围变更如何影响一个时间表。你还将了解如何与多个 Scrum 团队合作，并和我一起回顾时间管理的敏捷工件。

监督和调整速度

开发启动后，Scrum 团队在每次冲刺结束时就开始监督其速度。速度将被用于制定长期的进度规划、预算规划和冲刺计划。

通常情况下，大家的短期计划和短期估算都做得很好，因此为即将来临的冲刺所做的精确到小时的任务计划往往是很有效的。与此同时，大家对相对遥远的任务做同样精度的估算经常是有所忌惮的。类似相对估算和速度这种基于实际绩效的工具适用于对长期规划做更精确的度量。

速度是一个不错的趋势分析工具。你可以用它来确定未来的时间表，这是因为不同的冲刺活动和开发时间是相同的。

速度是冲刺之后的实际情况，而不是目标。请避免在一个开发开始之前甚至在冲刺进行中试图猜测或承诺一定的速度，那样你只会对团队所能完成的工作量做出不切实际的期望。如果速度变成了一个目标，而不是过去的测量标准，那么 Scrum 团队可能会为了达到这个目标而夸大估算的故事点，从而使估算和速度变得毫无意义。与此相反，请使用 Scrum 团队实际的速度来预测整个开发工作可能持续的时间以及所产生的相应的成本。同时，通过消除在冲刺期间和冲刺回顾时发现的制约因素来提高速度。敏捷产品开发是拉式的，而不是推式的。

下面，你会了解如何计算速度、如何使用速度来预测进度以及如何提升 Scrum 团队的速度。

计算速度

在每次冲刺结束时，Scrum 团队检查已完成的需求并累加与这些需求相关的所有故事点，所得到的故事点总数就是这次冲刺中 Scrum 团队的速度。经过前几次冲刺，你将看到速度发展的趋势并能够计算出平均速度。

因为速度是一个数字，所以经理和高管可能想把速度作为一个绩效度量指标来进行奖励和团队比较。但速度不是一个绩效度量指标，它是团队特有的，不应该在 Scrum 团队之外使用。它只是 Scrum 团队用来预测剩余工作的一个工具。敏捷原则第 7 条提醒我们，可工作的软件（或可工作的产品）是测量进展的首要指标，而不是速度。

平均速度等于已完成的故事点总数除以已完成冲刺的个数。例如，如果开发团队的速度如下：

冲刺 1 = 15 点；

冲刺 2 = 13 点；

冲刺 3 = 16 点；

冲刺 4 = 20 点。

那么你已完成的故事点总数就是 64，再除以 4 次冲刺，你的平均速度就是 16。

为了获得用于预测的真实数据，你不需要跑完很多冲刺。事实上，在跑完第一次冲刺之后，你就能拿到关于 Scrum 团队速度的经验数据。当然，当你跑过更多的冲刺之后，你将会有更多的经验数据用来微调你的预测——基于实际情况而不是理论。

利用速度估算开发时间线

当你知道了自己的速度时，就可以确定你的产品开发工作将会持续多长时间。请参考如下步骤。

（1）合计产品待办事项列表剩余需求所对应的故事点数。

（2）用步骤（1）所得到的故事点总数除以速度，可以确定你需要进行的冲刺数量。

- 如果采用最悲观的估计，则使用开发团队已达到的最低速度。
- 如果采用最乐观的估计，则使用开发团队已达到的最高速度。
- 如果采用最可能的估计，则使用开发团队已达到的平均速度。

利用这个经验数据——实际输出速度，产品负责人可以给干系人一个发布成果的范围，他们可以一起尽早做出业务优先级的决策。这些决策可能包括是否需要额外的 Scrum 团队来开发更多的范围事项、调整市场发布日期，或者请求增加

预算。更棒的是，产品负责人可能会更早意识到哪些特性需要放弃。

（3）用冲刺周期乘以剩余的冲刺数量，可以得到完成产品待办事项列表中故事点所需要的时间。

例如，假设：

- 你的产品待办事项列表中还有 400 个故事点；
- 你的开发团队的速度是平均每次冲刺完成 20 个故事点。

那么完成你的产品待办事项列表还需要多少次冲刺？用故事点总数除以速度，你就能得到还需要进行的冲刺个数。在这个示例中，开发团队还需要进行 20 个冲刺，即 400/20=20（个）。

如果你的冲刺周期为 2 个星期，那么你的产品开发工作将持续 40 个星期。

一旦 Scrum 团队了解了自己的速度和需求所对应的故事点数，你就能够使用速度来判断任何给定的需求组合需要多长时间来实现。举例如下。

» 如果你知道一个单独的发布可能包含的故事点数，那么你就可以计算这个发布所需要的时间。发布级的故事点估算比冲刺级的故事点估算更粗略一些。如果你是基于交付特定功能来估算发布时间，那么随着你在产品开发中不断优化你的用户故事和估算值，你的发布日期可能会发生变化。

» 你可以根据一组特定的用户故事的故事点数来计算所需要的时间，比如所有高优先级的用户故事，或者与某个特定主题相关的所有用户故事。

另一种长期规划的方法是无估算运动，它主张将产品待办事项列表的内容分解成同等大小的事项，而不是估算每个事项得出不同大小的故事点。这里的速度是指每个冲刺能完成多少产品待办事项列表中的事项。用产品待办事项列表中的事项总数除以团队在一个冲刺中可以完成的该列表中事项的数量（速度），就可以得到完成产品所需冲刺数量的进度计划。

冲刺不同，速度也不同。对一个新产品而言，在前几次冲刺中，Scrum 团队通常速度较慢。在产品开发的推进过程中，Scrum 团队对产品了解更深入且团队合作更默契，速度会随之加快。某些冲刺遇到的挫折有时可能会暂时降低速度，但是诸如冲刺回顾这样的敏捷流程可以帮助 Scrum 团队确保这些问题只是暂时的。

新团队的速度往往在不同的冲刺中变化较大。只要团队成员稳定，一段时间过后，速度就会趋于稳定。在第 8 章中，我们讨论了创建长期性甚至永久性

Scrum 团队的价值。

Scrum 团队也可以提升速度，从而使产品开发周期缩短、成本降低。下面，你会了解在每个连续的冲刺中如何提升速度。

提升速度

如果 Scrum 团队有一个包含 400 个故事点的产品待办事项列表，平均速度为每次冲刺 20 个故事点，那么这个产品开发工作将需要进行 20 次冲刺，按每个冲刺周期为 2 周计算，将需要 40 周。但是如果 Scrum 团队提升了速度会怎么样？

- 如果将平均速度提升至每次冲刺 23 个故事点，那么冲刺数量将降低为 17.39 个（取整数为 18 个），该产品开发工作将持续 36 周。
- 若平均速度为每次冲刺 26 个故事点，那么该产品开发工作将需要进行 15.38 个冲刺（取整数为 16 个），即 32 周。
- 若平均速度为每次冲刺 31 个故事点，那么该产品开发工作将需要进行 12.9 个冲刺（取整数为 13 个），即 26 周。

正如你所看到的，提升速度可以节省大量的时间，相应地也会节约大量的成本。

随着 Scrum 团队找到相互合作的节奏，速度自然会随着每次冲刺提升。然而，在敏捷产品开发中，依然有机会获得超越常规增速之外的提升。在每个连续的冲刺中，Scrum 团队的每个人都发挥着积极的作用，帮助团队获得更高的速度。

- **移除障碍**：提升速度的一种办法是快速移除开发过程中遇到的障碍，这些障碍使得开发团队成员不能全力以赴地工作。就其定义而言，障碍会降低速度。如果障碍一出现就被快速清除，那么 Scrum 团队能够充分发挥水平，实现更高的效率。关于移除障碍的更多的介绍，请参阅第 11 章。
- **规避障碍**：提升速度的最好方法是一开始就在战略上制定好规避障碍的方案。通过对进程和特定需求的了解及研究，你可以在障碍出现之前防患于未然。
- **消除分心**：另一种提升速度的方法是 Scrum 主管保护开发团队远离干扰。通过确保没有人向开发团队提出与冲刺目标无关的工作要求（哪怕是花费很少时间的任务），Scrum 主管可以确保开发团队专注于当前的冲刺。

一个专职的 Scrum 主管能够不断地帮助 Scrum 团队预防和消除制约因素，会使 Scrum 团队的速度不断提高。专职的 Scrum 主管的价值是可以量化的。

» **征求团队意见**：Scrum 团队的每个人都可以在冲刺回顾会议上提供关于提升速度的想法。开发团队最清楚自己的工作，因而更容易找到提高产出的办法。产品负责人同样也会对需求有自己的看法，这些看法有助于开发团队提高速度。Scrum 主管或许已经遇到一些重复的障碍，可以在第一时间组织讨论如何预防这些障碍。

提升速度是非常有价值的，不过请不要指望一蹴而就。Scrum 团队的速度通常是一个缓慢增长的模式，一段时间的猛涨之后是相对平稳的阶段，然后又是缓慢的增长。这往往与 Scrum 团队识别、测试和修正一些制约因素有关。正如第 4 章所讨论的那样，他们使用科学的方法来持续改进他们的团队。

预防障碍

我所合作过的一个开发团队需要得到他们公司法务部的反馈，但是却一直没有收到来自电子邮件或语音信箱的任何回应。在一次每日例会上，某个开发团队成员认为这是一个障碍。会议结束后，Scrum 主管找到法务部的相关人员跟进这个问题，发现她的邮箱经常被一些申请占满，语音信箱也是如此。

于是，Scrum 主管建议采用新的法律申请流程：开发团队可以主动到法务部进行申请，就在那里当面得到即时反馈。新的流程只需要花费几分钟时间，却节省了几天的法务部内部的流转时间，有效预防了将来类似障碍的再次发生。

找到积极预防障碍的方法，有助于提升 Scrum 团队的速度。

保持速度的一致性

由于速度测量的是已完成工作的故事点，因此，只有基于如下前提，它才是一个精确的绩效指示器和预测器。

» **一致的冲刺周期**：在产品开发生命周期中，每次冲刺应该持续相同的时间。如果冲刺周期不同，那么每次冲刺中开发团队所能够完成的工作量也会不同，这样速度在预测剩余开发时间方面就没有意义了。

» **一致的工作时间**：每次冲刺，开发团队成员应该可以投入相同的时间。如果桑迪在这次冲刺中工作 45 小时，在另一次冲刺中工作 23 小时，还有一次冲刺是 68 小时，那么桑迪在不同的冲刺中自然就完成了不同的工作量。但是，如果桑迪在每次冲刺中始终保持相同的工作时间，那么她在不同冲刺中的速度就有了可比性。

- **一致的开发团队成员**：不同的人，工作速度不同。汤姆可能比鲍勃工作更快，因此，如果汤姆参与这次冲刺，而鲍勃参与下一次冲刺，那么汤姆的速度就不能很好地用于预测鲍勃参与的冲刺。

在产品开发中，当冲刺周期、工作时间和团队成员保持稳定，你就可以使用速度来真实地判断开发速度会提高还是降低，从而可以精确地估算时间表。基于这个原因，Scrum 团队坚持敏捷原则第 8 条："敏捷流程倡导可持续开发。发起人、开发人员和用户要能够长期维持稳定的开发步伐。"

绩效并不会随着可用时间而线性扩展。比如，如果你的冲刺周期是 2 周，每次冲刺完成 20 个故事点，当把冲刺周期改为 3 周时，并不能确保实现 30 个故事点的速度。新的冲刺周期将会导致不确定的速度变化。

虽然改变冲刺周期确实会给 Scrum 团队的速度和预测带来变化，但我们很少会阻止 Scrum 团队缩短冲刺周期（从 3 周缩短到 2 周，或者从 2 周缩短到 1 周），因为更短的反馈循环可以让 Scrum 团队更快地对客户反馈做出反应，使他们能够为客户提供更多价值。然而，Scrum 团队缩短冲刺周期也要谨慎。速度并不是随着冲刺周期变短而降低的，Scrum 团队必须为较短的冲刺周期建立一个新的速度，然后他们的预测才会重新变得可靠。

冲刺周期越短越好。如果你把冲刺周期从 2 周改为 3 周，那么你必须等待 3 周才能得到第一批经验数据；而如果你把冲刺周期从 2 周改为 1 周，那么你会得到三批新的经验数据。

当你知道如何准确测算和提升速度，你就拥有了一个管理进度和成本的强大的工具。下面，我们会介绍在一个不断变化的敏捷环境中如何管理时间线。

从时间角度管理范围变更

Scrum 团队在开发过程的任何时间都欢迎变更的需求，因为这种范围上的变更往往反映的是业务上真实的优先级。本质上这就是一个"需求达尔文主义"，即开发团队优先完成高优先级的需求。那些理论上听起来很不错的需求，如果从未在固定冲刺周期所要求的"优胜劣汰"的竞争中胜出，将会被抛弃。

新的需求可能对一个项目的时间表没有任何影响，你所要做的仅仅是对需求进行优先级排序。产品负责人与干系人协作，可以决定仅开发那些适应某个特定时间或预算的需求。产品待办事项列表中的需求优先级排序决定了哪些需求足够重要，可以将它们加入开发计划。Scrum 团队能保证完成高优先级的需求。低优先级的需求可能会被列入另一个产品待办事项列表中，或者可能不再被开发。

记住比较好

在第 14 章中，我讨论了如何用产品待办事项列表来管理范围变更。当你添加一个新需求时，你将此项需求与产品待办事项列表中的其他事项进行优先级比较，然后把新的事项放到产品待办事项列表中合适的位置。这可能会降低其他事项的优先级。当新需求出现时，如果你一直即时地更新产品待办事项列表和相关的估算，那么即便是范围持续变化，你仍然可以一直准确地把握产品开发的时间表。

产品负责人和干系人可能会认为产品待办事项列表中的所有需求（包括新需求）都应该被开发。在这种情形下，你将开发工作延期以适应追加的范围，或者提升速度，或者将产品范围拆分给多个 Scrum 团队，让他们同时实现不同的产品特性。在第 19 章，你可以了解更多关于多个团队进行产品开发的信息。

Scrum 团队在做进度计划时，经常将低优先级的需求安排到开发后期。这种准时制决策是因为特定范围的市场需求会发生变化，同时也因为随着开发团队实现节奏默契后，速度通常会提升。速度的提升将会增加你对在给定时间内开发团队所能够完成的产品待办事项的预测数量。在敏捷产品开发中，你会等待最后的责任时刻，做出完成后续工作的承诺，前提是你已经对当前的问题了然于胸。

下面将为你展示如何与多个 Scrum 团队合作，以实现同一个目标。

多团队的时间管理

在大型的开发工作中，多个并行工作的 Scrum 团队将能够在一个相对较短的时间范围内完成开发工作。

在下列场景中，你可能希望由多个 Scrum 团队协作完成：

- 开发工作量很大，远不是一个 9 人或者更小的开发团队能够完成的；
- 开发工作必须在某一个特定日期结束，而 Scrum 团队的速度不足以在此之前完成最有价值的需求。

记住比较好

一个开发团队理想的规模是 3~9 人。超过 9 人的团队将会开始形成筒仓，沟通渠道的数量增加使得团队进行自管理更加困难（在某些情况下，我们在小于 9 人的团队中也看到过这些问题）。当你的产品开发工作需要更多的开发团队成员胜过有效的沟通时，那就是考虑使用多个 Scrum 团队的时候了。

在第 19 章中，我们向你展示了几种跨多个团队扩展产品开发工作的技术。

使用敏捷工件进行时间管理

产品路线图、产品待办事项列表、发布计划和冲刺待办事项列表在时间管理中都发挥着各自的作用。表 15-2 列举了每个工件对时间管理的贡献。

表 15–2 敏捷工件在时间管理中的角色

工件	时间管理中的角色
产品路线图：支持产品愿景的按优先级排序的高层级需求的整体视图。第 9 章有更多关于产品路线图的介绍	产品路线图是整个产品优先级的战略视图。产品路线图很可能不会指明具体日期，而是为各组功能给出大概的时间范围，并勾勒出产品上市过程的初步框架
产品待办事项列表：当前已知的全部产品需求的完整列表。第 9 章和第 10 章有更多的介绍	在产品待办事项列表中的需求只有估算的故事点。当你知道你的开发团队的速度时，你可以使用产品待办事项列表中的故事点总数来确定一个现实的结束日期
发布计划：包括可上市的最小需求集合的发布计划，第 10 章有更多介绍	发布计划将会为特定目标确定一个预计发布日期，这个目标将包含可上市功能的最小集合。Scrum 团队在同一时间只会围绕一次发布做计划并开展工作
冲刺待办事项列表：包含了当前冲刺的需求和任务，详见第 10 章	在冲刺计划会议中，你可以评估冲刺待办事项列表中的每个任务所需要的小时数 在每次冲刺结束时，你可以根据冲刺待办事项列表中的所有已完成的故事点来计算出本次冲刺开发团队的速度

下面几节，你将深入了解敏捷产品开发中的成本管理。成本管理与时间管理是直接相关的。你将看到传统项目与敏捷产品开发中成本管理方法的对比，你还将看到如何估算成本以及如何使用速度来做长期的预算。

敏捷成本管理有何不同

成本是指一个产品的财务预算。当你参与一个敏捷产品开发时，你会关注价值，利用变更的力量，并追求简洁。敏捷原则第 1 条、第 2 条和第 10 条声明如下。

第 1 条 我们最优先考虑的是通过尽早和持续不断地交付有价值的软件来使客户满意。

第 2 条 即使在开发后期也欢迎需求变更。敏捷流程利用变更为客户创造竞争优势。

第 10 条 以简洁为本，最大限度地减少工作量。

因为敏捷原则重视价值、变更和简洁，所以敏捷产品开发采用了与传统项目不同的预算和成本管理方法。表 15-3 列出了一些不同之处。

当成本增加时，发起人有时会发现他们自己进退两难。在瀑布模式中，直到项目完工后，团队才被要求交付完整的产品功能。因为传统的开发方法是一种孤注一掷的建议，如果成本增加而干系人又不愿意为产品提供更多的资金，那么他们将得不到任何团队开发完成的需求。未完成的需求将逼迫干系人做出选择，要么继续拨款，要么一无所获。

表 15-3 传统成本管理与敏捷成本管理的对比

采用传统方法的成本管理	采用敏捷方法的成本管理
成本与时间一样都是基于固定的范围	进度（而非范围）对成本的影响最大。你可以在固定的成本和固定的时间下启动开发工作，然后完成符合你的预算和进度计划的需求，使其成为潜在可交付的功能
在项目启动前，组织会估算项目的成本并为项目拨款	产品负责人常常在产品路线图阶段完成后才获取资金。一些组织甚至每次只为一次发布拨款。产品负责人将在完成每次发布计划后获取资金
新的需求意味着更高的成本。因为项目经理是基于他们在项目启动时所了解到的少量信息做出的成本估算，所以成本超支的现象会非常普遍	Scrum 团队可以在不影响时间或者成本的情况下，用新的、同等规模的高优先级需求替代低优先级需求
容易出现范围膨胀（详见第 12 章），在一些人们几乎不使用的特性上耗费了大量的资金	因为敏捷开发团队是根据优先级来完成需求的，所以无论产品特性是在开发伊始还是在第 100 天加入的，团队都只关注那些客户真正需要的特性
只有在项目完成后才能产生收益	Scrum 团队可以在产品开发初期就发布可工作的、能够产生收益的功能，从而实现自筹资型产品

在下一节中，你会看到关于敏捷产品开发的成本管理方法，包括如何估算一个敏捷项目的成本、如何控制你的预算以及如何降低成本。

管理敏捷预算

在敏捷产品开发中，成本通常与时间直接相关。因为 Scrum 团队是由全职的、专职的团队成员组成，所以他们的团队成本是固定的，通常以每小时或者人均固定费率表示，并且每次冲刺都一样。一致的冲刺周期、工作时间和团队成员将有助于你准确地使用速度来预测开发速度。当你使用速度来确定执行多少次冲刺，即产品开发工作需要持续多久时，你就能知道你的产品开发工作将需要多少成本。

成本也包括一些像硬件、软件、许可证这样的资源的费用，以及为完成产品开发可能需要的其他开销。

在本节中，你会知道如何制定一份初始的预算和如何运用 Scrum 团队速度来制定长期的成本预算。

创建初始预算

为了创建你的产品预算，你需要知道 Scrum 团队每次冲刺的成本以及完成开发所需要的任何额外资源的成本。

通常，你根据每名团队成员的每小时费率来计算你的 Scrum 团队的成本。用每名团队成员的每小时费率乘以他 / 她每周有效的工作时间，再乘以他 / 她在冲刺中参与的星期数，就得到该 Scrum 团队成员每次冲刺的成本。表 15-4 展示了针对一支 Scrum 团队（包括 1 名产品负责人、5 名团队开发成员、1 名 Scrum 主管）执行一次为期 2 周的冲刺的预算示例。

表 15–4 冲刺周期为 2 周的 Scrum 团队的预算示例

团队成员	每小时费用	每周小时数	每周成本	冲刺成本（2 周）
唐	80 美元	40	3 200 美元	6 400 美元
佩吉	70 美元	40	2 800 美元	5 600 美元
鲍勃	70 美元	40	2 800 美元	5 600 美元
迈克	65 美元	40	2 600 美元	5 200 美元
琼	85 美元	40	3 400 美元	6 800 美元
汤米	75 美元	40	3 000 美元	6 000 美元
皮特	55 美元	40	2 200 美元	4 400 美元
总计		280	20 000 美元	40 000 美元

产品不同，额外资源的成本也不尽相同。在确定你的成本时，除了 Scrum 团队成员的成本以外，请考虑以下几个方面：

- 硬件成本；
- 软件，包含许可证成本；
- 托管成本；
- 培训成本；
- 团队费用杂项，比如额外的办公用品、团队午餐、差旅费和可能需要的任何工具的费用。

这些成本可能是一次性开支，不需要每次冲刺都单独支付。我建议在你的预算中将这些成本区分开来。正如你将会看到的，你需要根据每次冲刺的成本来确定开发的成本（为了使计算简单些，我们假设每次冲刺的成本是 40 000 美元，其中包括 Scrum 团队成员的成本以及任何额外的资源，比如刚刚列出的那些资源）。

资源通常指的是无生命的物体，而不是人。资源是需要管理的。在讨论资源时，我们把人称为团队成员、人才，或者只是人。虽然这看上去只是件小事，但当你更加关注个体和互动而不是流程和工具时，甚至在细节上也是如此，你的思维方式就会发生变化，会变得更加敏捷。

创建一个自筹资产品

敏捷产品开发的一个重要的好处就是具有产生自筹资的能力。Scrum 团队在每次冲刺结束后交付可工作的功能，并在每次发布周期结束时将那个功能推向市场。如果你的产品是一种创收型产品，你就可以利用早期发布成果的收益来支撑产品开发后续阶段的支出。

例如，一个电子商务网站积累 6 个月后将所有已完成的工作作为一个大版本发布，而不是逐步发布功能，这样可能每月产生 100 000 美元的收入。然而，这家电子商务网站可以在第一次发布一些必要的、有价值的功能后每个月产生 15 000 美元的销售额，在第二次发布有价值的功能后销售额达到 40 000 美元，依次类推。表 15-5 和表 15-6 举例说明了按照传统项目模式和自筹资型敏捷产品开发模式实施项目的收入状况。

在表 15-5 中，项目在经过 6 个月的开发后创造了 100 000 美元的收入。下面将表 15-5 与表 15-6 的收入情况进行对比。

在表 15-6 中，产品在第一次发布后即产生收入。在 6 个月后，产品已经产生了 330 000 美元的收入，与表 15-5 中的项目相比多收入了 230 000 美元。

表 15–5　6 个月后最终发布的传统项目收入

月份	产生的收入	项目的总收入
1 月	0 美元	0 美元
2 月	0 美元	0 美元
3 月	0 美元	0 美元
4 月	0 美元	0 美元
5 月	0 美元	0 美元
6 月	100 000 美元	100 000 美元

表 15-6 每个月发布的产品收入和 6 个月后最终发布的产品收入

月份	产生的收入	项目的总收入
1 月	15 000 美元	15 000 美元
2 月	25 000 美元	40 000 美元
3 月	40 000 美元	80 000 美元
4 月	70 000 美元	150 000 美元
5 月	80 000 美元	230 000 美元
6 月	100 000 美元	330 000 美元

利用速度来确定长期成本

在本章“利用速度估算开发时间线”这一小节中，我们介绍了如何利用 Scrum 团队的速度和产品待办事项列表中剩余的故事点来确定一个产品开发持续的时间。你可以利用相同的信息来确定开发整个产品的成本或者当前发布的成本。

当你知道了 Scrum 团队的速度，你就可以计算出产品开发剩余工作量的成本。

在本章前文所述的速度示例中，Scrum 团队的平均速度为每次冲刺完成 16 个故事点，产品待办事项列表包含 400 个故事点，并且冲刺周期为 2 周，那么该产品需要执行 25 次冲刺（50 周）才能完成。

用每次冲刺的成本乘以 Scrum 团队还需要为完成产品待办事项列表所需的冲刺次数，来确定你的产品开发剩余工作量的成本。

如果你的 Scrum 团队的成本为每次冲刺 40 000 美元，并且你还需要执行 25 次冲刺，那么产品开发剩余工作量的成本为 100 万美元。

下面，你会发现一些可以用来降低成本的方法。

通过提高速度来降低成本

在本章关于时间管理的部分，我谈到了如何提高 Scrum 团队的速度。再来看之前的示例，表 15-4 中为期 2 周的冲刺成本是 40 000 美元，我们来看看提高速度将如何使成本降低，具体如下。

- 如果 Scrum 团队将平均速度由每次冲刺 16 个故事点提高到 20 个故事点：
  - 你还需要执行 20 次冲刺；
  - 剩余开发将花费 80 万美元，为你节约 20 万美元的成本。
- 如果 Scrum 团队将速度提高到 23 个故事点：

  - 你还需要执行 18 次冲刺；
  - 剩余开发将花费 72 万美元，为你节省 8 万美元；
- 如果 Scrum 团队将速度提高到 26 个故事点：
  - 你还需要执行 16 次冲刺；
  - 剩余开发将花费 64 万美元，为你节省 8 万美元。

正如你所看到的，通过移除障碍来提高 Scrum 团队的速度可以真正地节约成本。

通过减少时间来降低成本

你还可以通过放弃低优先级的需求来减少冲刺次数，进而降低成本。在敏捷产品开发中，因为每次冲刺都可以交付完整的功能，所以当干系人发现后续开发所需要的成本高于开发成果产生的价值时，可以决定中止开发。

随后干系人可以利用被中止的产品开发工作的剩余预算开发一个更有价值的产品。这种将一个开发工作的预算转移到另一个开发工作的实践被称作资本调配。

当根据成本来决定一个开发工作是否应该结束时，你需要知道：

- 在产品待办事项列表中剩余需求的业务价值（V）；
- 为完成产品待办事项列表中的需求所需工作量的实际成本（AC）；
- 机会成本（OC）或者让 Scrum 团队开发一个新产品所产生的价值。

当 V<AC+OC 时，意味着你需要向剩余产品需求投入的成本超过你从中能获取的价值，你可以选择停止产品开发。

考虑这样一个例子，一家公司正在使用敏捷产品开发技术：

- 产品待办事项列表中的剩余特性将产生 10 万美元的收入（V=10 万美元）；
- 为创建这些特性，将需要执行 3 次冲刺，每次冲刺的成本为 4 万美元，总计 12 万美元（AC=12 万美元）；
- Scrum 团队原本可以承接一个新产品，该产品经过 3 次冲刺后，扣除 Scrum 团队的成本后仍将产生 15 万美元的收入（OC=15 万美元）；
- 1 万美元的产品价值（V）低于实际成本（AC）和机会成本（OC）之和，即 27 万美元。这将是结束这个产品开发工作并将资本重新调配到下一个产品的最佳时机。

资本调配有时会在紧急情况下出现，这时组织需要 Scrum 团队暂停当前的开发工作并转向更有价值的事情。发起人有时会在重启一个暂停的产品开发工作之前评估它的剩余价值和成本。

暂停和转向的费用可能很高。与复员和重新动员相关的费用——保存在制品、记录当前状态、向暂停的团队成员说明情况、为新的开发重新调整、向团队成员说明新的开发情况、为新的开发学习新技能——可能非常高昂，因此应在决定暂停开发工作之前进行评估，以防止其在将来又要重启。V<AC+OC 可以帮助你更好地做出这个决定。

发起人还可以将产品待办事项列表的价值与整个产品开发过程中的剩余开发成本进行比较，这样就能知道在什么时候结束开发能获得最大的价值。

确定其他成本

与时间管理类似，当你知道了 Scrum 团队的速度时，你就可以确定开发的成本。举例如下。

- 如果你知道发布中包含的故事点数，你就可以计算出每次单独发布的成本。用发布中的故事点数除以 Scrum 团队的速度，你就可以确定 Scrum 团队所需的冲刺数。在发布计划阶段的故事点估算要比在冲刺计划阶段的估算更粗略一些，因此你的成本也可能会变化，具体取决于你如何确定你的发布日期。
- 你可以根据一组特定的用户故事的故事点数来计算其所需的成本，比如所有高优先级用户故事的成本或者与某个特定主题相关的所有用户故事的成本。

使用敏捷工件进行成本管理

你可以利用产品路线图、发布计划、产品待办事项列表和冲刺待办事项列表来进行成本管理。表 15-2 能起到展示每个工件如何帮助你测算和评估开发时间和成本的作用。

基于开发团队的经验而证实的对开发时间和成本的预测，比基于假设或团队预期目标的预测要更精确。

第 16 章　团队活力和沟通管理

本章内容要点：

- 认识敏捷原则如何改变团队活力；
- 理解敏捷产品开发中沟通的不同之处；
- 领会敏捷产品开发中的沟通机制。

团队活力与沟通是敏捷产品开发中特别重要的部分。在本章中，你会发现传统方法和敏捷方法在团队和沟通管理方面的不同之处。你还将看到，对团队个体和互动给予高度重视是如何帮助敏捷团队成为优秀团队的。此外，你还会发现面对面沟通如何帮助敏捷产品开发取得成功。

敏捷团队的活力有何不同

敏捷团队的独特之处在于什么？使得敏捷团队与传统团队不同的最核心的原因就是团队活力。敏捷宣言（请参考第 2 章）确立了敏捷团队成员协作的框架：敏捷宣言的第一个价值观就是“个体和互动高于流程和工具”。

以下敏捷原则体现出其对团队成员以及他们之间的合作的重视。

第 4 条　业务人员和开发人员必须在整个项目期间每天一起工作。

第 5 条　围绕富有进取心的个体而创建项目，为他们提供所需的环境和支持，信任他们所开展的工作。

第 8 条　敏捷流程倡导可持续开发。发起人、开发人员和用户要能够长期维持稳定的开发步伐。

第 11 条 最好的架构、需求和设计出自自组织团队。

第 12 条 团队定期反思如何能提高成效，并相应地调整自身的行为。

敏捷原则适用于许多不同的产品管理领域，在本书多个章节中都反复提到了这些原则。

在敏捷产品开发中，开发团队包括那些实际从事产品创造的人员。开发团队加上产品负责人、Scrum 主管即构成 Scrum 团队。产品团队则是由 Scrum 团队和相应的干系人组成。每个 Scrum 团队成员都承担自管理的责任。

表 16-1 列举了团队管理在传统项目和敏捷产品开发中的一些区别。

我们避免用“资源”这个术语来称呼“人”。将人和设备用同一个术语描述，意味着我们认为团队成员是可以被换进换出的可替代的对象。资源是可利用、可消费的物品，而团队成员都是有感情、有思想、有优先权的人类。在团队协作的过程中，人会学习、会创造、会成长。通过称呼这些伙伴为“人”而不是“资源”来表达对你团队成员的尊重，虽然看起来有些微不足道，却有力地强调了一个事实，即敏捷思想体系的核心是人。

表 16-1 传统团队与敏捷团队活力对比

用传统方法管理团队	用敏捷方法管理团队
项目团队以命令和控制这种自上而下的方法来管理项目，而项目经理则负责分配任务给团队成员并控制他们所做的工作	敏捷团队实行自管理、自组织模式，并受益于服务型领导风格。与自上而下的管理方式不同的是，服务型领导以指导团队、移除障碍、防止团队注意力分散为主，从而为团队成长赋能
公司评价每个员工的绩效	敏捷组织评价团队的绩效。和所有体育运动团队一样，敏捷团队作为一个整体，共同面对成败。整体团队绩效鼓励个体团队成员寻求各种方式为团队的成功做出贡献
团队成员经常发现他们同时参与多个项目，他们的注意力被迫来回切换	开发团队每次只致力于一个目标，并且从专注中获益
开发团队成员有不同的角色，如“程序员”或“测试员”	敏捷组织更关注技能而非职位。开发团队成员跨职能协作，在团队中承担不同的工作来确保他们快速完成高优先级的需求
开发团队的规模没有具体的限制	开发团队的规模是被有意限制的。理想的开发团队有 3~9 名成员
团队成员通常被称为“资源”（“人力资源”的简称）	团队成员被称为“人”“人才”“团队成员”。在敏捷产品开发中，你可能不会听到有人用“资源”一词来称呼“人”

下面几节将探讨一个专注、跨职能、自组织及规模有限的团队对敏捷产品开发的价值。你还会发现更多关于服务型领导以及如何为 Scrum 团队创造良好环境的介绍。简言之，你会发现团队活力是如何帮助敏捷产品开发取得成功的。

管理团队活力

当我们和产品负责人、开发人员以及 Scrum 主管交流时，不止一次听到同样的声音：人们享受敏捷产品开发。Scrum 团队活力使得人们能够用其掌握的最好的方法来做好每一项工作。Scrum 团队成员有机会学习知识、帮助他人、领导团队，并成为有凝聚力的、自管理的团队中的一员。

下面将告诉你，作为敏捷团队的成员该如何开展工作以及为什么在团队合作中采用敏捷方法可以使开发取得成功。

走向自管理和自组织

在敏捷产品开发中，Scrum 团队直接对可交付物负责。Scrum 团队组织他们自己的工作和任务，实行自管理。虽然没有人告诉 Scrum 团队要做什么，但这并不意味着敏捷开发没有领导者。Scrum 团队的每个成员都有机会根据自己的技能、想法和倡议来非正式地领导团队。

自管理和自组织的想法是一种对工作的成熟思考。自管理假定人们都是职业化的、有上进心的，并且能全身心地投入一项工作中并坚持到底。其核心理念是，为一项工作每天持续付出的人们对这项工作了解得最清楚，同时也最有资格决定如何完成这项工作。推进自管理的 Scrum 团队建设的前提是在团队内部以及团队所在的组织中建立全面的信任和尊重的环境。

尽管如此，我们必须清楚，责任是敏捷产品开发的核心。不同之处在于，敏捷团队对你可以看到并展示的实际结果负责，而在传统项目中，公司要求团队遵从组织按部就班的流程，这使他们失去了创新的能力或动力。必须承认，自管理让开发团队的创新能力和创造力都得以回归。

为了让一个 Scrum 团队实现自管理，你需要创建一个可信任的环境。Scrum 团队的每个人都必须互相信任，相信人人都会为 Scrum 团队和产品倾尽全力。团队所在的公司或者组织也必须相信团队是称职的，相信他们可以做出决定，相信他们有能力进行自管理。为了创建和维护信任的环境，Scrum 团队的每个成员必须以个人和团队的名义对产品和彼此做出承诺。

自管理开发团队之所以能够创造出更好的产品架构、需求和设计，有一个简单的原因，那就是主人翁精神。当你给予大家解决问题的自由和责任时，他们就会对自己的工作更加投入。

Scrum 团队成员在产品开发的所有领域中都扮演着重要角色。表 16-2 列举了 Scrum 团队是如何管理范围、采购、时间、成本、团队活力、沟通、干系人、质量和风险的。

表 16-2　产品管理与自管理团队

产品管理领域	产品负责人如何自管理	开发团队如何自管理	Scrum 主管如何自管理
范围	• 根据产品愿景、发布目标和每个冲刺目标来决定范围的取舍和归类 • 通过产品待办事项列表的优先级排序来确定实现哪些需求	• 可以根据技术相关性建议新的特性 • 与产品负责人直接合作来明确需求 • 确定在一次冲刺中他们可以承诺完成多少工作 • 根据冲刺待办事项列表的范围，明确需要完成的任务 • 确定实现特定特性的最佳方法	• 移除那些限制开发团队进行产品开发的障碍 • 帮助开发团队在一个接一个的冲刺中变得越来越高效
采购	• 确保为开发团队所需要的工具和设备提供必要的资金	• 确定开发产品所需的工具 • 与产品负责人一起获取那些工具	• 帮助采购用于提高开发团队开发速度的工具和设备
时间	• 确保开发团队正确理解产品特性，从而使其能够准确评估开发这些特性所需的工作量 • 使用速度（开发速度）来预测远期工作的时间线	• 估算开发产品特性所需的工作量 • 识别在给定的时间框架（冲刺）内可以实现的特性 • 经常对每次冲刺中的任务进行时间估算 • 自己决定每日开发进度并管理自己的时间	• 引导估算扑克游戏 • 帮助开发团队提高开发速度，开发速度影响了开发时间 • 保护团队远离组织级浪费时间的活动和干扰
成本	• 对预算以及投资回报率承担最终责任 • 根据时间线，使用开发速度预测远期工作成本	• 估算开发产品特性所需的工作量	• 引导估算扑克游戏 • 帮助开发团队提高开发速度
团队活力	• 作为 Scrum 团队不可或缺的成员，致力于产品开发的成功	• 通过跨职能协作预防瓶颈，并且愿意承担各种类型的任务 • 持续学习，相互帮助 • 以个人和 Scrum 团队成员的名义，对产品和其他人做出承诺 • 当需要做出重要决定时，力求达成共识	• 推动 Scrum 团队集中办公 • 帮助移除 Scrum 团队实现自管理的障碍 • 服务型领导是 Scrum 团队不可或缺的成员 • 当需要做出重要决定时，力求在 Scrum 团队内部达成共识 • 促进 Scrum 团队与干系人的关系

（续表）

产品管理领域	产品负责人如何自管理	开发团队如何自管理	Scrum 主管如何自管理
沟通	• 持续向开发团队传递关于产品和业务需求的信息 • 与干系人沟通产品开发进展的信息 • 在每次冲刺结束前的评审会议上协助向干系人展示可工作的功能	• 在每日例会上检查进度，协调下一步任务并识别障碍 • 确保每日更新冲刺待办事项列表，提供关于项目状态的最新的、准确的信息 • 在每个冲刺结束前的评审会议上向干系人展示可工作的功能	• 鼓励 Scrum 团队成员之间面对面的沟通 • 在公司或组织内促进 Scrum 团队和其他部门的紧密协作
干系人	• 设定愿景、发布和冲刺目标 • 保护开发团队免受商业噪音的干扰 • 在冲刺评审中收集反馈 • 在整个项目过程中收集需求 • 沟通发布日期以及新的特性需求对发布日期的影响	• 在冲刺评审中展示可工作的功能 • 与产品负责人协作分解需求 • 通过发布和冲刺燃尽图汇报开发进度 • 在每天工作结束时更新任务状态	• 向干系人提供 Scrum 流程和敏捷原则方面的指导，因为这些原则与干系人和 Scrum 团队的互动有关 • 保护开发人员不受与业务无关因素的干扰 • 引导冲刺评审会议，以收集干系人的反馈 • 引导冲刺评审以外的互动
质量	• 制定和澄清需求验收标准 • 确保开发团队正确理解并诠释需求 • 向开发团队提供来自市场和组织内部对产品的反馈 • 在每次冲刺中验收产品特性，并标记为“完工”	• 致力于追求技术卓越和良好的设计 • 对工作成果保持全天候测试，每天全面测试所有的开发成果 • 在每个冲刺结束时的回顾会议上检查工作成果，并加以调整和改进	• 协助引导冲刺回顾会议 • 协助 Scrum 团队成员之间面对面的沟通，这样有助于确保高质量的工作 • 协助创建一个可持续的开发环境，以便开发团队发挥出最好的水平
风险	• 审视整体的产品风险以及与投资回报率（ROI）相关的风险 • 将产品待办事项列表中靠近顶部的高风险项目划定为高优先级，以便尽早解决这些问题	• 为每个冲刺识别和制定风险规避方法 • 向 Scrum 主管提醒存在的障碍和干扰 • 利用冲刺回顾会议中得到的信息来减少后续冲刺的风险 • 采用跨职能协作，从而减少由于成员意外离开团队而造成的风险 • 努力争取在每个冲刺结束时提交可交付的功能，从而降低整个产品的风险	• 帮助阻止障碍和干扰因素 • 帮助移除障碍和已经识别的风险 • 引导开发团队就可能存在的风险进行交流

记住比较好

总而言之，使用敏捷技术开发产品的人常常能够达到非常高的工作满意度。自管理让人们与生俱来想要掌控自己命运的愿望有机会得以实现，并且每一天都可以实现。

下面将讨论使用敏捷产品开发技术的人拥有幸福感的另一个原因：服务型领导。

对团队的支持：服务型领导

Scrum主管以服务型领导的方式工作，其职责是排除障碍、防止干扰并帮助Scrum团队发挥出最大的潜力完成工作。敏捷开发的领导者往往帮助团队寻找解决方案，而不是分配任务。Scrum主管给予Scrum团队信任，引导并促进Scrum团队进行自管理。

Scrum团队的其他成员也可以承担起服务型领导的角色。当Scrum主管帮助消除干扰和障碍的时候，产品负责人和开发团队成员同样可以在对方有需要时提供帮助。产品负责人可以积极提供关于产品需求的重要细节，快速回答开发团队的问题。当开发团队成员变得更加跨职能时，他们可以互相帮助和指导。Scrum团队中的每个人都可能在产品开发的某一时刻承担服务型领导的角色。服务型领导的思想贯穿整个团队。

拉里·斯皮尔斯（Larry Spears）在他的论文《服务型领导的理念与实践》（*The Understanding and Practice of Servant-Leadership*）中提出了服务型领导的十大特征。在列出这些特征的同时，我们对团队活力如何从每项特征中受益进行了补充说明。

- **倾听**：Scrum团队成员仔细倾听其他成员的心声，这将帮助他们发现需要互相帮助的领域。为了移除障碍，服务型领导可能不仅要倾听团队成员所表达的内容，还要挖掘他们没有说出的话语。
- **同理心**：服务型领导尽力去理解Scrum团队成员并进行换位思考，同时促进他们相互之间的理解。
- **治愈**：治愈意味着弥补那些不能以人为本的流程所带来的伤害。这些流程将人看作设备和可更换的零件。许多传统项目管理方法并没有“以人为本”。
- **知晓**：为了更好地服务Scrum团队，团队成员可能需要知晓许多不同层级的活动。
- **说服力**：服务型领导依靠的是说服力，而不是自上而下的权威。强大的说服能力和组织级的影响力将帮助Scrum主管在公司或者组织内为Scrum团队摇旗呐喊。此外，服务型领导还能够将这种说服力技能传授给Scrum团队的其他人，从而维护和谐的氛围并建立团队共识。
- **概念化**：Scrum团队的每个成员都可以使用概念化技能。敏捷生命周期不断变化的本质鼓励Scrum团队超越自我、大胆想象。无论是为了产品开发还是团队活力，服务型领导都将有助于培养 Scrum 团队的创造力。

- **远见**：每次冲刺回顾会议都能提高 Scrum 团队的预见能力。通过定期检查团队的工作成果、流程和团队活力，Scrum 团队可以不断调整，并知道如何为后续冲刺做出更好的决策。
- **管家**：服务型领导是 Scrum 团队所需要的“管家”，“管家”意味着信任。Scrum 团队成员彼此信任，能够从整体上考虑团队和产品的需求。
- **致力于人的成长**：成长对于 Scrum 团队形成跨职能工作的能力至关重要。服务型领导将鼓励和推动 Scrum 团队学习和成长。
- **建立社区**：一个 Scrum 团队就是一个社区。服务型领导将帮助建立和维持社区里的“正能量”。

服务型领导之所以有效，是因为它积极聚焦于个体和互动，这是敏捷产品开发的关键原则。与自管理非常相似的是，服务型领导需要信任和尊重。

这叫技术支持

服务型领导的概念并不是敏捷产品开发所独有的。如果你学过管理技术，你或许会认同罗伯特·K. 格林立夫（Robert K. Greenleaf）的理念。他是服务型领导现代运动的先驱，于 1970 年在一篇文章中提出了“服务型领导”的概念。格林立夫创立了应用伦理中心，现在以“格林立夫服务型领导力中心”闻名，该中心主要是面向全球推广服务型领导的理念。

另外一位服务型领导专家肯尼思·布兰查德（Kenneth Blanchard）同斯宾塞·约翰逊（Spencer Johnson）合著了《一分钟经理人》（*The One Minute Manager*）。在这本书中，他描述了管理高绩效员工和团队的优秀管理者的特征。这本书后来被更新为《新一分钟经理人》（*The New One-Minute Manager*），布兰查德研究的管理者之所以如此高效，是因为他们专注于确保团队成员的工作有方向、有资源，不受无关噪声的干扰，从而能尽快完成工作。

与 Scrum 团队成功的相关因素：专职的团队和跨职能的团队。

专职的团队

下面列举了拥有一个专职的 Scrum 团队的重要益处。

- **使团队成员一次只专注于一个目标，有助于防止干扰。**专注于一个目标，例如一个冲刺目标，通过减少任务切换来提高生产率。
- **专职的 Scrum 团队受到的干扰较少，因此犯错的概率也就较小。**当一个人不需要同时满足多个任务的要求时，他就有足够的时间和清晰的思维来确保工作出色完成。第 17 章详细讨论了提高产品质量的方法。

- **当人们在专职的 Scrum 团队中工作时，他们会清楚地知道每天将要做什么。**行为科学中有一个有趣的现象，当人们知道当前需要承担的工作之后，他们在上班时所思考的问题将在他们下班后自然而然地继续占据他们的大脑。稳定的任务会促使你每天花更多的时间进行思考，这使得创造更好的解决方案和更高质量的产品成为可能。
- **专职的 Scrum 团队成员能够提出更多的产品创意。**当人们心无旁骛地沉浸在产品中时，他们能够为产品功能想出创造性的解决方案。
- **专职的 Scrum 团队工作的幸福感可能更强。**因为 Scrum 团队成员能够集中精力于一个目标，所以他们的工作更轻松。他们更乐于完成有质量的工作，希望工作富有成效、持续创新。专职的 Scrum 团队对工作有更高的满意度。
- **当你有一个专职的 Scrum 团队每周工作相同的时长，你就可以准确地计算出速度——团队的开发速度。**在第 15 章中，我们谈到了在每个冲刺结束时计算 Scrum 团队的速度，并将其用于确定长期的时间线和成本。速度依赖于对一个冲刺与后续冲刺的产出进行比较，因此，如果 Scrum 团队的工作时长是固定的，那么使用速度来预测时间和成本的效果最好。如果你不能拥有一个专职的 Scrum 团队，那么至少争取让团队成员每周分配相同的时长到你的开发工作中。

富有成效的多任务高手或许只是个传说。在过去的 25 年，特别是在过去的 10 年，许多研究都证明任务切换降低了生产率，影响了决策技能的发挥，并导致更多错误的产生。

为了获得专职的 Scrum 团队，你需要组织的强有力的支持。许多公司要求员工同时为多个目标工作，这种做法基于一个错误的假设，即招聘更少的人可以使公司节省成本。当公司开始采用更敏捷的思维方式时，他们就会发现使成本最少的方法是通过聚焦来减少缺陷和提高开发效率。

在制品导致昂贵的库存，不能创造价值。Scrum 团队不断寻求通过专注和投入来减少在制品的方法。

Scrum 团队的每个成员都可以帮助确保团队专职化。

- 如果你是一名产品负责人，要确保你的公司了解这一点：从财务角度来看，设置一个专职的Scrum团队也是不错的决定。由于你对产品的投资回报负责，所以请随时准备为你的产品成功争取一切资源。

» 如果你是开发团队的成员，那么当任何人要求你承担当前冲刺目标之外的工作时，你可以拒绝，如果有必要，你可以寻求 Scrum 主管或者产品负责人的支持。一项外部工作请求，无论看上去多么无关痛痒，都是一个潜在的干扰项，甚至可能会让你为此付出高昂的代价。

» 如果你是一名精通敏捷方法的 Scrum 主管，你要让你的公司明白为什么一个专职的 Scrum 团队意味着在制品的减少，以及生产率、质量和创新的提升。一个优秀的 Scrum 主管应该同时具有组织内的影响力，从而防止公司将 Scrum 团队成员安排到其他的开发工作中。请参阅第 8 章，了解更多有关稳定、长期甚至永久性团队的重要性。

Scrum 团队的另一个特征是跨职能。

跨职能团队

跨职能的开发团队也十分重要。开发团队不仅包括程序员，还包括所有在开发期间参与工作的人，这些工作将产品需求转化为有价值的、可交付的产品。对于开发非软件类产品的 Scrum 团队来说，团队中没有程序员，却包括了具备创造产品所需的各种技能的成员。

例如，开发软件的 Scrum 团队包括具备编程、数据库技术、质量保证、可用性分析、图形、设计和架构等技能的人员。每个人都有自己的专长，而跨职能就意味着团队中的每个人都愿意尽可能地在开发的不同方面做出贡献。开发非软件类产品的 Scrum 团队同样如此。

作为开发团队的一员，你一直要问自己两个问题：第一，今天我能做出什么贡献？第二，未来我如何扩大自己的贡献？在每个冲刺过程中，开发团队的每个人将发挥其现有的技能和专长。跨职能使得开发团队成员可以有机会参与专业领域之外的工作，从而学习新的技能。同时，跨职能还能够使开发团队成员之间分享知识。你不必成为开发团队中的“全能选手”，但是你应该乐于学习新的技能并乐于分担各种各样的任务。要了解更多关于建立个人和团队能力的信息，请参阅第 7 章中讨论的 T 型、Pi 型和 M 型人才。

虽然任务切换会降低工作效率，但跨职能却是有效的，因为这不需要你改变你所工作的环境，你只是从不同的角度处理同一个问题而已。处理同一个问题的不同的方面可以增加知识的深度，使你具备更好地完成工作的能力。

跨职能开发团队能够消除单点瓶颈故障。如果你曾经参与过一个项目，试问你经历的项目延期中有多少次是由于重要成员休假、病假或离职造成的？虽然休假、生病和人员流动是司空见惯的，但是在一个跨职能的开发团队中，其他团队成员可以接手他们的工作而不会造成太大的影响。即使一个专家毫无征兆地突然离开团队，开发团队的其他成员也会对相关工作有足够多的了解，从而使工作得以推进。

在开发团队中，请不要只让一个人掌握某项技能或者了解某项功能领域，避免由于团队成员休假或者不慎染上流感而给团队带来损失。

跨职能需要开发团队以个人和小组名义做出强有力的承诺。那句老话“团队无我”（“TEAM”这个单词中没有“I”这个字母）在敏捷开发中尤其正确。在一个敏捷开发团队中工作，依靠的是技能，而不是头衔。

不看重头衔的开发团队，其团队资历和状态是根据当前的知识、技能和贡献来评判的，因此，团队更多是以业绩来驱动的。

不要再去考虑你是一个“高级质量保证测试员”还是一个“初级开发者”，你需要找到一个全新的方式来思考你自己。虽然认同自己是“跨职能团队的一员”可能意味着你要做一些额外的工作，但是当你学习新的技能或者增进团队协作时，你会觉得这一切都是值得的。

当开发人员也参与测试，他们所编写的代码就会是友好的。

拥有一个跨职能的开发团队，同样需要你所在的组织的承诺与支持。为了鼓励团队合作，有些公司取消了头衔，或者刻意让头衔模糊（你或许看见一些类似“应用开发”的岗位）。从组织的角度来看，其他一些方法也有助于创建强大的跨职能开发团队，包括提供培训，视 Scrum 团队为一个整体，当某个人不能融入团队环境时积极做出改变。在招聘时，你的公司可以积极寻找那些愿意在高协作的环境中工作、愿意学习新技术以及愿意在不同开发领域工作的人。

无论是组织的物理环境还是人文环境，都对敏捷开发的成功至关重要。下面将告诉你如何建立这些环境。

加强开放性

正如我们在其他章节中解释的，Scrum 团队集中办公是最理想的。互联网以前所未有的方式将全球的人连接在一起，但是即便是电子邮件、即时通信、视频会议、电话和在线协同工具等各种方式的最佳组合也无法同面对面交谈的便利性和有效性相比。图 16-1 举例说明了电子邮件和面对面交谈的差别。

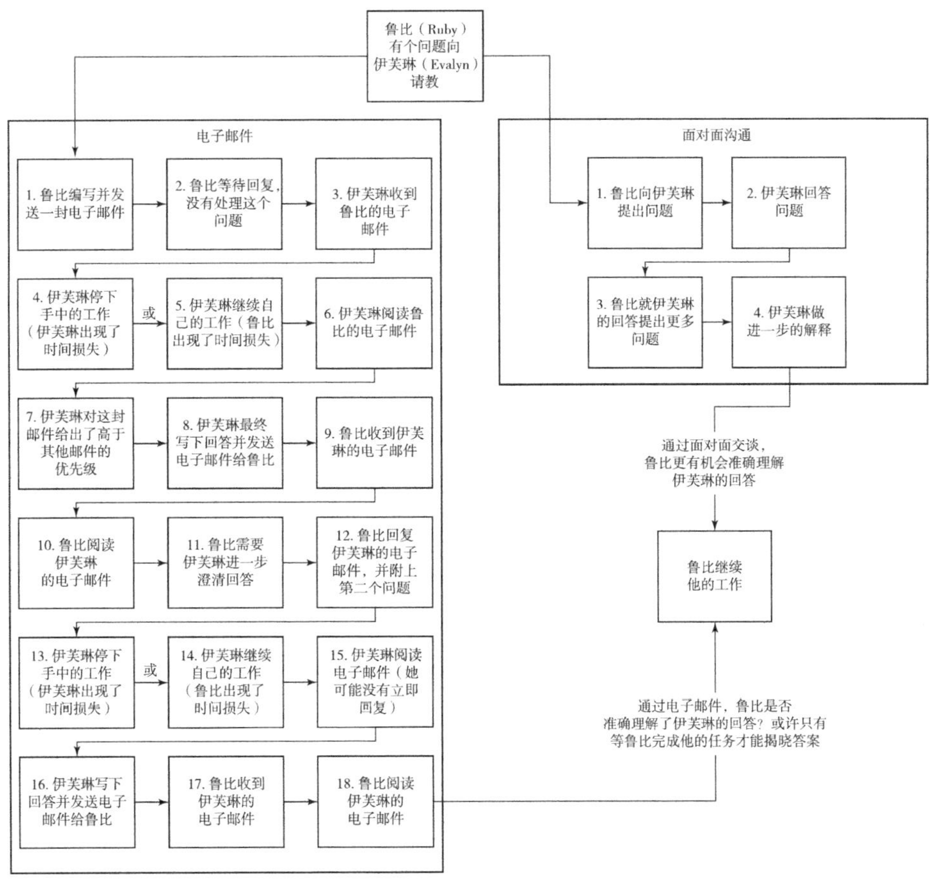

图 16-1 电子邮件与面对面沟通的对比

Scrum 团队成员在相同的地点工作、能够随时面对面交谈，这对保持团队活力很重要。在本章，稍后你会发现更多关于沟通的细节。此外，第 6 章详细介绍了如何为 Scrum 团队创建有助于有效沟通的物理和虚拟环境。

拥有一个开放的人文环境有益于 Scrum 团队的成长，这是产品开发成功的另一个要素。Scrum 团队中的每个人都应该能够：

- 感觉到安全；
- 以积极的方式表达他 / 她的想法；

- 挑战现状；
- 坦诚地提出其所面临的挑战，而不会因此受到惩罚；
- 请求有助于改变现状的资源；
- 犯错并从错误中学习；
- 提出变更并让其他 Scrum 团队成员认真考虑那些变更；
- 尊重 Scrum 团队的其他成员；
- 受到 Scrum 团队其他成员的尊重。

信任、开放和尊重是提升团队活力的基础。

一些关于产品和流程的最好的改进往往来源于新人询问的看似“愚蠢”的问题。

Scrum 团队活力的另一个方面体现在有限的小规模团队上。

限制开发团队规模

关于团队活力的一个有趣的心理学看点是开发团队的人员数量。Scrum 开发团队通常有 3~9 名成员。理想的团队规模在这一范围的中间。

将开发团队规模限制在这个范围内，不仅能够使团队有足够多样化的技能将书面需求转化成最终产品，而且可以使沟通和协作保持简单。开发团队成员可以轻松地相互交流，并通过协商一致做出决策。

当开发团队成员超过 9 名时，团队成员常常分为多个子群体，进而形成多个筒仓。虽然这是正常的社会人的行为，但是子群体对一个力争实现自管理的开发团队来说可能意味着分裂。此外，在更大的开发团队中沟通也会更困难，因为这里有更多的沟通渠道，丢失或者曲解信息的概率更高。

少于 9 人的开发团队常常自然而然地被敏捷方法所吸引。当然，太小的开发团队可能会发现很难推进跨职能模式，那是因为在团队中可能没有足够多的、掌握多种技能的成员。

如果你的产品开发需要不止 9 名开发团队成员，或者你认为你需要增设一个职位来改善团队内部的沟通，那么不妨考虑将这项工作分解到多个 Scrum 团队成员的手中。在第 15 章和第 19 章中有关于多个 Scrum 团队协作的详细介绍。

管理分散式团队的产品开发

正如我们在这本书中一直强调的，一个集中办公的 Scrum 团队对敏捷产品开发来说是绝佳配置。但是，一个 Scrum 团队有时无法在一个地方一起工作。分散式团队（团队成员在不同的物理地点工作）往往基于许多不同的原因以多种形式存在。

在一些公司里，一个团队所需的具备合适技能的人可能在不同的办公地点工作，而在产品开发过程中，公司或许不希望承担将这些人召集在一起工作的成本。一些组织与其他组织联合开发，但是可能不希望或者无法实现办公区共享。一些人可能是远程办公，其住所距离公司很远，有的甚至从未进入过这家公司的办公室。还有一些公司与离岸团队一起工作，同一些来自不同国家的成员一起来创建产品。

如果你需要离岸团队，那么请打造一个完整的离岸团队。在离岸的 Scrum 团队中配齐产品负责人、开发团队和 Scrum 主管这三种角色。你可能在不同的地点有不同的 Scrum 团队，但是请将这些 Scrum 团队组织起来协同工作。

好消息是你仍然能够使用一个或多个分散式 Scrum 团队进行开发。事实上，如果你必须与一个分散式团队合作，那么敏捷方法可以让你更快看到可工作的功能，并降低由于误解带来的风险，而这些风险是分散式团队几乎无法回避的。采用敏捷方法的分散团队往往比不采用该方法的团队更加高效。

表 16-3 是一份来自 2008 年阿姆比软件公司（Ambysoft）的数据，它展示了地理上集中和分散的 Scrum 团队的项目成功率的对比。即使是相隔很远的团队，使用敏捷方法仍然使他们获得很高的成功率。

表 16–3　集中与分散式 Scrum 团队的成功率

团队分布方式	成功率
集中办公的 Scrum 团队（团队中的每个人在同样的地理位置工作）	83%
分散式办公，但仍可见面（虽然团队中的成员在不同的地理位置，但是可以通过出差来实现面对面工作）	72%
跨地区分布（团队成员之间距离很远，如分布在不同时区）	60%

如果给你一个分散式 Scrum 团队，你如何成功地开发一个产品？送给你一句话：沟通，沟通，再沟通。由于不可能每天当面交流，敏捷开发中的分散式 Scrum 团队需要每个人的倾力付出。以下是一些秘诀，可以帮助分散的 Scrum 团

队成员进行有效的沟通。

- **使用视频会议技术模拟面对面谈话**。人与人之间交流的大部分信息是通过视觉传递的，包括面部表情暗示、手势甚至耸肩等肢体语言。视频会议使得人们能够看见对方，并从非语言沟通和讨论中获益良多。请不要仅仅在冲刺会议中使用视频电话，在日常工作中也应自由地安排视频会议。要确保团队成员可以随时进行视频沟通，并拥有必要的设备，如足够强的网络信号、麦克风、耳机和多个监视器，以便视频会议取得成功。
- **如果可能，至少在开发的开始阶段安排一次 Scrum 团队成员的会面，如果在开发周期内能安排多次会面则更好**。通过会面来分享经验，哪怕只是一两次，也有助于在分散的团队成员中建立团队合作精神。通过面对面交谈建立起来的工作关系会更加牢固，并在会面结束后仍能发挥作用。
- **使用在线协作工具**。一些工具可以模拟白板和用户故事卡片、记录交流内容，还支持多人同时更新工件。
- **将 Scrum 团队成员的照片发布到在线协同工具上，甚至将其设置在电子邮件的签名档中**。人们对人脸的反应胜过单独的书面语言。一个简单的图片可以使电子邮件更富有人情味。
- **认识到时区的差异**。将显示不同时区时间的多个时钟挂在墙上，这样你不至于在凌晨 3 点意外拨打某个人的移动电话，或者吵醒对方，或者想知道他/她为什么没有接听。
- **灵活适应时区差异**。团队成员可能在工作之余仍需要不时地接听电话或视频通话，以确保工作继续进行。对于较大的时区差异，请考虑在各个成员可用的时间之间做一些权衡。某一个星期，位于地点 A 的成员在清晨是可以工作的；而下一个星期，位于地点 B 的成员在晚上可以提供帮助。这样就不会对某人一直造成不便。
- **如果你对一次交谈或者一条书面信息有任何疑问，请通过电话或者视频进行澄清**。当你对某人的意思拿不准时，复核总是有益的，比如，通过一个跟进电话来避免由于沟通不畅而造成的误解。分散式团队想要成功，额外的沟通工作是必需的。
- **要意识到 Scrum 团队成员在语言和文化方面的差异，特别是当你和来自多个国家的团队成员一起工作时**。理解语言上的差异将会提升跨国沟通的质量。

了解当地的假期也是有帮助的，我们就曾经不止一次地被我们所在区域之外紧锁的办公室搞得措手不及，这也是我们需要到对方的工作地点进行拜访的另一个原因。

» **有时特地尝试讨论一些与工作无关的话题**。不管他们身在何方，讨论工作之外的话题都有助于你与 Scrum 团队成员更加亲近。

如果具有奉献精神、主动认知的意识并保持强有力的沟通，那么分布式的敏捷开发仍会取得成功。

让团队保持活力的独特方法也是敏捷产品开发成功的部分原因。正如你在下一节即将看到的，沟通与团队活力是密切相关的，敏捷沟通方法与传统项目的沟通有很大的不同。

敏捷沟通有何不同

在项目管理的术语中，“沟通”一词指的是项目团队成员之间正式或者非正式的信息传递。与传统项目一样，良好的沟通对敏捷产品开发同样重要。

然而，敏捷原则为敏捷开发确定了不同的基调，强调简洁、直接和面对面交谈。以下是与沟通相关的敏捷原则。

第 4 条 业务人员和开发人员必须在整个项目期间每天一起工作。

第 6 条 不论团队内外，传递信息效果最好且效率最高的方式是面对面交谈。

第 7 条 可工作的软件是测量进展的首要指标。

第 10 条 以简洁为本，最大限度地减少工作量。

第 12 条 团队定期反思如何能提高成效，并相应地协调和调整自身的行为。

敏捷宣言也提到了沟通，认为可工作的软件高于详尽的文档。虽然文档也具有价值，但在敏捷开发中可工作的软件更为重要。

表 16-4 列举了一些传统项目与敏捷开发中沟通的不同之处。

小贴士大用途

究竟需要编写多少文档呢？这不是一个关于文档数量的问题，而是一个关于恰当性的问题。你为什么需要一份特定的文档？你如何才能以尽可能简单的方法创建这份文档？你可以把海报大小的粘贴板挂到墙上，这将使得信息易于理解，尤其适合形象地传递包括愿景声明、完工定义、障碍日志和重要的架构决策在内的工件信息。

表 16-4 传统沟通与敏捷沟通的对比

采用传统方法的沟通管理	采用敏捷方法的沟通管理
团队成员可能不会为当面交谈做出任何特别的投入	敏捷方法将面对面沟通视为传递信息的最佳方式
传统方法对文档更为重视。团队可能会基于流程，而不是基于对实际需要的考虑来创建大量复杂的文档和状态报告	敏捷开发文档或者工件倾向于言简意赅，并提供恰到好处的信息。敏捷工件仅包含必要的信息并且通常可以使项目状态一目了然。项目团队通过在冲刺评审中演示可工作的功能来定期沟通进展
团队成员可能会被要求参加大量的会议，不论那些会议是否有用	敏捷开发会议将尽可能快速，并仅包括真正想参加会议并能从会议中受益的人员。敏捷开发会议提供面对面沟通的所有好处并避免浪费时间。敏捷开发会议将提高，而不是降低生产力

敏捷框架推崇面对面沟通、简洁至上，以及将可工作的软件作为沟通媒介。下面几节展示了如何发挥这些理念的价值。

管理敏捷沟通

为了在敏捷产品开发中做好沟通管理，你需要了解不同的敏捷沟通方法是如何发挥作用的，以及如何将它们结合起来使用。你还需要知道为什么敏捷开发的状态不同于传统项目，以及如何向项目干系人汇报开发进展。

理解敏捷沟通方法

你可以借助工件、会议进行正式沟通，也可以进行非正式的沟通。

面对面交谈是敏捷产品开发的核心和灵魂。当 Scrum 团队成员每天都在一起讨论产品的时候，沟通就会很简单。久而久之，Scrum 团队成员会熟悉彼此的性格、沟通方式和思维过程，进而能够快速、高效地沟通。

图 16-2 摘自阿利斯泰尔·科伯恩（Alistair Cockburn）的一则演讲稿：《软件开发是一种合作性的游戏》（*Software Development as a Cooperative Game*），它向我们展示了面对面沟通与其他沟通类型的有效性的对比情况。

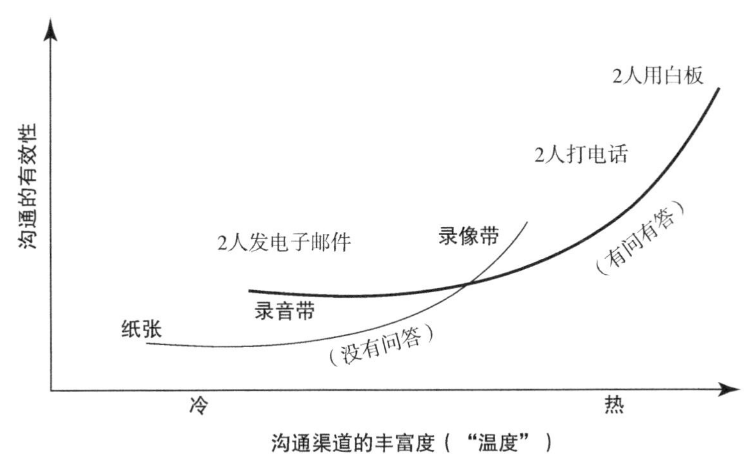

图 16-2 沟通类型的对比

在前面的章节中，我们描述了一些适合敏捷开发的工件和会议，它们都在沟通过程中发挥着作用。敏捷会议提供了在面对面沟通的环境中进行沟通的模式。为了让开发团队将时间用于工作而不是花费在开会上，敏捷会议具有明确的目标和时长。敏捷工件为书面沟通提供了一套简单明了、重点突出的结构化的模板。

表 16-5 介绍了不同的沟通渠道在敏捷产品开发中的角色。

表 16-5　敏捷沟通渠道

渠道	类型	沟通中的角色
发布计划和冲刺计划	会议	计划会议有特定的预期成果或者专注于由业务目标驱动的特定的工作范围，并且简洁地向 Scrum 团队传达发布和冲刺的目标和细节。在第 9 和 10 章中，你可以了解到关于计划会议的更多信息
产品愿景声明	工件	产品愿景声明用于和团队及组织沟通产品的最终目标。在第 9 章中，你可以找到关于产品愿景的更多介绍
产品路线图	工件	产品路线图用于说明对一些产品特性的长远考虑。这些产品特性为产品愿景提供支持，并很可能成为产品的一部分。在第 9 章中，你可以找到关于产品路线图的更多描述
产品待办事项列表	工件	产品待办事项列表用于和团队沟通产品范围。在第 9 和 10 章中，你可以找到关于产品待办事项列表的更多信息
发布计划	工件	发布计划用于沟通某个特定发布的目标和时间安排。在第 10 章中，你可以找到关于发布计划的更多介绍
冲刺待办事项列表	工件	当每日进行范围更新时，冲刺待办事项列表可以向所有相关人员提供冲刺和开发的即时状态。冲刺待办事项列表的燃尽图快速形象地展现了当前冲刺的进展。在第 10 和 11 章中，你可以找到关于冲刺待办事项列表的更多描述
任务板	工件	利用任务板向所有经过 Scrum 团队工作区域的人员形象地展示当前冲刺或发布的状态。当团队成员移除一项已完成的任务的时候，所有人都知道是时候开始下一项任务了。在第 11 章中，你可以找到关于任务板的更多信息

（续表）

渠道	类型	沟通中的角色
每日例会	会议	每日例会为 Scrum 团队提供了面对面交谈的机会，团队可以借此协调当天任务的优先级和识别出现的任何挑战。在第 11 章中，你可以找到关于每日例会的更多介绍
面对面交谈	非正式	面对面交谈是最有效的沟通模式
冲刺评审	会议	冲刺评审是具体的演示过程，而不是枯燥的说教。通过向整个团队演示可工作的功能来介绍开发进展，这远比一份书面报告或者一次概念性的展示更有意义。在第 12 章中，你可以找到关于冲刺评审的更多描述
冲刺回顾	会议	冲刺回顾支持 Scrum 团队相互沟通并积极探讨改进的机会。在第 12 章中，你可以找到关于冲刺回顾的更多信息
会议纪要	非正式	会议纪要是一种非正式的沟通方法。会议纪要可以记录会议的行动项，以确保 Scrum 团队成员始终牢记这些行动项。 冲刺评审的纪要是对产品待办事项列表的更新。冲刺回顾的纪要记录了添加到产品待办事项列表中的行动项，以供在将来的冲刺中考虑，同时提醒敏捷团队不要忘记在冲刺回顾中制订的改进计划
协作性工具	非正式	白板、便利贴和电子协同工具都可以帮助 Scrum 团队进行沟通。请务必注意，使用这些工具只是为了加强而不是取代面对面交谈。这些团队协作讨论的结果可以以一种低保真的方式记录和保存下来，以便团队在当下或者未来的工作中当作参考。这些讨论结果通过电子版的形式保存下来也是有效的

小贴士
大用途

工件、会议和更多的非正式沟通渠道都只是工具。请记住，即使是最好的工具也只有在被正确使用的情况下才能发挥作用。敏捷关注个体和互动，工具是成功的次要因素。

下面介绍敏捷沟通中的一个特定领域：状态报告。

状态和进展报告

所有的产品都有干系人，他们在 Scrum 团队之外，同时在产品中拥有既定的利益。至少有一名干系人（发起人）负责为你的开发提供资金。了解开发的进展对于干系人，尤其对那些负责预算的干系人来说非常重要。这一小节介绍了如何对外沟通你的项目状态。

Scrum 团队的状态是对团队已完成的特性的度量。根据完工定义，一项特性已完成，是指 Scrum 团队按照产品负责人和开发团队间达成的协议，已经完成了对这一特性的开发、测试、集成和归档等工作。

如果你以前参与过传统的软件项目，声称已经完成了 64%。你的干系人回应："干得好！我们很欣慰在耗费了所有资金后完成了 64%。"那么你和干系人都将面临损失，因为你的意思并不是 64% 的产品特性是可用的，而是每项产品特性都只进行了 64%，你还没有任何可工作的功能，并且在人们可以使用这个产品前，你还有大量的工作要做。

在敏捷开发中，满足完工定义的可工作的软件是测量进展的首要指标。如果某些特性已经满足了完工定义，你便可以自信地宣布这些特性已经完成。因为敏捷开发的范围一直在变更，所以你不能以百分比的形式来表示进展。相反，对于干系人来说，一个潜在的、可交付的特性列表会更有趣，因为它在不断增长。

请你每天跟踪冲刺和发布的进展。任务板、冲刺待办事项列表、产品待办事项列表、发布和冲刺燃尽图以及冲刺评审是你用于沟通状态和进展的主要工具。

小贴士
大用途

你可以在冲刺评审时向干系人演示可工作的软件。不必准备幻灯片或者文字资料，冲刺评审的关键是以演示的形式来向干系人介绍开发进展，而不是仅仅告诉他们你完成了什么。正如敏捷原则第 7 条："可工作的软件是测量进展的首要指标。"正所谓眼见为实，耳听为虚。

强烈建议那些可能对你的产品有兴趣的人员参加冲刺评审会议。当人们看到，特别是可以定期地看到可工作的功能在运行时，他们就可以更好地了解你所完成的工作。

不开玩笑！
危险！

不要陷入敏捷冗余（Double Work Agile）。刚开始使用敏捷技术的公司和组织可能会希望看到传统的状态报告，而不仅仅是敏捷工件。这些组织也可能想让 Scrum 团队成员参加定期的状态会议，而不局限于每日例会和其他的敏捷会议。因为你所做的工作是需要完成的工作的两倍，所以这种情况被称为敏捷冗余。敏捷冗余是在实施敏捷的过程中最严重的误区之一。如果 Scrum 团队试图满足两种截然不同的开发方法的要求，那么他们的精力将很快被消耗殆尽。你可以通过向你的公司传授为什么敏捷工件和活动能更好地替代传统项目的文件和会议等知识来避免敏捷冗余。请坚持尝试敏捷工件和活动。

冲刺待办事项列表是当前冲刺的每日状态报告。冲刺待办事项列表包含了冲刺的用户故事及与那些用户故事相关的任务和估算。冲刺待办事项列表也常常配有一幅燃尽图，以可视化的方式展示开发团队已完成工作的状态以及为了实现当前冲刺的需求还需要完成的工作。开发团队负责每天至少更新一次冲刺待办事项列表，这通过更新每项任务的剩余工时来实现。冲刺待办事项列表提供了每日的开发状态，因此，在每日例会中不需要在开发状态上花费时间。每日例会主要是为了协调一天的工作，而不是为了报告开发状态。

如果你目前是一名项目经理，或者你将要学习项目管理，那么你可能会遇到挣值管理（EVM）的概念，这是一种测算项目进展和绩效的方法。一些敏捷实践者正试图使用敏捷版的挣值管理方法，但我们应避免在敏捷开发中应用挣值管理。挣值管理需要假设你的项目具有固定的范围，而这恰恰与敏捷方法论相悖。请运用本书提到的工具，而不要试图为了迎合传统模式而更改敏捷方法。

你可以通过燃尽图快速地展示，而非仅仅告诉人们开发状态。通过冲刺燃尽图，你可以马上看出冲刺是运行正常的还是可能处于困境中的。在第 11 章中，我们曾经展示过不同冲刺场景的燃尽图样例，这里我们再次引用（见图 16-3）。

如果你每天都更新你的冲刺待办事项列表，那么你将随时可以向干系人提供最新的开发状态。你也可以向他们展示产品待办事项列表，以便他们了解 Scrum 团队迄今为止已经完成了哪些特性、哪些特性会成为未来冲刺的目标以及这些特性的优先级。

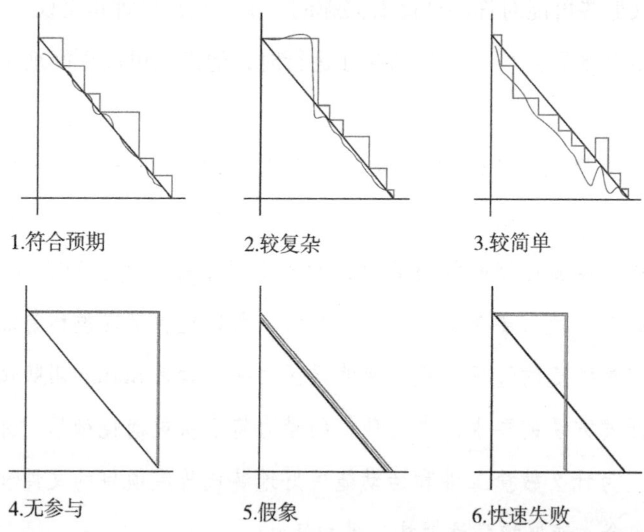

图 16-3 不同的燃尽图

产品待办事项列表将随着你增加新特性或者重新调整特性的优先级而变化。请确保那些对产品待办事项列表进行评审，特别是以了解开发状态为目的的成员理解这个概念。

任务板可以快速地向你的开发团队展示一次冲刺、发布，乃至整个产品的状态。任务板上所贴的写有用户故事标题的便利贴被放入至少 4 个栏中：待办项、进行中、待验收和已完工。如果你在 Scrum 团队的工作区中展示你的任务板，那么经过工作区的所有人员都可以看到项目的高层级状态。比如，哪些产品特性已完成，哪些特性正在进行中。因为 Scrum 团队每天都能看到任务板，所以他们总能了解到产品所处的阶段。在第 6 章中，有一个关于任务板的例子可供参考。

我们应始终努力使用简单、低保真度的信息发射源来传达状态和进展。使信息可访问和按需访问的难度越低，你和你的干系人用于准备和了解项目状态的时间就越少。

第 17 章　质量和风险管理

本章内容要点：

- 学习敏捷质量管理方法如何降低风险；
- 寻求确保产品开发质量的方法；
- 了解如何利用自动化测试提高生产效率；
- 理解敏捷开发方法如何降低风险。

质量和风险是产品开发中密不可分的两部分。本章中你将了解如何运用敏捷方法交付优质产品，以及如何利用敏捷方法管理产品中的风险。你还将看到质量对风险的长期影响，以及敏捷质量管理如何从根本上降低风险。

敏捷质量管理有何不同

质量是指某个产品是否可以工作并满足干系人和客户的需求。质量贯穿整个敏捷产品管理过程。第 2 章列出的敏捷 12 条原则全部可以直接或间接地提升质量。

敏捷原则强调了为团队营造特定环境的重要性：在这个环境中，Scrum 团队可以创造有价值且可工作的产品。敏捷方法所提倡的质量包含两层含义：产品既能正常工作，又能满足干系人的需求。

表 17-1 比较了传统项目质量管理与敏捷产品开发质量管理的不同之处。

表 17-1 传统项目质量管理与敏捷产品开发质量管理的对比

传统方法中的质量管理	敏捷方法中的质量管理
测试是产品部署前项目的最后阶段。某些特性在开发结束几个月后才开始测试	测试是每个冲刺日常工作的组成部分，包含在每个需求的完工定义中。使用自动化测试实现日常快速和稳健的测试
质量管理经常是一种被动的实践，依靠产品测试和问题解决来实现	既采取被动实践（测试），又采取主动实践，鼓励各种质量管理实践。在软件开发中，主动的质量管理实践包括面对面沟通、结对编程、测试驱动开发（也称为测试优先开发）和既定的编码规范
如果在项目后期发现问题，其风险相对更高。测试阶段项目的沉没成本很高	可以在沉没成本较低的早期冲刺阶段开发并测试风险较高的特性
项目后期很难发现问题或缺陷，且修正这些问题的成本很高	当你频繁地以增量的方式测试少量的可交付成果时，很容易发现问题。并且相比几个月前开发的功能，修正这些刚创建的功能相对比较容易
有时为了赶在最后期限前交付或节约成本，项目团队会尽量缩短测试时间	测试是得到保障的，它是每个冲刺的组成部分，以满足团队的完工定义

本章一开始就强调了质量和风险密切相关。表 17-1 列出的敏捷方法能够极大地降低质量管理不及时所带来的风险和不必要的成本。

敏捷质量管理的另一个不同之处在于开发周期内的多次质量反馈循环。图 17-1 展示了某个 Scrum 团队在开发周期中收到的关于产品的各种反馈。开发团队可以立刻将这些反馈整合到产品中，从而持续提高产品质量。

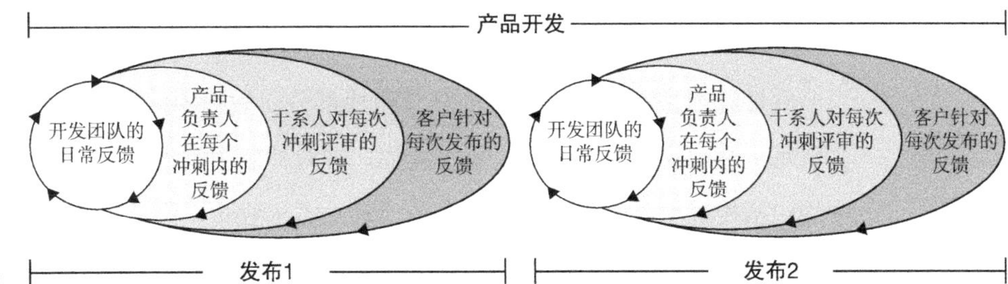

图 17-1 质量反馈循环

第 16 章提到敏捷开发团队可以包括任何为产品工作的个人。开发团队必须包括创建和执行测试工作以及质量保证方面的专家。开发团队成员通常是跨职能的，即每个团队成员在开发的不同阶段可能承担不同的工作。跨职能同时也会延伸到质量活动方面，如预防问题、测试和修复问题。

下一节你将了解到如何利用敏捷管理技术来提升产品质量。

管理敏捷质量

敏捷开发团队对质量负主要责任。质量责任是自管理所带来的责任与自由的延伸。也就是说，当开发团队可以自由决定其开发方法时，自然有责任确保这些开发方法可以产生高质量的工作成果。

组织通常将质量管理统称为质量保证或QA，如QA部门、QA测试员、QA经理、QA分析员以及其他以QA为前缀的负责质量活动的头衔。QA有时也专指测试，如“我们的产品已经过了QA”“我们正处于QA阶段”。QA通常指的是创建的产品是否满足业务或客户需求。质量控制（QC）也是质量管理的常用方法，但它更直接地指向产品的技术质量。

Scrum主管和产品负责人在质量管理中也承担相应的责任。产品负责人需要澄清需求并验收每一次冲刺所完成的需求。Scrum主管需要确保整个开发团队处在良好的工作环境中。在这个环境中，团队的每个成员都能够充分发挥个人的能力。

幸运的是，敏捷管理中有多种方式可以帮助Scrum团队保障产品质量。在本节，你会看到在冲刺中进行测试将如何提高缺陷检出率并降低纠错成本，同时也将了解敏捷开发中所提倡的优质产品开发的多种方式。另外，你还可以了解到定期检查和调整是如何保证产品质量的，以及在整个敏捷开发周期中，自动化测试对持续交付有价值的产品的重要性。

质量和冲刺

质量管理是敏捷产品开发的日常组成部分。敏捷团队将开发分为多个冲刺，并将每个冲刺的开发周期缩短到1~4周。针对冲刺中的每个用户故事，开发周期中均包括传统项目管理中不同阶段的活动：需求收集、设计、开发、测试和为部署所做的集成。有关冲刺内各项工作的详细介绍请参见第10章至第12章。

小测试：从一张桌子上和一个体育场中找到一枚硬币，哪个更容易？答案显然是桌子。同样显而易见的是，从单个具有开发价值的待办事项中发现缺陷比在整个产品中发现缺陷要容易得多。因此，在迭代开发方式下，做好产品的质量保证更加容易。

Scrum团队在每一次冲刺中都要进行测试。图17-2展示了测试和冲刺之间的关系。注意，测试始于第一次冲刺，也就是开发团队着手对第一个需求进行开发之后就开始了。

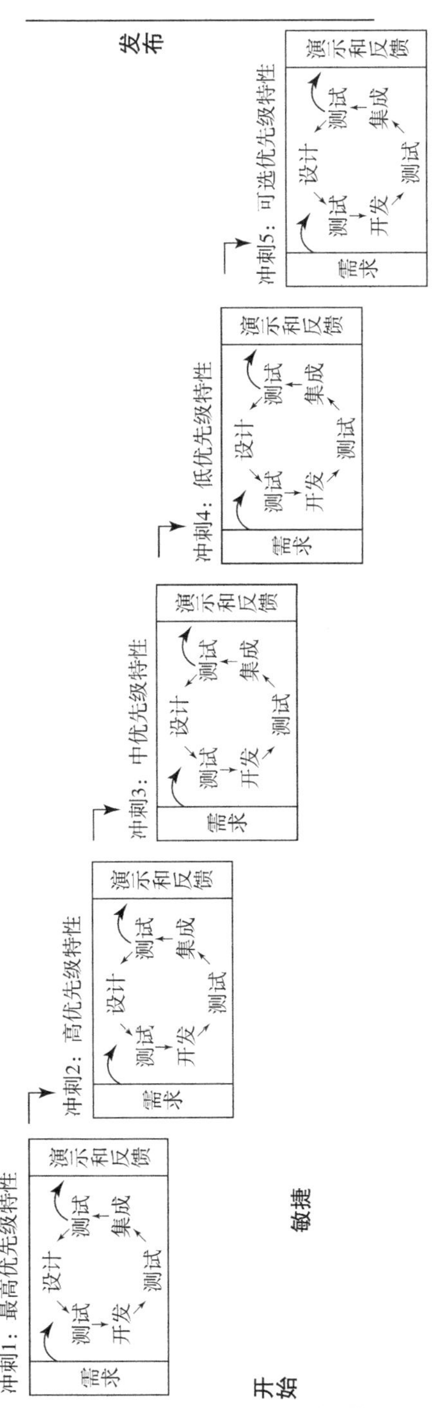

图 17-2　测试和冲刺

如果开发团队在每一次冲刺中进行测试，就能够及时发现并修复问题。在敏捷开发中，开发团队实现产品需求后立即测试并修复问题，之后才认为这项需求已完成。在传统项目管理中，开发团队在产品需求开发完成几周甚至几个月之后才开始修复发现的问题，不得不说这是对开发人员记忆力的挑战。而在敏捷开发中，开发团队最迟会在需求开发 1~2 天后修复这些问题。

每天都进行测试是保障产品质量的一个好方法。另一个方法是从一开始就创造出更好的产品。下面介绍敏捷产品开发如何通过不同的方法帮助开发团队预防错误并创造出优质产品。

主动质量管理

关于质量，一个重要但经常被忽视的方面是问题的预防。为了鼓励 Scrum 团队主动创造出优质产品，敏捷方法提供了一系列实践，包括：

- 强调技术卓越和良好设计；
- 将特定的与质量相关的开发技术引入产品创造中；
- 开发团队与产品负责人之间进行日常交流；
- 用户故事中包含验收标准；
- 面对面沟通和集中办公；
- 可持续开发；
- 对工作和行为进行定期检查和调整。

下面将详细介绍这些主动质量管理实践。

质量意味着产品可以正常工作并满足干系人的需求。

坚持不懈地追求技术卓越和良好设计

Scrum 团队注重技术卓越和良好设计，因为这两者能保证创造出有价值的产品。开发团队如何提供好的解决方案和设计？

自管理是开发团队得以实现技术卓越的一种方式，这种方式让开发团队获得了技术创新的自由。在传统的项目管理方式下，组织可能有严格的技术标准，而这些标准也许并不适合某个特定的产品。而在敏捷开发中，自组织的开发团队则可以自由地决定某个技术标准是否适合某个产品、是否可以采用更好的方法。创新能够带来良好的设计和卓越的技术，从而使开发团队创造出优质的产品。

自管理同时赋予开发团队一种产品责任感。当开发团队成员对其开发的产品有一种很强的责任感时，他们就会竭尽全力地寻找最优的解决方案并以最好的方式执行。

小贴士
大用途

简单的解决方案往往是不懈努力、深入思考的结果。

组织承诺在追求技术卓越方面也发挥着重要作用。一些公司和组织无论采取何种产品管理方法，都把追求卓越作为其目标之一。想想你日常使用的优质产品，这些产品往往出自追求卓越技术解决方案的公司。如果你在一家相信并且奖励技术卓越的公司工作，那么实施这一敏捷原则就很容易。

也有一些公司可能并不看重技术卓越。这些公司里的 Scrum 团队在试图采用培训或工具来创造优质产品时往往会遇到诸多困难。这些公司并没有把好的技术、好的产品和盈利能力联系起来。在这种情况下，Scrum 主管和产品负责人需要向公司说明优秀的技术和设计的重要性，并努力争取创造优质产品所需的各项条件。

不开玩笑！
危险！

不要把追求技术卓越与为了赶时髦而使用新技术的行为混为一谈。你所采用的技术解决方案应该能有效地满足产品需求，而不仅仅是给自己的简历或公司的技术水平增光添彩。

通过在日常工作中对技术卓越和良好设计的不懈追求，你将创造出让你自豪的优质产品。

关注质量的敏捷开发技术

在过去几十年的软件开发中，对于适应性和敏捷性的追求激发了许多关注质量的敏捷开发技术。本节简要介绍了几种极限编程的方法，这些方法有助于进行主动质量管理。请参见第 5 章，了解更多关于极限编程的内容。

小贴士
大用途

许多敏捷质量管理技术最初是为软件开发而提出的。你可以调整其中的一些技术，将其应用到其他类型的产品上，如硬件产品甚至建筑施工。如果你从事非软件开发方面的工作，请在阅读本节时思考这些技术是否适用于你的工作领域。

- **测试驱动开发（TDD）**：开发人员首先根据所要实现的需求编写测试用例，然后进行测试。因为功能还未实现，所以一开始测试肯定失败。开发人员要不断开发直到测试通过，然后重构代码——在确保测试通过的前提下尽可能多地精简代码。测试驱动开发技术可以保证需求被正确实现，因为测试和开发同时进行且开发一直持续到测试通过。
- **结对编程**：在结对编程中，开发人员两人一组工作。他们坐在同一台计算机前，作为一个团队来完成一项开发任务。他们交替使用键盘进行合作。通常使用键盘的人负责编码，而坐在旁边观察的伙伴通过全局性思考来未雨绸缪地发现问题并提供即时反馈。在这种开发方式下，两位开发人员可以互相监督并快速发现问题。结对编程通过及时纠错取得平衡来提高产品质量。

- **同行评审**：有时又称同行代码评审，即开发团队在某个成员的工作完成之后，立刻组织其他成员对该工作进行评审。类似于结对编程，同行评审也具有合作的性质。当开发人员互相评审对方已完成的工作时，他们将共同为发现的问题提供解决方案。如果开发团队没有使用结对编程，那么至少要使用同行评审，这样可以让开发专家发现产品中的结构性问题，从而提高产品质量。
- **代码集体所有制**：开发团队中的每一位成员都可以对任何部分的代码进行编写和修改。代码集体所有制可以加速开发进程，鼓励创新。由于代码经过多人处理，因此更加有利于成员迅速发现问题。
- **持续集成**：这是一种每天对完成的代码进行一次或者多次集成来生成可运行的软件的方法。持续集成能够使开发团队的成员检查正在实现的用户故事是否可以同产品的其他部分一起工作。开发团队通过持续集成来定期检查冲突，从而保证产品质量。持续集成对于自动化测试有重要意义。在运行自动化测试之前，你需要创建一个包含所有已提交的代码的软件。有关自动化测试的内容，本章后面会提供更多介绍。

记住比较好

在敏捷产品开发中，由开发团队决定哪种工具和技术最适合当前的冲刺、产品和团队。

许多敏捷软件开发技术都有助于质量保证。有关这些技术的详细信息和讨论可以很容易地从一些敏捷管理论坛中找到。我们建议你对这些技术做更多的了解，如果你是一名开发人员，更应如此。有一些书籍是专门介绍这些技术的，例如测试驱动开发技术。本书所提供的信息只是其中的冰山一角。你可以在第 24 章找到更多信息。

产品负责人和开发团队

开发团队与产品负责人之间的紧密关系是敏捷产品开发有助于质量保证的另一方面的原因。产品负责人是产品商业需求的代言人。产品负责人与开发团队每天密切合作，以确保产品功能满足商业需求。

在计划阶段，产品负责人需要帮助开发团队正确理解产品的每一项需求。在冲刺阶段，产品负责人需要解答开发团队提出的任何与需求有关的问题，同时还要评审和验收完成的需求。在验收需求时，产品负责人需要确保开发团队正确诠释每项需求所代表的业务要求，且每项新功能按既定的要求执行任务。

在采用了瀑布式开发模型的项目中，开发团队和业务负责人之间的反馈循环频率较低，因此，开发团队的工作有时会偏离产品愿景声明中最初设定的产品目标。

如果产品负责人每天都进行需求评审，就可以尽早发现问题，使开发团队及时回到正轨，从而避免浪费大量的时间和精力。

产品愿景声明不仅说明了产品目标，而且揭示了产品如何支持公司或组织的战略。第 9 章描述了如何制定产品愿景声明。

用户故事和验收标准

在用户故事中设置验收标准是敏捷开发中的另一个主动质量管理方法。我们在第 9 章解释了用户故事是描述产品需求的一种形式。用户故事概述了产品用户为正确满足业务需求所采取的具体操作，这将有助于提高质量。图 17-3 展示了一个用户故事及其包含的验收标准。

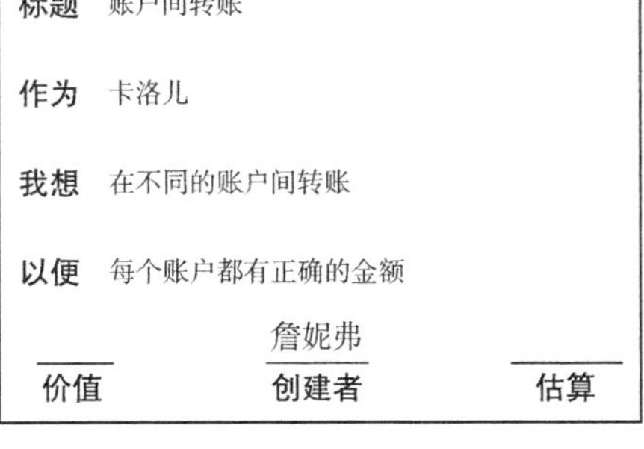

当我这样做	这种情况会发生
当我查看我的账户余额时	我看到转账选项
当我选择“转账”选项时	我在我想转账的账户中进行选择
当我选择“转入”选项时	显示我的可用账户和对应金额
当我选择“转出”选项时	显示我的可用账户和对应金额

图 17-3　一个用户故事及其验收标准

即使你没有通过用户故事的形式描述产品需求，也要考虑在每项需求中添加验证步骤。验收标准不仅帮助产品负责人评审需求，同时也帮助开发团队在开发之初理解如何创造产品。

面对面沟通

当你和别人交谈时，你是否曾经仅通过对方的表情就能够清楚地知道他／她是否理解你的意思？我们在第 16 章解释了为什么面对面交谈是最快速、最有效的交流方式。人类不仅仅通过语言传递信息，我们的面部表情、动作、肢体语言甚至目光所向都影响着彼此之间的交流和理解。

面对面沟通之所以对质量保证有帮助，是因为它有利于Scrum团队成员之间更好地解释需求、障碍，并开展效果良好的讨论。

可持续开发

想想看，假如你长时间工作和学习，甚至通宵熬夜，你的感觉如何？你能做出正确的决定吗？你是否犯了不该犯的错误？

遗憾的是，传统项目的许多团队经常要长时间甚至不眠不休地工作，尤其到了项目晚期，交付时间迫在眉睫，似乎唯一的方法就是拼命地长时间工作，而超长时间地工作往往导致后续更多错误的出现。因为在这种情况下，团队会开始犯一些本来可以避免的错误，甚至是非常严重的错误，最终使整个团队精疲力竭。

在敏捷开发中，Scrum团队可以维持一个相对稳定的工作节奏，从而确保整个团队的工作质量。把工作分成多次冲刺有利于维持稳定的工作节奏，因为开发团队可以选择每次冲刺要完成的工作，而不必在最后阶段仓促赶工。

开发团队可以决定适合自身的可持续发展的工作方式，无论是每周例行的40小时的工作时间，还是弹性工作时间，或是其他方式的时间安排。

小贴士大用途

如果你的团队成员开始犯一些低级错误，例如把衬衫穿反了，你可能需要检查一下你的团队是否处在一个可持续发展的环境中。

保持团队成员轻松愉快的心情和工作之外的正常生活能够减少错误的发生，使团队更具有创新精神，从而创造出更好的产品。

从长远来看，主动质量管理能够使团队避免不少麻烦。如果团队所开发的产品缺陷较少，那么团队工作起来更容易也更愉快。下面将讨论一种兼顾主动和被动的敏捷质量管理方法：检查和调整。

通过定期检查和调整来提高质量

检查和调整这一敏捷原则是保证产品质量的关键。在整个敏捷开发过程中，你要同时审视你的产品和流程（检查），并在必要时做出改变（调整）。关于这一原则的更多内容，请参见第9章和第12章。

在冲刺评审和冲刺回顾会议中，敏捷团队定期回顾和评审其工作和方法，并决定如何进行调整来创造更好的产品。第12章详细介绍了冲刺评审和冲刺回顾会议。下面简要介绍这些会议如何实施质量保障工作。

在冲刺评审会议中，敏捷团队评审本次冲刺完成的需求。干系人被邀请参加会议观看已完成的需求演示并对这些需求提供反馈，这一实践贯穿整个开发过程，从而实现质量保证。如果某个需求不满足干系人的期望，干系人会立即告知 Scrum 团队。Scrum 团队将在下一次冲刺中对产品做出调整，并将修正后的对产品的理解应用到该产品的其他需求中。

在冲刺回顾会议中，Scrum 团队成员讨论哪些做得好、哪些需要调整。冲刺回顾会议通过允许团队讨论并及时修复问题来保证质量。在冲刺回顾会议上，团队还会正式讨论那些有利于提升质量的变更，包括产品、开发流程和工作环境的变更。

冲刺评审和冲刺回顾会议并不是敏捷开发中通过检查和调整来保障质量的唯一机会。敏捷方法鼓励在每个工作日中对工作进行评审并调整行为和方法。每天检查和调整你的产品开发工作有助于保障质量。

另一种保障质量的方法是使用自动化测试工具。下面将说明自动化测试对敏捷软件开发的重要性，以及如何将自动化测试应用到你的产品开发中。

自动化测试

自动化测试是指使用软件来测试产品。如果你希望快速创建出符合完工定义（已设计、已开发、已测试、已集成和已归档）的功能，那么每当功能的一部分被创建时，你需要选择一种方法来对其进行快速测试。自动化测试是一种日常执行的、快速稳健的测试方法。Scrum 团队不断增加对系统进行自动化测试的频率，这样他们就可以不断减少完成和向客户部署新的有价值的功能所需的时间。

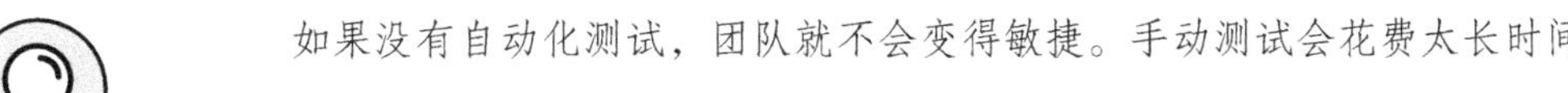
如果没有自动化测试，团队就不会变得敏捷。手动测试会花费太长时间。

在这本书中，我们一直在解释敏捷团队为什么采用低科技的解决方案，那么为什么我们还会介绍自动化测试这种高科技的质量管理技术呢？很简单，因为效率。自动化测试好比文字处理程序中的拼写检查功能。事实上，拼写检查功能也是一种自动化测试。同样，与人工测试相比，自动化测试是一种更快，通常也更准确的软件缺陷检测方法。

使用自动化测试来开发产品，开发团队需要执行以下步骤进行开发和测试。

（1）在实现用户故事的同时，编写和执行支持用户故事的自动化测试。

（2）每当向软件添加一些内容时，都要运行自动化测试代码，使自动化测试成为组织持续集成和持续部署的管道。

(3) 当测试失败时，立刻将结果反馈给开发人员，从而确保错误能够马上得到纠正。

自动化测试使开发团队具有快速的“创建—测试—修复”周期。另外，与人工测试相比，自动化测试软件对需求的测试通常更快速、更准确。

目前市场上有许多自动化测试工具。其中一些是开源免费的，另外一些则需要购买。开发团队需要对自动化测试方案进行评估，选择最有效的工具。

自动化测试改变了开发团队中质量管理人员的工作。在传统项目中，质量管理人员的很大一部分工作是手动测试产品，通过使用产品来发现问题。而使用了自动化测试工具后，更多的质量活动集中在编写自动化测试所需的测试用例上。自动化测试工具提升而非取代了测试人员的技能、知识和工作。

即便使用了自动化测试工具，定期进行人工检测，以确保所开发的需求正常运行依然是个不错的主意，尤其是在使用自动化测试工具的初期。由于任何自动化测试工具都有可能时不时出现一些小问题，对小部分自动化测试进行人工核对（有时也称为冒烟测试）可以帮你避免到了冲刺后期才发现产品未能按预期运行。

几乎任何类型的产品测试都可以自动化。如果你是产品开发新手，你可能并不了解产品测试有哪些类型。常见的类型包括以下几种。

- **单元测试**：对产品代码的独立单元或最小组成部分的测试。
- **回归测试**：对整个产品已实现的需求的完整测试，包括之前已经测试过的需求。
- **用户验收测试**：产品干系人甚至产品的部分终端用户为了评审并验收产品而进行的测试。
- **功能测试**：确保产品符合用户故事中的验收标准的测试。
- **集成测试**：确保新集成的产品功能与产品的其他部分能够协同工作的测试。
- **企业级测试**：确保产品与组织中的其他产品能够协同工作的测试，这项测试会根据需要进行。
- **性能测试**：测试产品在特定场景下的性能。
- **负载测试**：测试产品处理不同数量并发活动的能力。
- **安全性测试**：测试产品中是否存在可能引起恶意攻击的漏洞以及可以被利用的弱点。
- **冒烟测试**：通过测试产品中少量但关键的部分来帮助确定整个产品正常运行

的可能性。

- **静态测试**：专注于测试产品或代码的规范性，而非测试产品的可用性。

自动化测试适用于以上所有测试和其他多种类型的产品测试。

现在你可能已经理解，质量是敏捷产品开发中不可或缺的一部分。事实上，质量仅仅是区分敏捷产品开发风险和传统项目风险的一个因素。下一节将对传统项目风险和敏捷开发中的风险做一个比较说明。

敏捷风险管理有何不同

风险是指能够影响项目成功或失败的因素。在敏捷产品开发中，风险管理不必涉及正式的风险管理文档和会议。相反，风险管理被构建到了 Scrum 角色、工件和事件之中。此外，请回顾以下支持风险管理的敏捷原则。

第 1 条 我们最优先考虑的是通过尽早和持续不断地交付有价值的软件来使客户满意。

第 2 条 即使在开发后期也欢迎需求变更。敏捷流程利用变更为客户创造竞争优势。

第 3 条 采用较短的项目周期（从几周到几个月），不断地交付可工作的软件。

第 4 条 业务人员和开发人员必须在整个项目期间每天一起工作。

第 7 条 可工作的软件是测量进展的首要指标。

上述原则以及任何证明这些原则的实践，都能显著减轻或消除许多经常导致项目进展困难和失败的风险。

根据美国斯坦迪什集团发布的《2015 CHAOS 报告》（一项针对 10 000 个软件项目的研究报告），小型敏捷开发项目的成功率比传统项目高 30%。图 17-4 表明，对于中型项目来说，采用敏捷方法成功的可能性是采用传统方法的 4 倍；而对于大型且复杂的项目来说，采用敏捷方法成功的可能性是采用传统方法的 6 倍。换句话说，开发的工作量越大，使用敏捷方法成功的机会就越大。

表 17-2 表明了传统项目风险和敏捷开发风险的一些不同之处。

使用敏捷方法后，风险随着开发的进展而降低。图 17-5 比较了瀑布式项目和敏捷产品开发之间在风险及时间方面的不同。

敏捷开发和瀑布式项目的对比

规模	开发方法	成功的	受到质疑的	失败的
所有规模的项目	敏捷	39%	52%	9%
	瀑布	11%	60%	29%
大型项目	敏捷	18%	59%	23%
	瀑布	3%	55%	42%
中型项目	敏捷	27%	62%	11%
	瀑布	7%	68%	25%
小型项目	敏捷	58%	38%	4%
	瀑布	44%	45%	11%

图 17-4 斯坦迪什集团《2015 CHAOS 报告》

表 17-2 传统项目风险与敏捷开发风险的对比

传统方法中的风险管理	敏捷开发中的风险管理
大量项目最终失败或面临挑战	几乎完全避免了灾难性失败，即花费了高额成本，最终却未创造出任何产品
项目规模越大，周期越长；项目越复杂，风险也越高。项目后期的风险最高	在每一次冲刺中都可以增量式地获得产品的价值，而不是在几个月甚至几年后才能成型的产品中投入大量的沉没成本，后一种做法使得失败的风险不断增加
在项目后期执行所有的测试意味着一旦发现严重问题，整个项目将面临风险	边开发边测试。开发团队能够在短时间内发现某个技术方法、需求甚至整个产品是否可行，因而有更多时间进行纠正和调整。就算无法纠正或调整，干系人也可以避免在失败的产品中花费过多成本
在项目中期，在不增加时间和成本的条件下无法接受新的需求，因为此时即使是最低优先级的需求，其沉没成本也相当高	欢迎并接受任何对产品有益的变更。当有新的高优先级需求出现时，敏捷技术接受这一需求并移除一个花费同样时间和成本的低优先级需求，从而确保整个产品的时间和成本不变
在传统项目中，团队从项目一开始就进行精确的时间和成本估算，而这时团队对整个项目知之甚少，因此估算通常是不准确的，导致预期进度和预算与实际进度和预算之间的偏差	可以根据 Scrum 团队的实际绩效或开发速度估算所需的时间和成本，并在开发期间不断调整。因为工作的时间越长，对整个产品、产品需求和 Scrum 团队的了解就越深入
如果干系人没有一致的目标，他们就会向项目团队提供关于产品的冲突的信息，因而造成项目团队的混乱	仅有一个产品负责人负责创建产品愿景并代表所有干系人面向团队
干系人未响应或者缺席将导致项目延期或产品不符合既定目标	产品负责人有责任及时提供产品相关信息，同时 Scrum 主管也会在日常工作中及时为开发扫除障碍

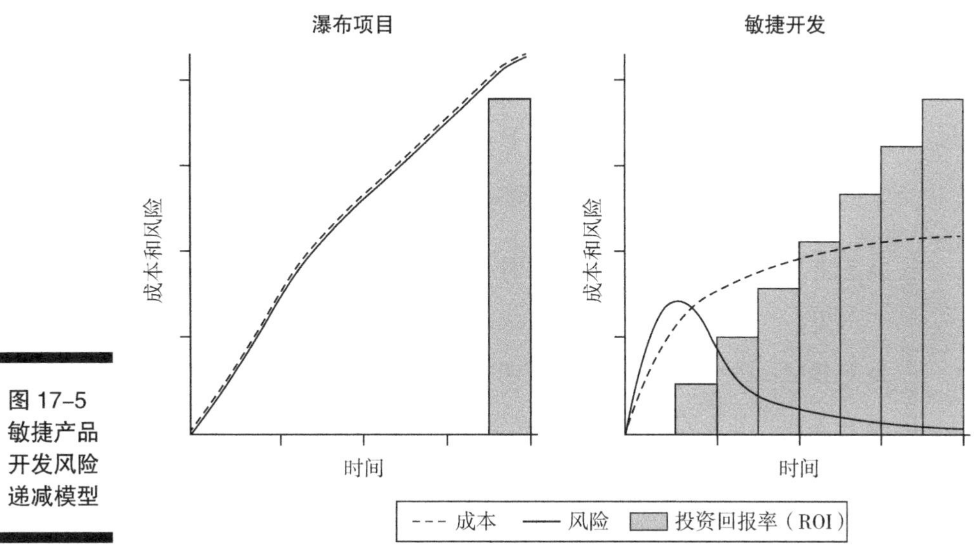

图 17-5 敏捷产品开发风险递减模型

无论采取何种方法，所有项目都有一定的风险。在敏捷产品管理中，灾难性的项目失败——花费了大量的时间和成本，最终却没有任何投资回报——将不复存在。消除了灾难性失败是敏捷产品开发与传统项目开发最大的不同之处。下一节将解释其中的原因。

管理敏捷风险

在这一节，你将了解敏捷产品开发的关键结构，该结构能降低产品生命周期中的风险；你也将了解到，如何在开发中利用敏捷工具和活动及时发现风险，以及如何对这些风险进行优先级排序并降低风险。

从根本上降低风险

敏捷方法如果使用得当，可以从根本上降低产品开发的风险。分多次冲刺的开发模式使得对产品投入后短期内即可验证其可行性，同时也为产品早期实现投资回报提供了可能性。冲刺评审、冲刺回顾以及产品负责人在每一次冲刺中的积极介入为整个开发团队提供了持续的产品反馈。这些持续的反馈将帮助团队最终开发出符合预期的产品。

敏捷开发之所以能够降低风险，有三个因素起到了关键作用。这三个因素分别是完工定义、自筹资及快速失败的理念。下面详细介绍这三个因素。

风险和完工定义

第 12 章介绍了完成一个需求所要具备的所有条件。一个需求必须符合 Scrum 团队规定的完工定义，才能被认为是已完成并可以在冲刺结束时进行演示。完工定义由产品负责人和开发团队共同确定，它通常包含以下内容。

- **已开发**：开发团队必须在一个能够反映客户使用产品的环境中完成产品需求开发。
- **已测试**：产品必须经过测试证明其可以正常工作且没有任何故障。
- **已集成**：开发团队必须确保此需求与整个产品以及任何相关的系统不产生冲突。
- **已归档**：开发团队必须已经书面记录此需求的开发过程以及关键技术决策的依据。

图 17-6 详细列举了某个完工定义的样例。

完工定义

冲刺	发布	可接受风险
质量保证	生产环境	
单元测试/开发	性能测试	Mark
功能测试	负载测试 →	Mike
集成测试	安全性测试	Sarah
回归测试	焦点小组测试	Jim Deepa
用户验收测试	企业级测试	
静态测试	政策规范	
同行评审	用户文档	
→ xDocs	培训	
→ Wikis		

图 17-6 完工定义的样例

产品负责人和开发团队也可以制定一个可接受风险列表。例如，他们可能一致认为在冲刺中端到端的回归测试或性能测试对于完工定义来说是多余的。或者，由于云计算的使用，负载测试变得不再重要，因为只要花费很少的成本就可以根据需要快速地对系统进行扩容。可接受风险使开发团队可以将精力集中在最重要的活动上。

完工定义在很大程度上改变了敏捷方法的风险因素。通过在每次冲刺中创造出符合完工定义的产品，每一个冲刺都将产生一个可工作、有用、可交付的产品增量。即使因外界因素导致开发提前终止，干系人也总能够看到一些价值并获得可使用的功能，并将其作为今后开发的基础。

自筹资开发

敏捷开发能够通过自筹资这一独特的方式减轻财务风险，这是传统项目无法做到的。如果你的产品是一个创收产品，你可以利用当前的收入来支持产品的后续开发。

第 15 章介绍了两种不同的投资回报模型。这里我们利用表 17-3 和表 17-4 再来回顾一下。这两个表所列举的开发工作是用来创造同样的产品的。

如表 17-3 所示，产品在开发了 6 个月之后创收 100 000 美元。现在比较一下表 17-3 和表 17-4 中的投资回报。

表 17–3 6 个月后最终发布的传统项目收入

月份	产生的收入	项目总收入
1 月	0 美元	0 美元
2 月	0 美元	0 美元
3 月	0 美元	0 美元
4 月	0 美元	0 美元
5 月	0 美元	0 美元
6 月	100 000 美元	100 000 美元

表 17–4 每个月发布并在 6 个月后最终发布的敏捷开发收入

月份	产生的收入	项目总收入
1 月	15 000 美元	15 000 美元
2 月	25 000 美元	40 000 美元
3 月	40 000 美元	80 000 美元
4 月	70 000 美元	150 000 美元
5 月	80 000 美元	230 000 美元
6 月	100 000 美元	330 000 美元

如表 17-4 所示，产品在第一次发布时即有创收。6 个月后，产品已经创收

330 000 美元，比表 17-3 中的项目多了 230 000 美元。

能够在短时间内创造收入对于公司和团队而言都有诸多好处。自筹资敏捷开发几乎对于任何组织的财务都具有重要意义，尤其是对那些一开始没有足够资金支持产品开发的组织。对于现金短缺的组织，自筹资开发使得原本不可能实现的产品功能得以实现。

同时，自筹资也减轻了由于资金缺乏而导致开发被迫取消的风险。公司在紧急情况下可能会强制将某个传统项目的预算转移到其他地方，从而推迟或取消这个项目，而在此之前所花费的时间没有产生任何可展示的有形成果。而对于每次发布均可以创收的敏捷产品开发，即使在危急情况下仍有很高的概率维持下去。

自筹资能够有助于团队率先取得干系人对产品的支持。人们很难对一个可以持续创造价值并从一开始就可以承担部分开发成本的产品说“不”。

快速失败

所有产品开发都伴随一定程度的风险。冲刺中的测试引入了快速失败的理念：开发团队经过几次冲刺后即可识别阻碍产品开发取得进展的关键问题，而不必在将大量成本投入到需求、设计和开发的长期工作后，在测试阶段才发现这些问题。这种定量的风险减轻可以为组织节省大量的资金。

表 17-5 和表 17-6 举例说明了一个失败的瀑布项目和一个失败的敏捷开发在沉没成本上的差异。这两张表针对的是成本相同的同样的产品。

如表 17-5 所示，干系人花费了 11 个月的时间和近百万美元后才最终发现其产品构想不可行。请对比一下表 17-5 与表 17-6 中的沉没成本。

如表 17-6 所示，通过早期测试（在每个为期 2 周的冲刺期间每天测试），开发团队在 2 月底就确定了产品不可行，花费的时间和资金不到表 17-5 项目的六分之一。

记住
比较好

由于有了完工定义，即使早期失败的产品开发也能够产生一些组织可以利用或加以改进的有形资产。例如，在表 17-6 中，在前两次冲刺中失败的开发工作就可以提供可工作的产品特性。

快速失败的理念可以推广到产品的技术问题之外。你也可以利用多次冲刺和快速失败的理念来确定某个产品的商业可行性，并在市场并不看好的情况下尽早取消产品开发。通过发布小部分的产品功能并在开发初期邀请潜在客户对产品进行共同测试，你可以很好地了解你的产品是否具有商业可行性，并在商业可行性较低的情况下避免大量的资金损失；同时，你还会发现你可能需要做出某些重要变更，以满足客户需要。

表 17–5　某瀑布项目的失败成本

月份	阶段和问题	沉没成本	总沉没成本
1 月	需求阶段	80 000 美元	80 000 美元
2 月	需求阶段	80 000 美元	160 000 美元
3 月	需求阶段	80 000 美元	240 000 美元
4 月	需求阶段	80 000 美元	320 000 美元
5 月	设计阶段	80 000 美元	400 000 美元
6 月	设计阶段	80 000 美元	480 000 美元
7 月	开发阶段	80 000 美元	560 000 美元
8 月	开发阶段	80 000 美元	640 000 美元
9 月	开发阶段	80 000 美元	720 000 美元
10 月	QA 阶段：开发团队通过测试发现大量问题	80 000 美元	800 000 美元
11 月	QA 阶段：开发团队试图解决问题并继续进行开发	80 000 美元	880 000 美元
12 月	项目取消，产品不可行	0 美元	880 000 美元

表 17–6　某敏捷开发的失败成本

月份	冲刺和问题	沉没成本	总沉没成本
1 月	冲刺 1：未发现问题 冲刺 2：未发现问题	80 000 美元	80 000 美元
2 月	冲刺 3：测试中发现大量问题，导致本次冲刺失败 冲刺 4：开发团队试图解决问题并继续进行开发，最终本次冲刺失败	80 000 美元	160 000 美元
最终	开发取消，产品不可行	0 美元	160 000 美元

最后需要指出的是，从失败中快速抽身并不一定意味着取消产品开发。如果你在沉没成本比较低的时候发现了灾难性问题，那么你仍然有时间和预算来确定一种完全不同的方法来开发产品。

完工定义、自筹资、快速失败的理念以及敏捷原则都可以帮助组织降低风险。下面你将了解如何使用敏捷工具来管理风险。

早期风险识别、优先级排序和风险应对

虽然敏捷产品开发从根本上降低了许多传统风险，但开发团队仍需要留意开发中可能出现的问题。Scrum 团队是自管理团队，因此团队需要对产品质量负责，有责任识别风险并采取措施防范风险。

Scrum 团队需要优先处理最有价值且风险最高的需求。

不同于传统项目管理中花费数小时甚至数天时间来记录项目的潜在风险、风险发生概率、风险严重性以及风险减轻措施，Scrum 团队可以利用已有的敏捷工件和会议来管理风险，并等到团队对产品和可能出现的问题有了深入的理解之后再着手处理风险。表 17-7 列举了 Scrum 团队如何利用不同的敏捷工具在适当的时间管理风险。

表 17–7 敏捷风险管理工具

工件或会议	风险管理中的角色
产品愿景	产品愿景声明有助于统一团队对产品目标的定义，从而减少对产品目标产生误解的风险。在创建产品愿景时，团队可能会基于市场和客户反馈以及组织战略的一致性，从非常高的层面考虑风险。有关产品愿景的更多说明，请参见第 9 章
产品路线图	产品路线图是对产品需求和优先级的直观概述，能帮助团队快速识别需求中的差距和错误的需求优先级。有关产品路线图的更多说明，请参见第 9 章
产品待办事项列表	产品待办事项列表是使产品适应变更的一种工具。定期在产品待办事项列表中添加变更并对需求重新进行优先级排序，可以把传统意义上与范围变更相关的风险转化成创建更优质产品的一种方法。及时更新产品待办事项列表中的需求和优先级能够确保开发团队把精力集中在最重要的需求上。有关产品待办事项列表的更多说明，请参见第 9 章和第 10 章
发布计划	在发布计划阶段，Scrum 团队讨论发布的风险以及如何降低风险。发布计划会议中的风险讨论应该是高层级的，并且与整个发布相关。有关单个需求的风险可以在冲刺计划会议中讨论。有关发布计划的更多说明，请参见第 10 章
冲刺计划	在冲刺计划会议上，Scrum 团队讨论与本次冲刺中特定的需求和任务相关的风险以及如何降低这些风险。冲刺计划会议上的风险讨论可以更加深入，但必须仅限于本次冲刺。有关冲刺计划的更多说明，请参见第 10 章
冲刺待办事项列表	Scrum 团队可以通过冲刺待办事项列表的燃尽图快速查看当前的冲刺状态，在风险刚出现时立即进行风险管理，从而将风险的影响降到最低。有关冲刺待办事项列表以及燃尽图如何显示开发状态的更多说明，请参见第 11 章
每日例会	在每日例会上，开发团队成员讨论当前遇到的障碍。这些障碍有时候就是风险。每天讨论障碍使开发团队和 Scrum 主管有机会及时降低风险。有关每日例会的更多说明，请参见第 11 章
任务板	任务板使 Scrum 团队对当前的冲刺状态一目了然，从而及时发现并管理风险。有关任务板的更多说明，请参见第 11 章

（续表）

工件或会议	风险管理中的角色
冲刺评审	通过冲刺评审，Scrum 团队可以定期确保产品满足干系人的期望。冲刺评审还为干系人提供了讨论产品变更的机会，以适应不断变化的业务需求。冲刺评审的这两个方面都有助于对在开发结束时创造出错误产品的风险进行管理。有关冲刺评审的更多说明，请参见第 12 章
冲刺回顾	在冲刺回顾中，Scrum 团队讨论上一次冲刺的问题并识别出哪些问题可能是今后冲刺中的风险。开发团队需要确定相应的措施和方法，以防止这些风险再次成为问题。有关冲刺回顾的更多说明，请参见第 12 章

以上讨论的工件和会议可以系统地帮助 Scrum 团队通过敏捷开发管理风险，即在适当的时间由负有相应责任的角色处理风险。产品越大、越复杂，采用敏捷方法消除失败风险的可能性就越高。

5

第五部分

敏捷成功

本部分内容要点：

- 通过个人和组织的承诺为实施敏捷打下基础；
- 选择第一个采用敏捷方法进行开发的产品，并利用这个机会创造良好的敏捷转型的环境；
- 在多个团队合作的产品开发过程中，简化敏捷方法，统一团队目标，鼓励团队自组织；
- 在你的组织中成为变革代理人，帮助其避免在敏捷转型过程中出现组织和领导误区。

第 18 章　构建敏捷基础

本章内容要点：

- 获得组织和个人的承诺；
- 组建具有必备技能和能力的团队；
- 建立适宜的环境；
- 开展培训；
- 获得组织的持续支持。

为了成功地从传统项目管理流程向敏捷流程转型，你首先需要打造一个良好的敏捷基础：你需要组织和组织里的每一个人对这一转型做出承诺，同时要找到一个好的团队来进行第一次敏捷方法的尝试；你还需要创造一种有利于敏捷方法得以顺利实践的环境；你要为你的团队提供良好的培训，持续支持他们采用敏捷方法，保证团队在第一项开发工作完成之后仍然能够继续成长。

在本章中，我们将介绍如何在你的组织里构建坚实的敏捷基础。

组织和个人的承诺

对敏捷产品开发的承诺意味着放弃旧的工作习惯，并主动、有意识地采用敏捷方法开展工作。获得个人和组织两个层面的承诺是敏捷转型成功的关键。

如果没有组织的支持，就算是最有积极性的 Scrum 团队也有可能会被迫回归到旧的项目管理流程中去。如果没有单个团队成员的承诺，采用敏捷方法的公司在实施敏捷的过程中可能会遇到相当大的阻力，甚至是破坏性阻力。

以下各小节详细说明了组织和个人如何支持敏捷转型。

组织承诺

组织承诺在敏捷转型中具有重要意义。当一家公司和公司内的各个部门都认可敏捷原则时，对于团队成员而言，转型更加容易。

组织可以通过以下工作来实现敏捷转型。

- 对领导者进行培训，以便他们可以拥有领导内部变革所需的技能。
- 聘请有经验的敏捷专家创建一项可行的转型计划，并指导公司实施该计划。
- 在员工培训上做一些投入，培训对象首选第一个 Scrum 团队的团队成员以及支持他们的各级管理层。
- 为了支持精简的敏捷方法，允许 Scrum 团队放弃瀑布式的流程、会议和文件。
- 确保所有的 Scrum 团队成员专职参与项目，包括一个被授权的产品负责人、一个拥有多种技能的跨职能开发团队，以及一个有影响力的服务型 Scrum 主管。
- 赋能开发团队并持续提升他们的技能。
- 提供自动化测试工具和持续集成框架。
- 为 Scrum 团队集中办公提供后勤支持，帮助团队进行有效的和实时的协作。
- 确保分布在不同地点的团队能够在相近的时区内工作。如果因为一些特别的原因，比如新冠肺炎疫情，人们不能集中办公，那么可以投资一些合适的虚拟远程协作工具并进行相关培训。
- 允许 Scrum 团队进行自管理。
- 授权产品负责人对业务优先级进行决策，开发团队对技术方案进行决策，Scrum 主管可以挑战并打破当前组织层级存在的制约因素，逐步提升敏捷性。
- 给 Scrum 团队应有的时间和自由来进行必要的试错，在试错中学习。
- 修订现有的绩效评价方法，更加强调团队的整体绩效。
- 在开发过程中要给予 Scrum 团队鼓励，成功后要进行庆祝。

敏捷转型成功后，组织的持续支持依然很重要。公司通过招聘具有敏捷思维的团队以及向新员工提供敏捷培训来确保敏捷方法可以传承下去。组织也可以聘请敏捷导师，当 Scrum 团队遇到新挑战的时候，敏捷导师可以给予他们持续支持。

当然，组织是由个体组成的。组织承诺和个人承诺需要携手并进。

个人承诺

在敏捷转型过程中，个人承诺与组织承诺同等重要。当 Scrum 团队中的每个人都采用敏捷方法工作时，敏捷转型对团队的每个人来说都会变得更加容易。

个人可以通过以下方法致力于敏捷转型：

- 参加培训和会议，并愿意学习敏捷方法；
- 以开放的心态接受变革，愿意尝试新的流程，并努力培养新的习惯；
- 放下自我，成为团队的一分子，主动打破传统的层级和部门之间的壁垒；
- 抵制回到旧有流程的诱惑；
- 愿意为团队中欠缺敏捷知识的伙伴提供指导；
- 不怕犯错误，从错误中学习；
- 在冲刺回顾时诚实地反思，努力改进；
- 主动学习并成长为具备多种技能的开发人员；
- 为团队的成功和失败承担责任；
- 主动进行自我管理；
- 积极参与，贯穿始终。

与组织承诺一样，个人承诺在敏捷转型之后也依然非常重要。第一个敏捷项目的团队成员将成为整个组织的模范人物和变革代理人，他们为实施敏捷方法打下良好基础，也可以向其他团队示范如何利用敏捷方法有效地开展工作。

获得承诺

对敏捷方法的认可需要一个过程。需要帮助组织中的个体克服抗拒变革的冲动。

敏捷转型一个好的起点是从资深经理或高管层中找到一位可以推动组织变革的敏捷推动者。敏捷转型会改变一些基本流程，这需要得到制定和实施业务决策的人的支持。一个优秀的敏捷推动者能够引领组织和个人开展流程、组织结构以及个人认知方面的革新。

另一个获得承诺的重要途径是识别组织当前开发工作中存在的问题并用敏捷方法提供可行的解决方案。敏捷的价值观、原则和框架（比如 Scrum）可以解决许多问题，包括产品质量、客户满意度、团队士气、预算超支和工期超时、资金供给、项目组合管理等问题。

从传统的项目管理方法转型到敏捷方法，能够给组织带来如下真实可见的优势。

- **客户愉悦**：敏捷方法往往带来更高的客户满意度，因为 Scrum 团队能够快速产出可用的产品，同时能有效应对变更，并把客户当成伙伴紧密协作。
- **利润收益**：相比传统的项目管理方法，采用敏捷方法的团队可以更加快速地向市场提供产品。敏捷组织可以实现更高的投资回报，经常能够利用本项目收益进行自循环投资。
- **减少缺陷**：质量是敏捷方法的关键组成部分。主动预防性的质量措施、持续集成和测试，以及持续改进都有助于产出高品质的产品。
- **提升士气**：敏捷的一些做法，比如可持续开发和自管理，意味着更快乐的员工、更高的效率，以及更低的人员流动率。

在第 21 章中，你可以找到更多有关敏捷产品开发的好处。

你能够实施转型吗

为了向敏捷转型，你已经准备了各种各样的理由，并且你的情况看起来还不错。但是，你的组织会做出转型的决定吗？下面是一些你需要考虑的关键问题。

- **组织的障碍是什么**？你的组织有价值交付或风险管理文化吗？你的组织支持教练和导师制吗？你的组织支持开展培训工作吗？你的组织如何定义成功？你的组织是否有开放的文化？是否能透明地沟通产品进展？
- **现在是如何开展业务工作的**？在宏观层面上如何规划产品开发工作？组织内的项目会被强制限定在规定的业务范围内吗？业务代表如何参与？你会把开发业务外包出去吗？
- **团队当前是如何开展工作的**？**在敏捷方法下工作方式需要做出哪些改变**？瀑布方法有多根深蒂固？在团队中有较强的指挥和控制心态吗？在任何时间和地点产生的好的想法都会得到响应吗？允许团队在早期失败并从中学习吗？团队内的成员相互信任吗？不同团队之间相互分享吗？为了保证转型，你需要寻求什么支持？你能得到你需要的人员、工具、空间和承诺，以尝试进行敏捷转型吗？

- **监管方面的挑战是什么？**流程和程序是否达到监管要求？是否有强加在你身上的内外部法规和标准的要求？为了满足监管要求，你是否需要创建更多的文档？你是否会接受合规性的审计？违背相关规定的代价会是什么？

当你分析你的障碍和挑战的时候，你可能会发现以下问题。

- **敏捷方法将会揭示“组织需要变革”**。当你比较敏捷与传统的实践和结果的时候，你会发现绩效并未达到其应有的水平。你需要解决这个问题。你的组织已经在原有的产品开发框架内运营了很长时间，组织已经竭尽全力，却经常面对各种挑战。你必须承认所有参与方的努力，并介绍敏捷流程具有带来更好结果的潜力。
- **领导者可能会误认为敏捷方法是不足的**。敏捷宣言中的价值观和敏捷原则有时会被误读成敏捷不需要足够的计划和文档，从而舍弃已经被广泛接受的项目管理标准。一些经验丰富的项目经理可能会认为在敏捷转型过程中丢失了一些价值。因此，你需要利用各种机会澄清敏捷价值观和敏捷原则，以了解敏捷支持什么做法、不支持什么做法。利用敏捷原则解决传统项目管理方法也在尝试解决的问题。
- **过去进行敏捷转型的尝试曾带来负面的经历**。员工们也许以前有过敏捷转型失败的经历，如果再次尝试转型，士气可能会受到影响。当你遇到这种情况时，可以引导大家回归到敏捷价值观和敏捷原则，开展适当的培训，配备有经验的敏捷教练，关注敏捷最基本的理念，这些做法都是转型成功的核心要素。
- **从指挥官到服务者的角色转变是一种挑战**。敏捷领导者是以服务为导向的，指挥和控制让位于引导和支持。服务型领导对于很多团队和职能经理来说是一个巨大的转变。你必须向大家展示这样的转变会带来的积极的结果。你可以通过阅读第 16 章来了解更多这方面的内容。

切记遇到一些阻力是很自然的，变革总是伴随着反对声。你要准备好应对这些阻力，而不要让它影响你的士气。

转型的时机

在组织层面上，你可以在任何时候启动敏捷转型。你可以考虑如下几个不错的时间点。

- **当你需要证明敏捷产品开发的必要性时**：在一个大型项目结束的时候，你可以清楚地发现一些无效的工作。你能够清楚地阐述过去方法的不足之处，同时获得启动第一个敏捷实践的机会。
- **当被要求做精确预算时**：让你的敏捷开发工作在下一财年开始之前的最后一个季度进行（也就是当前财年的最后一个季度）。你会从你的第一项开发工作中整理出度量指标，这样在规划下一年度预算时心里更加有数。
- **当你开始一个新产品开发工作时**：在需要达成一个新目标的时候植入敏捷流程，这时会因为没有旧方法的拖累而变得更加轻松。
- **当你正要进入一个新的市场或行业时**：敏捷技术有助于快速创新，帮助你的组织为新客户创造产品。
- **当你有了新的领导层时**：管理层的变动是开展敏捷、设定期望的好机会。

尽管你可以利用这些机会开启敏捷流程，但是这些都不是进行敏捷转型所必需的前提条件。敏捷转型的最佳时间点其实就是今天！

选择正确的试点团队成员

选定合适的人一起工作，尤其在早期阶段，是敏捷产品开发成功的关键。当你为组织的第一个敏捷项目挑选不同角色时，需要考虑如下要点。

敏捷推动者

在敏捷转型初期，敏捷推动者是确保团队能够取得成功的关键人员。这个角色应该具备有效并快速影响组织各个层级的能力，以便提升试点团队成功的可能性。一个好的敏捷推动者应该能够完成以下这些任务。

- 对敏捷充满激情，热衷于运用敏捷方法解决内部组织和外部市场的相关问题。
- 对公司流程做出决策。敏捷推动者应该能够推动对现状进行变革。
- 让组织对敏捷方法的好处充满期待。
- 关注开发团队建立敏捷流程的整个过程，并持续提供支持。
- 为试点团队和以后所有开发团队的成功而召集所需的团队成员。

- 积极推进流程升级，消除不必要的干扰和非敏捷的流程。

当选择敏捷推动者的时候，你要优先考虑那些在组织中拥有影响力的人——有话语权并在过去成功领导过变革项目的人。

敏捷转型团队

敏捷推动者很重要，但是他一个人不能完成所有的事情。敏捷推动者应该与组织里的其他领导者一起工作，Scrum 团队在转型过程中依赖这些领导者的支持。敏捷转型团队要通力协作移除组织级障碍，以确保试点团队和未来 Scrum 团队的成功。

尽管敏捷转型团队为试点团队解决组织级障碍，但它并不只是为少数几个团队提供支持，而是为整个组织服务的。这个过程叫作系统思考。试点团队向敏捷转型团队提出的问题有些是组织系统层面的问题，而敏捷转型团队通过解决这些问题让整个组织受益。

敏捷转型团队应该做好如下几点。

- 通过持续支持试点团队，为组织的成功做出承诺。
- 制定敏捷型组织的愿景和实施路线图。
- 像 Scrum 团队那样组织起来，有一个产品负责人（敏捷推动者）、开发团队（能够为试点 Scrum 团队提供组织支持的领导者）及一个 Scrum 主管（一个组织里的领导者，帮助敏捷转型团队践行敏捷原则，提供 Scrum 规则的指导）。
- 像 Scrum 团队那样工作，召开五种 Scrum 会议，采用三种 Scrum 工件。

图 18-1 展示了敏捷转型团队和试点 Scrum 团队如何协调彼此的冲刺节奏。在试点团队的冲刺回顾会议上识别出来的障碍可以成为敏捷转型团队的产品待办事项列表，敏捷转型团队通过为试点团队逐步解决这些障碍，从而改进整体流程。

敏捷转型团队为试点 Scrum 团队提供系统支持的同时，组织的领导层在使用 Scrum 框架的过程中也与试点团队一起变得更加敏捷。

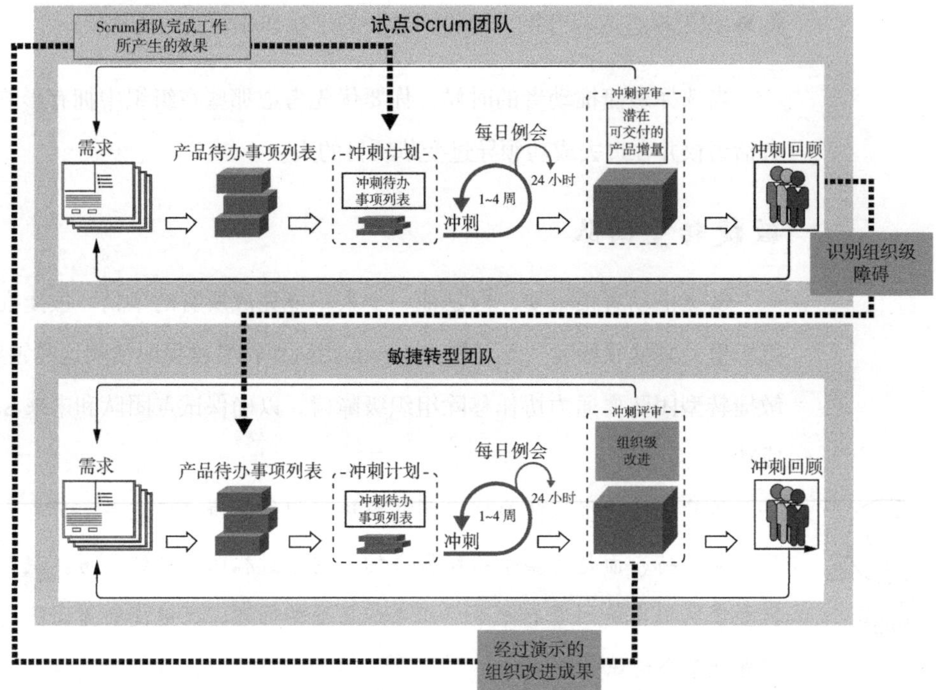

图 18-1 敏捷转型团队与试点 Scrum 团队保持一致的节奏

产品负责人

有了敏捷推动者和敏捷转型团队，接下来焦点就转向试点 Scrum 团队。试点 Scrum 团队的产品负责人通常来自组织的业务部门，这有助于对齐业务和技术。在第一个敏捷开发工作中，产品负责人需要习惯每日与开发团队一起工作。一个好的产品负责人应该做到以下几点。

- 处事果断。
- 非常熟悉客户需求和商业需要。
- 有对产品需求进行优先级排序和再排序的决断力及授权。
- 对产品待办事项列表进行持续的更新。
- 致力于与其他 Scrum 团队成员合作，在整个开发过程中每天都能够与开发团队沟通协作。
- 有获得产品资金和其他资源的能力。

在为第一个试点的敏捷产品开发选择产品负责人时，要关注那些可以提供产品专业知识和对产品能够做出承诺的人。请参考第 7 章，了解更多产品负责人的信息。

开发团队

在敏捷产品开发过程中，自管理的开发团队对产品的成功至关重要。开发团队决定如何达成产品目标。良好的开发团队成员应该能够做到如下几点。

- 多才多艺。
- 愿意做跨职能的工作。
- 制订冲刺计划，并围绕冲刺计划进行自管理。
- 理解产品需求，并估算人力投入。
- 向产品负责人提供技术意见，以便他 / 她可以理解需求的复杂性，并做出恰当的决定。
- 根据情况做出响应，通过调整流程、标准和工具来优化绩效。

充满好奇心，愿意学习新事物，通过各种方法为产品目标贡献力量的开发人员更容易在敏捷环境中有所建树。当你为试点产品选择开发团队时，你要优先选择具有如下特质的人员：对变革持开放态度，乐于接受挑战，喜欢冲在新产品开发的最前沿，愿意承担任何有助于成功的工作，包括学习和使用新技能。请参考第 7 章，了解更多关于开发团队的信息。

Scrum 主管

相比后续的开发工作，开展公司第一个敏捷产品开发工作的 Scrum 主管需要特别关注如何降低外部环境对开发团队的干扰。好的 Scrum 主管应该做到如下几点。

- 有影响力。
- 有足够的组织影响力，能够消除外界的干扰，保证开发团队顺利使用敏捷方法。
- 要十分了解敏捷产品开发，在整个开发过程中能够帮助开发团队坚持执行敏捷流程。
- 具有指导开发团队达成共识的沟通和引导技巧。
- 充分信任团队，并允许开发团队自组织和自管理。

在为公司的第一个敏捷团队确定 Scrum 主管人选时，你需要选择一个愿意做服务型领导的候选人。同时，Scrum 主管需要有足够强大的气场，愿意挑战现状，在面对来自组织和个人干扰的时候，帮助阻止干扰并坚持推行敏捷流程。请参考第 7 章，了解更多关于 Scrum 主管的信息。

干系人

在组织第一次试点的敏捷产品开发中，好的干系人应该做到如下几点。

- 参与。
- 在做出最终产品决策时，能够尊重产品负责人。
- 参加冲刺评审会议，并提供产品反馈意见。
- 理解敏捷原则。为干系人提供与其他产品团队成员相同的培训，这样会让他们更加容易接受新的方法、流程和技术。
- 愿意接受并采用敏捷方法的产品信息，如冲刺评审、产品待办事项列表和冲刺待办事项列表。
- 当产品负责人和开发团队有问题的时候，能够不厌其烦地详细解答。
- 能够与产品负责人以及其他的产品团队成员协同工作。

敏捷项目干系人应该是一个值得信赖、具有合作精神以及对产品能够主动做出贡献的人。

敏捷导师

敏捷导师有时也称为敏捷教练。当组织开始学习 Scrum、逐步建立敏捷环境时，这个角色对于保证团队和组织始终走在敏捷正轨上至关重要。一个好的敏捷导师应该做到如下几点。

- 经验丰富（跨行业、跨职能、跨角色）。
- 成为敏捷流程的专家，尤其要熟悉组织选择的敏捷流程。
- 熟悉不同规模的开发工作。
- 帮助团队自管理，通过提问帮助他们学习，提供有价值的建议和支持，无须过度介入开发工作。
- 能够在第一次冲刺过程中指导开发团队，在整个开发期间解答疑问。
- 能够与产品负责人、开发团队以及 Scrum 主管很好地合作共处。

- 试着跳出部门或组织之外，用局外人的视角看问题。内部敏捷导师往往来自一家公司的项目管理组或卓越中心。如果敏捷导师来自组织内部，那么在提出建议和提供咨询意见的时候，应该抛开职权上的考虑。

很多组织，包括我们的 Platinum Edge 公司都可以提供敏捷战略、规划和指导的咨询服务。

创建适合敏捷的环境

从传统方法转型到敏捷方法的基础是创建一个敏捷产品开发能够持续成功、开发团队可以茁壮成长的环境。敏捷环境不仅需要一个良好的物理环境，就像我在第 6 章描述的那样，同时也需要一个良好的组织环境。为了创造一个良好的敏捷环境，需要具备以下条件。

- **敏捷流程的良好运用**：这一点似乎是显而易见的，但要从一开始就使用经过验证的敏捷框架和方法。使用图 18-2 敏捷价值路线图，通过运用 Scrum 和其他关键的敏捷实践来增加成功的可能性。从基础做起，逐渐积累敏捷产品开发的知识和经验，从而不断提升敏捷实践水平。不必打造一个完美的流程，请记住，没有完美的实践，只有不断地探索实践，才能在敏捷的道路上行稳致远。请以正确的理念开启敏捷之旅。
- **充分透明**：产品开发的进展情况以及流程变革应该是公开的。项目团队和整个组织的人员都应该了解产品开发的详细信息。
- **经常检查**：使用 Scrum 方法进行有规律的检查和反馈，以获得当前开发状态的第一手信息。
- **及时调整**：在整个开发过程中，通过跟进检查持续改进。如果有必要，在当天就做出改进，不必等到发布结束或开发结束的那一刻再采取行动。
- **专职的 Scrum 团队**：敏捷开发工作应该配备完整的开发团队、Scrum 主管和产品负责人。
- **集中办公的 Scrum 团队**：为了达到最好的结果，开发团队、Scrum 主管和产品负责人应坐在同一个区域的同一间办公室里工作。但如果条件受限的话，可以考虑购置一些远程协作的设备，提供适当的培训，从而搭建一个高效的、虚拟的工作环境。

» **受过良好训练的产品团队**：当团队成员在一起学习敏捷价值观和敏捷原则，并且试验敏捷方法时，他们就会对未来敏捷组织的走向形成共同的理解和期待。

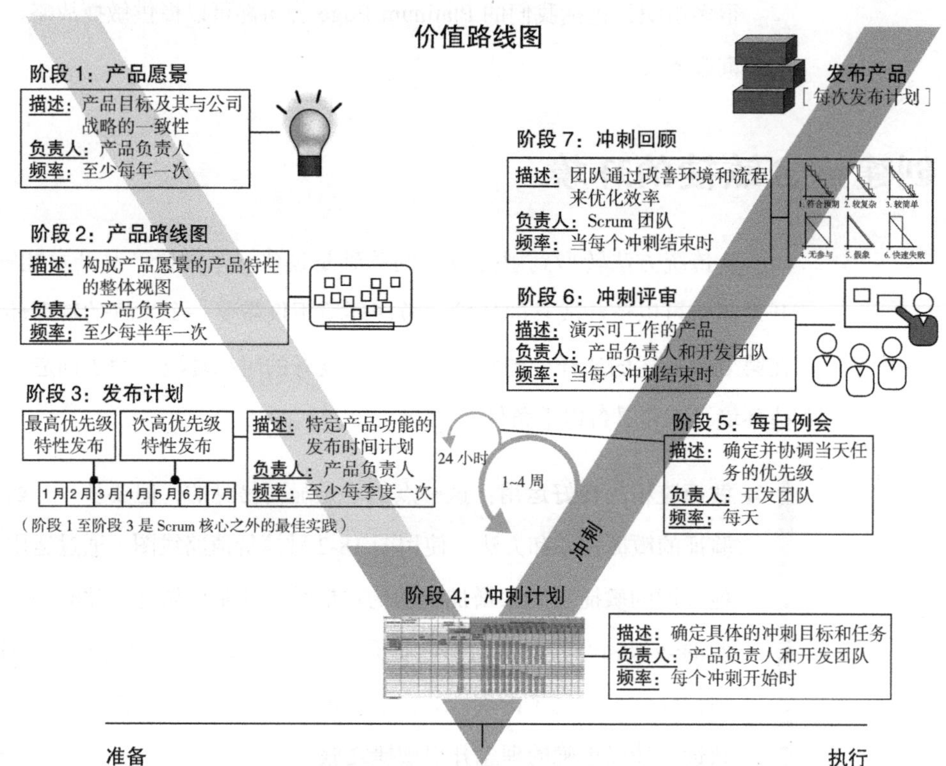

图 18-2 敏捷价值路线图

幸运的是，有许多开展敏捷流程培训的机会。你能够找到正式的敏捷认证机构，以及敏捷培训班和讲习班。有效的敏捷认证如下。

» **Scrum 联盟**：

- Scrum 主管认证（CSM）；
- 高级 Scrum 主管认证（A-CSM）；
- Scrum 产品负责人认证（CSPO）；
- 高级 Scrum 产品负责人认证（A-CSPO）；
- Scrum 开发者认证（CSD）；
- 针对 Scrum 主管（CSP-SM）、Scrum 产品负责人（CSP-PO）和开发者（CSD）的 Scrum 专业人士认证（CSP）；
- 团队教练认证（CTC）；

- 企业教练认证（CEC）；
- Scrum 培训师认证（CST）；
- 敏捷领导力认证（CAL）。

» Scrum 非营利组织：
- 专业级 Scrum 主管认证（PSM I、II、III）；
- 专业级 Scrum 产品负责人认证（PSPO I、II、III）；
- 专业级 Scrum 开发者认证（PSD I）；
- 专业级敏捷领导力认证（PAL I）。

» **国际敏捷联盟（ICAgile）**：有关敏捷引导、教练、工程、培训、商业敏捷、交付管理、DevOps、企业级敏捷和价值管理等多个领域的专业级和专家级的认证。

» **看板大学**：
- 团队看板实践者认证（TKP）；
- 专业级看板管理认证（KMP I、II）；
- 专业级看板教练（KCP）；
- 看板咨询师（AKC）和培训师（AKT）。

» **项目管理协会（PMI）**：

» **敏捷项目管理专业人士资格认证（PMI-ACP）**。

» **众多大学的认证课程**。

只要有好的环境，你就有好的成功的机会。

持续支持敏捷

当你首次启动敏捷流程时，要把握好每一次敏捷转型成功的机会，你可以特别关注如下几个关键的成功因素。

» **选择一个好的试点**。选择试点最重要的是得到每个人的支持。同时，设定合理的期望值。虽然这个试点会产生可以量化的改进，但刚开始的改进可能并没有那么明显，因为团队还在学习中。随着时间的推移，团队将会取得越来越大的进步。

» **拥有一位敏捷导师**。要想建立一个良好的敏捷环境，并最大化提升你的绩效，你需要一位敏捷导师或者教练。

» **充分的沟通**。不断地在组织的每个层级谈论敏捷原则。在试点的产品开发过程中支持敏捷推动者的工作，持续推动敏捷方法在组织里的运用。

» **准备好继续前进**。一直着眼于未来。你会考虑如何将敏捷试点中获得的经验教训应用到新的开发工作和团队中去。同时也要考虑如何将敏捷原则和方法从一个产品推广到多个产品，甚至推广到那些包含多个开发团队的大型项目中。

第 19 章　团队扩展的去规模化

本章内容要点：

- 识别何时及为什么进行团队扩展；
- 理解团队扩展的基础理念；
- 探索团队扩展的挑战。

基于项目进度、范围和所需的技能，很多中小型产品的开发工作由一个 Scrum 团队就可以完成。但是对于大型项目来说，需要多个 Scrum 团队通力合作才能达成产品愿景、发布目标并及时将产品推向市场，这时跨团队之间的合作、沟通和信息同步非常重要。其实，无论开发工作的规模是大还是小，如果为同一款产品工作的多个团队之间存在相互依赖性，或者多个产品团队之间存在相互依赖性，你就需要考虑团队扩展这个话题。要知道，扩展团队是会降低敏捷性的。

通过采用敏捷方法，你可以将需求分解为更简单的、相互独立的价值单元，这样团队可以尽早、持续地交付可工作的产品。而团队扩展起了相反的作用，它使团队产生了相互依赖性。不要试图通过增加额外的工作来处理这些依赖性，我们的工作目标应该是简化、分解这些依赖性。

小贴士
大用途

团队扩展只在必要的时候进行。即使你拥有足够的人才和资源，可以组建多个团队，同时支持某一个产品开发，这种做法也不一定能提高产品质量、加速产品交付。你要永远想办法去实现敏捷原则中的第 10 条原则：“以简洁为本，最大限度地减少工作量。”少即是多。

无论一个产品是由一个 Scrum 团队完成，还是由 1 000 个 Scrum 团队完成，Scrum 作为一个敏捷框架都可以帮助团队组织产品开发工作，有效地展示开发的进展。团队扩展带来新的挑战，你可以运用跨团队协作的工具来支持敏捷价值观和基本原则，这样可以解决你的产品或组织面临的诸多具体问题。

在这一章里，我们会讨论当你需要多个团队共同开发产品时所面临的问题，也会提供一些通用的敏捷团队扩展的框架和方法，以解决团队扩展带来的问题。

多团队的敏捷开发

当产品待办事项列表和发布计划要求加快开发速度时，一个 Scrum 团队可能难以满足需求，组织需要组建多个 Scrum 团队共同协作。

借助于敏捷开发的方法，跨职能敏捷团队彼此协作完成一个又一个冲刺工作，实现产品待办事项列表里的需求，创造出完整的、可工作的、可发布的功能。但是如果有多个团队为一个产品待办事项列表开展工作，就会产生一些新的挑战。

多个 Scrum 团队参与同一个产品开发工作有可能产生如下挑战。

- **产品规划**：敏捷规划从一开始就是协作性的。多个大团队之间的协作和单一的 Scrum 团队内部的协作区别很大。与众多人员（包括所有的 Scrum 团队成员和干系人）一起建立愿景，从所有参与人员那里收集建议来创建产品路线图，完成这些工作所需的协作方法与单一的 Scrum 团队内部的协作方法有着很大的不同。
- **发布计划**：与制定产品规划面临的挑战类似，发布计划需要更明确的范围和时间安排。谁完成什么工作、在发布过程中谁需要谁的支持，这些协调工作至关重要。你需要理顺相互依赖的关系，使团队对范围的理解保持一致，合理安排人员分工，只有这样才能顺利发布产品。
- **分解**：为了分解产品待办事项列表里的大块需求，需要多个团队共同讨论并开展研究和优化工作。此时需明确谁发起这些讨论、谁引导这些讨论。
- **冲刺计划**：冲刺计划会议并不是在冲刺开始前最后一次在 Scrum 团队之间协调计划和执行的会议，它的目的是从产品待办事项列表中锁定一部分范围，在本冲刺中完成。在这个阶段，不同 Scrum 团队之间的依赖性就会凸显出来。如果在之前创建产品路线图和发布计划时并没有暴露团队的依赖关系，那么在冲刺计划阶段，Scrum 团队如何才能有效地识别并解决这些依赖关系？
- **每日协调会**：尽管从产品开发工作启动之初到冲刺计划阶段，团队进行了有效的合作，但是不同 Scrum 团队之间每日的协调工作仍然是必不可少的。在冲刺执行期间，谁应该参与这些协调会议？在会议上着重谈什么？

- **冲刺评审**：很多团队都要演示他们的产品增量并寻求反馈，干系人在时间有限的情况下如何安排时间出席这些会议？产品负责人如何将多个 Scrum 团队得到的反馈更新到产品待办事项列表中？开发团队如何了解其他团队的进展情况？
- **冲刺回顾**：多个 Scrum 团队在一起工作形成一个更大的产品团队。他们如何共同识别改进的机会，进而在整个组织里实施这些改进方案？
- **集成**：所有的产品增量必须能够在一个集成环境下工作。谁负责集成的工作？谁为团队提供集成的基础框架？谁保证集成工作顺利开展？
- **决策**：谁统一把握产品架构和技术标准？这些决策如何能够去中心化，从而确保团队的自组织性，并给予团队一定的工作自主权？

以上只是一些示例，你也许可以根据自己的经验提出更多的挑战。无论处于何种情形下，都需要针对团队扩展带来的挑战思考应对方法。

有一些团队扩展的解决框架会针对一些在你的团队里不存在的问题提供解决方案。当心，不要过度填充你的敏捷框架，去解决那些并不存在的问题。

自从 20 世纪 90 年代中期第一个 Scrum 团队产生以来，已经有经由多个 Scrum 团队有效协作开发的敏捷产品成功面市。下面介绍解决团队扩展问题的有效方法和实施框架。

垂直切分法

一个最简单的团队扩展方法是垂直切分法。它提供了一个简单的解决方案，即将工作分配给多个团队，这些团队可以在每个冲刺中以增量的方式交付和集成功能。如果你对于如何在多个团队之间分解工作有疑惑，那么垂直切分法是一种不错的解决方案。

垂直切分的概念也适用于单个团队的产品开发工作。开发团队由一群人组成，他们拥有将需求转化为完整的、可交付的功能所需的所有技能。开发团队借助于所有必要的技术和能力，一次只处理一个需求，这就是产品待办事项列表的垂直切分。

目标一致、独立自主的 Scrum 团队尽其所能来满足客户的需求。每个致力于同一个产品的开发团队都是跨职能的，可以完成产品待办事项列表中的任何事项。每个团队从同一个产品待办事项列表中拉取事项，以相同的步调实施。如果一个团队缺乏实现某项需求所需的技能，那么他们会与那些拥有这些技能的团队合作，以此来扩展自己的技能，从而减少这种约束性的依赖关系。

在冲刺过程中，每个团队都将自己的工作与其他团队的工作集成在一起，最好是通过自动化工具来降低集成的成本和难度。在每个冲刺结束时，本冲刺中所有的产品待办事项都被细化、设计、开发、测试、集成、记录和批准。

图 19-1 说明了如何对一个产品进行垂直切分，使得多个团队能够致力于同一个产品。

对于所有的 Scrum 团队来说，有一个共同的“完工定义”作为基本要求。垂直切分法可以使每个团队在其开发方法中既能够做到自组织，又能够与总体发布目标保持一致。产品愿景和路线图成为将每个人团结在一起的黏合剂。

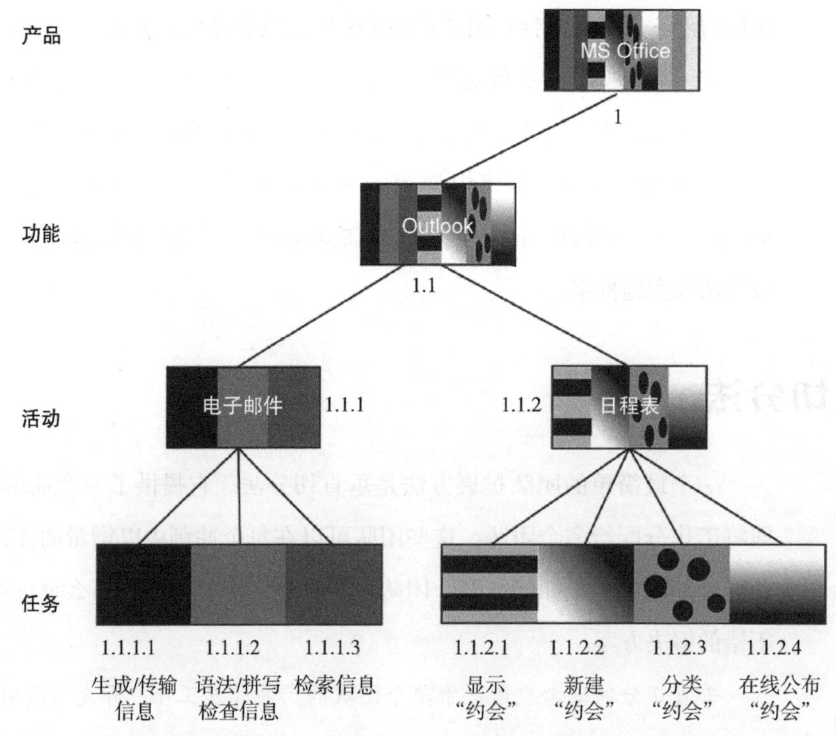

图 19-1 由多个 Scrum 团队对产品功能进行垂直切分

"Scrum of Scrums"

垂直切分法展示了 Scrum 团队如何在技术上进行协调和集成。这些 Scrum 团队每天如何相互协调？"Scrum of Scrums"模型是促进 Scrum 团队成员之间有效集成、协调和互助的一种方法。我们在本章中展示的大多数团队扩展框架都使用"Scrum of Scrums"方法来实现 Scrum 团队之间的日常协调。

图 19-2 说明了团队中的每个角色每天与其他团队中相同角色的人员进行协调，并讨论影响众多项目团队的优先级、依赖关系和障碍等问题。"Scrum of Scrums"中的每个角色由相关团队指定和授权某个人来推动和协调。通过全面集成和发布，团队逐渐建立起一个持续的、正式的"Scrum of Scrums"模型。

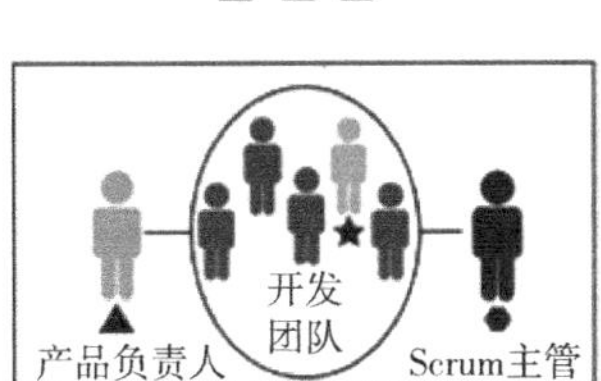
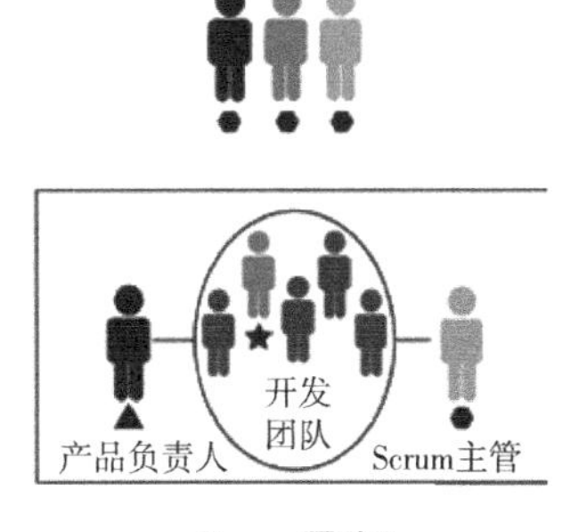

图 19-2 用"Scrum of Scrums"方法协调多个 Scrum 团队

每天，每个 Scrum 团队在几乎相同的时间、不同的地点举行自己的每日例会。在每日例会之后，各个团队召开"Scrum of Scrums"会议，以决定下一步的工作。

产品负责人的"Scrum of Scrums"

每个 Scrum 团队在召开完每日例会之后，各个 Scrum 团队的产品负责人每天根据需要一起召开一个时长不超过 15 分钟的会议。他们讨论工作中的优先级，并根据每个 Scrum 团队在每日例会中谈到的开发的实际情况进行工作调整。每位产品负责人可能解决以下几个问题：

- 自上次会议以来，有哪些业务需求被接受或拒绝；
- 在下次会议之前，有哪些新需求会被接受；
- 哪些需求遇到障碍，需要其他团队的帮助来解决（例如："约翰，在你没有完成当前冲刺待办事项列表中的需求 xyz 之前，我们无法执行需求 123。"）。

实际上，产品负责人组成了一个统一的、自组织的产品负责人团队，并且与他们自己的Scrum团队类似，他们可能会共同关注一个Scrum团队所做工作的高层级视图。图19-3是“Scrum of Scrums”模式下产品负责人的任务板示例。

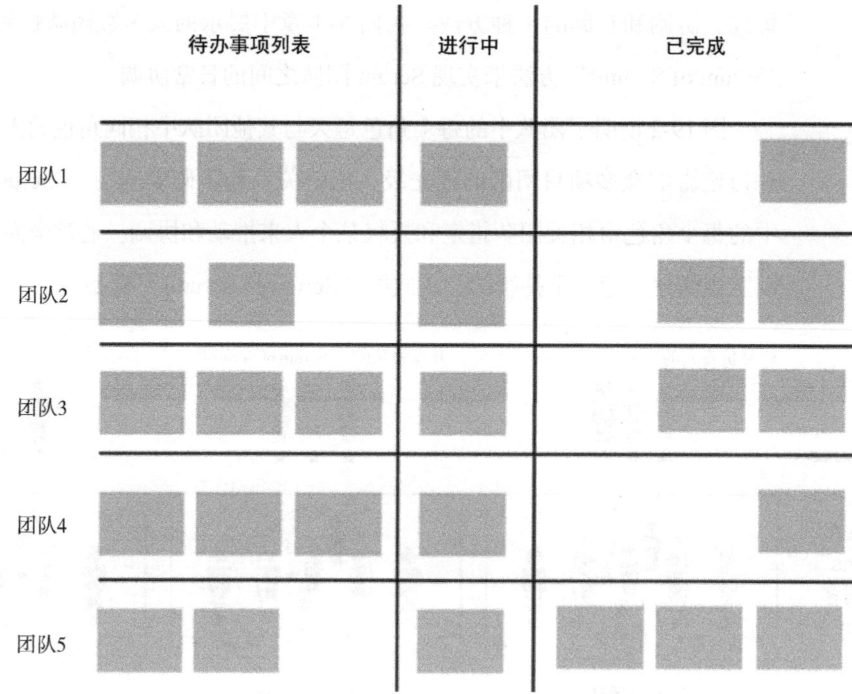

图19-3 “Scrum of Scrums”任务板

开发团队的“Scrum of Scrums”

每个Scrum团队在召开完每日例会之后，每个Scrum团队中的一名开发成员代表本团队参加开发团队的“Scrum of Scrums”会议，时间不超过15分钟，主要讨论以下内容。

- 自上次会议以来，本团队完成了哪些工作。
- 从现在到下次会议之前，本团队还要进行哪些工作，以及如何开展集成工作。
- 需要帮助团队解决哪些技术难题。
- 团队所做的技术决策，以及任何人应该提前知道的内容，以防止后期出现潜在的问题。

你可以考虑从Scrum团队中轮流指派开发成员参加“Scrum of Scrums”会议，每天轮换或者每个冲刺轮换都可以，以确保每个人都关注整个产品开发的工作。

Scrum 主管的“Scrum of Scrums”

每个 Scrum 团队的 Scrum 主管也会与其他的 Scrum 主管召开不超过 15 分钟的会议，以解决各个团队正在处理的障碍。每个 Scrum 主管都要了解并解决以下问题。

- 自上次会议以来，本团队解决的障碍以及解决的方法，以防止其他 Scrum 主管遇到类似的问题。
- 自上次会议以来发现的新障碍以及任何未解决的障碍。
- 哪些障碍需要其他团队帮忙解决。
- 所有人需要了解的潜在障碍。

在每日“Scrum of Scrums”会议之后讨论并解决需要升级的障碍。与产品负责人和开发团队成员类似，Scrum 主管们组成了他们自己的团队，这个团队由目标一致、自组织的 Scrum 主管组成。

记住比较好

你的组织应该有指导和授权各个团队做出战术决策的统一标准。这样，每个团队都可以复用组织现有的成果，而不必自己设定标准。

垂直切分法是让每个 Scrum 团队维持自治的一种简单的方法，可以在更大范围的项目集场景中提供有价值的功能。它还可以有效地帮助团队就项目制约因素和进展进行及时、有针对性的对话。

利用 LeSS 框架进行多团队协调

大规模 Scrum（LeSS）是大规模产品开发工作中扩展 Scrum 的另一种方法。LeSS 基于一系列原则，这些原则在支持多个 Scrum 团队处理同一个产品待办事项列表时保持 Scrum 的精简性。LeSS 聚焦于系统的不断优化，使得每个 Scrum 团队的技能多样化，从而有效地实现整个产品待办事项列表中的需求。它还提供了诸多解决方法，以应对团队扩展带来的各种挑战。在本节中，我们首先做一个概述，然后介绍几个关键的方法。

LeSS 定义了两种大小的框架：LeSS 框架和“LeSS Huge”框架。它们的不同之处在于所适用的团队规模不一样。

LeSS 框架——轻量级框架

图 19-4 以 3 个 Scrum 团队为例说明了 LeSS 基础框架。LeSS 建议遵循此基础框架的 Scrum 团队数量不要超过 8 个。

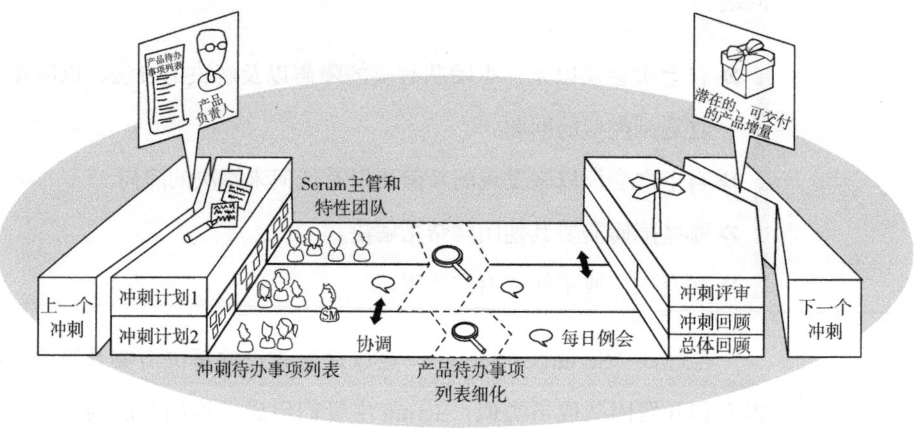

图 19-4 LeSS 基础框架

注：获得克雷格·拉尔曼（Craig Larman）和巴斯·沃代（Bas Vodde）的使用许可。

LeSS 概述了多个 Scrum 团队如何在一个冲刺内协同工作。从冲刺计划开始，然后是冲刺执行和每日例会，最后以冲刺评审和冲刺回顾结束。尽管 LeSS 和 Scrum 框架有很多相似之处，但两者也存在以下显著差异。

- 在 LeSS 框架里，通常为 1~3 个团队配备一名 Scrum 主管，而一个产品负责人可以负责的团队多达 8 个。

记住比较好

让 Scrum 团队成员专职于一个团队，这样做可以消除由于频繁切换任务所造成的精力损耗。你始终要明白将团队成员的注意力分散到多个项目所带来的风险。

- 冲刺计划会议（第一部分）并不要求所有的开发人员都参加，但至少每个 Scrum 团队有两名成员和产品负责人参加。随后，这些团队代表回到各自的团队中共享信息。
- 在独立的冲刺计划会议（第二部分）和每日例会上，来自不同团队的成员可以参加彼此的会议，以促进信息共享。
- 冲刺评审会议通常由所有团队共同参加。
- 除了每个团队分别召开冲刺回顾会议之外，还召开整体的冲刺回顾会议。Scrum 主管、产品负责人和开发团队的代表们检查及调整产品开发的总体状况和具体做法，比如流程、工具和沟通等。

“LeSS Huge”框架

利用“LeSS Huge”框架，数千人可以参与到同一款产品开发中，但是整体结构仍然可以保持精简。

Scrum 团队围绕客户需求的主要领域进行分组，这被称为需求领域。每个需求领域由一个领域产品负责人（APO）和 4~8 个 Scrum 团队组成（每个需求领域至少有 4 个团队，以防止过度的局部优化）。一个总体产品负责人与几个领域产品负责人合作，为这个产品组成一个产品负责人团队。图 19-5 说明了“LeSS Huge”框架。

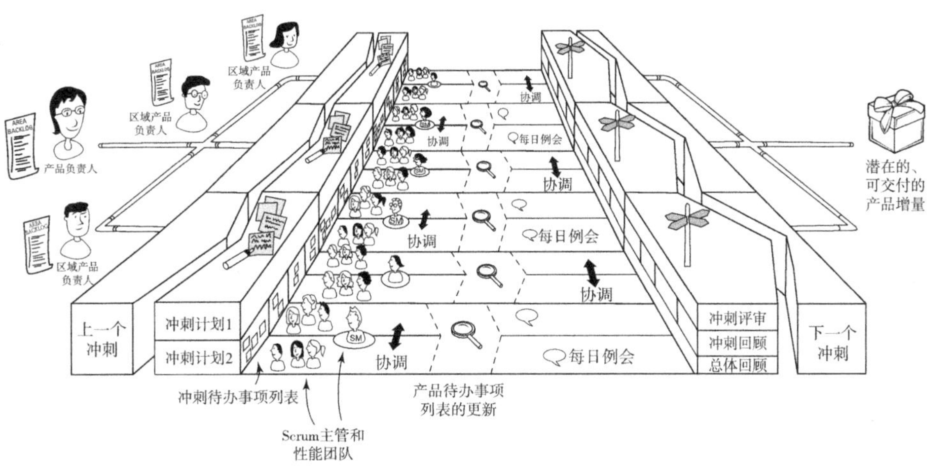

图 19-5 “LeSS Huge”框架

注：获得克雷格·拉尔曼和巴斯·沃代的使用许可。

单个团队的 Scrum 方法以及 LeSS 基础框架，都有一个产品待办事项列表、一个完工定义、一个潜在的可交付的产品增量、一个产品负责人和一个冲刺开发节奏。“LeSS Huge”框架则由多个基于各个需求领域的 LeSS 框架叠加而成。

为了使这些团队能够跨需求领域有效地协同工作，需要做到以下几点。

- 产品负责人定期与各领域产品负责人协调工作。
- 在产品待办事项列表中标记需求领域，以确定谁负责产品的哪一部分。
- 每个需求领域都存在一系列同时开展的冲刺会议。全面的冲刺评审和所有团队的冲刺回顾是必要的，以便能够对单个团队进行持续的检查和调整。这些多团队的活动有助于协调整个项目集的工作内容和工作流。

尽管限制了开发人员每天与业务人员（产品负责人）密切合作的机会，LeSS

仍然提供了一种简单的方法，可以在产品开发工作中扩展 Scrum 团队。

LeSS 就像单个团队的 Scrum 一样，严重依赖于拥有业务领域知识、能够直接接触客户和业务干系人的开发团队，这些团队有权与客户和产品负责人直接协作、澄清需求。这种协作在 LeSS 里更为关键，因为多个团队同时与一位产品负责人协作。

我们还发现，LeSS 中建议的灵活协调的技术对于解决多团队协调问题是有效的。除了“Scrum of Scrums”和持续集成（参见第 5 章），LeSS 还建议了 Scrum 团队与其他 Scrum 团队协作的多种方法，其中一些方法将在下面重点介绍。

冲刺评审集市

多个团队为同一个产品工作，每个冲刺都会产出产品功能增量，因此，所有团队都有需要演示的内容，他们都需要干系人的反馈来更新他们的产品待办事项列表。因为所有的 Scrum 团队都处于同一个开发节奏，即使是基础级的 LeSS 组织也需要召开很多冲刺评审会议，并要求干系人在同一天参加这些会议。

LeSS 为冲刺评审会议推荐了一种聚合模式，类似于科学博览会或集市的形式。每个 Scrum 团队在一个足够容纳所有 Scrum 团队的房间中布置自己的展位。每个 Scrum 团队展示他们在上一个冲刺期间所做的工作，并从访问其展位的干系人那里收集反馈。干系人到访他们感兴趣的展位。Scrum 团队可以循环演示，以便服务于穿梭多个展位的干系人。这种方法还便于 Scrum 团队成员看到其他 Scrum 团队的演示。请注意，除了这种形式，组合式的冲刺评审也可以通过其他方式进行。

组合式的冲刺评审可以提高 Scrum 团队的透明度和协作文化。

每日例会的观察员

尽管每日例会只是为了 Scrum 团队能够协调他们当天的工作而举行，但是任何人都可以被邀请出席。透明度是敏捷的关键。本章前面描述的“Scrum of Scrums”模型是一个参与式模型——参加 Scrum 团队每日例会的开发人员都可以参与讨论。然而，有时候其他 Scrum 团队成员只需要知道别的团队在做什么就足够了，并不一定需要参与讨论。

来自某个团队的开发人员代表可以参加另一个团队的每日例会，进行观察，然后回去向他 / 她的团队汇报，以确定需要采取的行动。对于其他 Scrum 团队来说，这是一种无干扰的参与方式，且无须额外的会议开销。

组件社区和导师

LeSS 还采用垂直切分法在团队之间划分产品待办事项列表，因此，多个团队可以“接触”同一个系统或技术组件。例如，多个团队可以在同一个公共数据库、用户界面或自动化测试套件中工作。围绕这些知识领域建立一个实践社区，可以让人们有机会在他们所从事的组件领域进行非正式合作。

一个实践社区通常是由 Scrum 团队中的某些人组织的，他们用知识和经验来告诉团队该组件是如何工作的，同时对组件进行长期的监督，鼓励社区参与定期的讨论、研讨会以及组件中将要完成的部分评审工作。

多团队会议

与组合式冲刺评审模型类似，LeSS Scrum 团队也可以聚在一起进行其他规划活动并从中受益，比如产品待办事项列表的组化会议、冲刺计划的第 2 部分会议和其他相关的设计研讨会。LeSS 为每种会议推荐了类似的召开形式，其中的共同元素包括以下几种。

- 首先召开由所有团队参加的全体会议，以确定哪些团队可能需要处理哪些产品待办事项列表中的事项。
- 每个小组选派代表参加这个全体会议。
- 各个团队的会议在全体会议之后召开，深入讨论细节。
- 全体会议之后也可以根据需要召开各小组之间自由组合的讨论会。

这些会议的关键是采用面对面的形式召开。在同一个房间里，允许实时协作来识别并分解依赖关系。对于分布式的 LeSS 团队（不同团队处于不同的工作地点）来说，视频会议是关键。

旅行者

开发团队越是多才多艺，Scrum 团队遇到的瓶颈就越少。虽然传统的组织有技术领域的专家，但在开始进行敏捷转型时，也许没有足够的专家去支持所有的 Scrum 团队。为了缩减团队之间的技能差距，技术专家可以作为旅行者轮流加入各个 Scrum 团队，通过结对（见第 5 章）、研讨会和其他教学方式，在他们的专业领域进行指导。

通过专业知识的共享，专家（可以作为一个实践社区的组织者）持续领导和提升整个组织的技能。与此同时，Scrum 团队也增加了他们的跨领域技能，能够更加有效地进行开发工作。需要注意的是，旅行者需要确保开发团队仍然承担产品的最终责任。

基于“Scrum@Scale”方法使各个敏捷角色保持一致

敏捷团队的扩展模型有很多种，它们或复杂或简单，能够支持从两个到数百个 Scrum 团队一起工作的“Scrum@Scale”方法也是一种基础的“Scrum of Scrums”（SoS）模型。Scrum 主管和产品负责人可以基于此框架协调沟通、消除障碍，也可以进行优先级排序、需求细化及规划工作。这个“Scrum of Scrums”模型可以帮助 Scrum 主管和产品负责人在不同规模的项目团队之间进行日常的信息同步。

根据“Scrum@Scale”方法的指示，如果一个组织不能顺利开展 Scrum，它就不能进行团队扩展。团队扩展需要建立在被授权的、小型的、自组织的团队的基础上。只有坚持敏捷的价值观和原则以及 Scrum 价值观，团队才有可能有效地进行扩展。

Scrum 主管团队

运用“Scrum@Scale”方法，最多可以将 5 个 Scrum 团队组合成一个“Scrum of Scrums”团队，他们协同工作来交付一个产品。由于更复杂的产品需要额外的 Scrum 团队，有可能需要一个以上的“Scrum of Scrums”团队，其中每个“Scrum of Scrums”团队最多可以拥有 5 个 Scrum 团队。每个 Scrum 团队的代表（至少是 Scrum 主管）参加一个扩展团队的每日例会。扩展团队的每日例会与单个 Scrum 团队的每日例会类似，主要检查团队的进展、提出并消除障碍。

基于“Scrum@Scale”方法，减少“Scrum of Scrums”团队的人数能够降低跨团队沟通协作的复杂性。它可以帮助你更好地了解 Scrum 团队正在做什么，以及他们的工作如何相互影响。

图 19-6 说明了“Scrum@Scale Scrum of Scrums”模型。

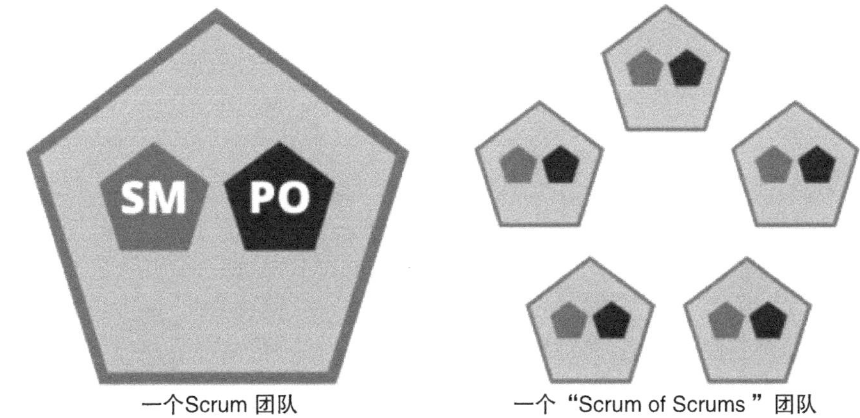

图 19-6 “Scrum@Scale Scrum of Scrums”模型

对于 5 个以上 Scrum 团队的产品开发工作，“Scrum@Scale”方法采用“Scrum of Scrums of Scrums”的模式，其中每个“Scrum of Scrums”团队的代表与另外 4 个“Scrum of Scrums”团队的代表一起工作，以便在“Scrum of Scrums of Scrums”（SoSoS）级别上消除障碍。

图 19-7 说明了“Scrum@Scale Scrum of Scrums of Scrums”模型。

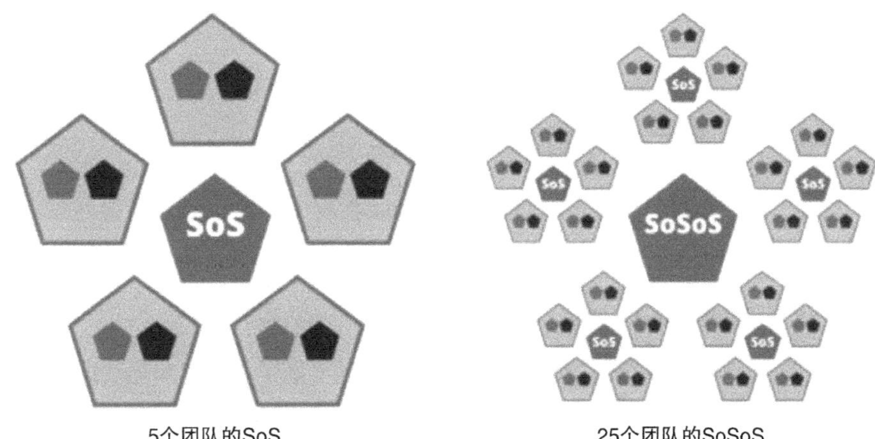

图 19-7 “Scrum@Scale Scrum of Scrums of Scrums”模型

如图 19-8 所示，高管行动团队（Executive Action Team，EAT）为整个组织履行 Scrum 主管的角色提供一个敏捷的生态系统，使 Scrum 团队能够以最佳的方式运作。EAT 的工作重点是确保敏捷价值观和 Scrum 方法得到有效实施，并且组织为此不断进行优化。

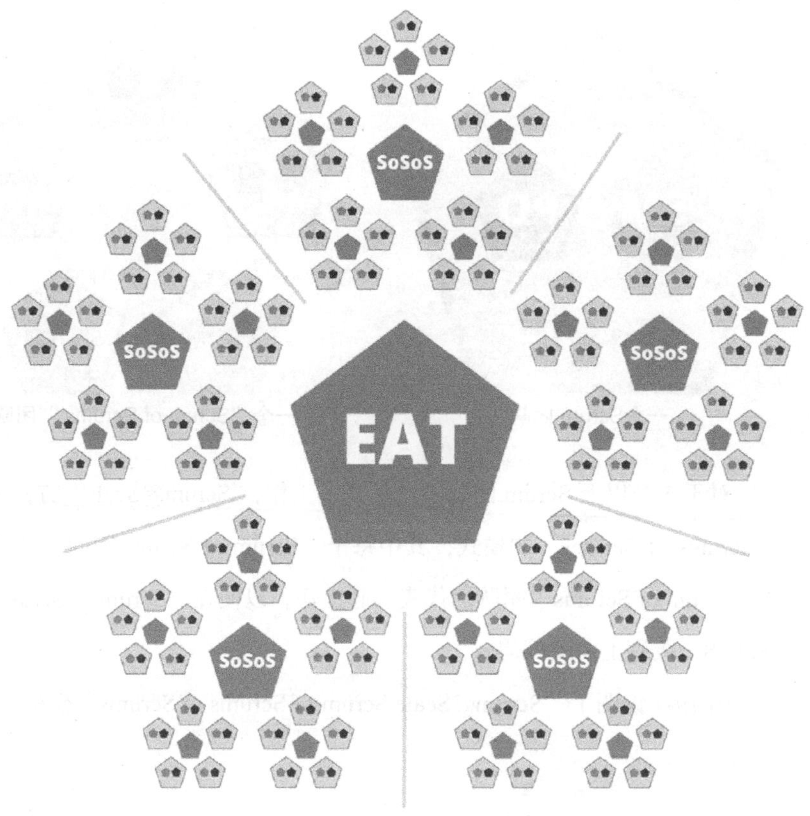

图 19-8 基于“Scrum@Scale”方法而组成的高管行动团队（EAT）

产品负责人团队

每个“Scrum of Scrums”团队都有一个共享的产品待办事项列表。产品负责人的运作方式与“Scrum of Scrums”团队中的 Scrum 主管相似，只不过他们不是“Scrum of Scrums”团队，而是一个产品负责人团队。

一个产品负责人团队——包括一个首席产品负责人（CPO）和每个 Scrum 团队的产品负责人——负责对产品待办事项列表进行优先级排序，并确保各个 Scrum 团队的优先级与此保持一致。CPO 可以是某个 Scrum 团队的产品负责人，也可以是某个专职于此项工作的人。

每个 Scrum 团队都有一个产品负责人，并专注于确定该 Scrum 团队冲刺待办事项的优先级。产品负责人团队从总体上沟通产品愿景。

图 19-9 说明了基于“Scrum@Scale”方法而组成的产品负责人团队。

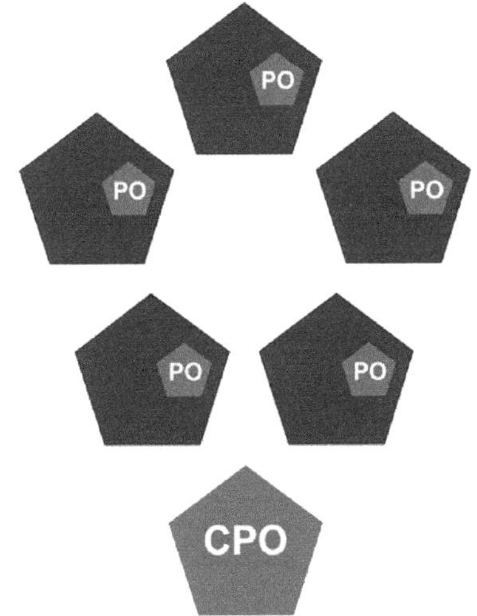

图 19-9 基于“Scrum@Scale”方法而组成的产品负责人团队

为了协调整个组织的产品开发，CPO 在 EMS（Executive MetaScrum）会议中与高管和关键干系人会面。EMS 会议是一个对工作优先级、预算和最大化价值交付方面进行协调的会议。

图 19-10 说明了基于“Scrum@Scale”方法，SoSoS 团队召开 EMS 会议。

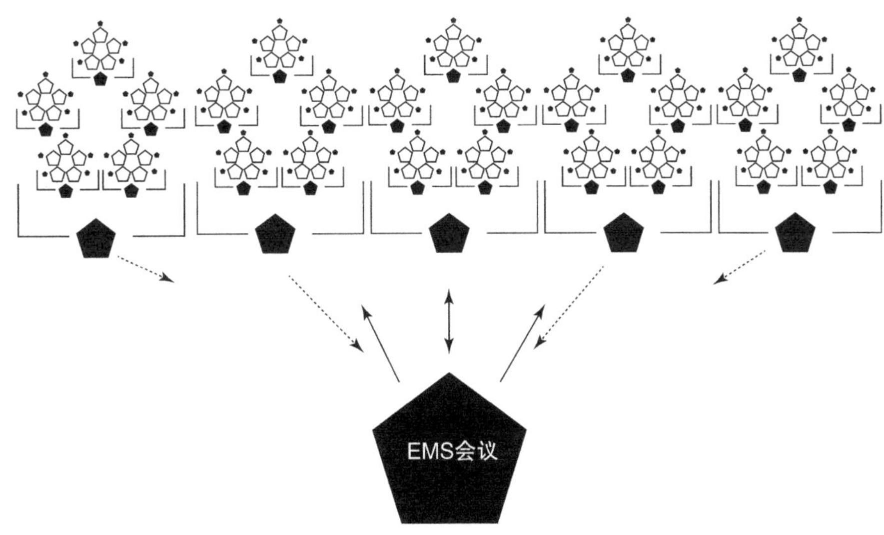

图 19-10 基于“Scrum@Scale”方法，SoSoS 团队召开 EMS 会议

每天同步 1 小时

每天利用 1 小时或更短的时间，整个组织就当天的优先事项达成一致，并有效协调，以消除障碍。例如，在上午 8:30，每个 Scrum 团队分别召开他们的每日例会；上午 8:45，Scrum 主管们举行“Scrum of Scrums”会议，每个 Scrum 的产

品负责人也召开类似的会议；上午 9:00，如果“Scrum of Scrums of Scrums”和“Scrum of Scrums”团队的 Scrum 主管在一起开会，那么产品负责人也同样召开类似的会议，协调后续工作优先级；最后，上午 9:15，EAT 和 MetaScrum 决策层开会协调及解决整个 Scrum 团队需要面临的问题。

基于 SAFe 框架的联合产品规划

规模化敏捷框架（SAFe）用于在 IT 和软件或系统开发组织内扩展多层次的 Scrum 团队。

组织可以选择以下四种 SAFe 配置。

- **完整级 SAFe** 是最复杂的配置，支持打造涉及数百人以上的大型集成解决方案。
- **项目组合级 SAFe** 增加了项目组合、投资资金、项目组合运营和精益治理等要素。
- **大型解决方案级 SAFe** 用于构建大型、复杂的解决方案，但不需要项目组合级别的架构。
- **核心级 SAFe** 是小型组织的出发点，由最少的必要元素组成。

SAFe 聚焦于企业的七大核心竞争力。

- **精益敏捷领导力**：通过授权团队及成员，使其发挥潜力来推动和维持组织变革的领导技能。
- **团队和技术敏捷性**：推动团队敏捷行为以及良好的技术实践，包括质量管理和开发的良好实践。
- **敏捷产品交付**：建立高绩效的协作团队，使用设计思维，以客户为中心，通过各种自动化工具集持续提供有价值的产品。
- **企业解决方案交付**：构建和维护世界上最大的企业网络解决方案、软件产品以及互联网络。
- **精益项目组合管理**：规划项目组合愿景、制定战略、批准项目组合、进行项目优先级排序和制定产品路线图。
- **组织的敏捷性**：通过将精益和系统思维应用于战略和投融资、项目组合运营与治理来协调战略和执行。

- **持续学习文化**：成为一个致力于学习和创新的组织，不断增长知识、提高能力和绩效。

尽管其他的团队扩展框架在策略上与 SAFe 有所不同，但它们也有许多相似之处，例如：

- 开发工作由开发团队完成；
- 团队在冲刺时长和节奏上保持一致；
- 有一个"Scrum of Scrums"团队组织开展协调工作。

在这里我们不会过多深入到 SAFe 框架的细节中，而是着重介绍一些有助于解决本章前述提到的团队扩展问题的良好实践。

SAFe 引入了数个新的角色、头衔和组织结构。在所有的 SAFe 配置中，你会找到跨多个团队级别的敏捷发布火车（ART）模型，它是一个由多个敏捷小团队（总共 50~125 人）组成的团队，提供增量式的价值发布。ART 模型提供了一个固定的开发节奏，团队相互协调和同步。团队成员基于这个节奏，围绕发布火车的进度规划他们的工作。

敏捷发布火车由发布火车工程师（RTE）、产品管理者和系统架构师 / 工程师驱动实施。RTE 充当敏捷发布火车的 Scrum 主管，产品管理者为产品所有权提供指导，系统架构师 / 工程师为敏捷发布火车提供技术指导。在默认的情况下，敏捷发布火车以每次五个迭代的节奏工作，以创建项目集增量（Program Increment，PI），PI 与 Scrum 中的产品增量的概念类似。

不开玩笑！危险！

团队扩展框架有可能允许你的组织暂时保持不变，以减少对组织的冲击。可现实是组织的确需要改变，以更好地满足客户的需求。请从众多的团队扩展框架中选择对你的组织最有意义的框架。

PI 规划

PI 规划将敏捷团队统一到一个敏捷发布火车中。在 PI 规划过程中，团队在同一时间面对面地在同一个房间里规划下一个 PI 的工作。

PI 规划工作包括如下内容。

- 由高级管理人员或业务负责人为 PI 提供与业务相关的背景信息。

- 通过产品管理者传递项目集愿景，并支持产品待办事项列表中的特性。
- 展示系统架构方案以及为开发实践（如自动化测试）敏捷化提供的支持。
- 由发布火车工程师概述规划过程。
- 为了更好地支持项目集愿景，将团队分组，确定各自的开发能力和负责的产品待办事项列表。
- 与所有团队一起审查规划草案，每个团队提出关键的规划要点、潜在风险和相互依赖关系。产品管理者和其他干系人也提供输入和反馈。
- 由管理层审查规划草案，以确定任何与范围、人员分配制约因素和相互依赖关系有关的问题。该工作由发布火车工程师组织。
- 组织团队根据所有反馈调整规划。
- 由发布火车工程师组织评审最终的规划。

PI 规划的神奇之处在于，在事件发生的那一刻确定和协调依赖关系。如果一个团队在小组讨论期间识别了自己需求中的一个依赖关系，那么该团队很快会派一个团队成员到另一个团队那里讨论该依赖关系。这期间应避免长时间冗长的反复讨论。

尽管再多的规划也无法预先确定每个问题，但这种类型的协作可以提前解决大多数问题。此外，这种协作在整个项目集增量开发过程中建立了一条开放的沟通渠道，确保团队同步并立即解决问题，这比他们作为独立的团队各自做规划、通过共享文档而不是及时讨论的做法更有效。

为管理者提供清晰的思路

在第 3 章和第 16 章中，我们讨论了管理变革的方法，帮助团队从本质上增强敏捷性和适应性。对于大型组织来说，SAFe 为中层管理人员参与敏捷团队提供了结构性的方法。项目组合和大型解决方案的 SAFe 配置概述了单个团队成员不能胜任的角色和职责，为在职能、技术和领导力类型层面如何扫清障碍、提升单个团队的效率和效果，以及如何将战略和战术结合起来提供了一系列清晰的方法。

如果你的产品开发工作中增加了多个领导层，那么请小心保护产品负责人的角色及其与客户的关系。许多规模化团队在不经意间剥夺了 Scrum 团队的自主权。

DA 工具箱

项目管理协会（PMI）提供的规范化敏捷（Disciplined Agile，DA）方法基于这样一个前提：真正的业务敏捷来自自主性，而不是框架。DA 是一个包含数百种实践的工具箱，用于指导团队和组织改进工作方式。

DA 针对信息技术（IT）解决方案交付项目，是一种以学习为导向的混合式敏捷方法。它专注于提供风险和价值判断、建立企业意识及提高可扩展性。

DA 的基础层概述了原则（包括敏捷和精益）、指导方针、角色和团队以及它们协同工作的方式。

规范化 DevOps（Disciplined DevOps，DD）是 DA 的第二层，即简化的软件开发和 IT 运营工作。我们在第 10 章讨论了 DevOps。

DA 的第三层是基于 FLEX 工作流的价值流，它将组织的战略和决策联系起来，以便在整个系统环境中改进组织的每个部分。这一层的工作目标不仅是创新，而且要通过以下方式实现价值提升：

- 研发；
- 业务运营；
- 项目组合管理；
- 产品管理；
- 战略；
- 治理；
- 市场营销；
- 持续改进。

DA 企业级（DAE）是 DA 的第四层，主要讨论通过组织文化和结构提升感知及响应市场变化的能力。DAE 层侧重于实现价值流的组织级活动，包括：

- 企业结构；
- 人员管理；
- 资产管理；
- 财务；
- 供应商管理；

- 法务；
- 信息技术；
- 转型。

DA 是一种混合工具集，它建立在其他方法和框架的基础上，如 DevOps、极限编程（XP）、Scrum、SAFe、看板等。这些框架提供了敏捷流程的基础“砖块”，而 DA 提供了“砂浆”，将这些“砖块”固定在一起。

如本章开头所述，规模化是一种反模式。减少规模化的最佳方法是保持团队目标高度一致和工作方式高度自治，同时将工作和产品特性分解为最小和最有价值的产品增量。

康威定律指出：“设计系统的组织，其产生的设计等同于该组织的沟通结构。”同样，你的产品反映了你的组织，所以组织要尽可能的简单。

文化变革（如采用敏捷技术）需要整个组织致力于理念和组织结构的长期变革，我们将在第 20 章讨论这一点。

第 20 章　成为变革代理人

本章内容要点：

- 了解变革管理中的问题和常见的变革管理模式；
- 执行组织中实现敏捷转型的步骤；
- 避免敏捷转型过程中常见的问题；
- 以身作则，引领变革。

如果你正在考虑将敏捷产品开发的理念引入你的公司或组织中，那么本章可以帮助你启动这些变革。引入敏捷意味着学习和实践新的思维方式、文化、组织结构、框架和技术。在本章中，你将学习实现敏捷产品开发技术的关键原则和步骤以及常见的变革模型，包括我们 Platinum Edge 公司使用的模型。我们还介绍了如何引领变革，以及在敏捷转型过程中要避免的常见的陷阱。

实现敏捷需要变革

传统的项目管理方法主要强调流程、工具、详尽的文档、合同谈判以及遵循计划。尽管敏捷产品开发仍然致力于解决这些问题，但重点转移到了个体、交互、可工作的功能、客户协作和对变化的响应上。

瀑布式组织不是一夜之间形成的，也不会一夜之间改变。对于一些组织来说，几十年以来形成的工作习惯、建立和维护的组织结构以及不断强化的传统的思维方式都是根深蒂固的。想要实现敏捷转型，组织结构需要某种形式的改变，领导层需要学习新的方式来培养人才并为他们的工作赋能。从事敏捷转型工作的人必须学会协作，并以一种新的方式进行自管理。

为什么变革不会自己发生

变革与人有关，而不仅仅是定义一套流程。人们会基于个人经历、情感和恐惧而抵制变革。大卫 · 洛克（David Rock）开发了一个基于大脑的模型，用于识别影响我们社会行为的五个关键领域，这些领域通常涉及变革。这一模型被称为 SCARF 模型。

- **地位**（Status）：我们对于周围人的相对重要性。
- **确定型**（Certainty）：我们预测未来的能力。
- **自主性**（Autonomy）：我们的控制感。
- **关联性**（Relatedness）：我们在与他人相处时的安全感。
- **公平性**（Fairness）：我们对人与人之间交换公平性的感知。

这些领域会激起我们大脑中对威胁或奖励的反应。这些反应是我们生存所依赖的，并且会体现在我们的行为中。面对变革，你也许能够识别出其中哪些领域会让你感到威胁。变革对我们每个人来说都是困难的，原因有很多。

当我们帮助组织做出某些变革时，我们会直接看到这些反应。作为顾问和培训师，我们和一个组织的首次接触往往是在该组织要求进行正式的课堂培训，以了解敏捷的含义及 Scrum 的工作原理时。两天的课程之后，我们的学生通常会很兴奋，他们不断地表达采用这种更加先进的理念和工作方式多么有意义。然而，仅仅兴奋不足以引起变革。

Scrum 很简单，敏捷价值观和原则几乎能引起每个人的共鸣，但哪一个都不容易实施。建立一个用于开发产品和服务的 Scrum 就像在玩一个新的游戏，你需要适应新的位置、新的规则和不同的游戏场地。想象一下，有一天一位美式橄榄球教练对他的球队说："我们今天要学习如何踢英式足球。15 分钟后带着你们的装备到球场上见我，我们就可以开始了。"接下来会发生什么？根据队员们在电视上看到的或者个人在孩童时的经历，每个人都知道如何踢英式足球，但球队并没有做好改变的准备，因此混乱随之而来。旧的规则、技术、训练和思维必须被摒弃，这样团队才能学习新的东西，并团结起来有效地竞争。在上面的例子中，你可能马上会听到球员们提出下面的问题：

- 我什么时候可以用手？
- 我们因超时暂停了多少次？
- 我在这场比赛中是进攻还是防守？
- 当开球时，我的位置在哪里？
- 当我们踢进球时，谁拿球？
- 我的头盔呢？
- 这些鞋子会影响踢球吗？

敏捷转型不会在一夜之间发生。但是，如果你和你的组织的领导层采用变革管理的方法对待敏捷转型，转型就会发生。对于现有的瀑布式组织，从管理层做出承诺开始，敏捷转型至少要用 1~3 年的时间。承诺不仅意味着管理者愿意为敏捷培训和指导付费，而且意味着他们将开始学习如何领导变革，而不是将其外包给顾问。其实敏捷转型没有终点，永远在路上。

实施和管理变革的战略方法

没有战略和纪律，组织的变革举措通常会失败。在这里，我们将失败定义为没有达到预期的最终状态。失败通常是由两个方面的原因导致的：要么目标不明确，要么变革计划没有解决阻碍变革的关键风险和挑战。

管理变革的方法多种多样。我们将在这里向你展示几种方法，包括我们公司所使用的方法。这样当你开启变革之旅后，你将知道会发生什么。

卢因

库尔特·卢因（Kurt Lewin）是 20 世纪 40 年代社会和组织心理学的革新者，他建立了一个基础模型，用以理解有效的组织变革，该模型将变革过程分为解冻—变革—再冻结三个阶段。大多数现代的变革模型都是基于这一理论的。图 20-1 展示了卢因的三个阶段的变革模型。

图 20-1 卢因的解冻—变革—再冻结的变革理论

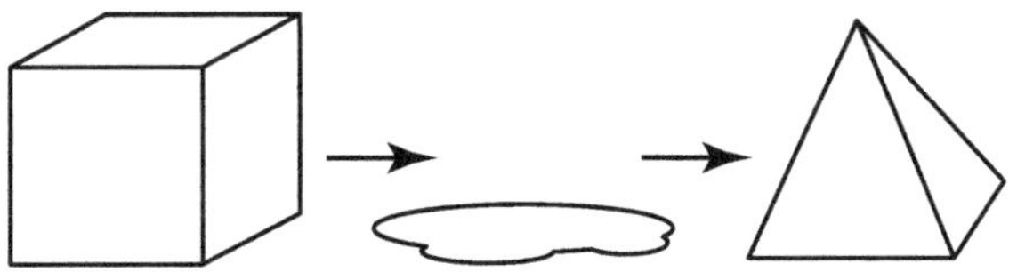

如果你想改变一块方形冰块的形状，首先要把它从原来的冻结状态变成液态，这样它就可以被重塑。重塑完成之后，再通过凝固过程使新的形状得以保持。如图 20-1 所示，前两个状态的转换表明解冻过程，而变革发生在解冻状态之下。

解冻

第一阶段代表变革之前的准备——挑战现有的观念、价值观和行为模式。对组织进行重新审视，并寻求达到新的平衡点的动力，使人们愿意参与并投入到有意义的变革中来。

变革

这一阶段具有不确定性，通过解决不确定性来形成一种新的做事方法。这个过渡阶段代表着新的信念、价值观和行为模式的形成。时间和沟通是使变革生效的关键。

再冻结

随着人们对新的做事方法的逐渐认可，组织的信心和稳定性也在不断增强。变革的成果被重新固化为坚实的流程、结构、信仰体系或行为模式。

这个简单的模型为大多数变革管理工具和框架提供了基础，包括我们将在本章讨论的内容。

用 ADKAR 模型进行变革的五个步骤

Procsi 是在变革管理和基准研究方面领先的组织之一。而 ADKAR 是 Procsi 的变革管理工具之一，代表了组织和个人为了实现成功变革需要取得的五个成果：认知（Awareness）、渴望（Desire）、知识（Knowledge）、能力（Ability）和巩固（Reinforcement）。对于个人来说，ADKAR 是一个面向目标的变革管理模型；而对于组织来说，它是有助于共同探讨和采取行动的聚焦模型。

组织变革必须从个人的改变开始，因此，变革成功的秘密是参与其中的每个人都能够发生改变。

ADKAR 概述了个人在变革中的成功历程。个人成功的五个步骤与组织的变革活动是一致的。一般来说，这些步骤按照既定顺序完成，但是根据我们的经验，现实并非完全如此。当你按照顺序执行某个步骤的时候，可能仍需要多次重复以前的步骤。

认知（Awareness）

改变对于人来说是困难的。当变革规划在组织中自上而下推行时，人们可能口头上表示同意，但实际行动却背道而驰。面对变革，人们在语言和行动上的不一致通常是正常反应，并无恶意。管理层受到一些因素的影响而渴望变革，如果人们没有认识到或者不理解这些因素，尤其是没有意识到某些事物需要改变，个人就缺乏变革的动力。将变革规划告知组织中的个人，帮助他们对存在的挑战获得共同的理解，然后评估大家是否取得了共识，这是持久变革、走向成功的第一步。对变革达成共识是一个基础，没有这个基础，变革举措就不会取得进展。

渴望（Desire）

基于自己对所面临的挑战的认知，个人会对是否需要应对这一挑战、是否有必要进行变革形成自己的观点。当人们对变革达成共识以后，下一步就要把对问题的认知与可以或应该采取的行动联系起来。一旦组织中的个人都怀有应对挑战的渴望，人们就有动力一起采取行动进行变革。

知识（Knowledge）

渴望变革很关键，但它本身不会导致改变。掌握变革所需的知识，了解每个人需要在哪些方面适应变革，是变革过程的下一个关键阶段。组织中的每个人都需要理解变革对他们来说意味着什么，而领导层需要在整个组织中以合作的方式促进变革的教育和行动。知识通常来自培训和教练，通过培训和教练，人们可以扩展对变革的理解，提升变革所需的技能。

能力（Ability）

掌握了变革所需的新知识之后，实现变革还需要获得新技能、重新定义角色，并明确对绩效的新期望。与此无关的其他事情可能需要延迟，或被新的行为或责任所替代。这一切可能需要持续的指导。同时，领导层也要清楚地认识到，重新安排事情的优先级是值得期待和鼓励的。

巩固（Reinforcement）

即使在经过一次成功的变革之后，改变也并不会稳定。新的行为、技能和流程必须通过持续的纠正措施和指导来巩固，以确保旧习惯不再出现。

ADKAR 模型围绕这些步骤进行评估并制订行动计划，引导领导者和个人完成变革之旅。组织和个人在应用 ADKAR 模型时，应该使用 Scrum 方法，检查和调整每一个步骤，以迭代的方式进行。

领导变革八步法

约翰·科特（John Kotter）的领导变革八步法确定了组织在变革规划中失败的八个常见但可以预防的原因，并针对每一个原因提出了成功领导变革所应采取的行动。

- **营造变革的紧迫感**。领导层需要采取行动创造一种紧迫感，使人们摆脱自满的状态。人们安于现状，因为他们在其中游刃有余。为了帮助人们看到变革的必要性，领导层需要创造变革的紧迫感，并且向其传达立即行动的重要性。
- **建立指导联盟**。领导层需要采取行动建立一个指导联盟。成功的变革需要不止一个积极的支持者，即使这个支持者处于组织的最高层。高管、董事、经理，甚至有影响力的领袖，都需要统一起来，以支持变革的需要和愿景。
- **形成战略愿景和举措**。科特估计组织的领导层对变革愿景的宣传力度尚不及组织所需的千分之一。即使人们对现状不满，他们也并不总是愿意为改变做出牺牲，除非他们相信变革以及变革带来的收益可以实现。变革指导联盟需要明确定义未来与过去及现在的不同之处，以及实现未来目标的步骤。我们在第 9 章中讨论了产品和服务的愿景及路线图，变革管理同样需要从明确愿景开始，以便人们清楚地知道要去到哪里。
- **征募志愿军**。领导层需要采取行动征募一支志愿军。如果有大量的人参与到变革中来，并产生内部驱动力，变革将会加速并获得持久的效果。当领导层能够有效地沟通变革愿景和需求时，人们会相信变革并团结起来参与到他们所相信的事业中来。如果人们仍不愿参与，请重新评估领导层所传达的信息以及沟通的语气和频率。
- **清除障碍，为行动赋能**。领导层需要采取行动来清除变革的障碍。有些障碍可能只是人们感觉到的，而有些却是真实存在的。然而，两者都必须加以清除。一个在“正确”位置上的拦截器可能是失败的唯一原因。许多人倾向于避免面对障碍（流程、等级制度、跨部门合作），因此，领导层必须扮演仆人式领导者的角色，识别并消除一线员工实施变革的障碍。

- **创造短期成果**。领导层需要采取行动创造短期成果。转型的最终目标通常在短期内无法实现，如果在变革的过程中一直看不到成功和进步，那么参与其中的人就会感到疲劳。因此，应尽早并定期宣传和展示变革的阶段性成果。这种做法可以在变革的困难时期提振士气，鼓励人们持续努力和进步。
- **保持加速**。领导层需要采取行动保持加速的状态。庆祝短期成果会让人产生一种错误的安全感，即变革已经完成。实际上，每一次成功都只是下一次成功的基础。每次成功的意义在于增强人们的信心和团队的信誉，使人们更加努力地前进。在整个转型过程中，领导层要持续地与团队成员沟通变革愿景，再多都不为过。
- **巩固变革**。领导层需要采取行动巩固变革成果。在整个变革过程中，领导层有机会将成功和新的行为习惯与组织的文化演变以及不断增长的力量联系起来，以防止旧习惯再次出现。这些联系应该得到公开认可，一旦取得一些成功，形成一些新的有益的做法，就要让每个人都看到。

Platinum Edge 公司的变革路线图

在本书中，我们一直在强调一个事实，即敏捷流程与传统项目管理是不同的，将一个瀑布型组织转变为敏捷型组织是一个重大的变革。根据我们指导一些公司进行此类变革而获得的经验，我们确定了以下可以帮助瀑布型组织成功转型为敏捷组织的重要步骤。

图 20-2 展示了我们实现敏捷转型的成功路线图。

第 1 步：进行敏捷审计，用成功度量指标定义实施策略

对组织进行敏捷审计是指：

- 对现有的项目管理、产品开发、公司结构、目标和文化进行 3~5 周的评审；
- 识别提高效率、效果和敏捷性的机会；
- 创建和展示实施策略和路线图。

实施策略是一项包含以下内容的计划：

- 可以在转型过程中继续发挥的优势；

- » 基于目前的组织结构，你将面临的挑战；
- » 帮助组织转型到敏捷产品开发的行动项。

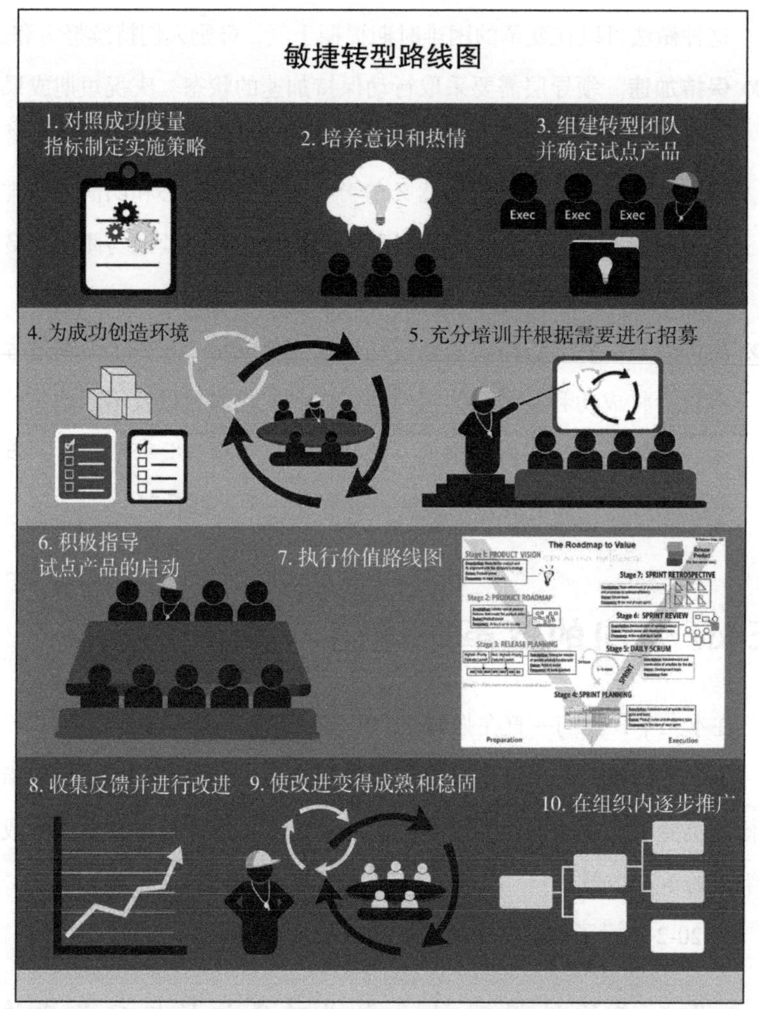

图 20-2 Platinum Edge 公司敏捷转型路线图

小贴士大用途

实施策略由外部敏捷专家进行评估或对当前的财政预算进行审计最有效。无论你是与第三方合作还是亲自进行评估，请确保以下问题得到解决。

- » **现在的流程**：目前你的组织是如何进行产品开发的？它有什么做得好的地方？存在什么问题？
- » **未来的流程**：你的公司如何受益于敏捷方法？你将使用哪些敏捷方法或框架？你的组织需要做出哪些重要的改变？从团队和流程的角度来看，转型后的公司将会是什么样子？

- **循序渐进的计划**：你如何从现有的流程向敏捷流程转型？马上要做的改变是什么？ 6 个月之后会有什么改变吗？一年或更长时间之后呢？这项计划是包含多个连续步骤的路线图，它会把公司带入一种可持续的敏捷成熟状态。
- **收益**：敏捷转型将为你的组织和团队提供什么优势？敏捷技术对于大多数人来说是一场胜利，请识别他们将如何受益。
- **潜在的挑战**：最艰难的变革将是什么？需要什么样的培训？哪些部门或人员在使用敏捷方法时困难最大？谁的“地盘”将会受到威胁？你的潜在的障碍是什么？你将如何克服这些挑战？
- **成功因素**：在向敏捷流程转型的过程中，哪些组织因素会对你有所帮助？公司将如何致力于一种新方法的实施？哪些人或部门将担任敏捷推动者？

一个好的实施策略将引导你的公司向敏捷转型，它将提供一个清晰的计划，使支持者团结在一起，同时，它能够为你的组织进行敏捷转型建立可实现的愿景。

当你第一次使用敏捷产品开发方法时，请确定一个可量化的方法来识别你的工作是否成功。使用度量指标将使你能够立即向干系人和组织展示所取得的成功。同时，度量指标为冲刺回顾会议提供了具体的目标和讨论要点，并帮助组织为团队设定明确的期望。

小贴士大用途

与员工和绩效相关的度量指标应针对整个团队，而不是个人，这样才能发挥其最大的作用。不论成败，Scrum 团队都以一个整体进行自管理，所以必须按照一个整体来对他们进行评价。

持续地跟踪测量能帮助你在工作中不断改进。当你完成第一个产品并开始在整个组织中推广敏捷实践时，度量指标可以提供明确的敏捷产品开发成功的证明。

第 2 步：构建意识和培养热情

当你可以通过路线图展示如何实现敏捷转型时，你需要向组织内的人传达即将到来的变革。敏捷方法能带来很多收益，请确信你公司里的每个人都了解了这些收益，并让他们为即将到来的变革感到兴奋。这里有一些构建意识的方法。

- **人员教育**。你的组织成员可能对敏捷产品开发知之甚少，或者一无所知。你需要教给他们敏捷原则和方法以及伴随这些新方法而来的一些变化。你可以创建一个敏捷 Wiki，举办午餐学习会，甚至可以通过“热座”讨论（与领导层面对面讨论，人们可以安全地谈论所关心的问题，并就变革和敏捷话题获得答案）来解决转型过程中的问题。

- **使用各种沟通工具**。利用各种沟通渠道，如通信简报、博客、公司内网、电子邮件和面对面的研讨会，并在组织内宣传即将到来的变革。
- **强调收益**。确保公司里的人知道敏捷方法将如何帮助组织创造高附加值的产品、实现客户满意以及提高员工士气。第 21 章列举了敏捷产品开发的一系列好处。
- **共享实施计划**。确保每个人都可以看到你的转型计划。你可以在正式和非正式场合讨论转型计划，主动让人们了解并回答问题。我们经常在海报上打印转型路线图，并在整个组织中分发。
- **让初始的 Scrum 团队参与进来**。尽早让可能参与公司第一个敏捷产品开发试点的人知道即将发生的变革。让试点 Scrum 团队成员参与制订转型计划，可以帮助他们成为积极主动的敏捷实践者。
- **开放的心态**。推动有关新流程的讨论。通过公开演讲、回答问题和平息对敏捷转型的不真实的说法来积极应对公司内的流言。像“热座”会议，这样的结构化交流是开放式交流的一个很好的例子。

培养意识可以为即将开始的变革凝聚支持力量，还可以帮助缓解一些因变革而产生的恐惧。沟通是一个帮助你成功实施敏捷流程的重要工具。

第 3 步：组建转型团队并确定试点产品

在公司内部确定可以在组织层级负责进行敏捷转型的团队。如第 18 章所述，这个敏捷转型团队由高管和其他领导组成，他们将系统地改进整个组织的流程、对报告的要求和绩效测量的方法。为团队挑选富有激情并致力于帮助组织提升适应性和韧性的人是至关重要的。

就像开发团队在冲刺中创建产品特性一样，敏捷转型团队将在冲刺中进行组织变革。转型团队在每个冲刺中将重点放在支持敏捷性的最高优先级的变革上，如果可能的话，还将在冲刺评审期间向所有干系人（包括试点 Scrum 团队成员）演示其成果。

通过一个试点产品来启动敏捷转型是一个非常好的方法，可以帮助 Scrum 团队建立参考模型并展示敏捷方法所带来的收益。有了一个参考模型，你就可以知道如何在不干扰组织整体业务的情况下使用敏捷方法。从一个试点产品开始并专注于此，可以让你解决一些伴随变革而来的不可避免的麻烦。图 20-3 显示了从敏捷方法中受益最大的产品开发工作的类型。

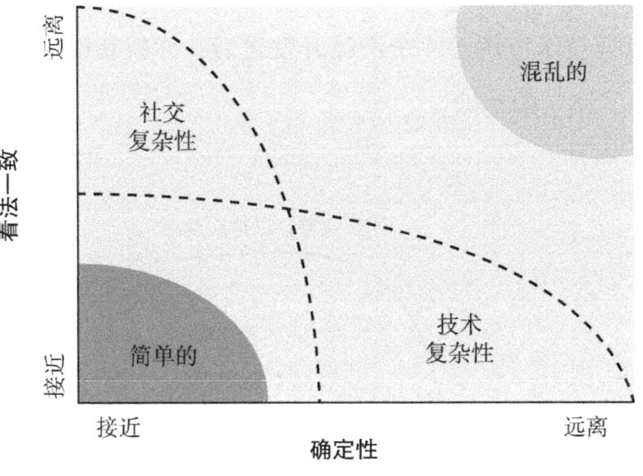

图 20-3 可以从敏捷技术受益的产品开发工作

当你选择第一个敏捷试点产品来为未来的 Scrum 团队建立一个参考模型时，你要寻找具有以下特质的产品。

- **适当的重要性**：请确保你选择的产品能够在你的公司里受到足够的关注。但请不要选择即将开始的最重要的产品，你需要有犯错和从错误中学习的空间。
- **足够的曝光度**：试点产品应该被你的组织内影响力大的人看到，但是不要成为他们的议程列表上最引人注目的产品。你需要有将开发工作调整到新流程的自由，但关键产品的开发工作可能不允许你在第一次尝试新方法时获得这种自由。
- **明确和可控**：寻找一个有明确需求的产品和一个可以致力于确定这些需求并对其按优先级排序的业务小组。请尽量选择一个有着明确结束时间的产品，而不是一个可能被无限拓展的产品。
- **不要太大**：选择一个不超过两个 Scrum 团队同时工作就能完成的试点产品，这样可以避免同时出现太多的变动。选择单个 Scrum 团队能够完成的试点产品更好。
- **切实可测量**：选择一个可以在冲刺中展示可测量价值的产品。

不只是敏捷转型，任何类型的组织变革，人们都需要时间去适应。研究发现，对于大的变革，公司和团队在成效显现之前会出现绩效下降。图 20-4 中的萨提亚（Satir）曲线展示了团队对新流程从兴奋、混乱到最后适应的过程。

在成功地将敏捷技术应用于一个产品开发之后，你就获得了一个参考模型并为未来的成功打下了坚实的基础。

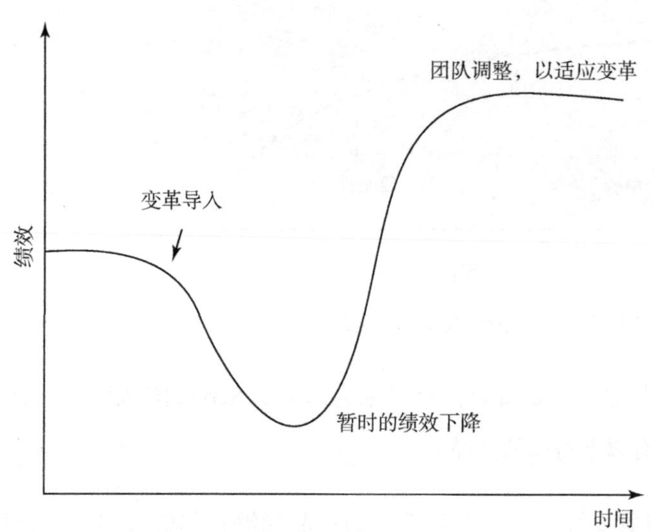

图 20-4 Satir 曲线

第 4 步：为成功创造环境

敏捷原则第 5 条指出："围绕富有进取心的个体而创建项目。为他们提供所需的环境和支持，信任他们所开展的工作。"

我们在第 6 章概述了创造良好的环境对于项目的成功意味着什么。仔细研究 4 个敏捷价值观和 12 条敏捷原则（见第 2 章），认真判断当前的状况是否已经足够好，你是否需要创造一个有助于项目成功的环境。

尽早开始修复和改善你的物理和文化环境。

第 5 步：充分培训并根据需要招募

培训是向敏捷思维转变的关键一步。与经验丰富的敏捷专家面对面培训交流与通过实践使用敏捷流程相结合，是帮助团队吸收和掌握成功开展敏捷转型所需知识的最佳方式。

当团队成员可以一起参加培训学习，将共同的经验带回到工作中时，培训的效果最好。他们可以获得共同的语言和理解。作为敏捷培训师和导师，我们有机会听到团队成员之间的谈话："还记得马克教我们怎么做的吗？当我们在课堂上这样做的时候，方法很管用。让我们在工作中试试看会发生什么。"如果产品负责人、开发团队、Scrum 主管和其他干系人能够参加同一个课程，那么他们就能以团队的方式将学习所得应用到工作中。

通过招聘人才来填补你所需要的职位空缺，可以帮你避免在转型初期遇到明显的问题。如果缺乏专职的产品负责人及其对团队的明确指导，你的试点产品成功的可能性有多大？这将如何影响团队的自组织能力？如果缺少 Scrum 主管，谁能帮助团队完成大量的沟通工作？如果你的开发团队不具备最低限度地实现第一个冲刺目标所需的关键技能，那么第一个冲刺会是什么样子？

尽早与你的人力资源部门合作开始招聘流程。与你的敏捷专家合作，利用他们经验丰富的敏捷实践者的关系网络，助力你的工作。

第 6 步：积极指导并启动试点产品

当你拥有了一个清晰的敏捷实施策略、一个充满激情并训练有素的团队、一个有产品待办事项列表的试点产品，以及明确的成功度量指标时，恭喜你，你已经准备好开始你的第一次冲刺了。

不过，不要忘记，敏捷方法对于试点团队来说是新事物。团队需要通过指导来实现高绩效。请与敏捷专家合作获得敏捷指导，正确开始你的试点产品开发。

"熟"并不能"生巧"，练习只是使行为固化、形成习惯。只有进行正确的练习，才能形成好的习惯。因此，请以正确的方法开始你的试点产品。

当 Scrum 团队为第一次冲刺做计划时，不要试图纳入太多需求。请记住，你刚刚开始了解一种新流程和新产品。新的 Scrum 团队在第一次冲刺中能够承担的工作量通常要比他们认为自己可以完成的工作量要少。一个典型的进展如下。

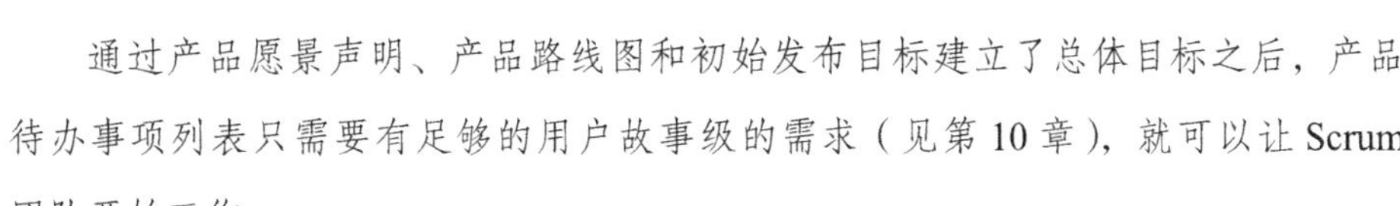

通过产品愿景声明、产品路线图和初始发布目标建立了总体目标之后，产品待办事项列表只需要有足够的用户故事级的需求（见第 10 章），就可以让 Scrum 团队开始工作。

- **在第一次冲刺中**，Scrum 团队可以承担他们在冲刺计划中认为能够完成的工作量的 25%。
- **在第二次冲刺中**，假设第一个冲刺是成功的，那么 Scrum 团队可以承担他们在冲刺计划中认为能够完成的工作量的 50%。

- **在第三次冲刺中**，Scrum 团队可以承担他们在冲刺计划中认为能够完成的工作量的 75%。
- **在第四次冲刺及未来的冲刺中**，Scrum 团队可以百分百地完成他们在冲刺计划中认为能够完成的工作量。

到了第四次冲刺，Scrum 团队将更加适应新的流程，对产品有更多的了解，并且能够对任务做出更准确的评估。周期更短的冲刺有助于团队更快地进入高绩效模式（团队工作节奏越紧凑，成长速度就越快）。

不开玩笑！危险！

你不能在做计划时消除不确定性，不要陷入过度分析的漩涡。设定一个目标，前进！

在第一次冲刺中，你要有意识地坚持敏捷实践，并考虑以下几点。

- 每天开一次 Scrum 会议，即使你觉得没有取得任何进展，甚至有人觉得陷入困境。记住，在会议中要说明你碰到的障碍。
- 开发团队需要自管理，而不要指望产品负责人、Scrum 主管来分配任务。
- Scrum 主管必须记住要保护开发团队远离外部工作和干扰，特别是当组织的其他成员已经逐渐习惯周围有一个专职敏捷开发团队存在的时候。
- 产品负责人必须习惯于直接与开发团队一起工作，随时回答开发团队的问题，评审和验收刚刚完成的需求。

第一次冲刺会有点曲折，这是预料之中的事情。没有关系，敏捷流程就是不断地学习和适应的过程。

在第 10 章，你可以看到 Scrum 团队如何制订冲刺计划。第 11 章提供了冲刺中日常工作的细节。

第 7 步：执行价值路线图

当你选择了试点产品后，不要陷入使用旧方法或习惯来制订计划的陷阱中。相反，从一开始就要使用敏捷流程。

第 8 步：收集反馈并改进

你会在开始时犯一些错误，这不是问题。在第一次冲刺结束时，你将通过冲刺评审会议和冲刺回顾会议收集反馈并做出改进。

在第一次冲刺评审中，产品负责人需要对会议的形式、冲刺目标及已完成的产品功能设定期望，这是很重要的事情。冲刺评审会议主要用来演示产品已完成的功能，不需要准备花哨的演讲和资料。干系人最初可能会对这一简单的会议方式感到吃惊。然而，当他们发现所看到的是可工作的产品增量而不是毫无意义的幻灯片和列表时，他们将很快被打动。这充分体现了敏捷的透明度和可见性，正所谓“眼见为实，耳听为虚”。

在第一次冲刺回顾中，你可能需要设定一些期望。这将有助于以预设的形式召开会议，比如既能激发谈话，又能避免混乱的会议。

在你的冲刺回顾会议上，请额外关注以下几点。

- 关注你的冲刺目标实现的程度，而不是你完成了多少个用户故事，即聚焦于成果而不是输出。
- 回顾你对需求的实现在多大程度上满足了完工定义的要求：已设计、已开发、已测试、已集成及已归档。
- 讨论你是如何达到成功指标或期望成果的。
- 谈谈你对敏捷原则的坚持程度。变革之旅开始于敏捷原则。
- 在审视问题、寻求解决方法的同时，也要庆祝成功，哪怕只是微小的收获。
- 记住，Scrum 团队要从团队的角度举行这个会议，就如何改进取得共识，并在会议结束时制订一个行动计划。

你可以在第 12 章中找到关于冲刺评审和冲刺回顾的更多细节。

第 9 步：成熟并固化改进

检查和调整使得 Scrum 团队成长为一个真正的团队，并且在每个冲刺中逐渐成熟。

敏捷实践者有时会把成熟过程与“守破离”做类比。该术语描述了一个人学习新技能的三个阶段——遵循、摆脱、超越。

- **在“守”阶段**，新的 Scrum 团队可以与敏捷导师密切合作，从而正确地遵循敏捷流程。
- **在“破”阶段**，Scrum 团队会发现冲刺回顾是一个很有用的工具，可以用来讨论他们在工作中的即兴发挥是否有效。在这个阶段，Scrum 团队成员仍然可以向敏捷导师学习，但他们也可以相互学习、向其他敏捷专业人士学习，甚至可以开始向其他人教授敏捷技能并从中学习。

- **在“离”阶段**，根据敏捷价值观和敏捷原则，Scrum 团队知道了哪些方法是起作用的，团队已经有能力对流程进行定制。

一个 Scrum 团队成熟的第一步可以通过致力于实践敏捷流程和维护敏捷价值观来实现。然后，Scrum 团队高歌猛进，在一个又一个的冲刺中持续改进，并激励组织中的其他人。

随着时间的推移，Scrum 团队和干系人日渐成熟，整个公司能够转型为成功的敏捷组织。

第 10 步：在组织内逐步推广

完成一个成功的试点产品是将一个组织转型进入敏捷产品开发的重要一步。有了足以证明你的试点产品成功和衡量敏捷方法的价值的度量指标，你就更容易获得公司对应用敏捷技术的承诺。

要在整个组织中逐步推广敏捷产品开发的理念，请从以下几点开始。

- **支持新团队**。已经成熟的敏捷团队——参与了第一次敏捷试点工作的人——现在应该具有成为本组织内“敏捷大使”的专业知识和热情。这些人可以加入敏捷社区，帮助新团队学习和成长。
- **重新定义度量指标**。在整个组织内，为每个新的 Scrum 团队和每个新产品重新确定成功的测量标准。
- **有条不紊地推广**。获得巨大的成果是令人兴奋的，但是公司整体的改进需要重大的流程变革。请在组织的承受能力之内进行推广。关于跨多个团队的工作方式的不同之处，请参考第 19 章。
- **识别新的挑战**。你在试点的第一个敏捷产品开发中可能已经发现了最初的实施计划中没有考虑到的障碍。请根据需要更新你的实施策略和成熟度路线图。
- **持续学习**。当你推出新的流程时，确保新的团队成员得到了适当的培训、指导和资源，以便有效地使用敏捷技术。

上述步骤有助于成功地向敏捷产品开发转型。在推广过程中回过头来重新开展这些步骤，可以使敏捷原则在你的组织中茁壮成长并推动组织的成功。

以身作则

以上这 10 个步骤对敏捷转型非常有帮助，同时执行者的主人翁意识也是成功转型必不可少的一方面。顾问和教练只提供建议，真正需要做这项工作的是组织。领导者有责任对他们试图创造的新文化“言行一致”。敏捷领导者明白，每一只眼睛都在无时无刻地注视着他们，学习并成为一个敏捷和适应型的领导者是至关重要的。

敏捷组织中的服务型领导

在本书中我们经常提到服务型领导。在敏捷转型中，领导者的提问从“团队出了什么问题”变成了“我怎么做才能帮团队解决问题”，这意味着思维方式的转变。当人们知道他们的领导者一直和他们在一起经历变革并放弃旧的方式时，文化的革新才会更加成功。

敏捷领导者不再使用命令和控制这些管理方法，而是为团队设定一个清晰的愿景，并且允许团队自己去思考如何实现这个愿景。当团队开始向新的愿景冲刺时，领导者在旁边给予鼓励和支持，并帮助移除障碍。下面介绍了有效的服务型领导的关键之处。

高绩效的团队是透明的——试点团队努力使一切透明化。作为他们经验性过程控制的一部分，这么做的目的是为了在有需要时做出必要的调整。一些信息，如开发速度，看上去可被经理用于提高团队绩效。然而，请避开这个陷阱。开发速度不应作为一个目标被推动，开发速度的快慢同生产力指标一样毫无意义，团队的工作成果才是最重要的（我们在第 15 章中讨论了如何将开发速度适当地用作计划工具）！作为一个领导者，团队共同做出的回顾结果可以帮助你洞察组织中的障碍，从而消除这些障碍。为团队服务，消除阻碍，以发挥团队成员的全部潜能，这是服务型领导的职责。

当团队在心理上感到安全时，他们就会充满活力。哈佛大学的艾米·埃德蒙森博士（Dr. Amy Edmondson）将心理安全定义为一种信念，即相信自己不会因为分享自己的想法、问题和担忧，或者承认自己犯了错误而受到惩罚或羞辱。研究表明，心理安全使人们愿意承担适度的风险，勇于表达自己的想法并且更有创造力。心理上感到安全的人可以更自在地做自己。

成功的服务型领导的关键

以下几点是成功的服务型领导的关键。

- **提高个人和组织的能力**。团队的能力越强，效率就越高。当团队成员能够更好地为团队的成功做出贡献时，团队就能够更好地交付价值。在培训上投入，可以使个人能够以多种方式为团队的成功做出贡献。鼓励团队成员选择他们可能不熟悉的任务，这样他们就可以拓展自己的技术和能力。不仅要培养团队成员的个人能力，也要培养团队的整体能力。培养 T 型、Pi 型和 M 型人才以及 Pi 型和 M 型团队（参阅第 7 章）。
- **例外管理**。在需要的地方服务。如果一个团队正在茁壮成长、不断扩展、不断取得成就，就不要妨碍他们（但要继续提供支持）。把你的注意力放在最需要你的团队上，别干预他们的工作，仅通过询问他们需要什么帮助来提供支持。观看冲刺燃尽图可以让你清楚地洞察当前的进展，同时也为你提供了观察冲刺趋势的好机会。燃尽图还可以醒目地表明团队在哪些方面需要你的帮助。请参阅第 11 章，了解更多有关燃尽图的信息。
- **调整管理者与创造者的比例**。敏捷组织是自组织和自管理的。Scrum 团队需要的是服务型领导的支持，而不是经理的管控。了解管理者与创造者的比例有助于评估经理与产品开发人员的比例是否合适。在敏捷组织中，管理者相对创造者的比例很低，因为创造者有权做他们擅长的事情，而管理者的精力也从微观管理调整到了为创造者提供他们所需的支持和信任上。组织将有更多被赋能的团队成员，并得到服务型领导的支持。

避免转型陷阱

在推进敏捷实践的过程中，组织会犯很多常见却很严重的错误。表 20-1 列举了一些典型的问题以及 Scrum 团队解决这些问题的方法。

你可能已经注意到，很多问题是由于缺乏组织的支持、缺乏培训或者使用了旧的项目管理方法造成的。如果你的公司支持积极的变革，团队受过培训并且坚持敏捷价值观，那么你就会取得敏捷转型的成功。

表 20-1 常见的敏捷转型的问题及解决方案

问题	描述	潜在解决方案
假敏捷、敏捷冗余，或两者兼而有之	有时组织会说他们“正在执行敏捷流程”。他们可能使用一些敏捷开发的做法，但并没有理解敏捷原则，并且继续创建出瀑布式可交付物和产品。有时这被称为假敏捷，完全避开了敏捷技术所带来的好处。想要了解假敏捷的更多信息，请参阅第 23 章。 在使用瀑布式流程、文档和会议的同时尝试敏捷流程会使工作量加倍。敏捷冗余会导致团队迅速倦怠。如果你正做着超负荷的工作，你就没有坚持敏捷原则	坚持遵循一种流程即敏捷流程。争取管理层的支持，以避免非敏捷的原则和实践
缺乏培训	投资实践类的培训课程将创造一个更快、更好的学习环境，即便是最好的书籍、博客和白皮书也无法比拟。缺乏培训通常意味着缺乏对敏捷实践的组织承诺。 请牢记培训可以帮助 Scrum 团队避免许多在此列表中的错误	将培训纳入敏捷转型的实施策略中。让团队具有适当的技能基础是成功的关键，这一点在敏捷转型初期是必要的
无效的产品负责人	产品负责人这一角色在传统的项目中并不存在。Scrum 团队需要产品负责人，他应该是商业需要和优先级管理的专家，能够在日常工作中与其他的 Scrum 团队成员很好地共事。一个不就位或优柔寡断的产品负责人会很快使敏捷产品开发工作陷入困境	选择一位有时间、有专长并且适合成为一名好的产品负责人的候选人，来一起启动试点产品 要确保产品负责人得到适当的培训 Scrum 主管可以指导产品负责人如何利用敏捷原则和方法（比如 Scrum）来创造优秀的产品。同时，Scrum 主管可以尝试清除阻碍产品负责人发挥作用的障碍。如果无法排除障碍，Scrum 团队应该将无效的产品负责人替换掉，找到一个能够做出产品决策并帮助 Scrum 团队取得成功的产品负责人
缺少自动化测试	如果没有自动化测试，冲刺内的工作可能就难以充分测试和完成。手动测试所需要的时间对于工作节奏紧凑的 Scrum 团队来说并不现实	现在市场上有许多低成本的开源测试工具。找到正确的工具，并让开发团队使用这些工具
缺乏对转型的支持	转型是困难的，而且远不能保证成功。在试点产品开发中，与那些知道自己在做什么的人协作。第一次就把它做好是值得的	当你决定转向敏捷产品开发时，请寻求一位敏捷导师的帮助——最好是在组织外部拥有丰富经验和做事公正的导师——他可以支持你的转型 寻找懂得行为科学和组织变革的经验丰富的伙伴，从而获得专业的转型支持

（续表）

问题	描述	潜在解决方案
不适宜的物理环境	当Scrum团队不能集中办公，或者不能进行实时和高保真的协作时，他们就失去了面对面交流的优势。当Scrum团队可以坐在一起，或者分布在同一个时区时，他们的工作会做得最好	如果你的Scrum团队在同一栋楼但不是在同一区域办公，那么可以把团队集中到一起 请考虑为Scrum团队分配一个房间或小的空间，让他们可以一直协作 尽量让Scrum团队远离干扰，例如一个喋喋不休的家伙或经常为小事而来的经理。 在使用一个分散的Scrum团队启动试点产品开发之前，尽你所能争取本地人才。如果你必须使用分散的Scrum团队来工作，请参阅第16章，查看如何管理分散的团队
甄选出糟糕的团队成员	那些不支持敏捷流程、不能和别人很好地共事或不具有自管理能力的Scrum团队成员，会破坏敏捷试点产品的开发	当创建一个Scrum团队的时候，要考虑团队成员会在多大程度上遵守敏捷原则。关键是他们应该具有多种技能和良好的学习意愿
纪律松懈	请记住敏捷产品仍然需要需求、设计、开发、测试和发布。在冲刺中做这些工作需要遵守纪律，避免陷入旧习惯，例如，将测试推迟到冲刺结束	在短的迭代中交付可工作的功能，你需要更多而不是更少的纪律。开发进展需要保持一致性和稳定性 每日例会有助于确保工作在整个冲刺中得以推进 以冲刺回顾为契机，重新制定执行纪律的方法
缺乏对学习的支持	无论成败，Scrum团队始终是一个团队。指责一个人的错误会破坏学习环境，甚至会摧毁创新	Scrum团队应在开始时做出承诺，要为学习留出空间，并作为一个团队共同面对成功和失败
慢性死亡	将传统的瀑布模型的开发习惯植入敏捷流程中会不断削弱敏捷流程所产生的优势，直至它们消失殆尽	在更改流程的时候，停下来并思考这些变化是否支持敏捷宣言和敏捷原则。抵制那些不支持敏捷宣言和敏捷原则的改变。记住，我们的目标是取得最大的工作成果，而不仅仅是把事情做了

避免陷入敏捷领导的陷阱

从组织转型的角度来看，组织领导者需要避免一些陷阱。下面列举了几个有助于他们成功的技巧。

» **让合适的人担责**。在传统的组织中，许多领导者要求他们的直接下属对产品交付担责。而在敏捷组织中，产品负责人对发布的内容以及交付的日期负责，开发团队对提供高质量的发布内容负责。组织中的领导者都应采用服务型领导的方式，帮助产品负责人做出更好的决策，同时为有能力的开发团队创造机会。只有这样做，有能力的开发团队才能打造合格的产品，以满足客户的需求。让组织领导者承担本应是产品负责人或开发团队承担的责任会使其感到沮丧并失去动力。

- **对可能发生的事情敞开心扉**。许多领导者，特别是组织的新任领导者，他们相信原来组织的敏捷实践比新组织中使用的敏捷实践更好。然而，还是立足于新组织重新开始吧，你需要了解新组织中产品开发的方式以及采用这一方式的原因。也许你可以报名参加团队曾经接受过的培训，以便跟上组织的培训计划。谨防无意中破坏组织的敏捷轨迹。
- **接受培训**。最有效的变革开始于以身作则的领导者。接受培训是领导者可以采取的第一步也是最重要的行动——从自身做起，示范他们想要创建的敏捷文化。否则，试点团队会想，为什么他们被要求实践敏捷，而他们未经培训的领导者却不需要。领导者需要投入时间和精力接受培训来避免这个陷阱。
- **检查和调整**。不要仅仅将冲刺评审作为一个展示你对团队支持的机会，还要将它作为一个检查和调整的机会。冲刺评审会议中会暴露一些问题，使团队获得接受指导的机会。如果你缺席冲刺评审会议，就会传递一个信息：你认为团队正在做的事情并不重要。
- **亲自练习敏捷**。把你的领导团队聚集起来使用 Scrum。制定一个待办事项列表并使它对组织中的每个人可见。制订冲刺计划，召开每日站会，在冲刺评审会议中向组织展示你的工作，然后举行一个冲刺回顾会议。如果你认为 Scrum 对你的组织有益，那么它对你自己来说不应该也有益吗？看到领导者使用 Scrum，团队将更有动力改进他们的 Scrum 实践。
- **信任别人**。Scrum 团队经常在早期就面临失败。从失败中学习至关重要。要避免直升机式的管理，尽可能让团队自己解决问题。作为一个领导者，你知道没有什么可以替代艰苦的战斗和经验教训总结。不要随意加以干预，让自然的结果给团队带来难忘的学习机会。如第 8 章所述，你可能需要抛弃许多传统的管理方法，以帮助团队从自主性、专精能力和目的性中获益。

变革回退的迹象

下面列出的这些问题可以帮助你发现预警信号，并在问题出现时找到应对措施。

» **你在做“Scrum，But……”吗？**

当组织中只有部分成员采用敏捷的时候，“Scrum，But……”就会出现。要注意警惕那些阻碍敏捷原则的传统做法，比如，在功能仍未完全实现时就结束冲刺。

记住
比较好

Scrum 包含了 3 种角色、3 个工件和 5 个事件。如果你发现你的团队正在调整这些基本框架组件，那么请询问原因。Scrum 是否暴露了一些你不愿意检查和调整的东西？

» **你仍在用老的方式做记录和写报告吗？**

如果你仍在浪费大量的时间做文档和报告，就表明你所在的组织尚未接受用敏捷方法来传递开发状态。你应该帮助管理人员理解如何使用现有的敏捷报告工件并且停止重复工作！

» **在一个冲刺中完成 50 个故事点的团队比完成 10 个故事点的团队更好吗？**

并不是这样。请记住，故事点只在一个 Scrum 团队中具有一致性和相关性，而在多个团队之间就不同了。开发速度不是一个用于团队间互相比较的指标。它只是冲刺结束时的一个客观事实，可以为团队后续的冲刺计划提供帮助。了解团队表现得最好的方法是参加他们的冲刺评审会议。你可以在第 10 章读到更多关于故事点和开发速度的内容，还可以在第 12 章了解冲刺评审的详细信息。

» **什么时候干系人要在所有的规格说明书上签字？**

如果你要等到全部的需求都签署后才开始开发，就表明你没有遵循敏捷实践。只要你有了足够开始一个冲刺的需求，你就可以开始开发了。在我们合作过的 Scrum 团队中，有些最早在第二天就开始开发了。

» **我们要使用离岸团队来降低成本吗？**

理想情况下，Scrum 团队应该集中办公。面对面沟通能够节省大量的时间和成本，并防止很多代价高昂的错误，这种代价往往超过使用离岸团队所节省的成本。

小贴士
大用途

不过，目前离岸外包很常见。如果你与离岸团队工作，应该投资一些优秀的协同办公工具，如视频摄像头和虚拟团队工作室。周期较短的冲刺可以创造频繁的检查和调整的机会，这对与离岸团队和其他供应商的合作特别有帮助。

» 开发团队成员在冲刺中会要求更多时间完成任务吗？

开发团队可能没有以跨职能的方式工作，也没有集中处理高优先级的工作。开发团队成员可以彼此帮助完成任务，即使这些任务超出了一个人的核心专长。

这个问题也可能表明由于外部压力使得团队低估了任务，并且为一个冲刺安排了超过开发团队处理能力的工作量。

» 开发团队成员会问他们下一步应该做什么吗？

在冲刺计划完成之后，开发工作正在进行时，如果团队成员等待来自 Scrum 主管或产品负责人的指示，那么他们就不是自组织团队。相反，开发团队应该告诉 Scrum 主管和产品负责人他们下一步要做什么。

» 开发团队成员要等到冲刺最后才做测试吗？

在一个冲刺中，开发团队应该每天都进行测试。开发团队的所有成员都是测试人员。

» 干系人会出现在冲刺评审会议上吗？

如果只有 Scrum 团队成员参加冲刺评审会议，那么是时候提醒干系人频繁反馈的价值了。请让干系人知道他们错过了定期评审可工作的产品功能、尽早纠正错误，并亲眼看到产品开发进展情况的机会。

» Scrum 团队在抱怨 Scrum 主管太过专制吗？

命令和控制的管理技术是自管理的对立面，它与敏捷原则直接冲突。Scrum 团队是平等的团队——团队中不存在老板。如果出现这种情况，应该与敏捷导师进行讨论并迅速采取行动，重置 Scrum 主管对其角色的期望。

» Scrum 团队正在大量的加班吗？

如果每个冲刺的后期都出现急于完成任务的状态，那么说明你并没有采用可持续开发的方式。要寻找问题的根源，例如，是否因压力过大而造成对任务的低估？Scrum 主管可能需要指导开发团队，保护团队成员远离来自产品负责人的压力；减少每个冲刺的故事点，直到开发团队能够处理好工作。

» 回顾什么？

如果 Scrum 团队成员开始回避或取消冲刺回顾，你或许即将退回到瀑布方式。要记住检查和调整的重要性，首先要确定是什么造成他们缺席冲刺回顾会议。如果没有进步，自满通常会导致退步。即使 Scrum 团队已经具有很高的开发速度，也一定还可以做得更好，所以要保持回顾并不断改进。

第六部分

十大提示

本部分内容要点：

- 沟通敏捷产品开发的收益；
- 介绍敏捷成功的关键因素；
- 展示非敏捷的常见迹象；
- 有效利用宝贵资源，通过学习、人际交往和社区协作成为敏捷专业人士。

第 21 章　敏捷产品开发的十大收益

本章内容要点：

- 确保产品产生回报；
- 使状态汇报更容易；
- 改善结果；
- 降低风险。

在本章中我们将介绍敏捷方法能给组织、Scrum 团队和产品带来的十大收益。

为了利用好敏捷产品开发带来的好处，你需要相信敏捷原则，更多地了解不同的敏捷实践和方法，并发现哪种实践和方法最适合你的团队。

更高的客户满意度

Scrum 团队致力于创造满足客户的产品。以下敏捷方法能够使客户更为满意。

- 在整个开发过程中与客户合作收集反馈，使客户得到他们真正想要的产品。
- 确保产品负责人是产品需求和客户需求方面的专家，或者知道从哪里获得这些信息。（有关产品负责人角色的更多信息，请参阅第 7 章和第 11 章。）
- 保持对产品待办事项列表的更新并调整需求优先级，以便快速响应变化。（你可以在第 10 章中了解产品待办事项列表，并在第 14 章中了解产品待办事项列表在响应变化时发挥的作用。）
- 在每一次冲刺评审时向干系人演示可工作的功能。（第 12 章告诉你如何进行冲刺评审。）

» 通过每一次发布，将产品更快、更频繁地交付到市场。

更好的产品质量

客户要求高质量的产品。敏捷方法有很好的保障措施来确保尽可能高的产品质量。Scrum 团队通过下面的行动来确保质量。

» 采取积极的质量保证方法预防产品质量问题。
» 拥抱技术卓越、良好的设计和可持续发展。
» 即时定义和详细阐述需求，以便对产品特性的认知更清晰。
» 将验收标准构建到用户故事中，以便开发团队能更好地理解它们，以及产品负责人能更准确地进行验证。
» 把持续集成和深度测试融合到开发过程中，使开发团队能够将问题解决于萌芽阶段。
» 利用自动化测试工具，确保新的产品增量不会破坏以前的功能。
» 进行冲刺回顾，使 Scrum 团队能够不断改进流程与工作。
» 根据完工定义来完成工作：已开发、已测试、已集成和已归档。

你可以在第 17 章中找到更多关于敏捷质量的信息。

降低风险

事实上，敏捷产品开发技术几乎消除了产品绝对失败的可能——即花费了大量的时间和金钱而没有获得投资回报。Scrum 团队通过以下方式降低风险。

» 利用冲刺的形式进行开发，从最初的投资到快速失败或者知道一个产品或方法是否可行只需要很短的时间。确保在产品待办事项列表中优先包含最有价值和风险最高的事项，并尽早处理风险。有关评估产品风险和机会的信息，请参见第 13 章。
» 从第一个冲刺开始，始终要有一个已集成的、可工作的产品，每次冲刺都会增加一些可交付的功能，这样能够确保产品不会完全失败。
» 在每次冲刺中根据完工定义实现需求，这样不管未来产品发生什么变化，发起人始终能得到完整的、可使用的功能。

- 通过以下方式不断地提供产品和流程的反馈信息：
  - 召开每日例会，和开发团队进行持续的沟通；
  - 产品负责人在每日工作中澄清需求、评审和验收特性；
  - 召开冲刺评审会议，获得干系人和客户对已完成的功能的反馈；
  - 召开冲刺回顾会议，开发团队可在会议上讨论流程改进；
  - 定期发布，使最终用户看到新特性并做出反馈。
- 自筹资产品产生的早期回报，使组织为产品支付的前期费用更少。

你可以在第 17 章中找到更多关于风险管理的信息。

提升协作和责任感

一旦开发团队承担了产品的责任，他们就可以创造伟大的成果。敏捷开发团队通过以下方式协作并对产品的质量和性能负责。

- 确保开发团队、产品负责人和 Scrum 主管每天紧密合作。
- 召开目标驱动的冲刺计划会议，使开发团队对冲刺目标做出承诺并围绕冲刺目标组织自己的工作。
- 召开由开发团队主导的每日例会，开发团队成员围绕已完成的工作、将要开展的工作、工作中的障碍和团队士气进行讨论。
- 召开冲刺评审会议，开发团队在该会议上可以演示并与干系人直接讨论产品。
- 召开冲刺回顾会议，让开发团队成员回顾过去的工作，并为每个冲刺推荐更好的敏捷实践。
- 集中办公，使开发团队成员之间能够即时沟通和协作。如果你处于一个分布式的团队中，请与团队的视频会议保持连接。
- 使用诸如估算扑克和举手表决技术，达成决策共识。

你可以在第 9 章中了解开发团队如何估算需求工作量、分解需求、获得共识，在第 11 章中发现更多关于冲刺计划和每日例会的信息，在第 12 章中找到有关冲刺评审和冲刺回顾的更多信息。

更多有针对性的度量指标

敏捷开发团队用来估算时间和成本、测量绩效和进行决策的度量指标往往要比传统项目的度量指标更有针对性、更准确。敏捷度量指标应该以一种最适合团队的方式来鼓励可持续的团队进步和效率提升，使团队能够尽早并且经常地向客户交付价值。在敏捷产品开发中，你可以通过以下方法来确定度量指标。

- 基于每个开发团队的实际绩效和能力来确定项目时间线和预算。
- 确保由将要开展工作的开发团队而非其他任何人对需求进行工作量评估。
- 根据开发团队的知识和能力，使用相对估值而不是按小时数或天数来精确地进行工作量评估。
- 随着开发团队对产品了解得更多，定期细化并评估工作量、时间和成本。
- 每天更新冲刺燃尽图，以便准确提供开发团队在每个冲刺的绩效指标。
- 比较未来的开发成本与未来的开发价值，帮助团队确定何时结束开发并将资本部署到新的投资机会中。

不开玩笑！危险！

你可能注意到速度不在度量指标中。速度（关于开发速度的测量，请参见第 15 章）是一个工具，你可以用来确定时间线和成本，但它只能针对单个团队。A 团队的速度对于 B 团队的速度不构成任何参考价值。当然，速度是不错的测量和趋势分析工具，但它不是一种有效的控制机制。试图让一个开发团队达到一定的速度只会破坏团队绩效和妨碍自管理。

如果你对更多的相关估算方法感兴趣，一定要阅读第 9 章。你也可以在第 15 章中找到有关确定时间线和预算的工具，以及有关资本重新部署的信息。

提高绩效的可见性

在敏捷开发中，每个团队成员随时都能知道开发进展情况。团队可以通过以下方式提高绩效的可见性。

- 高度重视 Scrum 团队、干系人、客户，以及组织内其他任何想了解产品情况的人之间开放、坦诚的沟通。
- 通过每天更新冲刺待办事项列表来提供绩效测量结果。冲刺待办事项列表可供组织里的任何人查看。

- 通过召开每日例会，洞察开发团队当前的进展和面临的障碍。尽管只有 Scrum 团队可以在每日例会上发言，但产品团队的任何成员都可以参加会议，或观察或倾听。
- 通过使用任务板和在开发团队的工作区张贴冲刺燃尽图来展示每天的实际进度。
- 在冲刺评审会议中展示取得的成就。组织中任何人都可以参加冲刺评审会议。

提高产品开发的可见性可以带来更好的投资控制和可预测性，这将在后面的章节中描述。

增加投资控制

Scrum 团队有大量的机会控制投资绩效，并根据需要进行纠正，原因如下。

- 在开发中调整优先级，使得组织在适应变化的同时拥有固定的开发时间和固定价格的产品。
- 拥抱变化，使得团队能够对外部因素（如市场需求）做出响应。
- 每日例会使得 Scrum 团队可以在问题出现时快速解决。
- 每日更新冲刺待办事项列表意味着冲刺燃尽图准确地反映了冲刺绩效，让 Scrum 团队有机会在问题发生之初就做出调整。
- 面对面交谈消除了沟通和解决问题的障碍。
- 冲刺评审让干系人看到了可工作的产品，并在发布前对产品提供反馈。
- 冲刺回顾使 Scrum 团队能够在每次冲刺结束时做出积极的调整，以增强产品质量、提高绩效、优化流程。
- 自组织、自管理的团队拥有自筹资产品开发的潜力（第 15 章介绍了自筹资产品）。

在敏捷产品开发中存在大量的机会进行检查和调整，使所有产品团队成员——开发团队、产品负责人、Scrum 主管和干系人——实施控制，最终创造出更好的产品。

促进可预测性

敏捷产品开发技术帮助团队准确地预测整体工作会如何随着产品开发的进展而发展。以下是一些提高可预测性的实践、工件和工具。

- 在整个开发中，所有冲刺都保持同样的时间跨度和人员分配，使开发团队知道每个冲刺的确切成本。
- 基于每个开发团队自己的开发速度，开发团队可以预测发布、剩余产品待办事项列表，或任何需求组合的时间线和预算。
- 通过使用来自每日例会、冲刺燃尽图和任务板的信息，团队能预测每个冲刺的绩效。

你可以在第 10 章中找到更多关于冲刺周期的信息。

优化团队结构

自管理把通常由经理或组织行使的决策权交给 Scrum 团队成员。3~9 人组成的开发团队规模有限，因此，如有需要，一个敏捷产品开发可以设立多个 Scrum 团队。自管理和规模限制意味着敏捷产品开发可以提供独特的机会来定制团队结构和工作环境。这里有几个例子。

- 开发团队可以按个人特定的工作风格和个性来构建团队结构。按工作风格构建的团队有这些好处：
  - 允许团队成员按他们喜欢的方式工作；
  - 鼓励团队成员提高技能，融入他们喜欢的团队；
  - 帮助提高团队绩效，因为优秀的员工总喜欢在一起工作，并自然地相互吸引。
- Scrum 团队可以兼顾团队成员工作和生活的平衡来制定决策。
- 因为由开发团队来评估他们将要做的工作，所以产品负责人可以决定需要多少 Scrum 团队来完成产品待办事项列表中的事项。
- 总之，由 Scrum 团队自己制定规则，决定与谁一起工作以及如何工作。

团队定制化的想法使敏捷工作场所更加具有多样性。采取传统管理方式的组织倾向于拥有单一风格的团队，每个人都遵循相同的规则。而敏捷的工作环境更具有包容性。敏捷产品开发可以使各有所长的人融合成一个团队并创造出伟大的产品。

更高的团队士气

与那些享受工作快乐的人士一起工作，能得到更多的满足和回报。敏捷产品开发通过下列方法来提高 Scrum 团队士气。

- 通过自管理提升 Scrum 团队的创新力，并且在其做出贡献后能够得到认可。
- 聚焦于可持续的工作实践，让人不至于因为压力过大而倒下。
- 采用服务型领导方法帮助 Scrum 团队自管理，从而有效避免命令与控制的管理方式。
- 设立专职服务的 Scrum 主管，他 / 她要帮助开发团队消除障碍，并为其屏蔽外部干扰。
- 提供支持和信任的环境，从而从整体上提高 Scrum 团队的动力和士气。Scrum 团队可以从提高自主性、专精能力、目的性和归属感中受益。
- 面对面交谈有助于减少因误解产生的挫折。
- 跨部门工作让开发团队成员能够学到新的技能，并通过教授别人而取得进步。

你可以在第 16 章中找到更多关于团队活力的内容。

第 22 章　敏捷产品开发成功的十大关键因素

本章内容要点：

- 确保 Scrum 团队拥有所需的环境和工具；
- 选择合适的人才担任敏捷角色；
- 为 Scrum 团队提供清晰的方向和足够的支持。

以下是决定敏捷转型是否成功的十大关键因素。你不需要在开始敏捷之旅时就解决所有的问题。你只需要意识到它们，并制订一个计划，尽可能早地在过程中解决它们。

我们发现，前三项是成功的最强指标。把这些做好，成功的可能性就会大大增加。

专心工作的团队成员

在第 8 章中，我们描述了如何将产品视为长期资产：需要稳定、专心甚至永久性的团队。永久性团队保留了有关产品和客户的知识。他们的高绩效是经过多年的回顾总结努力建立起来的。由于职业发展机会等原因，可能需要对团队进行一些小的调整，但在大多数情况下，组织应该尽可能少地改变团队的组成。

此外，这些专心工作的团队成员——产品负责人、开发团队、Scrum 主管——一次只关注一个目标是至关重要的。如果团队成员每小时、每天、每周甚至每月都在不同的项目场景之间切换，他们的效率就会降低，因为同时负责多个任务会增加成本。由任务转换所造成的时间损失是可观的。

如果你没有足够的人力来组建一个专职的 Scrum 团队，那么你肯定也没有足够的人力让他们同时参与多种不同优先级的工作。美国心理协会报告说，任务切换浪费了多达 40% 的时间。

团队内部的不确定性会导致项目结果的不确定性。

集中办公

敏捷宣言将个体和互动列为第一价值观。正确践行这个价值观的方法是安排团队成员集中办公，使他们能够在整个开发过程中进行清晰、有效和直接的沟通。

对于分散式团队，他们面临的挑战是时差或跨地域给面对面沟通带来了不便，而书面沟通又容易造成代价高昂的沟通延迟甚至误解。当需要快速协同解决问题时，这种挑战尤其突出。缺乏实时的、面对面的交流会导致人们对他人的想法、行为和工作方式的信任及熟悉程度降低。

在第 6 章中，我们讨论集中办公是搭建敏捷环境的第一要素。贝尔实验室的生产力提高了 50 倍，他们成功的一个重要因素就是集中办公。这种做法提升了与客户的协作水平、产品功能的可用性和快速响应能力。视频会议和其他数字协作工具使分散式团队的协作更加有效。尽管科技有助于弥补分布式工作带来的不足，但它仍然不及在同一物理地点并肩工作产生的价值。请参阅第 6 章，了解有关创建工作环境助力项目成功的更多信息。

完成意味着可交付

如果在冲刺结束时产出的功能不可交付使用，那么这不是正确的敏捷模式。完成意味着可交付，根据定义，不能产出潜在可交付功能的冲刺不是真的冲刺。

开发团队通过集中开发用户故事来完成任务——一次处理一个用户故事，直到完成后再开始下一个用户故事。开发人员在开始一个新的用户故事之前，要确保在当前的用户故事中，“完工定义”规定的所有条件（包括自动化测试）都已得到满足，团队共同对此负责。产品负责人根据 Scrum 团队的“完工定义”（以及用户故事的验收标准——参见第 10 章）来审查已完成的工作，然后批准团队开始开发新的用户故事。

解决通过 Scrum 暴露出的问题

Scrum 不会为你解决任何问题，但它会暴露问题。Scrum 将暴露你在流程、政策、组织结构、技能、角色、工件、会议效率、透明度等方面的不足和差距。如何处理这些问题取决于你自己。Scrum 提供了迭代检查和调整的框架，用于在问题暴露出来的时候处理它们。如果这些问题在 Scrum 团队的控制范围内，他们应该能自己解决这些问题。如果超出 Scrum 团队的控制范围，组织应该有渠道将这些问题反馈至组织的相关负责人，这些人应该具备变革影响力，以支持 Scrum 团队更好地交付客户价值。解决 Scrum 暴露的诸多问题的有效方法是使用敏捷转型团队，如第 20 章所述。

清晰的产品愿景和路线图

尽管产品负责人决定产品愿景和路线图，但许多人会影响这些敏捷工件的清晰度。产品负责人需要在整个产品开发过程中接触干系人和客户，与之建立牢固的工作关系，以确保产品愿景和路线图持续反映客户和市场的真实需求。开发团队还必须清楚地了解其所从事的工作的目的——从产品愿景到单个的用户故事。以目标驱动的开发工作交付业务和客户价值，能够有效降低风险。

没有明确的目标，人们就会彷徨，缺乏主人翁精神。当所有的团队成员都明白目标时，他们就会走到一起。记住敏捷原则第 11 条：“最好的架构、需求和设计出自自组织团队。”

我们在第 9 章讨论了有关开发愿景和产品路线图的机制。

赋权产品负责人

产品负责人的角色是为了优化开发团队产生的价值。产品负责人需要了解产品和客户，每天都能与开发团队联系，有权做出优先级决策，能够及时地为开发团队给出明确意见，这样开发团队就可以减少等待时间，避免对产品开发的方向造成负面影响。

如果组织存在下列状况，那么在冲刺结束时就很难提供有价值的和可交付的功能。

- 产品负责人无法做出关键业务决策。
- 开发团队无法联系到产品负责人。产品负责人除了支持开发团队、与客户和干系人合作之外，还有太多其他的事情要做。
- 组织为一个产品指定了多名产品负责人，开发团队不清楚该找谁来澄清需求。
- 干系人推翻产品负责人的决策。

尽管 Scrum 团队中的所有角色都是至关重要且同等重要的，但一个没有赋权且效率低下的产品负责人通常会导致 Scrum 团队最终无法提供客户需要的价值。有关产品负责人角色的更多信息，请参见第 7 章。

掌握多种技能的开发人员

当你开始第一个敏捷产品开发工作时，可能并没有一支已经拥有完成产品待办事项列表中每个事项所需的理想技能水平的开发团队。你的目标应该是尽快让团队掌握各种必需的技能。如果任何一项技能（包括测试）水平存在不足，团队就将面临挑战，难以实现冲刺目标。

从第一天开始，你就需要团队成员保持好奇心和兴趣，去学习新事物、去尝试、去指导和接受指导，并协同团队其他成员工作，以便尽快完成任务。第 7 章详细讨论了团队技能的多样性。

Scrum 主管的影响力

当你决定从命令和控制的领导模式转向授权他人进行决策的领导模式时，服务型领导方法提供了工作思路。如果拥有正式授权，Scrum 主管将被视为一个管理者——他人需要向其汇报。实际上，这样并不利于开展工作。Scrum 主管不必拥有正式的权力，但是应该被领导层授予与 Scrum 团队成员、干系人和其他第三方合作的权力，从而为开发团队的工作扫清障碍。

如果 Scrum 主管拥有组织影响力——一种非正式的、被群体认可的影响力，那么他 / 她就可能以最好的方式为团队服务，改善他们的工作环境。在第 7 章中，我们深入讨论了不同类型的影响力。需要为 Scrum 主管提供培训和辅导，以提升其服务型领导的相关技能，减少命令与控制的倾向。

领导层对学习的支持

当组织的领导者决定让组织变得更敏捷时，首先他们的思维方式必须改变。我们经常看到领导层指示敏捷转型后，没有任何后续行动来支持变革所需的学习过程。事实上，从领导层宣称支持敏捷开始，完成组织变革至少需要 1~3 年的时间。领导层的支持不仅仅意味着为培训或辅导服务买单，还意味着领导者自己也要参与进来，学习需要开展怎样的行动来领导变革，用他们的时间、努力和行动来体现真正的支持。

在第一次冲刺之后就期望能够得到敏捷带来的所有好处是不现实的。在第 20 章中，我们讨论了如何选择一个合适的敏捷试点产品，由于每个人都处在学习的过程中，我们允许试点产品出一些小差错。如果只是口头上支持学习，那么 Scrum 团队很快就会觉察到这一点，进而失去尝试新事物的动力，并回到原点等待来自上级的具体工作指令。

转型支持

第 20 章比较了敏捷转型与体育团队学习新运动这两个过程。敏捷教练在领导层面和团队层面进行有效的指导可以增加成功的机会。指导的内容如下：

- 当团队违反敏捷原则或出现错误时，需要立即进行纠正；
- 强化培训；
- 针对问题，为特定角色进行一对一的辅导；
- 高管层的领导方式和心态的调整。

请参阅第 20 章中的 Platinum Edge 公司敏捷转型路线图，了解与你信任的敏捷专家可以共同采取的步骤。

第 23 章　不敏捷的十个迹象

本章内容要点：

- 了解采用敏捷技术所能获得的组织收益；
- 识别阻碍敏捷性的潜在迹象；
- 警惕假敏捷。

敏捷转型很流行，但实现业务敏捷性本身并不是转型的目标，而是达到目标的手段。根据 Scrum 联盟的说法，那些已经开始进行敏捷转型的组织报告了以下收益：

- 更快的上市时间；
- 与业务保持更高的一致性；
- 产品开发工作具有更高的可见性；
- 不断增强的管理需求变更的能力。

通往敏捷的道路是永无止境的，而敏捷价值观和原则会指引你前进。在此过程中，你可能会看到一些迹象，表明你的组织并没有变得更加敏捷。本章对这些迹象做了介绍。

不可交付的产品增量

第一个迹象很容易发现。如果你的产品团队无法在冲刺结束时演示一个潜在的可交付的产品增量，那么你们的做法是有问题的。敏捷产品开发在每个冲刺中构建可工作的产品增量。产品负责人可以选择不发布产品增量，但它必须仍然有潜在的可交付性。敏捷产品团队坚持交付符合完工定义的功能，可以使团队充满信心，相信自己已经以正确的方式构建了正确的产品增量。如果在冲刺结束时并不具备潜在可交付的产品增量，那么这个迹象明确表明了团队正在陷入困境，可能需要帮助。

在冲刺评审中，开发团队在非生产环境中进行产品演示。需要注意的是，开发团队是否更加专注于 PowerPoint 演示文稿，而不是可工作的产品。如果出现这种情况，那么通常意味着团队需要通过延长冲刺周期来获得更多的时间，这是一种反敏捷模式。

针对上述情况，以下敏捷价值观和原则有助于解决问题：

- **价值观 #2**：可工作的软件高于详尽的文档；
- **原则 #7**：可工作的软件是测量进展的首要指标。

Scrum 团队重视可工作的产品以及在冲刺评审中演示有价值的产品增量。

长发布周期

发布周期越长，敏捷性就越低。长发布周期通常是传统瀑布式的结果，在这种实践中，所有的风险和价值在发布之前才显现出来。短周期是相对的，对不同的组织和行业来说意味着不同的持续时间，但短周期胜于长周期的原则是不变的。

小贴士大用途

通过专注于下一个最小可行性产品（MVP），可以将较长的发布周期缩短。快速进入市场的优势是显而易见的，因为率先进入市场的组织往往赢在以下几个方面：

- 抓住机会率先抢占市场份额；
- 通过率先获得终端客户的反馈来验证产品的可行性，降低试错成本；
- 获得早期的投资回报，今天的 1 美元比未来的 1 美元更有价值（净现值的基本常识）；
- 避免组织内外部与市场脱节。

敏捷产品开发会尽早且经常发布可工作的产品。短反馈周期为团队提供了学习的机会，帮助他们逐步调整产品，以满足客户需求并降低风险。

以下原因可能导致一个团队不能实现短发布周期，这些都是非敏捷的警告信号：产品负责人直到拥有产品的所有功能之后才愿意发布产品；开发团队对其工作缺乏信心；合作的供应商采用了传统的瀑布式方法："在产品的其他部分完成之前，我们不能发布。"

Scrum 团队首先处理风险最高并且最有价值的需求。早期的失败加快了学习的速度，因此也可以促进成功。通过短发布周期，开发团队可以尽早验证假设，审查开发思路。与我们一起工作的大多数组织都以一周的时间作为一个冲刺周期。而客户可能要求更快。

针对长发布周期，以下敏捷原则有助于解决问题。

> » **原则 #1**：我们最优先考虑的是通过尽早和持续不断地交付有价值的软件来使客户满意。
>
> » **原则 #3**：采用较短的项目周期（从几周到几个月），不断地交付可工作的软件。

未参与的干系人

缺乏干系人或发起人的参与是不敏捷的一个重要标志。干系人的反馈对于确保产品满足客户的需求至关重要。如果缺乏干系人的积极反馈，团队会处于不稳定的境地，就像是在没有舵的情况下驾驶一艘船。

干系人缺席制定产品愿景和路线图的会议，缺席冲刺评审会议，是干系人未参与产品开发的迹象。冲刺评审会议提供的检查机会是干系人提供反馈的最佳时机。

干系人的参与是产品负责人的关键责任。我们鼓励 Scrum 主管们"不要单独用午餐"，要在整个组织中不断建立关系和影响力，以便能够有效和及时地消除障碍。

针对"干系人未参与"的这种情况，以下敏捷价值观和原则有助于解决问题。

> » **价值观 #3**：客户合作高于合同谈判。
>
> » **原则 #8**：敏捷流程倡导可持续开发。发起人、开发人员和用户要能够长期维持稳定的开发步伐。

» **原则 #5**：围绕富有进取心的个体而创建项目。为他们提供所需的环境和支持，信任他们所开展的工作。

因为 Scrum 团队在与发起人和干系人的频繁合作中保持可持续的开发节奏，所以效率会更高。发起人和干系人如果能够为团队提供所需的环境和支持，给予团队信任，那么团队将更有动力、更快地构建更好的产品。

缺乏与客户的联系

如前所述，Scrum 团队和干系人之间的关系是至关重要的，因此，开发团队缺乏和干系人或客户之间的联系是不敏捷的另一个标志。有些组织错误地将技术团队与业务合作伙伴拉开距离，在这种情况下，开发团队将错失关键反馈。

当开发团队间接地获得二手信息时，这个过程变得非常像孩子们的电话游戏。当一个孩子对下一个孩子低声地传递他 / 她所听到的信息时，信息的内容会发生改变，所以当启动信息传递链条的孩子听到最后一个孩子所述的内容时，他 / 她会发现信息变得完全不同了。同样，通过间接传递的客户反馈可能会被扭曲和过滤，失去其本来的意义和意图。

开发团队同客户的关系越紧密、联系得越频繁，他们就越能理解客户所面临的问题和挑战。这使开发团队的工作变得生动起来，在真实的环境中为真实的人解决问题的动机使他们的工作更有意义。

针对开发团队“缺乏与客户的联系”这种情况，以下敏捷价值观和原则有助于解决问题。

» **价值观 #1**：个体和互动高于流程和工具。

» **原则 #2**：即使在开发后期也欢迎需求变更。敏捷流程利用变更为客户创造竞争优势。

» **原则 #4**：业务人员和开发人员必须在整个项目期间每天一起工作。

如果 Scrum 团队专注于个体和互动、欢迎变化，然后利用这种变化为客户赢得竞争优势，且每天与业务人员一起工作，就可以准确地捕获客户需求。

缺乏技能多样性

技能多样性有限的团队将面临诸多外部的依赖和制约。成熟的 Scrum 团队（那些在一起工作了很长时间，并且随着时间的推移能够有效地自组织以增加技能多样性的团队）通常比不太成熟的 Scrum 团队更具有跨职能性。通过消除 Scrum 团队中的单点失败，你可以提高团队快速反应和产出高质量产品的能力（有关消除单点失败的更多信息，请参见第 7 章）。

随着时间的推移以及每个人所掌握的技能的数量和水平的增加，技术短板造成的限制和延迟将会消失。Scrum 团队关注的是技能，而不是头衔。你所希望的是团队成员每天都能为冲刺目标做出贡献，而不会有单点失败的风险。有组织地提高团队能力的第一步是承担一项任务，而你的团队尚未掌握这项任务所需的技能。具备这些技能的外部教练可以在团队学会新技能之前短期加入团队，以提供帮助。请如第 7 章和第 16 章所讨论的那样，建立 M 型的团队。

针对这种情况，以下敏捷原则有助于解决问题。

- **原则 #9**：坚持不懈地追求技术卓越和良好设计，从而增强敏捷能力。
- **原则 #11**：最好的架构、需求和设计出自自组织团队。

自组织、跨职能的团队致力于技术上的卓越性，这种做法既能提高团队成员的个人能力，又能提升整个团队的能力。

可自动化的过程由人工完成

出现本可以避免的产品缺陷是敏捷性受阻的另一个迹象。缺陷通常是测试不够造成的。手工测试的团队虽然花费的时间更长，但很难做到完整测试。手工测试已经跟不上当今环境变化的节奏，并且不能保证无论什么时候发生变更，已有的功能都能正常工作。

缺乏自动化通常是及时发布产品增量的另一个障碍。在软件开发过程中，持续集成和持续部署（CI/CD）管道使团队不仅能够完成自动化测试，而且能够自动化部署脚本。

在完工定义中包含自动化测试和自动化部署，它们对于 Scrum 团队变得更加敏捷至关重要。如果没有自动化，Scrum 团队将无法尽早、不断地交付产品，也无法快速响应技术和市场的变化。

针对这种情况，以下敏捷价值观和原则有助于解决问题。

- **价值观 #2**：响应变化高于遵循计划。
- **原则 #3**：采用较短的项目周期（从几周到几个月），不断地交付可工作的软件；
- **原则 #9**：坚持不懈地追求技术卓越和良好设计，从而增强敏捷能力。

将工具优先于工作本身

尽管工具（包括数字工具）对 Scrum 团队是有帮助的，但是它们也会导致不必要的负担，成为反敏捷模式。如果团队对工具的维护比对产品开发本身投入更多的时间和精力，这就是一个不敏捷的迹象。当工具而不是产品成为团队的焦点时，这意味着团队已经不再敏捷。

当购买工具来进行产品开发时，请记住：每天花一分钟进行更新的工具是一个好工具，而更新时间超过一分钟的工具并不是理想的工具。

工具陷阱的例子包括：

- 鼓励团队写小说而不是进行面对面交流的待办事项列表；
- 舍弃团队定义的开发流程而要求遵循某个工具既定的工作流；
- 不方便使用的工具；
- 鼓励干系人和经理采用自上而下管理或微观管理行为的汇报模式；
- 对需求的更新或渐进明细造成不便。

根据我们的经验，最敏捷的团队都会使用卡片和便利贴。他们使用任务板合理安排手头上的工作。产品待办事项列表被张贴在墙上，以保持透明性。远程团队使用数字工具来模拟物理工具带来的类似体验。通常，与我们一起工作的团队会发现，购买并管理某些复杂的工具，以及进行培训所带来的成本远远超出了它们带来的收益。使用石蕊测试工具可以更好地理解个人和交互比流程和工具能够带来更多的价值。

在投资昂贵的企业级工具之前，请首先考虑你是否利用了轻量级的 Scrum 方法来解决开发状态的透明度和状态汇报的问题。

- 查看 Scrum 团队的产品待办事项列表和冲刺待办事项列表，在需要时也可以查看冲刺燃尽图（参见第 9 章、第 10 章和第 11 章，了解更多关于产品、冲刺待办事项列表和燃尽图的信息）。
- 参加 Scrum 团队的冲刺评审会议，以便确切地了解团队在冲刺中完成了哪些工作。
- 参加每天 15 分钟或更短的每日例会，以便确切地了解团队当天的工作内容和存在的障碍。
- 通过与 Scrum 团队保持紧密的联系来实时地获得关于团队和产品状态的真实情况，而不是消极地等待报告，因为报告往往会有延时并且包含的信息有限，难以获得对于问题的即时澄清。一些大型组织通过一个简单的电子表格就可以了解当前 Scrum 团队和产品开发的状态。请参考第 11 章，获得有关发布和冲刺燃尽图的信息。

当工具导致敏捷性受阻的迹象出现时，以下敏捷价值观和原则有助于解决问题。

- **价值观 #1**：个体和互动高于流程和工具。
- **原则 #6**：不论团队内外，传递信息效果最好且效率最高的方式是面对面交谈。
- **原则 #10**：以简洁为本，最大限度地减少工作量。

过高的管理者与创造者比例

较大的组织可能拥有大量的中层管理人员。很多组织不了解在精简管理人员之后如何很好地运作，比如如何管理员工、对员工进行培训以及对开发问题做技术指导等。无论如何，在产品开发中，你需要在管理者和创造者的比例上取得适当的平衡。过高的管理者与创造者比例是不敏捷的另一个迹象。

想象一下，两支各由 11 名球员组成的职业足球队，他们是竞争对手，都在紧张地进行训练，准备双方之间的比赛。最终，B 队以 1 比 0 击败 A 队。

两支球队都回去训练备战下一场比赛。A 队的管理层要求分析师提供解决方案。在仔细分析了两支球队之后，分析师发现 B 队有 1 名球员作为守门员，10 名球员作为后卫、中场和前锋分散在球场上，而A队有10名守门员和1名前锋，在没有任何队员配合的情况下，前锋需将球沿球场射进对方的球门。

A队的管理层请了一位顾问来重组球队。顾问发现了一个显而易见的事实：A队的守门员太多了。他建议球队将一半的守门员（5名）变成后卫，这些后卫可以将能看到整个球场情况的守门员的指令传达到前锋那里。他还建议将助理教练增加一倍，以增加前锋的训练和进球动力。

在下一场比赛中，B队再次击败A队，但这次是2比0。

前锋被裁掉，增加助理教练和后卫的策略得到认可，但管理层需要进一步的分析。经过分析，他们建立了更加现代化的训练设施，并为下一次比赛购进了最先进的球鞋。

如果钱花在管理组织流程的人身上，便不会花在产品创建者身上。

请赋予人们自组织的权力，以满足客户的需求。你经过艰难的搜索，通过招聘、面试和培训才找到有能力的人。你雇用他们是因为他们的才能和经验，你在这些人身上的最佳投资是给予他们信任，以便他们更好地完成工作。尽量减少对那些非产品创建者的投资。

针对这种情况，以下敏捷原则有助于解决问题。

- **原则 #5**：围绕富有进取心的个体而创建项目。为他们提供所需的环境和支持，信任他们所开展的工作。
- **原则 #11**：最好的架构、需求和设计出自自组织团队。

高度自治和目标高度一致的团队，应该被授予为客户做最有价值的事情的权力，因此也会更高效。与传统的命令和控制倾向相比，敏捷组织更重视自主性、掌控力和目标感。请参见第8章，了解赋予团队自主性、专精能力以及目的性的好处。

绕过Scrum暴露的问题

如果你绕过Scrum所暴露出来的问题，而不是迎面解决这些问题，这是不敏捷的又一个迹象。像Scrum这样的敏捷框架不是问题解决模型，而是问题暴露模型。暴露出来的问题可能是一直存在的，但是由于Scrum有明显的透明性，问题就像一个受伤的拇指一样突显出来。要使敏捷思维蓬勃发展，必须找到问题产生的根本原因并加以解决和消除。请参见第 4 章，了解分析问题根本原因的技术。

例如，丰田汽车制造公司多年来一直在生产线上使用安东绳。每当发现需要纠正的问题时，员工立即拉绳停止生产线，他们不会因此而受到训斥。然后员工一起从根本上解决问题，这样问题就不会被进一步传递下去，否则解决问题的成本将会越来越高。解决 Scrum 暴露出的问题也要从根本上解决，防止它影响到组织中的任何人。

请注意以下迹象：

- 只解决问题的表面症状，而没有从根本上解决问题；
- Scrum 团队发现了组织级的制约因素，使他们无法以更灵活的方式进行工作，但他们的发现一再被忽视；
- Scrum 团队倾向于跳过冲刺回顾，因为他们觉得什么都不会改变。

这些迹象明显地表明组织中的领导者并没有致力于敏捷转型。如果大象在房间里并且每个人都知道，那么就开始一口一口地吃掉它吧。

记住以下敏捷原则将有助于解决上述问题。

- **原则 #12**：团队定期反思如何能提高成效，并相应地调整自身的行为。

假敏捷实践

最后但同样重要的是假敏捷。假敏捷披着敏捷的外衣，但并不是真的敏捷。

2019 年，史蒂夫 · 丹宁（Steve Denning）分享了敏捷的三大法则，用来帮助组织辨别其敏捷实践的真实性。

- **客户法则**：将为客户传递价值作为组织的全部和最终目标。
- **小团队法则**：假设所有的工作都是由小的自组织团队来完成的，以短周期工作，并专注于为客户提供价值。
- **网络法则**：不断努力消除自上而下的等级制度，使组织作为一个相互协作的团队网络进行运作，所有的工作都聚焦于合作，为客户带来不断增长的价值。

丹宁认为，假敏捷具有以下特点。

- **早期敏捷**：敏捷之旅永远不会结束，敏捷转型在早期是不完整的。组织通过实施部分敏捷实践或技术可以很快得到一些结果，但是仍需要时间和经验来拓展到更敏捷的实践中。关键是要避免被“你已经敏捷了”这句话愚弄。
- **名义上的敏捷**：对于这些组织来说，你必须关注他们是如何运作的，而不仅是他们所说的。人们是否表现出敏捷的思维模式，并像一家新公司一样快速前进？还是他们只是用新的敏捷术语重新命名了现有的非敏捷实践？
- **只为软件而敏捷**：尽管敏捷运动始于软件开发，但并不是只有从事软件开发的人才能从中获益。不要误以为敏捷只适用于软件团队。为了使软件团队获得成功，组织的所有部门——从高级领导层到人力资源部、财务部，再到业务拓展部——都必须变得敏捷。
- **停滞的敏捷之旅**：当敏捷与一成不变的传统实践发生冲突时，组织可能会被迫实践假敏捷。当冲突变得严重时，领导者可能会说组织已经是敏捷的，从而解雇敏捷领导者和教练。敏捷原则和官僚主义是互不相容的，它们之间最终只能有一个可以生存。
- **品牌化敏捷**：从敏捷宣言和敏捷原则开始，许多不同品牌的敏捷都蓬勃发展起来。当心那些坚持他们的敏捷品牌是唯一正确方法的顾问和培训师。
- **规模化框架**：过度规模化是反敏捷模式的。在产品开发中，需求渐进明细并逐步分解到互相独立且对客户最有价值的产品增量中，以创造敏捷性，团队的设置需要与之适应。在各种框架中，请选择对你的组织最有效的方式。
- **残缺的敏捷**：一些组织试图在没有敏捷思维的情况下应用敏捷原则。如果没有敏捷的思维，你就只剩下一套死气沉沉的仪式。

除此之外，你还可以看到其他微妙但常见的假敏捷迹象。

- 组织继续要求 Scrum 团队遵循项目管理办公室（PMO）规定的系统开发生命周期（SDLC），并提供过期的状态报告，以获得高管批准。
- 组织尝试一种混合方法，将敏捷技术与传统角色结合起来。这种情况就像起航的同时进行抛锚，却还期待着轮船向前行驶。你必须做出选择。除了那些支持敏捷原则的角色类型，假敏捷组织继续支持和招募传统角色，甚至使用传统角色来替代敏捷角色。
- 组织使用面向技术的产品负责人，而缺少面向业务或面向客户的产品负责人。

如果你的组织中存在这十种反模式中的任何一种，请迎面解决。敏捷方法对产品开发的好处是广泛的、经过验证的并且有价值的。请坚持使用敏捷价值观和原则，从而使你的业务敏捷提升之旅保持在正轨上。

第 24 章　对敏捷专业人士有价值的十大资源

本章内容要点：

- 寻求向敏捷成功转型的支持；
- 融入活跃的敏捷社区；
- 获得通用的敏捷资源。

许多组织、网站、博客和公司为敏捷产品开发提供信息和支持。为了帮助你起步，我们总结了十大常用资源，希望为你的敏捷之旅提供价值。

敏捷项目管理在线说明

当你开始实施敏捷宣言中的敏捷价值观和原则以及本书中概述的模型时，你可以使用我们的在线说明作为本书的辅导资料。你将找到使用指南、工具、模板和其他有用的资源作为你的敏捷工具包。

《Scrum 指南》（*Scrum for Dummies*）

2018 年，我们出版了《*Scrum* 指南》（*Scrum for Dummies*，第 2 版），这本书不仅可以作为 Scrum 的实践指南，而且可以作为信息技术和软件开发以外的行业和业务职能的 Scrum 指导书。Scrum 可以应用于任何需要早期经验反馈的情况。

通过这本书，你可以了解游戏软件开发和有形产品生产（建筑、制造、硬件开发）等行业，以及医疗、教育和出版等服务行业的 Scrum。

你还可以探索 Scrum 在业务职能中的应用，包括运营、项目组合管理、人力资源、财务、销售、市场营销和客户服务等职能。

同时，你还可以在日常生活中发现 Scrum 如何帮助你安排约会、家庭生活、退休计划和教育。

Scrum 联盟

Scrum 联盟是一个非营利的专业会员制组织，旨在促进人们对 Scrum 的了解和使用。Scrum 联盟通过推广 Scrum 培训和认证课程、主办国际 Scrum 会议以及支持本地 Scrum 用户社区来实现这一目标。

Scrum 联盟还提供了丰富的博客、白皮书、案例研究以及其他用来学习和使用 Scrum 的工具。本书第 18 章列举了许多 Scrum 联盟的认证项目。

敏捷联盟

敏捷联盟是最早的全球敏捷社区，它的使命是帮助推进敏捷原则和通用的敏捷实践。

国际敏捷联盟（ICAgile）

国际敏捷联盟（ICAgile）是一个社区驱动型组织，通过提供教育培训和认证，帮助人们实现敏捷。它的学习路线图在一些领域为职业发展道路提供支持，这些领域包括业务敏捷、企业和团队敏捷教练、价值管理、交付管理、敏捷工程、敏捷测试和 DevOps。

“Mind the Product”社区和“ProductTank”会议

“Mind the Product”是世界上最大的产品社区。该社区还举办“ProductTank”会议，以便产品领导者能够互相联系、分享和学习。该社区在全球拥有超过 15 万名会员，组织全球的活动、会议以及由来自世界各地领先的产品管理专家进行的培训。“ProductTank”会议的资源往往是高质量的，内容具有独特性，同时与敏捷产品开发团队面临的问题息息相关。

精益企业协会

精益企业协会为更广泛的精益思想家和实践者出版书籍，并发布博客、知识库、新闻和活动。当你追求敏捷产品开发时，请记住将精益思想融入你所做的所有工作中。这是探索与你相关的精益主题的一个良好的起步平台。

极限编程

罗恩·杰弗里斯（Ron Jeffries）是极限编程（XP）的创始人之一，他同肯特·贝克（Kent Beck）以及沃德·坎宁安（Ward Cunningham）创造了极限编程（XP）这一开发方法。在极限编程的网站上，罗恩·杰弗里斯为支持XP的发展提供资源和服务。网站中的“什么是极限编程”部分总结了XP的核心概念。

项目管理协会的敏捷社区

项目管理协会（PMI）是世界上最大的非营利性项目管理会员制协会。它在全世界拥有300多万名会员。PMI设立了一个敏捷实践社区和一项敏捷认证，即敏捷项目管理专业人士资格认证（PMI-ACP）。

PMI网站提供了PMI-ACP认证的信息和要求，以及有关敏捷项目管理的论文、书籍和研讨会。

Platinume Edge公司

自2001年以来，我们公司（Platinume Edge）的团队一直在努力提高投资回报。你可以访问我们公司的网站，了解我们对敏捷实践、工具和创新解决方案的最新见解，这些见解来自我们与全球1 000家公司和活跃的敏捷社区之间的合作。

我们还提供以下服务，详情见第20章。

- **敏捷审计**：审计你当前的组织结构和流程，以便创建一个能够取得基本成果的敏捷实施策略。我们还对你当前的敏捷转型工作提供反馈，帮助你评估所做的投资是否产生了预期的结果。

» **招聘**：通过接触最优秀的敏捷和 Scrum 人才——因为我们已经对他们进行了培训——我们可以帮助你找到合适的人来引导你的 Scrum 团队，包括 Scrum 主管、产品负责人和开发人员。

» **培训**：为不同起点的人提供公共及企业内部定制的敏捷与 Scrum 培训和认证。除了定制的课程和非认证类的培训课程，我们还提供以下认证课程：

- Scrum 主管认证（CSM）；
- 高阶 Scrum 主管认证（A-CSM）；
- Scrum 产品负责人认证（CSPO）；
- Scrum 开发者认证（CSD）；
- LeSS、Scrum@Scale、SAFe 等规模化敏捷的方法；
- 敏捷项目管理专业人士资格认证（PMI-ACP）。

» **转型**：没有什么因素比合适的敏捷教练更能影响未来的成功。在进行敏捷培训之后，我们将根据具体情况为你提供敏捷教练，以确保你在实际工作中进行了正确的实践。

版权声明

商标声明